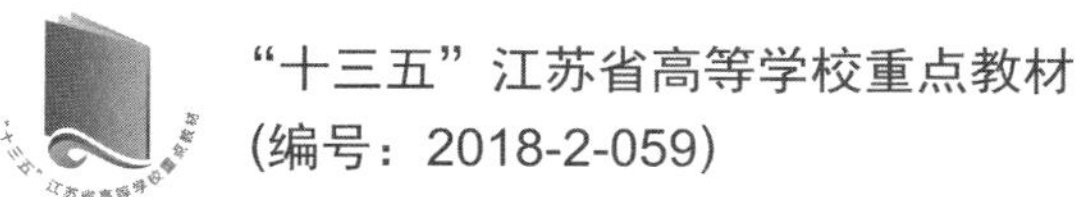

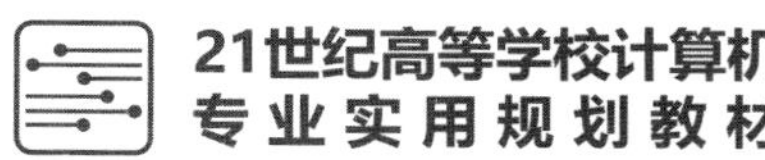

数据库原理与应用
(MySQL版)

◎ 孟凡荣 闫秋艳 主 编
袁冠 葛欣 雷小锋 谢红侠 徐慧 王志晓 副主编

清华大学出版社
北京

内 容 简 介

全书主要论述了数据库相关基本概念、基本理论和基本技术，共计 9 章，内容包括数据库系统的产生与发展、数据库系统特点、数据库系统的数据模型、数据库系统体系结构、关系数据库方法、关系数据库标准语言 SQL、关系规范化理论、数据库设计、数据库保护、数据库设计实例和数据库技术新发展等。

本书既介绍了经典的数据库理论及设计方法，又展示了目前广泛应用的开源数据库管理系统 MySQL 的实际操作步骤，同时还给出了一个侧重数据库设计过程的应用系统开发实例，打通了从理论到具体 DBMS 应用再到实例开发三个重要环节。为初学者打牢理论基础的同时，又梳理了数据库应用程序开发的重要环节，做到学以致用。

本书可以作为高等院校计算机专业数据库原理与应用课程的教学用书、计算机相关专业的教学用书，也可以作为从事计算机、管理科学工作的读者，以及科技人员和对数据库技术感兴趣的初学者等的学习用书或参考书。

图书在版编目（CIP）数据

数据库原理与应用：MySQL 版/孟凡荣，闫秋艳主编. —北京：清华大学出版社，2019（2024.1重印）
（21 世纪高等学校计算机专业实用规划教材）
ISBN 978-7-302-52271-3

Ⅰ. ①数… Ⅱ. ①孟… ②闫… Ⅲ. ①数据库系统－高等学校－教材 Ⅳ. ①TP311.13

中国版本图书馆 CIP 数据核字（2019）第 013167 号

责任编辑：黄 芝 薛 阳
封面设计：刘 键
责任校对：李建庄
责任印制：刘海龙

出版发行：清华大学出版社
网 址：https://www.tup.com.cn，https://www.wqxuetang.com
地 址：北京清华大学学研大厦 A 座 **邮 编**：100084
社 总 机：010-83470000 **邮 购**：010-62786544
投稿与读者服务：010-62776969，c-service@tup.tsinghua.edu.cn
质量反馈：010-62772015，zhiliang@tup.tsinghua.edu.cn
课件下载：https://www.tup.com.cn，010-83470236
印 装 者：三河市铭诚印务有限公司
经 销：全国新华书店
开 本：185mm×260mm **印 张**：21 **字 数**：513 千字
版 次：2019 年 2 月第 1 版 **印 次**：2024 年 1 月第 16 次印刷
印 数：25701～27700
定 价：49.00 元

产品编号：081901-01

出版说明

随着我国改革开放的进一步深化，高等教育也得到了快速发展，各地高校紧密结合地方经济建设发展需要，科学运用市场调节机制，加大了使用信息科学等现代科学技术提升、改造传统学科专业的投入力度，通过教育改革合理调整和配置了教育资源，优化了传统学科专业，积极为地方经济建设输送人才，为我国经济社会的快速、健康和可持续发展以及高等教育自身的改革发展做出了巨大贡献。但是，高等教育质量还需要进一步提高以适应经济社会发展的需要，不少高校的专业设置和结构不尽合理，教师队伍整体素质亟待提高，人才培养模式、教学内容和方法需要进一步转变，学生的实践能力和创新精神亟待加强。

教育部一直十分重视高等教育质量工作。2007 年 1 月，教育部下发了《关于实施高等学校本科教学质量与教学改革工程的意见》，计划实施"高等学校本科教学质量与教学改革工程(简称'质量工程')"，通过专业结构调整、课程教材建设、实践教学改革、教学团队建设等多项内容，进一步深化高等学校教学改革，提高人才培养的能力和水平，更好地满足经济社会发展对高素质人才的需要。在贯彻和落实教育部"质量工程"的过程中，各地高校发挥师资力量强、办学经验丰富、教学资源充裕等优势，对其特色专业及特色课程(群)加以规划、整理和总结，更新教学内容、改革课程体系，建设了一大批内容新、体系新、方法新、手段新的特色课程。在此基础上，经教育部相关教学指导委员会专家的指导和建议，清华大学出版社在多个领域精选各高校的特色课程，分别规划出版系列教材，以配合"质量工程"的实施，满足各高校教学质量和教学改革的需要。

本系列教材立足于计算机专业课程领域，以专业基础课为主、专业课为辅，横向满足高校多层次教学的需要。在规划过程中体现了如下一些基本原则和特点。

(1) 反映计算机学科的最新发展，总结近年来计算机专业教学的最新成果。内容先进，充分吸收国外先进成果和理念。

(2) 反映教学需要，促进教学发展。教材要适应多样化的教学需要，正确把握教学内容和课程体系的改革方向，融合先进的教学思想、方法和手段，体现科学性、先进性和系统性，强调对学生实践能力的培养，为学生知识、能力、素质协调发展创造条件。

(3) 实施精品战略，突出重点，保证质量。规划教材把重点放在公共基础课和专业基础课的教材建设上；特别注意选择并安排一部分原来基础比较好的优秀教材或讲义修订再版，逐步形成精品教材；提倡并鼓励编写体现教学质量和教学改革成果的教材。

(4) 主张一纲多本，合理配套。专业基础课和专业课教材配套，同一门课程有针对不同层次、面向不同应用的多本具有各自内容特点的教材。处理好教材统一性与多样化，基本教材与辅助教材、教学参考书，文字教材与软件教材的关系，实现教材系列资源配套。

(5) 依靠专家，择优选用。在制定教材规划时要依靠各课程专家在调查研究本课程教材建设现状的基础上提出规划选题。在落实主编人选时，要引入竞争机制，通过申报、评审确定主题。书稿完成后要认真实行审稿程序，确保出书质量。

繁荣教材出版事业，提高教材质量的关键是教师。建立一支高水平教材编写梯队才能保证教材的编写质量和建设力度，希望有志于教材建设的教师能够加入到我们的编写队伍中来。

21 世纪高等学校计算机专业实用规划教材
联系人：魏江江 weijj@tup.tsinghua.edu.cn

前　言

数据库技术是目前计算机科学技术领域发展最快、应用最广泛的技术之一，体现了数据管理及信息处理的最高发展水平。在大数据技术蓬勃发展的今天，更需要对经典数据库理论的理解和学习，为日新月异的数据管理技术奠定扎实的理论基础。

数据库技术从诞生开始到现在一直倍受人们关注，目前无论在计算机系统中的位置，还是在计算机应用中的地位，以及在计算机专业课程中的地位都是非常重要的，已经成为计算机信息系统和计算机应用系统的重要技术基础和支柱。因此，数据库技术是一个十分活跃的研究领域，也是一个日新月异的研究领域。

本书是在第一版教材《数据库原理与应用》的基础上进行编写的，教材自 2010 年出版至 2018 年 1 月共进行了 5 次印刷。为了满足教学需要和广大读者的需求，作者重新改编了本教材。

本书以关系数据库为核心，重点介绍了数据库相关的基本概念、基本原理和实用的数据库设计技术，着力打通数据库技术从理论到 DBMS 应用再到实例开发的三个重要环节，帮助初学者建立扎实的理论基础，同时建立清晰的知识脉络，为后续的深入学习开辟良好的开端。希望本书能够使读者对数据库系统有一个全面、深入、系统的了解，为进一步从事数据库系统的研究、开发和应用奠定坚实的基础。

本书主要特点如下。

(1) 针对高等学校教学大纲对本课程的要求，重点讲述数据库基本概念、基本原理和基本技术，同时充分考虑教学的需要，在内容选取、难易程度等因素上都有所考虑。根据教学实际情况，本书的内容适用于 48～64 学时教学。

(2) 本书选择轻量级开源数据库管理系统 MySQL，详细地讲述了安装过程和具体的 SQL 语句，为读者提供一个练习 SQL 语句的 DBMS 环境。

(3) 为了帮助读者能够更加容易地将理论知识和 DBMS 中练习的 SQL 语句，应用到程序的开发过程中，本书给出开发实例，重点介绍数据库设计的各个步骤及相应内容，以及与应用程序建立连接的方法，真正实现“从原理到应用”。

(4) 力求反映当前数据库领域的新水平、新技术。在多种类型数据库技术基础上，增加了大数据存储及管理 NoSQL 技术，帮助读者初步了解传统数据库到大数据技术的演变过程，同时体会大数据存储及管理技术的特殊之处。

本书由孟凡荣主编，其中，孟凡荣编写第 1 章和第 9 章中的部分内容，并负责全书的统稿，闫秋艳编写第 5 章和第 9 章，并协助全书的统稿，袁冠编写第 7 章和第 8 章，葛欣编写第 3 章，雷小锋编写第 6 章，谢红侠编写第 4 章，徐慧编写第 2 章，王志晓编写第 9 章的部分内容。

本书标 * 章节为非重点章节,感兴趣的读者可自主学习。

由于编者水平有限,书中疏漏之处在所难免,殷切希望得到广大读者的批评指正。

编　者

2018 年 12 月

目 录

第 1 章 绪论 …… 1

1.1 数据库、数据库管理系统、数据库系统和数据库应用系统 …… 1

1.1.1 数据库 …… 1

1.1.2 数据库管理系统 …… 3

1.1.3 数据库系统 …… 4

1.1.4 数据库应用系统 …… 6

1.2 数据库系统的产生与发展 …… 7

1.2.1 数据、信息、数据管理与数据处理 …… 7

1.2.2 数据管理技术的产生与发展 …… 8

1.2.3 数据库系统的特点 …… 12

1.3 数据模型 …… 14

1.3.1 数据模型的几个重要问题 …… 14

1.3.2 实体-联系数据模型 …… 15

1.3.3 常用(结构)数据模型 …… 22

1.4 数据库系统结构 …… 29

1.4.1 数据库系统的三级模式结构 …… 29

1.4.2 数据库的两级映像与数据独立性 …… 31

1.4.3 用户通过 DBMS 访问数据库的过程 …… 33

1.5 数据库管理系统 …… 34

1.5.1 数据库管理系统的组成 …… 35

1.5.2 数据库管理系统的主要功能 …… 35

1.5.3 数据库管理系统应该满足的要求 …… 36

1.5.4 数据库管理系统程序模块的组成 …… 38

1.5.5 数据库管理系统的层次结构 …… 39

1.5.6 常见的数据库管理系统 …… 40

1.6 数据库应用系统开发概述 …… 40

1.6.1 单用户结构 …… 41

1.6.2 集中式结构 …… 41

1.6.3 分布式结构 …… 41

1.6.4 客户机/服务器结构 …… 41

1.6.5 浏览器/服务器结构 …… 43
*1.7 数据库技术的新发展 …… 44
小结 …… 45
习题 1 …… 46

第 2 章 关系数据库 …… 50

2.1 关系模型 …… 50
2.1.1 关系数据结构 …… 50
2.1.2 关系操作 …… 53
2.1.3 关系完整性约束 …… 54
2.2 关系代数 …… 56
2.2.1 传统的集合运算 …… 56
2.2.2 专门的关系运算 …… 58
2.2.3 关系代数举例 …… 66
*2.3 关系演算 …… 68
2.3.1 元组关系演算 …… 68
2.3.2 域关系演算 …… 69
2.4 查询优化 …… 69
2.4.1 查询优化的必要性 …… 70
2.4.2 查询优化的策略和算法 …… 72
2.5 关系系统 …… 73
2.5.1 关系系统定义 …… 74
2.5.2 关系系统分类 …… 74
*2.5.3 全关系系统的 12 条基本准则 …… 74
小结 …… 76
习题 2 …… 77

第 3 章 关系数据库标准语言 SQL …… 79

3.1 SQL 概述 …… 79
3.1.1 SQL 的发展 …… 79
3.1.2 SQL 的特点 …… 79
3.1.3 SQL 体系结构 …… 80
3.2 SQL 的定义功能 …… 81
3.2.1 基本表的定义 …… 81
3.2.2 基本表的修改和删除 …… 84
3.2.3 索引的建立与删除 …… 85
3.3 数据查询 …… 87
3.3.1 单表查询 …… 88
3.3.2 连接查询 …… 96

3.3.3 嵌套查询…… 103
3.4 数据更新 …… 109
3.4.1 插入数据…… 109
3.4.2 删除数据…… 110
3.4.3 修改数据…… 111
3.5 视图 …… 112
3.5.1 建立视图…… 112
3.5.2 删除视图…… 113
3.5.3 查询视图…… 113
3.5.4 更新视图…… 114
3.6 数据控制 …… 115
3.6.1 授权…… 115
3.6.2 收回权限…… 116
小结…… 116
习题 3 …… 116

第 4 章 关系规范化理论…… 119

4.1 问题的提出 …… 119
4.1.1 一个泛关系模式的实例…… 119
4.1.2 改造泛关系模式 S_D_P …… 121
4.1.3 存在问题的原因…… 123
4.1.4 规范化理论的提出…… 124
4.2 函数依赖和范式 …… 124
4.2.1 函数依赖的概念…… 124
4.2.2 码的函数依赖定义…… 127
4.2.3 范式…… 128
4.3 数据依赖的公理系统 …… 134
4.3.1 函数依赖集的闭包…… 135
4.3.2 函数依赖的推理规则…… 135
4.3.3 属性集闭包与 F 逻辑蕴涵的充要条件 …… 136
4.3.4 Armstrong 公理的正确性和完备性…… 139
4.3.5 函数依赖集的等价和最小函数依赖集…… 141
4.4 关系模式的分解方法 …… 142
4.4.1 模式分解的概念…… 142
4.4.2 分解的无损连接性判定…… 144
4.4.3 分解的函数依赖保持性判定…… 148
4.4.4 关系模式的分解算法…… 149
小结…… 150
习题 4 …… 150

第 5 章　数据库设计……………………………………………………………… 153

5.1　数据库设计概述 ……………………………………………………… 153
5.1.1　数据库设计的定义和知识要求……………………………………… 153
5.1.2　数据库设计的内容…………………………………………………… 154
5.1.3　数据库设计方法……………………………………………………… 154
5.1.4　数据库设计的基本步骤……………………………………………… 156
5.2　需求分析 ……………………………………………………………… 158
5.2.1　需求分析的任务……………………………………………………… 158
5.2.2　需求分析的方法和过程……………………………………………… 159
5.2.3　需求分析常用工具…………………………………………………… 159
5.2.4　需求分析实例………………………………………………………… 162
5.3　概念结构设计 ………………………………………………………… 166
5.3.1　概念结构设计的定义………………………………………………… 166
5.3.2　概念结构设计方法…………………………………………………… 167
5.3.3　局部视图设计………………………………………………………… 168
5.3.4　集成全局视图………………………………………………………… 170
5.4　逻辑结构设计 ………………………………………………………… 173
5.4.1　逻辑结构设计的任务和步骤………………………………………… 173
5.4.2　E-R 图向关系模型的转换原则……………………………………… 173
5.4.3　逻辑结构的优化……………………………………………………… 175
5.4.4　设计用户外模式……………………………………………………… 176
5.5　物理结构设计 ………………………………………………………… 176
5.5.1　确定数据库的物理结构……………………………………………… 177
5.5.2　评价物理结构………………………………………………………… 178
5.6　数据库实施 …………………………………………………………… 178
5.7　数据库的运行和维护 ………………………………………………… 183
5.8　数据库设计实例 ……………………………………………………… 184
小结……………………………………………………………………………… 188
习题 5 …………………………………………………………………………… 188

第 6 章　数据库保护……………………………………………………………… 190

6.1　事务 …………………………………………………………………… 190
6.1.1　事务的概念…………………………………………………………… 190
6.1.2　事务的特性…………………………………………………………… 191
6.2　数据库恢复 …………………………………………………………… 192
6.2.1　数据库系统的故障…………………………………………………… 192
6.2.2　数据库恢复的实现技术……………………………………………… 193
6.3　并发控制 ……………………………………………………………… 196

6.3.1 并发操作引发的问题 …… 196
6.3.2 调度及其可串行化 …… 198
6.3.3 事务的隔离性级别 …… 200
6.3.4 封锁技术 …… 201
6.3.5 死锁与活锁问题 …… 204
6.3.6 封锁的粒度 …… 205
6.4 数据库安全性 …… 205
6.4.1 用户标识与鉴别 …… 206
6.4.2 存取控制 …… 206
6.4.3 视图机制 …… 208
6.4.4 数据加密 …… 208
6.4.5 审计 …… 209
6.5 数据库完整性 …… 209
6.5.1 完整性约束条件的类型 …… 209
6.5.2 完整性控制机制的功能 …… 210
6.5.3 完整性约束的表达方式 …… 211
小结 …… 219
习题 6 …… 219

第 7 章 MySQL 数据库操作 …… 222

7.1 MySQL 简介 …… 222
7.2 MySQL 的体系结构 …… 222
7.3 MySQL 的查询语言 …… 223
7.3.1 表、列和数据类型 …… 223
7.3.2 函数 …… 224
7.3.3 SQL 语句 …… 224
7.4 MySQL 数据库的安装 …… 225
7.5 MySQL 数据库的基本操作 …… 228
7.5.1 数据库操作 …… 228
7.5.2 数据库表的操作 …… 229
7.5.3 数据库视图操作 …… 231
7.5.4 数据操作语言 …… 233
7.6 常用开发平台与 MySQL 数据的连接 …… 241
7.7 MySQL 数据库的备份与恢复 …… 243
7.8 MySQL 数据库的安全 …… 245

第 8 章 数据库应用实例 …… 248

8.1 引言 …… 248
8.2 楼盘销售系统 …… 248

8.2.1 开发背景…… 248
8.2.2 需求分析…… 248
8.2.3 系统设计…… 253
8.2.4 系统实现…… 258
8.3 数据库精品课程学习系统 …… 263
8.3.1 开发背景…… 263
8.3.2 需求分析…… 263
8.3.3 系统设计…… 267
8.3.4 系统实现…… 271
8.4 煤矿采掘衔接计划管理系统 …… 273
8.4.1 需求概要…… 273
8.4.2 数据流图…… 274
8.4.3 系统设计…… 279
8.4.4 系统实现…… 287
小结…… 291

第 9 章 数据库新技术…… 292

9.1 面向对象数据模型 …… 292
9.1.1 面向对象数据模型的定义…… 292
9.1.2 面向对象数据库管理系统…… 293
9.1.3 面向对象数据库系统的概念与特征…… 294
9.1.4 面向对象数据库系统的查询…… 294
9.1.5 面向对象数据库系统的并发控制…… 295
9.2 XML 数据库 …… 295
9.2.1 XML 技术 …… 295
9.2.2 XML 数据库 …… 296
9.2.3 XML 数据库分类 …… 297
9.2.4 XML 数据库管理系统 …… 297
9.3 分布式数据库系统 …… 298
9.3.1 分布式数据库及其分类…… 298
9.3.2 分布式数据库的特点…… 299
9.3.3 分布式数据库的分级结构…… 300
9.3.4 分布式数据库的数据分布…… 301
9.4 工程数据库 …… 302
9.4.1 工程数据库基本概念…… 302
9.4.2 工程数据库体系结构…… 302
9.4.3 长事务管理…… 303
9.5 其他数据库 …… 304
9.5.1 模糊数据库…… 304

9.5.2 空间数据库…… 305
9.5.3 统计与科学数据库…… 306
9.5.4 实时数据库…… 306
9.5.5 内存数据库…… 307
9.6 大数据管理技术 …… 308
9.6.1 什么是大数据…… 308
9.6.2 大数据的特点…… 309
9.6.3 传统关系型数据库面临的问题…… 309
9.6.4 NoSQL 数据库 …… 310
9.7 数据仓库 …… 312
9.7.1 什么是数据仓库…… 312
9.7.2 数据仓库的体系结构…… 313
9.7.3 数据仓库的作用…… 314
9.8 知识发现 …… 314
9.8.1 KDD 的相关概念 …… 315
9.8.2 KDD 的基本任务 …… 316
9.8.3 KDD 的处理过程 …… 316
9.8.4 KDD 的方法 …… 319
小结…… 320
参考文献…… 321

第1章 绪 论

数据库技术的研究是从20世纪60年代开始的，在这五十多年中有一大批研究者做了大量的工作，并且取得了重大成就，其中最值得骄傲的是有4位图灵奖获得者，他们是：网状数据库之父查尔斯·威廉·巴赫曼(Charles. W. Bachman)，关系数据库之父埃德加·科德(Edgar F. Codd)，数据库技术和事务处理专家詹姆斯·格雷(Jim Gray)和对现代数据库系统底层的概念与实践做出基础性贡献的迈克尔·斯通布雷克(Michael Stonebraker)。

数据库技术不仅得到了数据库研究者的关注，而且还得到了众多使用者的关注。目前数据库技术已经是计算机科学的重要分支，也是计算机科学技术中发展最快和应用最广泛的重要分支之一。数据库技术已经成为计算机信息系统和计算机应用系统的重要技术基础和支柱，带动了一个巨大的软件产业，是理论成果转化为产品的成功范例。

本章主要阐述数据库相关的基本概念，介绍数据库技术产生与发展的背景，数据库系统的特点，数据模型的组成要素、概念模型及数据库系统体系结构。

通过本章的学习，要求读者能够掌握数据库、数据库管理系统、数据库系统和数据库应用系统的基本概念；了解数据管理技术的产生和发展过程；了解层次数据模型及网状数据模型的基本概念；掌握关系数据模型的相关概念；掌握数据库系统的组成，数据库系统三级模式和两层映像的体系结构，数据库系统的特点；了解DBA的职责；特别应该掌握概念模型的基本概念及其主要建模方法——实体-联系方法。

学习本章的重点在于基本概念和基本知识的把握，从而为后续的学习打下良好和扎实的基础。

1.1 数据库、数据库管理系统、数据库系统和数据库应用系统

目前数据库的应用非常广泛，几乎各行各业都在直接或间接地与数据库打交道，例如网上购物、银行业务、铁路购票和酒店住宿等。在实际应用中，数据库、数据库管理系统、数据库系统和数据库应用系统经常被统称为数据库，而实质上这4个概念是不一样的，它们具有不同的定义和含义。下面首先介绍这4个概念的定义与含义，以便在后续的学习中能够根据上下文的关系正确使用相关的术语。

1.1.1 数据库

目前关于数据库(Database，DB)的概念，还没有统一而明确的定义。原因主要在于数据库技术是一门新兴学科，它的概念、原理和方法仍在不断发展变化中，它所涉及的领域也

非常广泛,所以国内外不同人士从不同的角度给出了很多不同的描述。下面列举了部分专家学者对数据库给出的定义。

(1) 长期存储在计算机内的、有组织的和可共享的数据集合。

(2) 相互关联的数据集合。

(3) 可供用户分享的数据集合体。

(4) 一群物理数据单元的集合体,这些数据单元之间存在某种关系。

(5) 能为计算机所存取的任何数据的集合体。

(6) 由一个模式控制的记录和集合区域的集合体。

(7) 存放数据的仓库。

(8) 按一定方式存储在一起的数据集合体。

(9) 有组织的数据集合,其结构能反映数据间的自然关系,能满足多种应用。

(10) 彼此之间存在逻辑关系的一些数据的存储体。

(11) 数据库是一个记录保存系统。

(12) 数据库是长期存储在计算机系统内的一个通用化的、综合性的、有结构的、可共享的数据集合;具有较小的数据冗余度和较高的数据独立性、安全性和完整性;数据库的创建、运行和维护是在数据库管理系统控制下实现的,并可为各种用户共享。

(13) 使用数据库管理系统建立起来的并由数据库管理系统所能存取和维护的数据及数据间逻辑关系的集合体。

(14) 数据库是存储在一起的相关数据的集合,这些数据没有不必要的冗余,能为多种应用服务;数据的存储独立于程序;对数据库的插入、修改和检索均能按一种公用的和可控的方法进行;若在一个系统中存在着结构上完全分离的多个数据库,则称该系统为一个数据库集合。

(15) 数据库是存储在磁鼓、磁盘或其他存储介质上的数据集合;有若干个应用程序以数据库为背景进行检索、修改、插入或删除等操作,还可能有一些联机远程终端用户访问数据库;数据库是集成的,包含许多用户的数据,每个用户只享用其中一部分数据,不同用户所使用的数据可以重叠,并且同一片数据可以为多用户共享。

(16) 数据库是存储在一起的相关数据的集合,这些数据是结构化的,无有害的或不必要的冗余,并为多种应用服务;数据的存储独立于使用它的程序;对数据库插入新数据、修改和检索原有数据均能按一种公用的和可控制的方式进行。当某个系统中存在结构上完全分开的若干个数据库时,则该系统包含一个“数据库集合”。

(17) 数据库是依照某种数据模型组织起来并存放在二级存储器中的数据集合。这种数据集合具有如下特点:尽可能不重复,以最优方式为某个特定组织的多种应用服务,其数据结构独立于使用它的应用程序,对数据的增加、删除、修改和检索由统一软件进行管理和控制。

(18) 数据库是长期存储在计算机内、有组织的、可共享的大量数据的集合。数据库中的数据按一定的数据模型组织、描述和存储,具有较小的冗余度、较高的数据独立性和易扩展性,并可为各种用户共享。

上述定义尽管有所不同,但都认为数据库是数据的集合体,而且这个集合体中的数据必须能够被计算机管理并为多个用户共享。

在这里给出数据库的另外一种定义。

数据库是指在计算机的存储设备上合理存放相关联、有结构的数据集合。

数据库定义的示意图如图 1-1 所示。

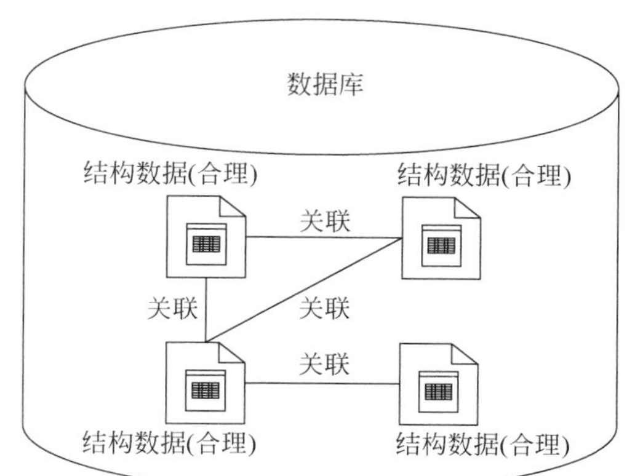

图 1-1　数据库定义的示意图

这个定义具有如下含义。

(1) 数据库首先是指在计算机的存储设备上存放的、属于计算机领域的一个术语。

(2) 数据库是一个数据集合。

(3) 这个数据集合是有结构的，这一点也是和文件系统相比最大的特点之一。

(4) 这个数据集合是相关联的数据集合，并且只有相关联的数据才可以存放在一起，否则没有意义和研究价值。

(5) 这个数据集合是合理存放的。那么到底该如何合理存放？这也是数据库技术研究的关键问题之一，数据库规范化理论和数据库设计方法专门研究合理存放问题。

这个定义相对更适合理解和记忆，并且含义丰富。

1.1.2　数据库管理系统

数据库管理系统(Database Management System，DBMS)是一个操纵和管理数据库的大型软件，它由一组计算机程序构成。它是位于用户与操作系统之间的一层数据管理软件。它能够对数据库进行有效的管理，包括建立和维护数据库，接收和完成用户访问数据库的各种请求。数据库管理系统和操作系统一样，是计算机的系统软件或者叫基础软件。

数据库管理系统包含的功能很多，不同 DBMS 的功能也有差异，但是总的来说应该具备数据定义功能、数据存取功能、数据库运行管理功能、数据库建立和维护功能，以及数据库的传输功能等。

目前，数据库市场上有很多数据库管理系统产品，例如，Oracle、Sybase、DB2、MySQL、Access、PostgreSQL、MySQL 和 Microsoft SQL Server 等。

典型的 DBMS 程序模块组成如图 1-2 所示。

由图 1-2 可以看出，DBMS 是一个复杂的系统，它可以完成数据库的存取，但同时还需要考虑安全性管理、完整性管理、并发控制和故障恢复等。

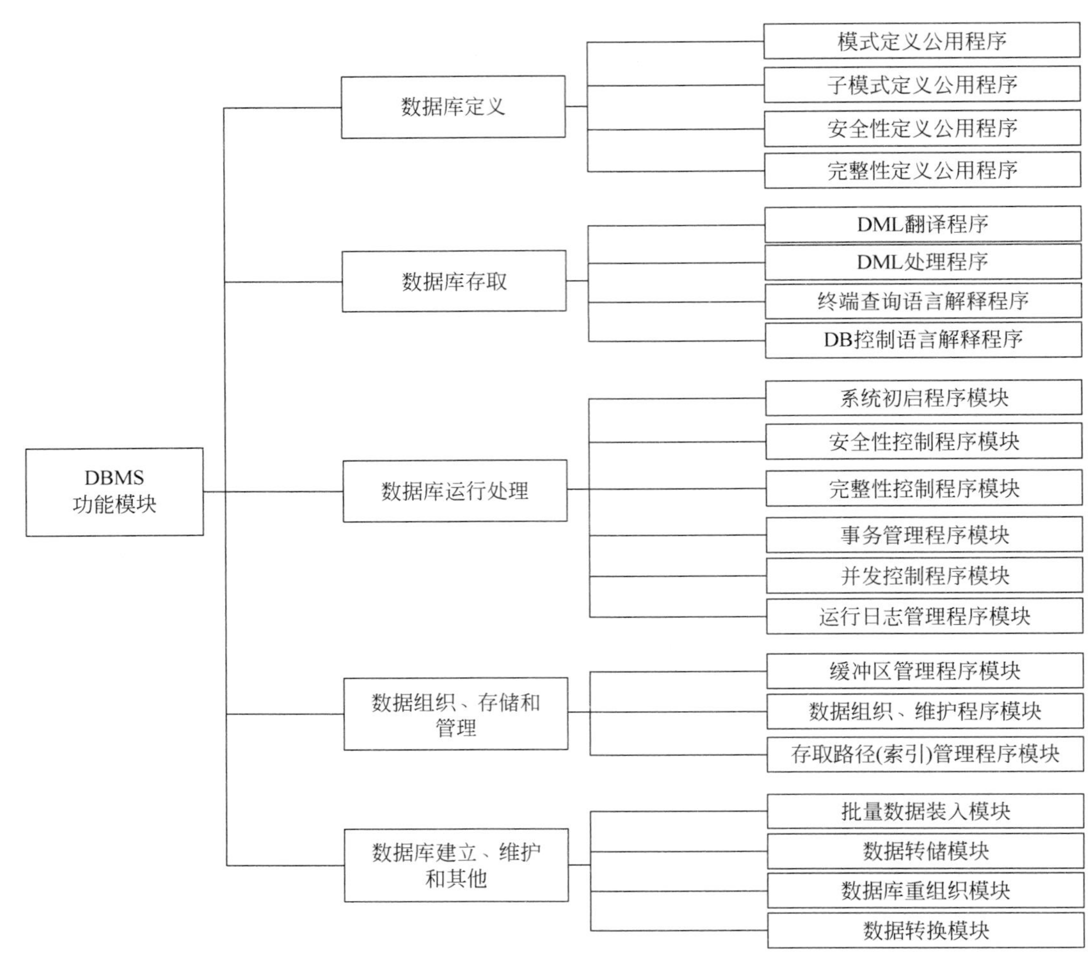

图 1-2　典型的 DBMS 程序模块组成

1.1.3　数据库系统

关于数据库系统(Database System,DBS)的定义,不同的人站在不同角度也给出了不同的定义。例如,从强调软件作用的角度有人给出,数据库系统是由数据库及其管理软件组成的系统;数据库系统是为适应数据处理的需要而发展起来的一种较为理想的数据处理系统,也是一个为实际可运行的存储、维护和应用系统提供数据的软件系统,是存储介质、处理对象和管理系统的集合体。

然而,数据库系统实际上不仅和软件有关,而且还因为数据库就是存储在计算机存储设备上的,所以必须和硬件关联。因此,数据库系统是用于实现有组织地、动态地存储大量相关的结构化数据,便于用户使用数据库的计算机软件和硬件资源组成的系统。换言之,数据库系统是指在计算机系统中引进数据库和数据库管理系统后的系统。

数据库系统组成示意图如图 1-3 所示。

数据库系统一般由硬件、软件、数据库和用户 4 部分组成。

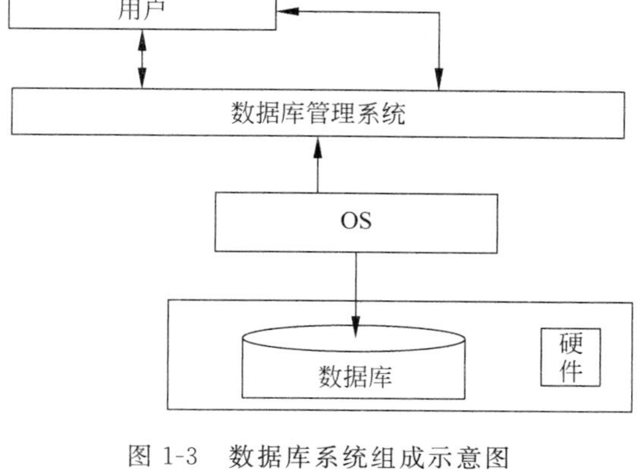

图 1-3　数据库系统组成示意图

1. 硬件

硬件是数据库赖以存在的物理设备，包括输入设备、输出设备、运算器、控制器和存储器。

2. 软件

基本的系统软件是操作系统，其他任何软件都必须在它的支持下工作。除操作系统之外，还必须配有数据库管理系统，没有数据库管理系统也就不能称其为数据库系统。同时，为了开发数据库应用系统，还需要有各种高级语言及其编译系统。

3. 数据库

数据库是一个企事业组织需要管理的全部相关数据的集合。数据库包括两部分内容：一类是所有应用需要的工作数据的集合，存放在物理数据库中，是数据库的主体；另一类是存放在数据字典(Data Dictionary，DD)中各级模式的描述信息，主要包括所有数据的结构名、意义、描述定义、存储格式、完整性约束和使用权限等信息。由于数据字典包含数据库系统中的大量描述信息，而不是用户数据，因此也称之为"描述信息库"，也有人称之为"描述数据库的数据库"。

4. 用户

用户包括管理、开发人员和终端用户。

1) 管理和开发人员

具体包括数据库管理员(Database Administrator，DBA)、系统分析员和应用程序员。

(1) 数据库管理员

数据库管理员(DBA)可以是一个人或几个人组成的小组，负责整个数据库系统的建立、管理、维护和协调工作。一个高水平的 DBA 小组通常由操作专家、系统分析和设计专家、应用专家、数据库管理专家、查询语言专家和数据库审计专家等组成。

DBA 的主要职责有以下 4 个方面。

① 参与数据库系统的设计与建立。在设计和建立数据库时，DBA 参与系统分析和系统设计，决定整个数据库的内容。首先全面调查用户的需求，列出用户问题表，建立数据模式并写出数据库的概念模式；和用户一起建立外模式；根据应用要求决定数据库的存储结构和存取策略，建立数据库的内模式。最后将数据库各级源模式经过编译生成目标模式并装入系统，然后把数据装入数据库。

② 对系统的运行实行监控。在数据库运行期间，为了保证有效地使用 DBMS，要对用户的存取权限进行监督控制，并收集、统计数据库运行的有关状态信息，记录数据库数据的变化，在此基础上响应系统的某些变化，改善系统的“时空”性能，从而提高系统的执行效率。

③ 定义数据的安全性要求和完整性约束条件。DBA 负责确定用户对数据库的存取权限、数据的保密级别和完整性约束条件，以保证数据库数据的安全性和完整性。

④ 负责数据库性能的改进和数据库的重组及重构工作。

(2) 系统分析员

系统分析员负责应用系统的需求分析和规范说明，需与用户和 DBA 结合，确定系统软件、硬件配置，数据模型设计等。

(3) 应用程序员

应用程序员负责应用系统的程序设计。

2) 终端用户

各种操作人员，可以不懂程序，但必须懂业务、会操作。最终用户可以分为三类。一类是偶然用户，这类用户不经常访问数据库，偶尔提出一些查询需求来访问数据库的信息，他们一般是部门的中高级管理人员。第二类是简单用户，这类用户经常和数据库打交道，主要完成查询和更新数据库的工作，如商场的售货员、车站的售票员、宾馆总台服务员和银行职员等。第三类是复杂用户，这类用户对数据库管理系统非常熟悉，可以直接通过数据库管理系统访问数据库，甚至可以编制自己的应用程序，如工程师、科技工作者等。

总之，数据库系统涉及的人员比较多，并且也比较复杂，因此不但对不同人员有不同的要求，同时对数据库管理系统提出了可以提供多种界面和服务机制的要求。

1.1.4 数据库应用系统

数据库应用系统(Database Application System，DBAS)是指数据库系统及其应用程序的组成，即在数据库系统环境下建立起来为某种应用服务的软、硬件的集合。这种软件也经常被称为应用软件。

数据库、数据库系统、数据库管理系统和数据库应用系统之间的关系如图 1-4 所示。

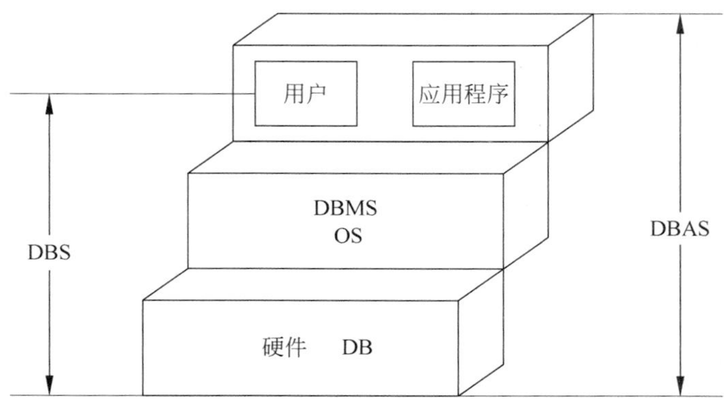

图 1-4 DB、DBMS、DBAS 与 DBS 之间的关系

1.2 数据库系统的产生与发展

当明确了数据库、数据库管理系统、数据库系统和数据库应用系统概念以后，比这几个概念更基础和相关的定义也需要了解，即数据、信息以及与数据有关的数据管理和数据处理。

1.2.1 数据、信息、数据管理与数据处理

对于数据和信息两个名词，相信读者并不陌生，因为在日常生活中经常被人们提及。那么究竟什么是数据？什么是信息？关于这两个概念，目前人们不但没有给出准确的定义，而且还不太加以区别，这充分说明了两者联系密切，但实质上两者还是有区别的。

一提到数据，大多数人想到的是数字。其实数字只是数据中的一种，数据包含的种类很多，如图纸、报表、声音、图像、账册等，这些实际上就是人们反映客观世界或者是与客观联系的介质，人们正是利用这些介质来表现数据的。所以有人说，数据是从观察和测量中所收集到的事实；也有人说数据是描述事物的符号记录，或者说数据是载荷信息的各种符号；还可以说，数据本质上是对客观事物特征的一种抽象、符号化的表示，即用一定的符号表示那些从观察或测量中所收集到的基本事实，采用何种符号完全是一种人为的规定。

这些数据经过加工处理以后，就能转变为有助于实现特定目的的信息。因此又可以说信息是数据有意义的表现，或者说信息就是数据的含义。由此可见，信息实际上是经过处理后的数据，是消化了的数据。

例如，在现实世界中测量到了一个电压为 220V，可以知道 220 是一个数据，220V 是一个电压的信息。但是，如果不知道 220 表示的含义是什么，那么也就不知道传递的信息是什么，可以认为 220 是一个长度的信息，也可以说 220 是一个重量的信息。

由此可见，数据本身还不能完全表达自身内容，需要经过解释才能明白其含义，所以数据和信息的解释是密不可分的，即数据和信息联系密切。

对数据和信息的概念理解以后，下面介绍另外两个概念，数据管理和数据处理。数据管理和数据处理两个概念既有区别又有联系，数据管理技术的好坏，将直接影响数据处理的效率。

因为数据和信息概念联系密切，所以数据处理也可以称为信息处理。由于数据处理的基本含义就是从已知的数据出发，推导出新的数据，新的数据表示了新的信息，新的信息又可以作为已知数据进行进一步的处理。所以，把对数据进行收集、组织、存储、加工、抽取和传播等一系列活动的总和称为数据处理，其目的是从大量的原始数据中抽取、推导出对人们有价值的信息。

一般来说，数据处理在数据计算方面比较简单，但是所涉及的数据量比较大，数据结构和数据之间的联系比较复杂，所以，数据处理的重点不是计算，而是数据管理，这一点也是数据处理和科学计算的最大差别。

数据管理是指对数据的分类、组织、编码、存储、查询和维护等活动。这些活动是数据处理的基本环节，也是各种业务数据处理的共性部分，所以，可以研究出来方便、高效、通用的

管理软件,把数据有效地管理起来,以便减轻程序员的负担。

由此可见,数据管理是数据处理活动中的一部分,并且是数据处理的中心环节。数据处理与数据管理是相联系的,数据管理技术的优劣将对数据处理的效率产生直接影响。数据库技术就是针对数据管理进行研究、发展及完善起来的计算机应用的一个分支。

1.2.2 数据管理技术的产生与发展

数据为人类社会发展提供了重要的信息资源。如何有效地保存和科学地管理这些数据是人们长期以来十分关注的课题,从而促进了数据管理技术的发展。

早期在原始社会,人们就利用木棍、石子和火光等介质进行数据的收集、存储和传播等活动,将它称为原始阶段数据管理或数据处理。后来文字、纸张及印刷术的发明,使得社会有了飞跃的发展,人们利用文字纸张作为介质进行存储和加工等。到了 20 世纪 50 年代,由于计算机的出现,人们开始利用磁介质进行存储、加工和传播数据等活动,此时把它称为计算机数据管理。

计算机技术的发展使得数据管理技术也不断向前发展,至今,经历了人工管理阶段、文件系统阶段和数据库系统阶段。

1. 人工管理阶段

20 世纪 50 年代中期以前,很多计算机只有硬件而无软件。当时的计算机主要用于科学计算,一般数据不保存在计算机内。尽管后来有了一些软件,但也没有专用的软件对数据进行管理,例如,早期的 BASIC 将程序与数据放在一起,数据都放在 DATA 语句中,数据的组织方式完全由编程人员自己设计与安排。此时,该程序中的数据只能为本程序服务,并且把程序和数据放到一起,起名为“文件名.BAS”。如果程序有问题需要修改,则当把程序调入内存时,数据也被一同调入。如果想修改数据,程序也必然要随之调入到内存中来,甚至,当时很多程序只能在程序运行时输入数据,并且只能是少量数据,所以限制了数据处理的应用。由此可以看出,程序和数据密不可分,如图 1-5 所示。

应用程序1	应用程序2	应用程序n
数据1	数据2	数据n

图 1-5　人工管理阶段

由此可见,人工管理阶段存在以下问题。

(1) 数据不独立保存。

(2) 应用程序管理数据。

(3) 数据不能够共享。

(4) 数据不具有独立性。

(5) 数据没有软件系统进行管理,程序员不仅要规定数据的逻辑结构,还要设计数据的物理结构,数据面向应用。

2. 文件系统阶段

在人工管理阶段最明显的缺点就是缺乏数据独立性。所以在 20 世纪 50 年代后期至 60 年代中期,随着计算机技术的发展,当时不但计算机的硬件有了磁盘等直接存储设备,软件方面也有了变化,在操作系统中有了专门的数据管理软件,称为文件系统,所以说数据管理进入文件系统阶段。

在文件系统阶段,程序与数据可以分别独立存放,数据可以组成数据文件,并且可以独立命名。一旦命名之后,程序便可以通过文件名对文件中的数据进行处理,当然,在程序与数据之间需要一个转换过程,但是这个过程可以由文件管理系统完成,即采用“应用程序—

OS—数据文件”的存取方式，如图 1-6 所示。

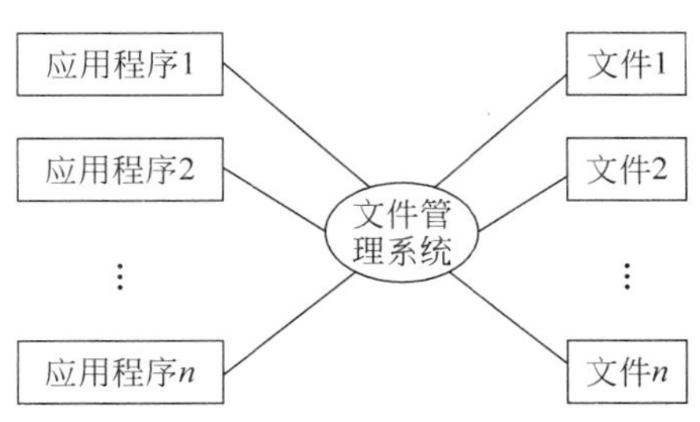

图 1-6　文件系统管理阶段

例如，一个大学下设有很多个学院和处室，一个教师要和多个部门打交道，如人事处、教务处、科研处、医院等，各部门都要掌握教师的有关信息，假设各部门包括的部分信息如表 1-1～表 1-4 所示。

表 1-1　人事文件

编号	姓名	性别	出生日期	参加工作日期	职称	职务	基本工资
⋮							

表 1-2　教学文件

编号	姓名	性别	职称	授课名称	授课班级
⋮					

表 1-3　科研文件

编号	姓名	性别	职称	项目名称	经费
⋮					

表 1-4　体检文件

编号	姓名	性别	职称	身高	体重	心肺	血压
⋮							

这些文件应该怎样组织由用户自行决定，每个用户可以建立、维护和处理一个文件或多个文件。一个应用程序可以与一个或多个数据文件对应，也可以说，一个或多个数据文件为某个应用程序服务。

尽管文件系统使得数据管理技术有了重要进展，使得数据可以长期保存，可以有专门的文件系统软件进行数据管理，但是仍然有很多根本性问题没有解决，如下列问题所述。

(1) 数据冗余度大、共享性差、易产生数据不一致性。

在文件系统中，数据文件是用户各自建立的，为用户自己或用户组所有，所以即使是相同的数据也必须放在各自的文件中，因此数据共享性差，冗余度大。同时由于相同数据的重复存储、各自管理，易产生数据的不一致性。

例如，在表 1-1～表 1-4 中都有编号、姓名、性别、职称信息，这显然造成了大量数据的冗余,并且如果该教师职称发生了变化,在人事文件中改变了其相应的职称信息,可是在教学、科研等文件中没有被修改,就会产生数据的不一致性。

这些问题和数据共享性差是密切相关的,也可以说,共享性越差,冗余度就越高,而冗余度高就会在修改过程中带来修改不一致现象。

(2) 数据独立性差。

数据独立性差即应用程序与数据之间依赖性很强。因为数据文件完全是根据具体的应用程序的要求而建立的,文件系统中文件逻辑结构一旦需要修改,那么必须修改应用程序。由于语言环境的变化要求修改应用程序时,也将引起文件数据结构的改变,因此数据与程序间仍缺乏数据独立性。

例如,在表 1-1 中插入一个所在单位信息和年龄信息,这将会引起应用程序的变化。

(3) 用户负担重。

文件系统虽然为用户提供了一种简单、统一的存取文件的方法,但文件的处理、数据的安全性和完整性得不到可靠保证,这些必须由用户程序完成。

例如,在性别信息中,性别只能是“男”或“女”,如果是其他数据则不能接受,但是,关于这个完整性的控制必须由用户程序完成。

```
IF NOT (性别 = "男" OR 性别 = "女")
PRINT "性别输入不正确,性别只能是'男'或者'女'"
ENDIF
```

(4) 数据无结构。

由于数据文件是按位置存放的,所以记录之间没有联系,故是无结构的。

除此之外,文件系统一般不支持多个应用程序对同一文件的并发访问,故数据处理的效率较低。同时,使用方式不够灵活。每个已经建立的数据文件只限于一定的应用,且难于对它进行修改和扩充。

例如,美国阿波罗登月计划,阿波罗飞船由两百多万个部件组成,且这些部件是由分散在世界各地的若干厂家生产的。为了掌握工程进度和协调工程进展,阿波罗计划的主要合作者 Rockwell 公司,在开始时曾研制了一个基于磁带的零部件生产计算机文件管理系统。该文件管理系统的数据冗余高达 60%以上,且只能以批处理方式进行工作,系统维护也困难。这些问题曾一度成为实现阿波罗登月计划的障碍。

文件系统存在的这些问题很难得到解决,因此,为了解决这些问题,数据库应运而生,这就是数据库系统产生的背景,也是数据库技术的目标。

在这里说明一点,文件系统管理阶段是数据管理发展的一大进步,直到现在仍然被广泛使用,即使是下面将要介绍的数据库系统阶段,数据库的方式也是以文件方式为基础的。

3. 数据库系统阶段

20 世纪 60 年代后期以来,为了克服文件系统存在的问题,同时为了适应日益迅速增长的数据处理的需求,人们开始探索新的数据管理方法与工具。数据库技术应运而生。

数据库技术的目标主要是解决数据独立性问题,即克服程序与数据文件相互依赖,力争数据独立,同时还需要尽量解决数据冗余、数据安全性、数据完整性等问题。因此,出现了统一管理数据的专门软件系统——数据库管理系统。

从文件系统发展到数据库系统是数据管理发展的一个重大变革,它将过去在文件系统中的以程序设计为核心,数据服从程序设计的数据管理模式改变为以数据库设计为核心,应用程序设计退居次位的数据管理模式,如图 1-7 所示。

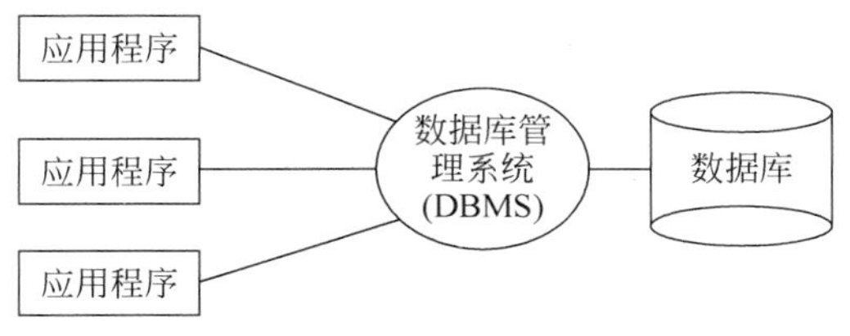

图 1-7 数据库系统管理阶段

世界上第一个数据库管理系统是美国通用电气公司(GE)的 C. W. Bachman 等人于 1964 年开发成功的 IDS(Integrated Data Store)系统。为此,Bachman 于 1973 年获得了美国计算机协会(ACM)颁发的图灵(Turing)奖。IDS 奠定了网状数据库的基础,并且得到了广泛的应用。

数据库在发展过程中经历了三个重要事件,这三个事件被称为数据库系统发展的三个里程碑。

(1) 1968 年,美国 IBM 公司推出了世界上第一个商品化的数据库管理系统(Information Management System,IMS),它是一个典型的层次数据库系统,为阿波罗飞船于 1969 年顺利登月提供了重要保证。在 20 世纪 70 年代,IMS 在商业、金融系统得到了广泛的应用。

(2) 1969 年,美国数据系统语言委员会(Conference On Data System Language,CODASYL)下属的数据库任务组(Data Base Task Group,DBTG)发表了 DBTG 报告。DBTG 报告给出了网状数据库系统的方案,并在 1971 年正式通过了这份报告,这份报告为建立网状数据库提供了完整的系统设计和语言规范。后来根据 DBTG 报告实现了很多网状数据库系统,如 IDMS、IMAGE 等。DBTG 系统在 20 世纪 70 年代至 80 年代中期得到了广泛的应用。

(3) 1970 年,美国 IBM 公司 San Jose 研究所的研究员 E. F. Codd 在美国计算机协会会刊 *Communication of the ACM* 上发表了题为“A Relational Model of Data for Shared Data Banks”(大型共享数据库数据的关系模型)的著名论文。之后 E. F. Codd 相继又发表了多篇关于关系模型的论文,定义了关系数据库的基本概念,引进了规范化理论,奠定了关系数据库的坚实理论基础。E. F. Codd 作为关系数据库的创始人和奠基人,在 1981 年 11 月 ACM(美国计算机协会)洛杉矶年会上,因对数据库管理系统的理论与实践做出奠基性、持续性和开拓性的贡献,荣获了计算机科学的最高荣誉——图灵奖。

从数据库系统发展的三个里程碑可以看出,描述客观世界的实体及其相互联系的方法可采用不同的数据模型,即用树状结构描述的层次模型,用网状结构描述的网状模型,以及用表结构描述的关系模型,与这些数据模型相对应的数据库分别称为层次型数据库、网状数据库和关系型数据库。

数据管理三个阶段的比较如表 1-5 所示。

表 1-5 数据管理三个阶段的比较

		人工管理	文件系统	数据库系统
背景	应用背景	科学计算	科学计算、管理	大规模管理
	硬件背景	无直接存取存储设备	磁盘、磁鼓	大容量磁盘
	软件背景	没有操作系统	有文件系统	有数据库管理系统
	处理方式	批处理	联机实时处理、批处理	联机实时处理，分布处理批处理
特点	数据的管理者	人	文件系统	数据库管理系统
	数据面向的对象	某一应用程序	某一应用程序	整个应用系统
	数据的共享程度	无共享，冗余度极大	共享性差，冗余度大	共享性高，冗余度小
	数据的独立性	不独立，完全依赖于程序	独立性差	具有高度的物理独立性和逻辑独立性
	数据的结构化	无结构	记录内有结构，整体无结构	整体结构化，用数据模型描述
	数据控制能力	应用程序自己控制	应用程序自己控制	由数据库管理系统提供数据安全性、完整性、并发控制和恢复能力

1.2.3 数据库系统的特点

数据库系统是一个比较复杂的系统，包括计算机的软件、硬件环境以及数据库、数据库管理系统，以及数据库管理员等相互独立而又相互联系的若干部分。所以，很难用简洁的语言概括其全部特点，但是用数据库系统管理数据应该具有以下基本特点。

(1) 数据结构化。

这一特点是文件系统与数据库系统的根本区别之一。

在文件系统中，在整体上不存在结构化，并且数据的存放只有程序员了解数据的含义、存放的位置等，而数据库系统中的数据是按照一定的数据模型来组织、描述和存储的，数据模型能够表示现实世界中各种数据组织和数据间的联系。

由于数据库是从整体考虑数据结构，所以数据不再是面向应用而是面向系统的。对于不同的应用，可以选取整体模型的各种合理子集加以实现。

(2) 数据冗余度小、共享性高、避免了数据的不一致性。

由于相同的数据在数据库中一般只存储一次，并为不同的应用共享，所以大大降低了数据的冗余度，提高了共享性。

如果一个数据在不同地方多次存放，此时如果需要修改，就必须对所有地方修改，一旦漏掉一个地方，必然会产生数据不一致性问题。例如，某一个教师的职称为副教授，如果在人事档案中、在教学表中、在体检表中等，职称出现了不同的值，原因就是由于存在数据冗余造成的。但如果一个数据在数据库中只存储一次(无数据冗余)，则不会产生数据不一致性问题。

在这里说明一点，从理论上讲，数据库中的数据应该是无冗余的。然而，在实际运行的数据库系统中，为了改善对数据库的查询效率等，在某种程度上仍然保留一些重复数据，称这些是可控冗余度，系统负责对冗余数据的检查和维护工作。

(3) 具有较高的数据独立性。

数据独立性是指数据库中数据与应用程序的无关性。

在数据库系统中,数据独立性一般分为数据的逻辑独立性和数据的物理独立性。逻辑独立性是指数据的全局逻辑结构与局部逻辑结构之间的相互独立性。当全局逻辑结构改变时,可以改变全局逻辑结构与局部逻辑结构之间的映射关系,而与某个具体应用相关的局部逻辑结构不用改变,从而应用程序也不用改变。物理独立性是指数据的存储结构与全局逻辑结构之间的相互独立性。当改变数据库中的存储结构时,不影响全局逻辑结构,只要不改变全局逻辑结构,就不改变应用程序,所以,在数据库系统中具有较高的数据独立性。

关于数据独立性的体现,在介绍数据库系统体系结构时会对这一特点有进一步的认识。

(4) 数据由 DBMS 统一管理和控制。

在文件系统中,虽然数据由操作系统中的文件系统管理,但是缺乏安全性、完整性等控制。而数据库系统则能通过数据库管理系统集中地控制和管理数据,在数据库系统中设有数据库管理员(Database Administrator,DBA),由数据库管理员对数据库进行管理和维护。数据库管理系统还提供如下数据控制功能。

① 数据的安全性(Security)保护。

数据的安全性是指保护数据以防止不合法的使用而造成数据的泄密和破坏。

数据库系统通常采取用户标识与鉴别和存取控制措施实现安全保护。用户标识与鉴别是每次用户要求进入系统时,由系统进行核对,只有合法用户才可以具有使用权。存取控制是确保只授权给有资格的用户访问数据库的权限。数据库用户按照其访问权力的大小,一般可以分为一般数据库用户、数据库的拥有者、有 DBA 特权的用户。不同权限的用户由于权限不同,所访问到的数据库中的数据不同,从而起到了安全保护作用。

② 数据的完整性(Integrity)保护。

数据的完整性是指将数据控制在有效范围内或使数据之间满足一定的关系,以保证数据的正确性、有效性和相容性,即为了防止数据库中存在不符合语义的数据,防止错误信息的输入和输出。例如,教师的编号一定是唯一的;性别只能是“男”或“女”;姓名长度的规定、类型的规定等。这些都是在操作过程中必须满足的条件。

③ 并发控制(Concurrency Control)。

对并发操作如果不加控制可能会引发一些问题。例如,火车售票系统,假设目前有多个售票窗口要对同一个车次的同一张车票进行出售,如果对这种并发操作不进行控制,就有可能发生同一个车票被多个旅客所购买。这种现象称为数据丢失修改。除此之外,并发操作还会带来读“脏”数据和不可重复读等问题。所以,当多个用户的并发进程同时对数据库进行存取时,必须对多用户的并发操作加以控制和协调。

④ 数据库恢复(Recovery)。

当数据库系统发生故障时,DBMS 必须具有将数据库从错误状态恢复到某个正确状态的功能。

数据库恢复机制是为了保证事务的原子性和持久性。当系统发生故障时,有些事务没有完成就被迫停止,这些未完成的事务所做的操作可能已对数据库造成影响,使数据库处于不一致的状态。因此,就需要 DBMS 的恢复机制撤销所有未完成事务对数据库的一切影响,保证事务的原子性。同样,对已提交的事务要恢复它对数据的更改,保证事务的持久性。因此,DBMS 所采用的恢复技术是否行之有效,不仅对系统的可靠程度起着决定性的作用,而且对系统的运行效率也有很大影响,是衡量系统性能优劣的重要指标。

数据库系统中可能发生的故障很多,如事务故障、系统故障和介质故障。恢复数据库的基本原理很简单,就是数据库中的任何一部分被破坏的或不正确的数据可以根据存储在系统别处的冗余数据来重建。最常用的冗余数据有后备副本和日志文件。尽管恢复的基本原理简单,但实现的细节却相当复杂。

1.3 数据模型

1.3.1 数据模型的几个重要问题

1. 定义

关于模型读者并不陌生,如汽车模型、飞机模型、建筑模型等。模型就是现实世界特征的模拟和抽象。

在数据库技术中,数据模型是指现实世界数据和信息的模拟和抽象,用来描述数据、组织数据和对数据进行操作。现有的数据库系统均是基于某种数据模型的,数据模型是数据库系统的核心和基础。

2. 数据模型应该满足的要求

用计算机模拟现实世界人们的各种事务管理活动,一般需要经历:对现实世界的事务进行分析,抽象成概念模型,然后将概念数据模型转换为便于计算机进行处理的逻辑数据模型,最后将逻辑数据模型转换为计算机能实现的存储模型。这一过程如图1-8所示。

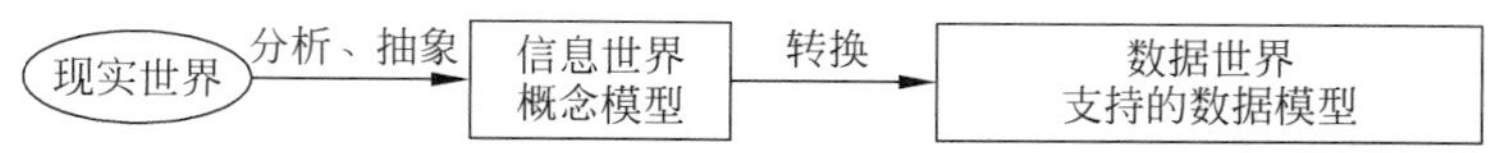

图1-8 现实世界到计算机世界的抽象过程

因此,无论是数据库的设计,还是DBMS的实现,都需要数据模型,以达到将现实系统向计算机化管理转变的目标。

在从现实世界到计算机世界的抽象过程中,必须满足如下要求。

(1) 真实性。要求能够真实地模拟现实世界,也只有真实地反映出现实世界所对应的要求才是有意义的,否则是空洞的、虚假的和无意义的。

(2) 易理解性。对现实世界模拟以后,可以抽象出概念模型,对于概念模型所描述的内容是否正确,需要和现实世界的用户进行交流,如果概念模型用户不理解,就无法沟通,因此,要求概念模型应具备易理解性。同时,概念模型还要向数据模型转换,如果不具备易理解性,设计者也将会出现困惑。

(3) 易实现性。易实现性主要针对概念模型和数据模型,即如何能够使概念模型便于转换为数据模型,同时数据模型又方便在计算机上实现。

如果一个数据模型能够同时满足上述三个要求,就可以评价该数据模型是一个优秀的数据模型。实际上,这三个要求是由数据模型所处的地位和担负的角色所决定的。

3. 数据模型的分类

数据模型的种类很多,如果按不同的应用层次可以分成三种类型,分别是概念数据模型、逻辑数据模型、物理数据模型。

(1) 概念数据模型：简称概念模型，是独立于计算机系统的数据模型，完全不涉及信息在计算机中的表示，是面向数据库用户的现实世界模型，主要用来描述现实世界的概念化结构。它使数据库的设计人员在设计的初始阶段，摆脱了计算机系统及DBMS的具体技术问题，集中精力分析数据以及数据之间的联系等，与具体的DBMS无关。在概念数据模型中最常用的是E-R模型、扩充的E-R模型和谓词模型等。

(2) 逻辑数据模型：简称数据模型，这是用户从数据库所看到的模型，是具体的DBMS所支持的数据模型，如层次数据模型、网状数据模型、关系模型和面向对象模型均属于这类数据模型。此类模型既要面向用户，又要面向系统，主要用于DBMS的实现。

(3) 物理数据模型：简称物理模型，是对数据最底层的抽象，描述数据在系统内部的表示方式和存取方法，在磁盘或磁带上的存储方式和存取方法，是面向计算机系统的。它是面向计算机物理表示的模型，不但与具体的DBMS有关，还与操作系统和硬件有关。每一种逻辑数据模型在实现时都有对应的物理数据模型。DBMS为了保证其独立性与可移植性，大部分物理数据模型的实现工作由系统自动完成，而设计者只设计索引、聚集等特殊结构。

4. 数据模型的组成要素

数据库专家E. F. Codd认为，一个基本数据模型是一组向用户提供的规则，这些规则规定数据结构如何组织以及允许进行何种操作。通常，一个数据库的数据模型应包含数据结构、数据操作和数据完整性约束三个部分。

(1) 数据结构。数据结构是指对实体模型和实体间联系的表达和实现。数据结构规定了如何描述数据的类型、内容、性质和数据之间的相互关系。它是数据模型最基本的组成部分，规定了数据模型的静态特性。在数据库系统中通常按照数据结构的类型来命名数据模型，例如采用层次型数据结构、网状数据结构、关系型数据结构的数据模型分别称为层次模型、网状模型和关系模型。

(2) 数据操作。数据操作是指一组用于指定数据结构的任何有效实例执行的操作或推导规则。数据库中主要的操作有查询和更新(插入、删除、修改)两大类。数据模型要为这些操作定义确切的含义、操作规则和实现操作的语言。因此，数据操作规定了数据模型的动态特性。

(3) 数据完整性约束。数据完整性给出数据及其联系应具有的制约和依赖规则，它定义了给定数据模型中数据及其联系所具有的制约和依存规则，用以限定相容的数据库状态的集合和可允许的状态改变，以保证数据库中数据的正确性、有效性和相容性。

数据结构、数据操作和数据的约束条件是数据模型的三要素，其中，数据结构是描述一个模型性质的最重要的方面。

1.3.2 实体-联系数据模型

概念模型是从现实世界到计算机世界转换的一个中间层次，在数据库设计的过程中它是比较关键的一步。因此，概念模型必须能够真实地反映现实世界中被管理事物的特征及其复杂的联系，即应该具有丰富的语义表达能力和直接模拟现实世界的能力，且具有直观、自然、语义丰富、易于用户理解的特点。目前，被广泛应用的概念模型是E-R数据模型

(Entity-Relationship Data Model),即实体-联系数据模型,它主要用于数据库的设计。尽管E-R数据模型目前受到来自对象模型的严峻挑战,但仍得到大量用户以及CASE工具的支持。

1. 信息的三个领域

1) 现实世界

现实世界是存在于人们头脑之外的客观世界,在这里所说的现实世界是指人们的各种事务管理活动。研究分析现实世界事物的规律和特点,是建立概念模型的基础。

因为现实世界由各种各样的实体组成,所以,最关心的是实体、实体特性、实体集和实体标识符。

(1) **实体**(Entity):实体是客观存在并可相互区别的个体。实体可以是具体的对象,也可以是抽象的;可以是有生命的,也可以是无生命的。例如,一名学生、一名教师、学生选课、银行卡、火车票、一张桌子、一台计算机、一场文艺演出、一场体育比赛等。

(2) **实体特性**(Entity Character):任何一个实体都具有它自己的特征或性质,如描述学生的特征有学号、姓名、性别、年龄、身高和体重等,描述财务明细账的特征有日期、凭证号、摘要、对方科目、余额、借方和贷方等,描述银行卡的特征有银行卡号、卡持有者的姓名、卡的类型和开户行等。描述实体的主要特征的这一特性称为实体特性。

(3) **实体集**(Entity Sets):在数据库设计中,常常关心具有相同实体特性实体的集合,这种具有相同实体特性的一类实体的集合称为实体集,如全校学生的集合组成学生实体集,仓库管理中的入库单集合组成入库单实体集。

(4) **实体标识符**(Entity Identifier):在实体集中唯一能确定实体集中某个实体的最小实体特性集称为实体标识符。例如,在学生实体集中学号能够唯一确定某一个学生,所以,学号特性就是实体标识符;在财务明细账中凭证号就是实体标识符;银行卡号唯一确定某张银行卡等。但是特别强调实体标识符不一定是由一个实体特性组成的,如果一个实体特性标识不出来实体集中某个实体,就必须增加其他实体特性进行标识。同样,如果多个实体特性能够唯一标识实体集中某个实体,可是去掉某个实体特性也能够唯一标识实体集中某个实体,这也不能称为实体标识符。

2) 信息世界

现实世界中的实体,通过人们的感觉器官反映到人们的头脑中,形成信息,组成信息世界。简单地说就是现实世界在人们头脑中的反映。在信息世界里用实体记录表示实体,用实体记录集表示实体集,属性表示实体集的特性,用标识属性表示一个实体标识符。

在这些概念中,属性是最常用的术语,所以有关属性做如下几点说明。

(1) 一个实体记录可以有若干个属性,但是在研究某一实体记录时,只关心那些感兴趣的属性。例如,如果要描述有关学生学习成绩的话,身高、体重等属性尽管是描述学生的主要特征,但是和学生学习成绩无关,因此就没有必要关心。

(2) 不能再细分的属性称为原子属性,如性别、年龄、姓名等。可以再细分的属性称为可分属性,如属性简历可以进一步细分为工作简历、培训简历等,工作简历又可以分为起始时间、结束时间、工作单位、证明人等。原子属性与可分属性之间具有相对性,例如,出生日期,可以把它看作原子属性,即将出生日期当作一个整体去处理,但如果在数据操作过程中,对出生日期中的年份、月份更加关心的话,在数据库设计中也可以把它看作可分属性。所以，在数据库设计中到底如何合理考虑属性非常重要，因为许多事物的特征也是相对的，同时又需要从不同的角度来描述事物，因此在实际情况中，要根据具体问题来使用属性的概念。

(3) 属性有型与值之分，属性的具体表现称为属性值。如性别就是一个属性的型，而男、女就是性别属性的值。属性值是附属于属性的，有什么样的属性，就有什么样的值，即属性的型是相对稳定的，属性的值随属性型相对变化，在某种情况下是原子的，在另外一种情况下又是可分的。如性别在不考虑年龄的情况下，属性值是男、女，它们是原子的，如果考虑到年龄，女性又分为幼女、女童、女青年、女中年、女老年等。

(4) 每个属性值都有一定的变化范围。属性取值的范围称为值域(Domain)。例如，性别属性的值域是男、女，成绩属性的值域是 0～100。

属性的概念在数据库设计中非常重要，到底把某个属性看作原子属性还是可分属性，到底是列为属性型还是属性值，对数据库设计会有很大影响。

3) 计算机世界

在信息世界中有些信息可以直接用数字表示，有些信息可以用符号、文字等来表示。但在计算机世界中一切信息只能用二进制数据表示，即在计算机世界中的信息必须是数字化的。因此，计算机世界也称为数据世界。

在计算机世界中常使用下列术语。

(1) 记录(Record)：信息世界中的实体记录在计算机世界中的表示，对应的是现实世界的实体。

(2) 字段(Field)：信息世界中的属性在计算机中的表示，它是可以命名的最小信息单位，对应的是现实世界的实体特性。

(3) 文件(File)：信息世界中的实体记录集在计算机世界中的表示，对应的是现实世界的实体集。

(4) 关键字(Key Word)：关键字能够唯一标识文件中的某一个记录的最小字段集，对应的是现实世界的实体标识符。

三个世界中的术语经常混在一起说，但说得比较多的是实体(这里的实体实质上是实体集的简称，因为关心的不是某一个个体，而是一个整体)、属性、关键字。

表 1-6 列出了三个不同世界对同一个概念的不同术语。

表 1-6　三个世界所用术语及其对应关系

现 实 世 界	信 息 世 界	计算机世界
实体集	实体记录集	表
实体	实体记录	记录
实体特征	属性	字段
实体标识符	标识属性	关键字

2. 实体(集)间的联系

在现实世界中实体集不是孤立存在的，它们之间的联系是错综复杂的，所以，在信息世界中不但要关心每一个实体集、属性，还要关心实体集之间的联系。联系分为两类，一类是实体内部的联系，反映的是一部分属性值与另一部分属性值之间的决定关系或依赖关系，即字段间的联系。另一类是实体集间的联系,反映在数据上就是记录间的联系。

关于实体内部的联系重点关心的是关键字,它起到决定作用,其他属性依赖关键字,由于在规范化理论中要进行详细讨论,所以在这里重点讨论实体间的联系。根据参与联系的实体集的数目不同,把联系分为二元联系和多元联系。

(1) 二元联系:只有两个实体集参与的联系称为二元联系。二元联系有以下三种类型。

① 一对一联系。

设有两个实体集 A、B,如果对于实体集 A 中的每一个实体,B 中至多有一个实体与之有联系,反之亦然,则称 A、B 有一对一联系(1∶1 联系)。

例如,学校实体集 A 与校长实体集 B 间的联系是 1∶1 的。因为一个学校只有一个校长(正校长),反过来,一个校长只对应一个学校,即一个校长只能在一个学校担任校长职务。图 1-9 表示了一对一联系。

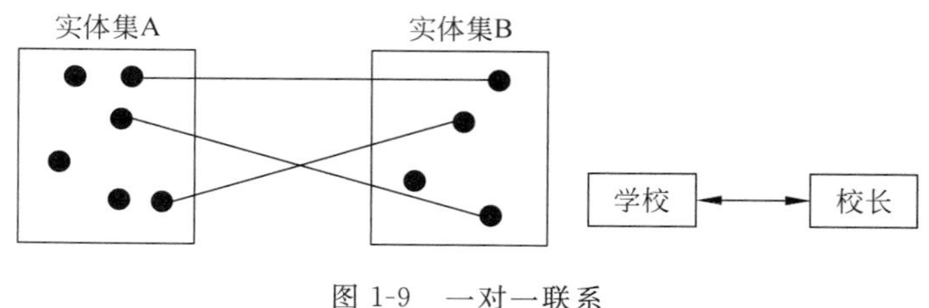

图 1-9 一对一联系

② 一对多联系。

设有两个实体集 A、B,若 A 中每个实体与 B 中任意个实体(包括零个)相联系,而 B 中每个实体至多和 A 中一个实体有联系,则称 A 和 B 是一对多联系(1∶n 联系)。

例如,学校实体集 A 与学生实体集 B 间的联系是 1∶n 的。因为一个学校可以有多个学生,反过来,一个学生只对应一个学校。再如,工厂与职工、公司与职员、班长与同学、教练与运动员等都是 1∶n 的联系。

把 1∶n 联系倒转过来便成为 n∶1 的联系。例如,学生实体集与学校实体集之间的联系是 n∶1 的。图 1-10 表示了一对多联系。

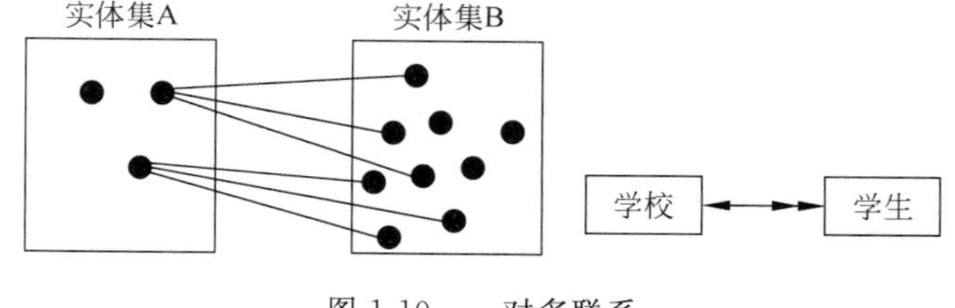

图 1-10 一对多联系

③ 多对多联系。

设有两个实体集 A、B,若两个实体集 A、B 中的每一个实体都和另一个实体集中任意个实体(包括零个)有联系,则称 A、B 是多对多联系(m∶n 联系)。

例如,教师实体集 A 与学生实体集 B 间的联系是 m∶n 的。因为教师实体集中的任何一个教师可以有多个学生(也可能一个学生也没有),而学生实体集中的每一个学生也可以有多个教师。再如，学生与课程、教师与课程、图书与借书人等都是 $m:n$ 的联系。图 1-11 表示了多对多联系。

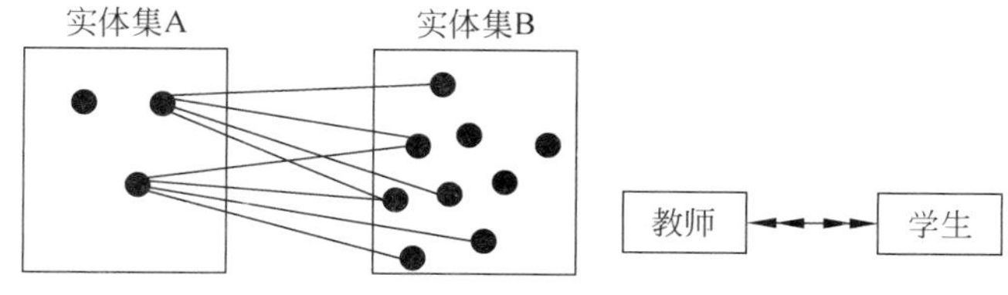

图 1-11　多对多联系

1∶1 联系是 $1:n$ 联系的特例，而 $1:n$ 联系又是 $m:n$ 联系的特例。它们之间的包含关系如图 1-12 所示。

（2）多元联系：参与联系的实体集的个数≥3 时，称为多元联系。与二元联系一样，多元联系也可区分为 1∶1、$1:n$ 和 $m:n$ 三种。例如，用来描述学生、教师和课程实体集之间的“教学”联系是三元联系，一个教师可以讲授多门课程，并且可以有多个学生学习该课程；一门课程不但可以有多个学生学习，还可以有多名教师来讲授；一个学生可以有多个教师为其讲授多门课程，如图 1-13 所示。

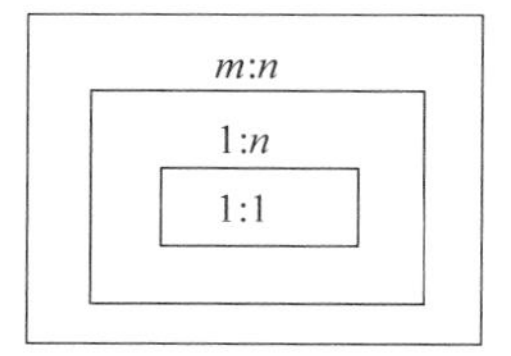

图 1-12　二元联系的包含关系

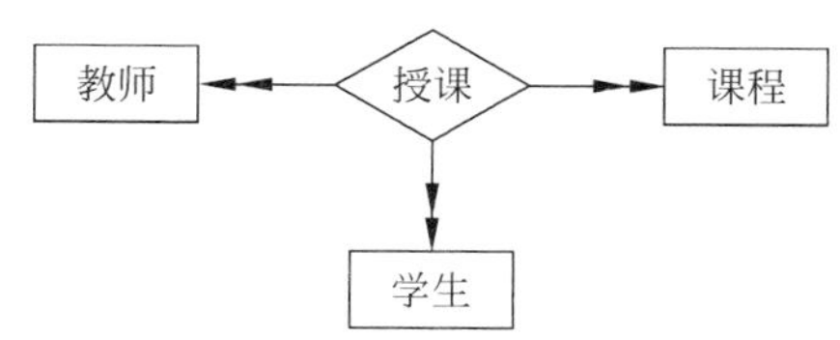

图 1-13　三元关系

除了上述二元联系和三元联系以外，还有一种联系叫自反联系，它描述了同一实体集内两部分实体之间的联系，是一种特殊的二元联系。两部分实体之间的联系也可以区分为 1∶1、$1:n$ 和 $m:n$ 三种。例如，在“学生”这一实体集中存在班长与同学之间 $1:m$ 的联系；在课程实体集中存在一门课程与另外一门（或几门）课程之间的先修课联系。

关于实体集之间的联系，语义起到很大作用，也可以说是现实世界的实际情况的真实体现。例如，一个班主任只能带一个班级，一个班级只能有一个班主任，那么班主任和班级之间就是 1∶1 的关系；但是如果一个班主任可以带多个班级，一个班级只能有一个班主任，那么班主任和班级之间就是 $1:m$ 的关系。

3. E-R 图

关于概念模型的表示方法有很多，最著名的是实体-联系方法，简称 E-R 图（Entity-Relationship Approach）。E-R 图具有以下优点：能非常自然地描述现实世界；图形结构简单；设计者和用户易理解，并且可以互相交流；它是数据库设计的中间步骤，易于向数据模型转换。

1）E-R 图的图形符号

方框：表示一个实体集。在框内写上实体集的名字。

菱形框：表示联系。菱形框内标明联系名，与其相关的实体集之间用箭头表示，一个箭头代表为1，两个箭头代表为多(说明：有不少书中用无向边连接，且在连线边上标明联系类型)。

←◇→　　　　表示1∶1的联系

←◇→→　　　表示1∶n的联系

←←◇→→　　表示m∶n的联系

椭圆框：表示属性。在框内写上属性的名字，并用无向边连向与其相关的实体集或联系。

在E-R图中，有时为了突出各实体集之间的联系，可以先画出实体集及其属性，然后再重点画出实体之间的联系，如图1-14和图1-15所示。

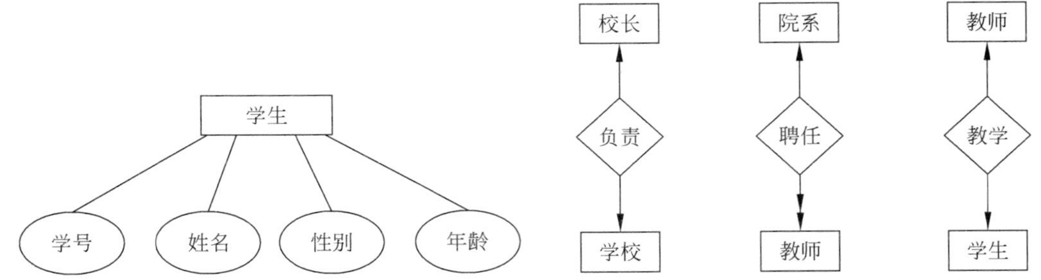

图1-14　学生实体及其属性　　　　图1-15　实体之间的联系

2) 绘制E-R图的步骤

第一步：通过对现实世界的分析、抽象以后，找出实体集及其属性。

第二步：找出实体集之间的联系。

第三步：找出实体集联系的属性。

第四步：绘制E-R图。绘制E-R图一般先绘制局部E-R图，然后绘制全局E-R图，详细步骤见数据库设计。

例如，下面以教学情况为例，进行E-R图设计。

(1) 首先找出相关实体集有：学生(S)，教师(T)，课程(C)，院系(D)。

每个实体的属性分别如下。

S：学号，学生姓名，出生日期，专业，班级。

T：编号，教师姓名，职称，所在教研室。

C：课程号，课程名称，学时，考核方式。

D：院系代号，院系名称。

(2) 找出实体集之间的联系。

S与C之间有联系，且为m∶n，因为一个学生可以学习很多门课程，反过来一门课程可以被多个学生所学习。

T与C之间有联系，且为m∶n，因为一个教师可以讲授很多门课程，反过来一门课程可以被多个教师所讲授。

D与S之间有联系，且为1∶n，因为一个院系可以有很多学生，但是一个学生只属于一个院系。

D与T之间有联系，且为1∶n，因为一个院系可以有很多教师，但是一个教师只属于一个院系。

(3) 找出实体集之间联系的属性。

S 与 C 之间联系的结果用成绩表示。

T 与 C 之间联系以讲授哪一个班级来表示。

(4) 绘制 E-R 图。

当 E-R 图比较复杂时,为了使 E-R 图简洁,可以使属性不在 E-R 图中出现,即单独画出每一个实体及实体属性,在 E-R 图中仅画出实体集和它们之间的联系,在 E-R 图中每一个实体只允许出现一次,如图 1-16 所示。

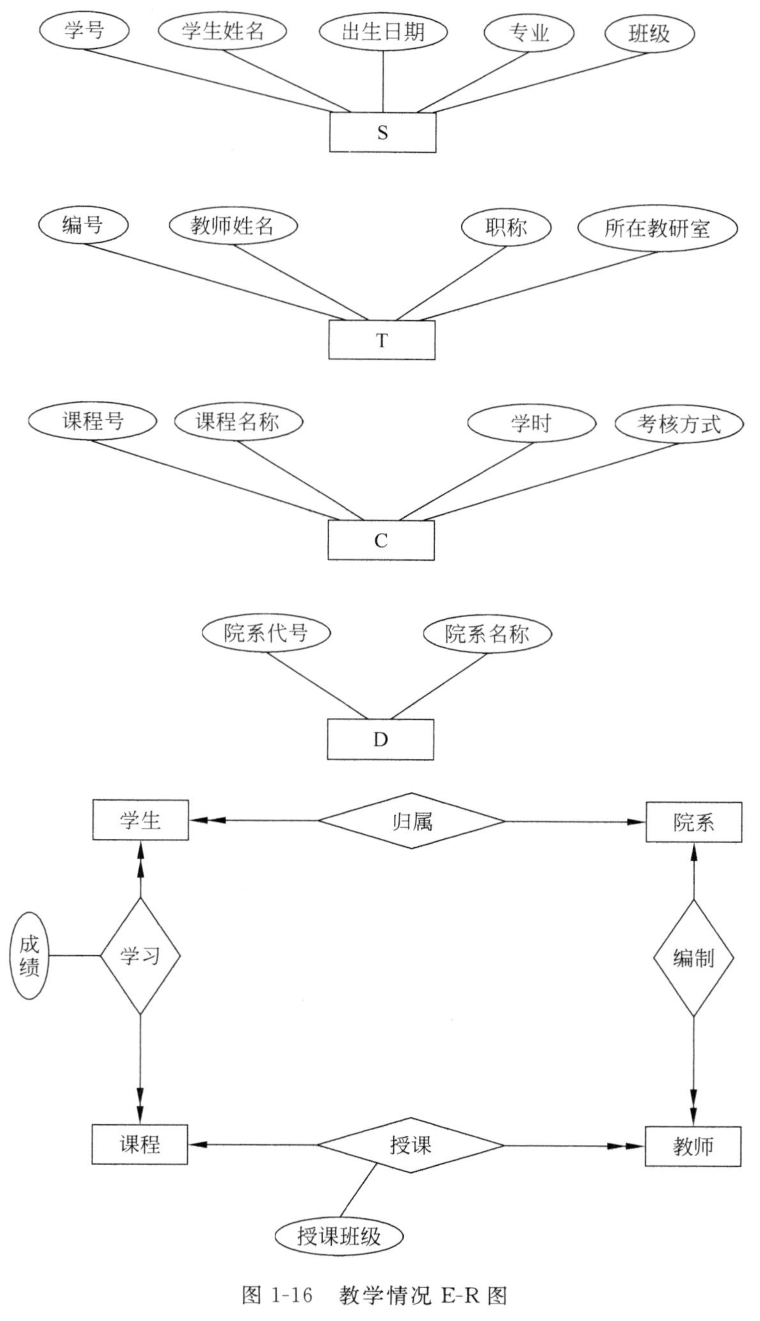

图 1-16　教学情况 E-R 图

说明：E-R 图的设计不是唯一的，例如，在分析现实世界时，考虑问题有这样的抽象，一个院系有很多专业，一个专业有很多班级，一个班级有很多学生……，那么这个时候的 E-R 图和上述就有区别了(读者可以自己画出满足上述要求的 E-R 图)。

1.3.3 常用(结构)数据模型

常用的结构数据模型有 4 种：层次模型、网状模型、关系模型和面向对象模型。

1. 层次模型

层次模型是按照树状(层次)结构表示实体集与实体集之间的联系模型。层次模型中用记录类型描述表示实体集，每个节点表示一个记录类型。节点之间联系的基本方式是1∶n。

层次模型满足如下条件：有且只有一个节点没有双亲节点(称为根节点)；根以外的其他节点有且只有一个双亲节点。如图 1-17 所示为一个层次模型的例子。

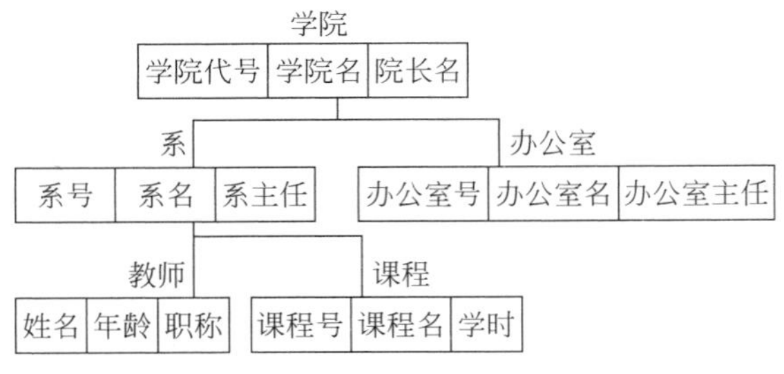

图 1-17　层次模型例子

这个模型表示一个学院有若干个系和行政办公室，每个系有若干名教师，每个系开设若干门课程。院和系之间、院和办公室之间、系和教师之间以及系和课程之间都是一对多联系。

图 1-18 给出的就是这个层次模型的一个具体实例。

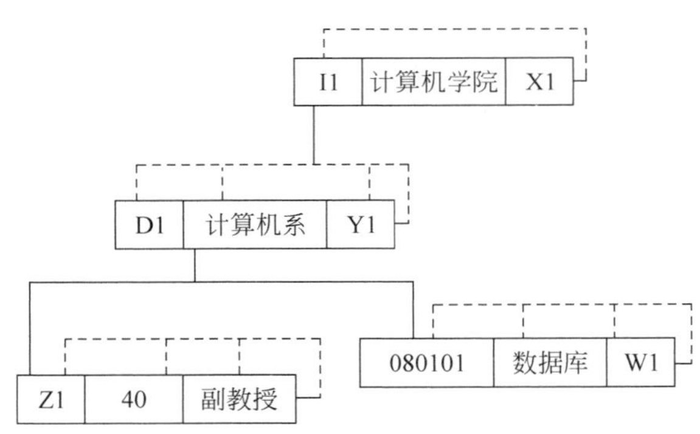

图 1-18　层次模型具体实例

层次模型的特点是记录之间的联系通过指针来实现，常用的物理实现方法有邻接法和链接法。邻接法是用连续的物理顺序表示记录之间联系的方法，在该方法中，由根记录开始存放，按照自顶向下、自左至右的顺序存储记录。链接法是一种采用指针实现记录间联系的方法，它用指针按层次顺序把各记录链接起来，而各记录存储时不一定按层次顺序。

层次模型和文件系统的数据管理方式相比是一个飞跃，用户和设计者面对的是逻辑数据而不是物理数据，因此，用户不必花费大量的精力考虑数据的物理细节。

由于采用指针实现记录间的联系，所以，层次模型具有查询效率较高的优点。同时层次模型具有结构简单、层次分明、便于在计算机内实现的优点。在层次数据结构中，从根节点到树中任意节点均存在一条唯一的层次路径，为有效地进行数据操纵也提供了条件，并且层次数据模型提供了良好的完整性支持。

但层次模型也有缺点，一是层次数据模型缺乏直接表达现实世界中非层次型结构的复杂联系，如多对多的联系，虽然系统有多种辅助手段可以实现多对多的联系，如通过引入冗余数据或引入虚拟记录的方法来解决，但是用户不易掌握；二是层次顺序的严格限制，使得对插入或删除操作也带来了较多的限制，并且查询子女节点必须通过双亲节点，所以使得应用程序的编写也比较复杂。

层次模型是数据库中使用得较早的一种数据模型，IMS 是 IBM 公司推出的最有影响的一种典型的层次模型数据管理系统，也是一个曾经被广泛使用的数据库系统。

2. 网状模型

在上面讲过，层次数据模型使用树状结构可以有效地描述现实世界中有层次联系的那些事物，但对非层次型联系要用树状结构来描述它们就比较困难，尽管可以采用某种转换方法把它们变换成等价的层次结构，但由于将使用大量的指针，因此会使系统效率下降。为了克服层次模型结构在描述非层次型联系事物时的局限，1969 年，美国 CODASYL 委员会提出了 DBTG 报告。DBTG 报告论述了网状数据模型和网状数据库系统的规范，成为网状数据库系统的典型代表。它对于网状数据库系统的研究和发展产生了重要影响，不少系统采用 DBTG 模型或简化的 DBTG 模型，如 Honeywell 公司的 IDS/Ⅱ、HP 公司的 Image/3000，CINCOM 公司的 TOTAL 等。

网状数据模型的基本特征是取消了层次模型的限制，它不但允许一个以上的节点无双亲，而且一个节点允许有一个以上的双亲。

在网状数据模型中，用有向图结构表示实体类型及实体间的联系，有向图中每个节点表示一个实体集，称为记录型，用矩形框表示。记录型之间的联系是通过"系"(Set)实现的，系用有向线段表示，箭头指向 1∶n 联系的 n 方。1 方的记录称为首记录，n 方的记录称为尾记录。图 1-19 是网状结构的一个例子。

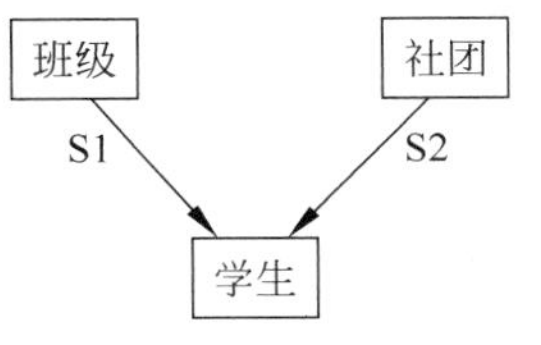

图 1-19　网状结构例子

对于多对多的联系，在网状模型中可以采用两个一对多联系实现。例如，图 1-20(a)表示了学生记录型和课程记录型之间是 m∶n 联系，通过引入联系记录型——学习记录，将其转换为两个 1∶n 联系，如图 1-20(b)所示。

学生选课记录描述了学生学习某门课程的成绩。S1 系以学生为首记录型，表示学生所选修的课程和各门课的成绩。S2 系以课程为首记录型，表示某门课程的学生成绩。

图 1-21 给出的是这个网状模型的一个具体实例。

网状数据模型是一种比层次数据模型更具普遍性的结构，反映了实体集间普遍存在的更为复杂的联系，层次结构实际上是网状结构的一个特例。

网状模型的主要优点是能直接描述现实世界，记录之间的联系也是通过指针来实现的，

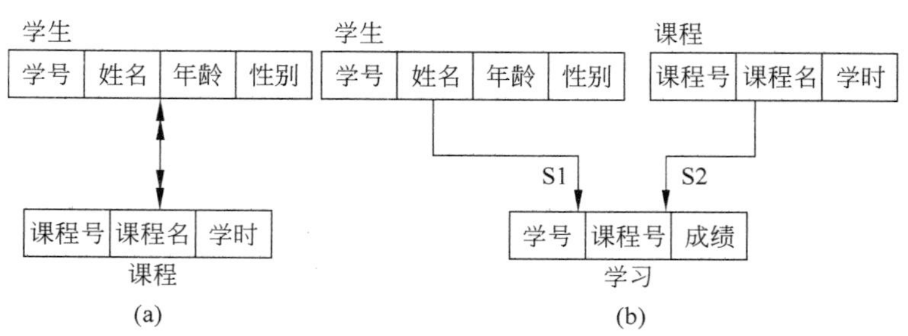

图 1-20　学生学习课程的网状模型

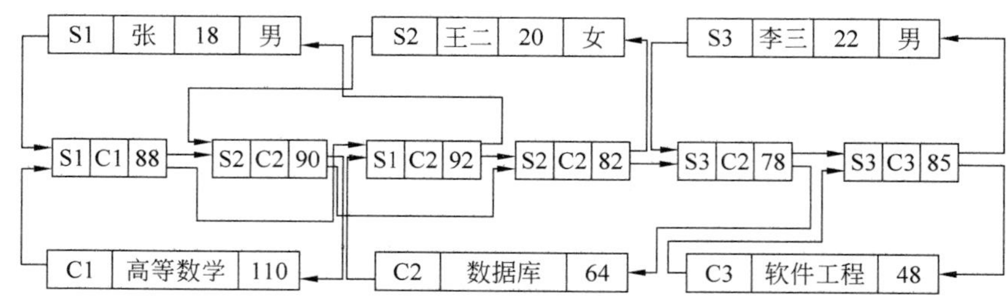

图 1-21　学生学习课程的网状模型具体实例

所以查询效率高；缺点是结构和编程复杂，难掌握，不易使用。

3. 关系模型

关系模型是最重要的一种数据模型，也是目前主要采用的数据模型。它是 1970 年由美国 IBM 公司 San Jose 研究室的研究员 E. F. Codd 提出来的。

关系数据模型的主要特征是用二维表格表示现实世界实体集及实体集间的联系。在数学上关系有严格的定义，它与前两种模型相比数据结构简单，容易被初学者理解。

自 20 世纪 80 年代以来，新推出的 DBMS 几乎都支持关系数据模型，非关系系统的产品也大都增加了与关系模型的接口。典型的关系 DBMS 产品有 Oracle、Sybase、SQL Server、DB2、Access、VFP 等。

在关系数据模型中把二维表称为关系，表中的列称为属性或者字段，列中的值取自相应的域(Domain)，域是属性所有可能取值的集合。表中的一行称为一个元组(Tuple)，元组用关键字(Key Word)标识。对二维表框架的描述称为关系模式。

例如，设有三个关系学生、课程、学习表，分别描述了三个不同的实体集，如表 1-7～表 1-9 所示。

表 1-7　学生

学　号	姓　名	性　别	年　龄	学　院
111801	张弛	男	20	计算机
111802	王利	男	21	计算机
211801	李红	女	19	机电
211802	赵丹	女	20	机电
211803	郭皖	男	19	机电
…				

表 1-8　课程

课　程　号	课　程　名	学　　时
080101	数据库原理	64
080102	操作系统	70
…		

表 1-9　学习

学　　号	课　程　号	成　　绩
111801	080101	90
111802	080101	68
211801	080101	72
211802	080101	85
211803	080101	79
111801	080102	76
111802	080102	82
211801	080102	93
…		

表 1-7～表 1-9 这三个表就是三个关系，每一个关系都是由同一种记录组成，不同的关系可以有相同的属性，它表示了关系间的联系，实体集间的联系是通过在二维表中存放两个实体集的键(关键字)实现的。例如，表 1-7 和表 1-8 之间是多对多的联系，但是，是如何体现的呢？在这里，学生和学习之间有一个公共属性——学号，课程与学习之间有一个公共属性——课程号，所以学习关系联系了学生和课程这两个关系，并且在学习表中可以多次出现同一个学号，表示一个学生可以学习多门课程，同样，在学习表中多次出现同一个课程号，表示一门课程可以被多个学生学习，所以，学生和课程之间是多对多的关系，在这里是通过两个一对多的关系来表示的。

关系数据模型的描述功能表明，无论是对现实世界实体集的描述，还是对实体集之间联系的描述，都可以采用统一的数据结构——二维表。这种数据表示的一致性给关系数据库的数据定义和数据操纵带来了极大的方便。

作为关系，具有如下性质：关系中的每一个属性是不可分解的，即所有域都应是原子数据的集合；没有完全相同的行和列，行、列的排列顺序是无关紧要的。

在关系模型中有一个比较重要的概念就是关系模式。关系模式是关系中信息内容结构的描述。它包括关系名、属性名、每个属性列的取值集合、数据完整性约束条件以及各属性间固有的数据依赖关系等。因此，关系模式可表示为：

$$R(U,D,DOM,I,\Sigma)$$

其中：

R 是关系名；

U 是组成关系 R 的全部属性的集合；

D 是 U 中属性取值的值域；

DOM 是属性列到域的映射，即 DOM：U→D，且每个属性 A_i 所有可能的取值集合构成 $D_i(i=1,2,\cdots,n)$，并允许 $D_i=D_j,i\neq j$；

I 是一组完整性约束条件；

Σ 是属性集间的一组数据依赖。

通常，在不涉及完整性约束及数据依赖的情况下，为了简化，可用 R(U)表示关系模式。例如，学生关系模式可表示为：

S(学号，姓名，性别，年龄，学院)

在层次和网状模型中，联系是用指针来实现的，而在关系模型中，联系是通过关系模式中的关键字来体现的。

例如，要查询哪些学生学习了"操作系统"课程，系统首先在课程关系中查询"操作系统"的课程号，然后在学习关系中查询出课程号与"操作系统"课程号的值相等记录的学生学号，最后再在学生关系中找到与查询的学号相等的记录。在这三个关系模式中，关键字起到了导航数据的作用。

在关系数据库中，对数据库的查询和更新操作都归结为对关系的运算。即以一个或多个关系为运算对象，对它们进行某些运算形成一个新关系，提供用户所需数据。关系运算按其表达查询方式的不同可分为两大类：关系代数和关系演算。关系代数是由一组以关系作为运算对象的特定的关系运算所组成，用户通过这组运算对一个或多个关系进行"组合"与"分割"，从而得到所需的新关系。关系代数运算又可分为两类：传统的集合运算和专门的关系运算。传统的集合运算包括并运算、差运算，交运算和笛卡儿乘积运算等。专门的关系运算是根据数据库操作需要而定义的一组运算，包括：选择运算、投影运算、连接运算、自然连接运算、半连接运算、自然半连接运算和除运算等。关系演算是以数理逻辑中的谓词演算来表达关系的操作。关系演算根据使用谓词变量类型的不同，可分为元组关系演算和域关系演算两种。关系数据模型中的关系代数和关系演算，为关系运算提供了丰富的操作功能。

关系模型的数据约束通常由三类完整性约束提供支持，以保证对关系数据库进行操作时不破坏数据的一致性。

(1) 实体完整性约束。实体完整性约束是指任一关系中标识属性(关键字)的值，不能为 NULL，否则无法识别关系中的元组。

(2) 参照完整性约束。参照完整性是不同关系间的一种约束，当存在关系间的引用时，要求不能引用不存在的元组。若属性组 F 是关系 R(U)的外关键字，并是关系 S(U)的关键字(即 F 不是 R(U)的关键字，而是 S(U)的关键字，称 F 是 R(U)的外关键字)，则对于 R(U)中的每个元组在属性组 F 上的值必须：

① 或取空值(NULL)；

② 或等于 S(U)中某个元组的关键字值。

对于取空值表示该值没有确定，对于非空值则必须是 S 中关键字存在的值。

(3) 用户定义完整性约束。如值的类型、宽度等。

关系模型和层次模型、网状模型的最大差别是用关键字而不是用指针导航数据，除此之外，关系模型的主要优点如下。

(1) 关系模型有坚实的理论基础。在层次、网状和关系三种常用的数据模型中，关系模型是唯一可数学化的数据模型。关系的数学基础是关系理论，对二维表进行的数据操作相当于在关系理论中对关系进行运算。因此，在关系模型中，数据模型的定义与操作均建立在严格的数学理论基础上，这为关系模型的研究提供了有力的支持。

(2) 二维表不仅能表示实体集，而且能方便地表示实体集间的联系，所以说它有很强的表达能力，这是层次模型和网状模型所不及的。例如，学生和课程之间存在的 $m:n$ 联系，在层次和网状数据模型中都不能直接描述这种 $m:n$ 联系，但在关系数据模型中用二维表就可以直接描述这种 $m:n$ 联系。

(3) 简单。关系模型的基本结构是二维表，数据的表示方法统一、简单，便于在计算机中实现。另外，它向终端用户提供的是简单的关系模型。用户通过这种模型表达用户的请求，而不涉及系统内的各种复杂联系。所以关系模型具有简单、易学易用的优点。

(4) 数据独立性高。关系模型中去掉了用户接口中有关存储结构和存取方法的描述，即关系数据模型的存取路径对用户透明，数据库中数据的存取方法具有按内容定址的性质，故有较高的数据独立性。这为关系数据库的建立、扩充、调整和重构提供了方便。

尽管关系模型有很多优点，但也有不足之处，主要缺点是查询效率常常不如非关系数据模型，这是由于存取路径对用户透明，查询优化处理依靠系统完成，加重了系统的负担。

目前，关系数据模型是商品化 DBMS 的主流数据模型，并且在今后相当长的时间内，对于大量事务处理的应用中仍将被继续使用。

4. 面向对象数据模型

虽然关系模型比层次模型、网状模型简单灵活，但还不能表达现实世界中的许多复杂的数据结构。例如，计算机辅助设计中的图形数据、多媒体应用中的声音、图像等，它们需要更高级的数据库技术来表达，为了能够处理这样的数据，就产生了面向对象数据模型。面向对象概念最早出现在 1968 年的 Smalltalk 语言中，然后迅速渗透到计算机领域的每一个分支，目前已经在数据库技术中应用。

面向对象数据模型（Object-Oriented Data Model，OO 数据模型）是面向对象程序设计方法与数据库技术相结合的产物。它的基本目标是以更接近人类思维的方式描述客观世界的事物及其联系，且使描述问题的问题空间和解决问题的方法空间在结构上尽可能一致，以便对客观实体进行结构模拟和行为模拟。

在面向对象数据模型中，可以将现实世界中的一切事物看作对象，一个对象不仅包括描述它的数据，还包括对它进行操作方法的定义。也可以把面向对象数据模型看作一种可扩充的数据模型，这种数据模型比传统数据模型有更丰富的语义，用户根据应用需要可以定义新的数据类型及相应的约束和操作。因此，面向对象数据模型自提出后，受到人们的广泛关注，并且给予了足够的重视，使其逐步完善、日趋成熟。

在面向对象数据模型中最基本的概念是对象和类。

1) 对象

在面向对象数据模型中，将所有现实世界的任一实体都模拟为一个对象，对象是客观存在并能互相区别的，它是客观世界中概念化的基本实体，因此实体都可以视为对象。复杂对象可以由相对简单的对象以某种方法组合而成，所以世界上所有事物都是由各种“对象”组成的。例如，一个整数、一个字符串是一个对象，一部电影、一个公司、一辆坦克也是一个对象。从动态角度看，对象及其操作就是对象的行为。因此，一个对象是对一组信息及对其操作的描述。

对象与记录的概念相似，但比记录更为复杂。一个对象包含若干属性，用来描述对象的状态、组成和特性，在面向对象数据模型中允许属性也是对象，它可以包含其他对象作为其属性,如此下去,从而使得对象变得十分复杂。

除了属性外,对象还包含若干方法,用以描述对象的行为特性。方法的定义与表示包括两部分,一是方法的接口,给出了方法的外部表示、包含的名称、参数及结果类型;二是方法的实现,它是用程序设计语言编写的一段可对对象进行某种操作的程序,用以实现方法的功能,因此方法也称操作,它可以改变对象的状态。

在面向对象数据模型中,系统把一个对象的属性和方法封装为一个整体,用户只能见到对象封装界面上的信息,对象内部对用户是隐蔽的。封装的目的是为了使对象的使用和实现分开,用户不必了解内部操作实现的细节,只需用发送消息的方法实现对对象的访问。这样,从程序设计来看,对象是一个程序模块;从用户角度来看,对象为他们提供了所期望的行为。这种使数据和操作封装在一起的建模方法,有利于程序的模块化,可以提高系统的可维护性和易修改性。

为了实现对象与对象之间的联系,对象之间就要进行通信,通信的构造称为消息。消息是用来请求对象执行某一操作或回答某些信息的要求。当一个消息发送给某个对象时,消息中包含要求接收对象去执行某些活动的信息,接收到消息的对象经过解释进行相应的操作,并以消息的形式返回操作结果。消息一般由三部分组成:接收者——消息所施加作用的对象;操作者——给出消息的操作要求;操作参数——消息操作时所需要的外部数据。

2) 类和类的实例

数据库中一般包含大量的对象,可以将类似的对象归并为类,即类是具有共同属性和方法的对象的集合,这些属性和方法可以在类中统一说明,而不必在类的每个实例中重复说明。

类中每个对象称为该类的一个实例,同一类中对象的属性名虽然是相同的,但这些属性的取值会因各个实例而异,因此,类的属性实际上是个变量。在特殊情况下,有些变量的值在一个类中是一样的,这些变量称为类常量。例如,有些属性规定有默认值,当在实例中没有给出该属性值时,就取其默认值。这些默认值在一个类中是公用的,因而可看成类常量。

在面向对象数据模型中,类被组织成一个有根的有向无环图,称为类层次结构。在类层次结构中,一个类的下层可以有多个子类;一个类的上层也可以有多个超类。图1-22是一个类层次结构的例子。

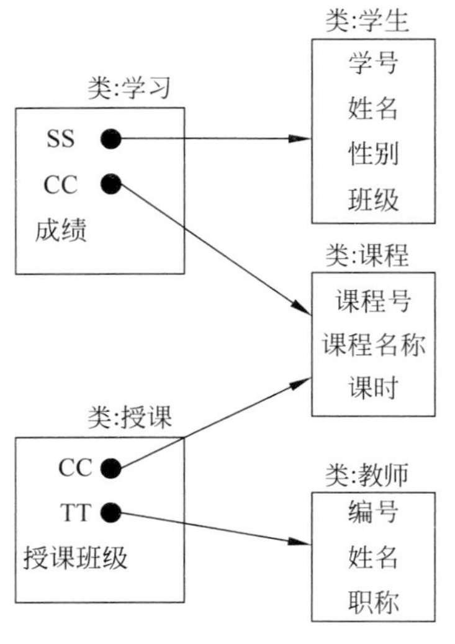

图1-22 类层次结构的例子

由图1-22可知,模型中有5个类,分别是学习、授课、学生、课程和教师。其中,学习类的属性SS取值为学生类中的对象(即"嵌套"),属性CC取值为课程类中的对象,授课类的属性CC取值为课程类中的对象属性,TT取值为教师类中的对象。

从上述分析可以看出,面向对象数据模型具有封装性、信息隐匿性,同时还具有持久性、继承性、代码共享和软件重用性等特性。其中,持久性指对象的生存期超过所属程序的执行期,即当一个程序在执行过程中产生了一个持久性的对象,而在此程序执行结束后,若再重新执行该程序时,此对象依然存在。继承性是指超类、子类以及对象间的继承性,继承性避免了一些冗余信息,一个子类继承其超类的所有性质，且这种继承具有传递性。因此，属于某个类的对象除具有该类所定义的特性外，还自动地具有其超类的全部特性。子类除继承超类中的属性和方法外，还可以在子类中定义该子类特殊的属性和方法。

除此之外，面向对象模型最大的一个特点是有丰富的语义便于更自然地描述现实世界。

目前，面向对象数据模型已被用作某些 DBMS 的数据模型。甚至有人预言，数据库的未来将是面向对象的时代，原因是面向对象数据模型能完整地、自然地描述现实世界的数据结构，具有丰富的表达能力。但是，面向对象数据库还只是一种新兴的技术，它的发展远不如关系数据库成熟，数据模型相对比较复杂，并且不是建立在完美的数学基础之上，涉及的知识比较多，系统实现的难度较大，也不像关系数据库那样有一个统一的标准，因此，目前还没有达到关系数据库的普及程度，所以，目前比较适合作为数据库概念设计的数据模型。但可以肯定，面向对象数据库是一项具有重大理论意义和应用前景的数据库技术。

上述 4 种结构数据模型的比较见表 1-10。

表 1-10　4 种结构数据模型比较表

	层次模型	网状模型	关系模型	面向对象模型
开始情况	1968 年 IBM 公司的 IMS	1969 年 CODASYL 的 DBTG 报告	1970 年 E. F. Codd	20 世纪 80 年代
数据结构	复杂(树结构)	复杂(有向图)	简单(二维表)	复杂(嵌套、递归)
数据联系	通过指针	通过指针	通过表间的公共属性	通过对象标识
查询语言	过程性语言	过程性语言	非过程性语言	面向对象语言
典型产品	IMS	IDS/Ⅱ，IMAGE/3000	Oracle Sybase DB2 SQL Server	ONTOS DB
盛行期间	20 世纪 70 年代	20 世纪 70 年代至 80 年代中期	20 世纪 80 年代至今	20 世纪 90 年代至今

1.4　数据库系统结构

在前面已经对数据库系统的定义进行了介绍，本节主要讨论数据库系统的体系结构。对于数据库系统的体系结构可以从不同的角度进行考察。从数据库应用开发人员角度看，数据库系统通常采用三级模式结构；从数据库最终用户角度看，数据库系统结构可分为集中式数据库结构、网络环境下的客户机/服务器结构、分布式数据库系统结构以及并行数据库系统结构等。本节重点讨论数据库系统的三级模式结构，也可以称为数据库系统内部结构。

1.4.1　数据库系统的三级模式结构

一个数据库结构从逻辑上可以划分为三个层次：外部模式(External Schema)，概念模式(Conceptual Schema)和内部模式(Internal Schema)，称为数据库系统的三级模式结构。

这个结构最早是在 1971 年通过的 DBTG 报告中提出来的,后来收录在 1975 年的 ANSI/X3/SPARC(美国国家标准化组织/授权的标准委员会/系统规划与需求委员会)联合成立的 DBMS 研究组的中期报告中。虽然目前 DBMS 产品非常多,并且多种多样,但大多数系统在体系结构上都具有三级结构的特征,如图 1-23 所示。

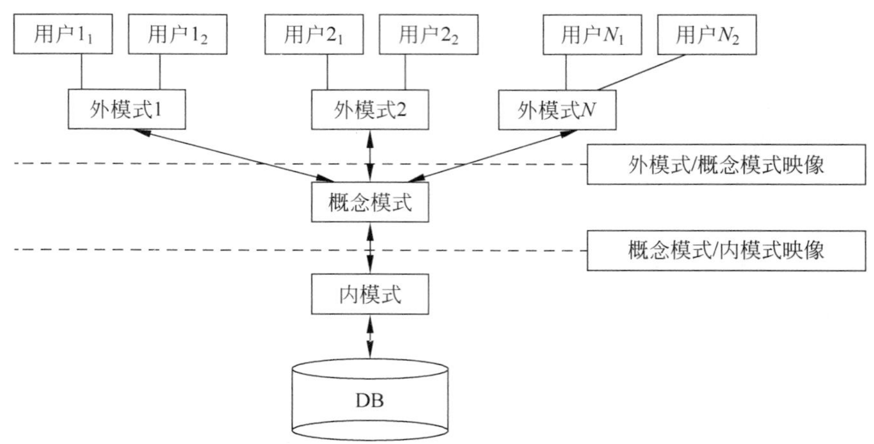

图 1-23 数据库系统三级模式结构

如图 1-23 所示的三级模式结构的目的是将用户应用与物理数据库分离。

在了解三级模式概念之前,下面首先再次明确“型”与“值”的概念。

型(Type):对某一类数据的结构和属性的说明。

值(Value):是型的一个具体赋值。

例如,教师记录:

记录型:(教师编号,姓名,性别,学院,年龄,籍贯)。

该记录型的一个记录值:(0801108,郑小红,女,计算机,54,福建)。

1. 概念模式

概念模式简称模式,是由数据库设计者综合所有用户数据,按照统一的观点构造的对数据库全局逻辑结构的描述。概念模式就是型的描述,反映的是数据的结构及其联系,模式是相对稳定的。模式的一个具体值称为模式的一个实例(Instance),反映数据库某一时刻的状态,同一个模式可以有很多实例,实例随数据库中的数据的更新而变动。

一个数据库只有一个概念模式,它是数据库系统三级模式结构的中间层,既不涉及数据的物理存储细节和硬件环境,也与具体的应用程序及程序设计语言无关。

概念模式由 DBMS 提供的模式描述语言(模式 DDL)来定义和描述。

2. 外部模式

外部模式又称子模式,介于模式与应用之间,是用户与数据库之间的接口,是数据库用户(包括应用程序员和最终用户)能够看见和使用的局部数据的逻辑结构和特征的描述。

从逻辑关系来看,外部模式是概念模式的一部分,或者说外部模式是概念模式的一个逻辑子集。一个数据库可以有多个外部模式。外部模式表示了用户所理解的实体、实体属性和实体间的联系。所以说,模式与外模式的关系是一对多的关系。

对模式中的同一数据,在外部模式中的结构、类型、长度、保密级别等都可以不同,同一外部模式也可以为某一用户的多个应用系统所使用，但一个应用程序只能使用一个外部模式，外部模式与应用的关系也是一对多的关系。

外部模式由 DBMS 提供的外部模式描述语言（外部模式 DDL）来定义和描述。

设置外部模式不仅可以使用户对数据库操作方便，而且有利于数据共享，即从同一概念模式中产生若干个外部模式供若干个用户使用，这不仅实现了数据共享，还减少了数据冗余，减少了数据潜在不一致性。并且由于外部模式和概念模式之间的映射关系保证了数据的独立性，同时由于用户只能使用在给定的外部模式定义范围内的数据，这就将数据库中其他数据隔离开，因而一方面缩小了由于应用程序的错误或人为操作错误的传播范围，确保了其他数据的安全，另一方面有利于数据的保密，故安全保密性好。

3. 内部模式

内部模式也称存储模式，是对数据库中数据物理结构和存储方式的描述，是数据在数据库内部的表示方式。

一个数据库只有一个内部模式。在内部模式中规定了所有内部记录类型、索引和文件的组织方式，以及数据控制方面的细节。

因此，内部模式是 DBMS 管理的最低层，它是物理存储设备上存储数据时的物理抽象。内部模式由 DBMS 提供的内部模式描述语言（内部模式 DDL）来定义和描述。

数据库的三级模式结构的名称在不同的系统中有些差异，表 1-11 列出了几个关于模式的对照表。

表 1-11　数据抽象术语

系统名称 / 观察角度	DBTG 报告中	ANSI/X3/SPARC	SYSTEM R
物理观点	物理模式	内部模式	存储文件
全局逻辑观点	模式	概念模式	基表集
应用程序观点	子模式	外部模式	视图

通常把三级模式分别简称为：内模式、模式、外模式。

需要注意的是，这三层模式仅仅是对数据的描述，而数据实际上只存在于物理层。

1.4.2　数据库的两级映像与数据独立性

数据库系统的三级模式是对数据进行三个级别的抽象。它把数据的具体组织留给 DBMS 去做，用户只要抽象地处理数据，而不必关心数据在机器中的具体表示方式和存储方式。为了实现这三个抽象级别的联系和转换，即提高数据库系统中的数据独立性，DBMS 在这三级模式间提供了两层映像：外模式/模式映像和模式/内模式映像。所谓映像是一种对应规则，它指出了映像双方是如何进行转换的。数据库的三级结构是依靠映像来联系和互相转换的。正是这两层映像保证了数据库系统中的数据具有较高的数据独立性。

数据独立性是指应用程序和数据结构之间相互独立，不受影响。在三层模式体系结构中数据独立性可定义为：数据库系统在某一层次模式上的改变不会使它的上一层模式也发生改变的能力。数据独立性包括数据逻辑独立性和数据物理独立性。逻辑独立性表示一旦模式发生变化，无须改变外模式或应用程序的能力。物理独立性表示不会因为内模式发生改变而导致概念模式发生改变的能力。

1. 外模式/模式映像

外模式/模式映像定义了各个外模式与模式间的映像关系。对应于同一个模式可以有多个外模式，对于每一个外模式，数据库系统都有一个外模式/模式映像，它定义了该外模式与模式之间的对应关系。这些映像定义通常在各自的外模式中加以描述。

如果数据库的模式需要改变时，例如，增加记录类型、增加数据项、增加新的关系或属性、改变属性的数据类型、改变数据间的联系等，只要对外模式/模式映像做相应的修改，可以使外模式和应用程序尽可能保持不变，保证了数据与程序的逻辑独立性。这种用户数据独立于全局逻辑数据的特性称为数据逻辑独立性。

2. 模式/内模式映像

模式/内模式映像定义了数据库全局逻辑结构与存储结构之间的对应关系。如果数据库为了某种需要改变内模式，例如，为了提高对某个文件的存取效率，选用了另一种存储结构时，可对模式/内模式映像做相应改变，可以使模式尽可能保持不变，从而不必修改或重写应用程序，保证了数据与程序的物理独立性。这种全局数据逻辑独立于物理数据的特性称为数据物理独立性。

由于数据库系统具有数据独立性，因而数据库系统把用户数据与物理数据完全分开，使用户摆脱了烦琐的物理存储细节，减少了应用程序维护的开销。但需要说明的是，目前流行的一些数据库系统的独立性尚未达到理想要求，特别是数据逻辑独立性难于彻底实现。例如，在模式中删除某应用程序所需要的记录型，或记录型中的某个数据项，或改变记录型之间的联系等，都会引起该应用程序对应的子模式发生变化，从而导致该应用程序的修改。

数据库系统的三级模式结构定义了数据库的三个抽象层次：物理数据库、概念数据库和逻辑数据库。数据库系统的三种不同模式只是提供处理数据的框架，而填入这些框架中的数据才是数据库的内容。根据三级模式结构引出的数据库抽象层次，是从不同角度观察数据库的视图。图1-24给出了数据库的分级结构与抽象层次的对应关系。

以外模式为框架的数据库称为逻辑数据库。它是数据库结构的最外一层，是用户所看到和使用的数据库，因而也称为用户数据库或用户视图。所以逻辑数据库是某个或某些用户使用的数据集合，即用户看到和使用的那部分数据的逻辑结构(称为局部逻辑结构)。用户根据系统提供的外模式用查询语言或应用程序对数据库的数据进行所需的操作。

以模式为框架的数据库称为概念数据库。它是数据库结构中的一个中间层次，是数据库的整体逻辑表示，它描述了每一个数据的逻辑定义及数据间的逻辑联系。为了减少数据冗余，把所有用户的数据进行综合，构成统一的有机逻辑整体。概念数据库描述了数据库系统所有对象的逻辑关系，而不涉及它们的物理存储情况。因此，概念数据库本身并不是一个实际存在的数据库，而是实际存在的物理数据库的一种逻辑描述，它是数据库管理员(DBA)概念下的数据库，或称数据库管理员的视图。

以内模式为框架的数据库称为物理数据库。它是数据库中最里面的一个层次，是物理存储设备上实际存储着的数据集合。这些数据称为原始数据，是用户处理的对象。从系统程序员看，这些数据是他们用文件方式组织的一个个物理文件(存储文件)。系统程序员编制专门的存取程序，实现对文件中数据的存取。因此，物理数据库也称为系统程序员视图，或称数据的存储结构。

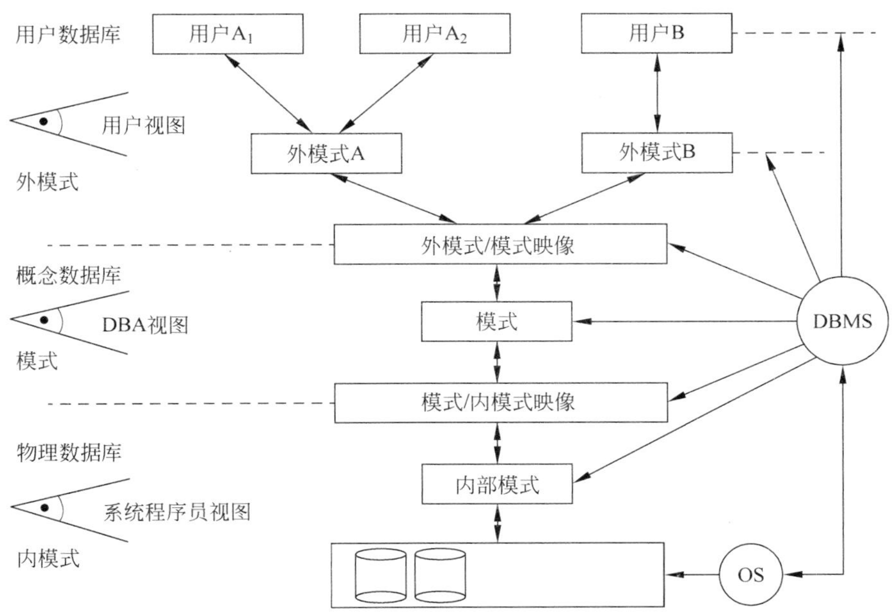

图 1-24 数据库的分级结构与抽象层次的对应关系

总之,对一个数据库系统而言,实际上存在的只是物理数据库,它是数据访问的基础。概念数据库是物理数据库的抽象表示,用户数据库是概念数据库的部分抽取,是用户与数据库的接口。用户根据外模式进行操作,通过外部模式/概念模式的映像与概念数据库联系起来,再通过概念模式/内部模式的映像与物理数据库联系起来。DBMS 的核心工作之一就是完成三个层次数据库之间的转换,把用户对数据库的操作转换成对物理数据库的操作。数据库管理系统实现映像的能力,将直接影响该数据库系统能够达到的数据独立性的程度。

1.4.3 用户通过 DBMS 访问数据库的过程

数据库管理系统是一个负责数据库的定义、建立、操作、管理和维护的软件系统。它是数据库系统的核心组成部分,也是用户的应用程序和物理数据库之间的桥梁。用户、程序员、DBA 对数据库数据的一切操作,包括定义、查询、更新及各种控制,都是通过数据库管理系统进行的。DBMS 的工作示意图如图 1-25 所示。

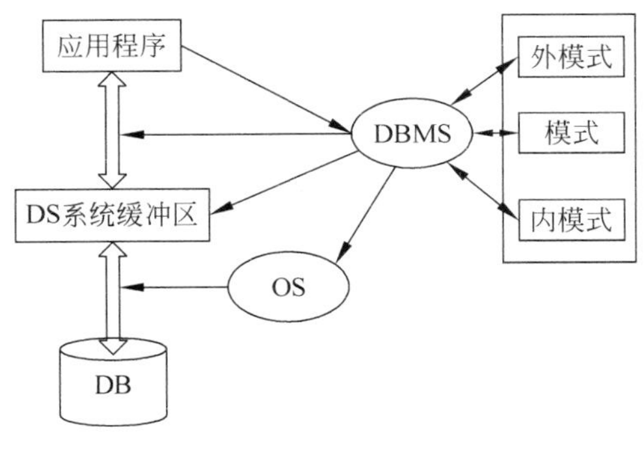

图 1-25 用户访问数据库的过程

DBMS 的工作过程如下。

(1) 接受应用程序的数据请求。

(2) DBMS 对用户的操作请求进行分析(DBMS 类似于一个操作命令解释器,把用户程序的数据操作语句转换为具体的物理数据处理,它又像一个向导,把用户对数据库的一次访问从用户数据库带到概念数据库,再导向物理数据库,从而有效地实现了数据库三级模式间的转换)。

(3) 由于在计算机的存储设备上的数据库管理系统不能直接操作,必须由操作系统统一管理调度,所以,数据库管理系统要向操作系统发出操作请求。

(4) 操作系统接到命令后,对数据库中的数据进行处理,将结果送到系统缓冲区,并发出读完标志。

(5) DBMS 接到回答信号后,将缓冲区的数据经过模式映射,变成用户的逻辑记录送到用户工作区,同时给用户回答成功与否的信息。

上述操作过程也可以用图 1-26 表示。

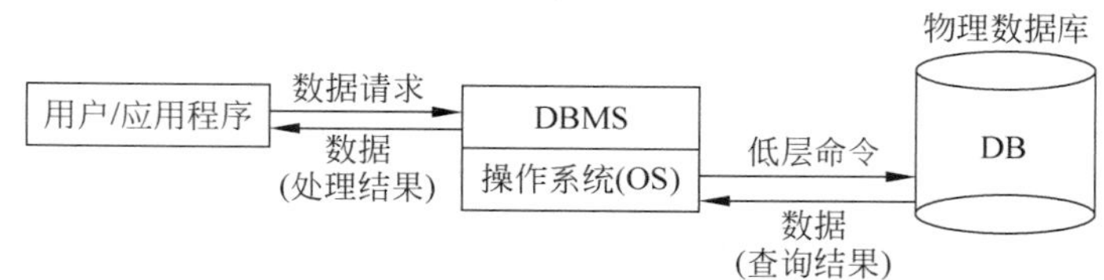

图 1-26　DBMS 的工作模式

通过图 1-25 和图 1-26 可以看出,DBMS 在数据库系统中的地位,同时也可以看出 DBMS 和操作系统之间的关系。

DBMS 除了具有处理数据库中的数据之外,还有一个特殊的数据库,称为数据字典。数据字典(Data Dictionary,DD)是描述各级模式的信息,主要包括所有数据的结构名、意义、描述定义、存储格式、完整性约束、使用权限等信息。关系数据库的数据字典主要包括对基表、视图的定义以及存取路径(索引、散列等)、访问权限和用于查询优化的统计数据等的描述。由于数据字典包含数据库系统中的大量描述信息(而不是用户数据),因此也称它为“描述信息库”。在结构上,数据字典也是一个数据库,为了区分物理数据库中的数据和数据字典中的数据,通常称数据字典中的数据为元数据(Meta-Data),组成数据字典文件的属性称为元属性。数据字典是 DBMS 存取和管理数据的基本依据,主要由系统管理和使用。

1.5　数据库管理系统

从前面关于数据库系统的组成和系统结构来看,数据库管理系统是数据库系统的核心。它的主要功能是建立和维护数据库,接收和完成用户访问数据库的各种请求,是一种操纵和管理数据库的大型软件。它对数据库进行统一的管理和控制,用户通过它访问数据库中的数据,数据库管理员也通过它进行数据库的维护工作。它提供多种功能,可使多个应用程序和用户用不同的方法在同时或不同时刻去建立、修改和询问数据库。它使用户能方便地定义和操纵数据,维护数据的安全性和完整性,以及进行多用户下的并发控制和恢复数据库。

1.5.1 数据库管理系统的组成

数库库管理系统组成按功能划分，大致可分为以下几个部分。

(1) 模式翻译：提供数据定义语言(DDL)。用它书写的数据库模式被翻译为内部表示。数据库的逻辑结构、完整性约束和物理存储结构保存在内部的数据字典中。数据库的各种数据操作(如查找、修改、插入和删除等)和数据库的维护管理都是以数据库模式为依据的。

(2) 应用程序的编译：把包含着访问数据库语句的应用程序，编译成在 DBMS 支持下可运行的目标程序。

(3) 交互式查询：提供易使用的交互式查询语言，如 SQL。DBMS 负责执行查询命令，并将查询结果显示在屏幕上。

(4) 数据的组织与存取：提供数据在外围存储设备上的物理组织与存取方法。

(5) 事务运行管理：提供事务运行管理及运行日志，事务运行的安全性监控和数据完整性检查，事务的并发控制及系统恢复等功能。

(6) 数据库的维护：为数据库管理员提供软件支持，包括数据安全控制、完整性保障、数据库备份、数据库重组以及性能监控等维护工具。

基于关系模型的数据库管理系统已日臻完善，并已作为商品化软件广泛应用于各行各业。它在客户机/服务器结构的分布式多用户环境中的应用，使数据库系统的应用进一步扩展。随着新型数据模型及数据管理的实现技术的推进，可以预期 DBMS 软件的性能还将更新和完善，应用领域也将进一步拓宽。

1.5.2 数据库管理系统的主要功能

数据库管理系统是数据库系统的核心组成部分。数据库管理系统功能的强弱因系统而异，一般来说，数据库管理系统完成的主要功能如下。

1. 数据库定义功能

DBMS 提供相应数据定义语言(DDL)来定义数据库结构，DDL 用于刻画数据库的框架，并被保存在数据字典中。定义功能包括外部模式、概念模式、内部模式及模式间映像的定义(详见 1.4 节数据库系统结构)，数据库完整性定义，安全性定义，存取路径等的定义。

2. 数据存取功能

DBMS 提供数据操纵语言(DML)，以实现对数据库数据的基本存取操作，如检索、插入、修改和删除。

3. 数据库的建立和维护功能

数据库的建立功能是指 DBMS 根据数据库的定义，把实际的数据库数据存储到物理存储设备上，完成实际存放数据的数据库(目标数据库)的建库工作。

数据库的维护功能主要包括数据库运行时记录工作日志，监视数据库的性能，完成数据库的重组和重构功能。重组是指 DBMS 提供重组程序用来重新整理零乱的数据库，以便回收已删除数据所占用的存储空间，并把记录从溢出区移到主数据区的自由空间中。重构功能是指 DBMS 提供重构程序用以改善数据库的性能。在动态环境中，数据库运行一段时间后数据库使用的模式与最初设计的模式有了改变，或原来构造的实体联系方法需要改变，或新的应用要求增加新的数据类型。此时,数据库出现性能下降的趋势。为了改善数据库的性能,需对数据库进行重构。通常把在逻辑模式和内部模式上的改变称为"重构"。数据库的重组与重构是有区别的。重组一般不会影响现有的应用程序,而重构则可能对应用程序有所影响。除上述之外,DBMS还要具备数据库的恢复功能。由于硬件和软件的故障,或由于操作上的失误等原因会导致数据库系统在运行过程中产生故障,致使数据库中数据或某些程序失效。DBMS的故障恢复功能,就是为这种情况提供最有效的措施和有力的工具,如提供转储和检查点等手段。故障恢复功能可把故障造成的影响限制在最小的范围内,并让系统以最快的速度排除故障,恢复并重新启动数据库系统,使故障造成的损失降至最小。

4. 数据组织、存储和管理功能

DBMS要分类组织、存储和管理数据库中的各种数据,包括用户数据、数据字典、存取路径等。要确定以何种文件结构和存取方式在存储设备上组织、存储这些数据,如何实现数据之间的联系,以提高存储空间利用率和存取效率。

5. 通信功能

DBMS具有与操作系统的联机处理、分时系统及远程作业输入的相应接口,负责处理数据的传送。对网络环境下的数据库系统,还应包括DBMS与网络中其他软件系统的通信功能、数据库之间的互操作功能。

1.5.3 数据库管理系统应该满足的要求

数据库管理系统的基本目标是提高数据管理能力,改善数据处理性能,使用户能方便而灵活地处理和使用数据。一个数据库管理系统应该满足以下一些要求。

1. 容易使用

由于数据处理的应用范围广,用户较多,这些用户大多是非数据库方面的专业人员,因此,他们希望能够在操作方面简单易用。

2. 数据处理速度快并且能力强

如何合理将数据存放在数据库中是建立数据库的目的之一,但更重要的目的是为了对它进行操作,因此,用户希望数据处理的速度要快、响应时间要短,这也是衡量一个数据库系统数据处理能力的一个重要标志。

3. 具有可发展性

一个数据库管理系统本身是一个软件,对于一个软件它的生命周期是长是短,关键要看它是否具有可维护性,维护包括完善性维护、改正性维护、适应性维护和预防性维护,在这里可发展性包括完善性维护、适应性维护和预防性维护的含义。例如,不断增加数据库管理系统的新功能、不断适应新的环境变化等。

4. 具有逻辑数据独立性和物理数据独立性

在前面已经讲过,数据独立性是指数据库中数据与应用程序的无关性。对于一个数据库管理系统,用户希望当插入新记录或删除老记录时、当增加一个新的应用程序、使用已有数据、当数据类型发生变化时等情况都不要修改应用程序、模式描述和物理结构;如果软件修改或硬件变动等情况可以不修改应用程序和模式描述,但要修改物理结构;当将两个数据库合并时或修改全局逻辑数据时可以不修改应用程序,但要修改模式描述和物理结构。

也就是希望上述两种数据独立性必须由 DBMS 软件提供。

5. 确保数据的完整性

任何一个数据库管理系统都必须保证数据的完整性。数据完整性指数据的正确性和一致性保护，包括实体完整性、参照完整性和复杂的事务规则等，使数据项及数据项之间的关系不受破坏，使数据保持一致。

6. 具有良好的数据保密性和安全性

数据是一种宝贵的资源，必须防止非法人员存取和使用。目前，关于数据库的安全性和保密性的研究非常热门，如何有效地保护数据，作为数据库管理系统本身也应该具有一定的保护措施。

7. 兼容性好

兼容性包括两个方面，一个是硬件兼容，一个是软件兼容。

对于硬件尽管不同的计算机都有一些差别，但作为数据库管理系统软件，最好能在各式各样的计算机上运行。

对于软件兼容，由于数据库管理系统总要不断修改和更新，但更新后的版本应该与老版本的数据库和应用程序兼容，同时，也希望与其他数据库管理系统兼容，例如，可以接受其他数据库管理系统的输出数据，可以使用其他数据库管理系统的应用程序等。

8. 和谐性

一般来说，不同用户评价一个数据库系统好坏的观点不同，联机用户关心系统的响应时间和执行操作的灵活性，批处理用户关心系统的吞吐量和运行时间。所以作为一个数据库管理系统必须兼顾不同的要求。

9. 逻辑数据结构简单

由于数据库的应用面广，使用数据库管理系统的用户较多，因此，要求整个数据库的逻辑视图应力求简单明了，使得用户易于理解和阅读。

10. 强有力的用户语言

除了具有简单的逻辑数据结构以外，还要求用户对数据库的操作简单，以便容易使用，所以要求数据库管理系统必须提供强有力的用户语言，用户通过语言可以方便地定义、查询、更新和管理、控制数据库。

有无计算机辅助软件工程工具 CASE——计算机辅助软件工程工具可以帮助开发者根据软件工程的方法提供各开发阶段的维护、编码环境，便于复杂软件的开发、维护。有无第四代语言的开发平台——第四代语言具有非过程语言的设计方法，用户无须编写复杂的过程性代码，易学、易懂、易维护。有无面向对象的设计平台——面向对象的设计思想十分接近人类的逻辑思维方式，便于开发和维护。对多媒体数据类型的支持——多媒体数据需求是今后发展的趋势，支持多媒体数据类型的数据库管理系统必将减少应用程序的开发和维护工作。

对于 DBMS 的要求除上述要求外，用户在不同环境还有更多的要求，例如：

(1) 对分布式应用的支持。

包括数据透明与网络透明程度。数据透明是指用户在应用中无须指出数据在网络中的什么节点上，数据库管理系统可以自动搜索网络，提取所需数据；网络透明是指用户在应用中无须指出网络所采用的协议。数据库管理系统自动将数据包转换成相应的协议数据。

(2) 并行处理能力。

支持多CPU模式的系统(SMP,CLUSTER,MPP),负载的分配形式,并行处理的颗粒度和范围等。

(3) 可移植性和可扩展性。

可移植性指垂直扩展和水平扩展能力。垂直扩展要求新平台能够支持低版本的平台,数据库客户机/服务器机制支持集中式管理模式,这样可保证用户以前的投资和系统;水平扩展要求满足硬件上的扩展,支持从单CPU模式转换成多CPU并行机模式。

(4) 并发控制功能。

对于分布式数据库管理系统,并发控制功能是必不可少的。因为它面临的是多任务分布环境,可能会有多个用户点在同一时刻对同一数据进行读或写操作,为了保证数据的一致性,需要由数据库管理系统的并发控制功能来完成。

(5) 数据库恢复功能。

当突然停电、出现硬件故障、软件失效、病毒或严重错误操作时,系统应提供恢复数据库的功能,如定期转存、恢复备份和回滚等,使系统有能力将数据库恢复到某一正确状态。

1.5.4 数据库管理系统程序模块的组成

从图1-2可以看出数据库管理系统是一个复杂的软件,数据库管理系统由众多程序模块组成,每个模块完成了数据库管理系统的一部分功能,这些模块组合起来完成了复杂的功能。

不同的数据库管理系统由于程序模块不同,完成的功能有所不同,但一般来说,主要由数据库定义,数据库存取,数据库运行处理,数据库组织、存储和管理,数据库建立、维护和其他主要模块组成,如图1-27所示。

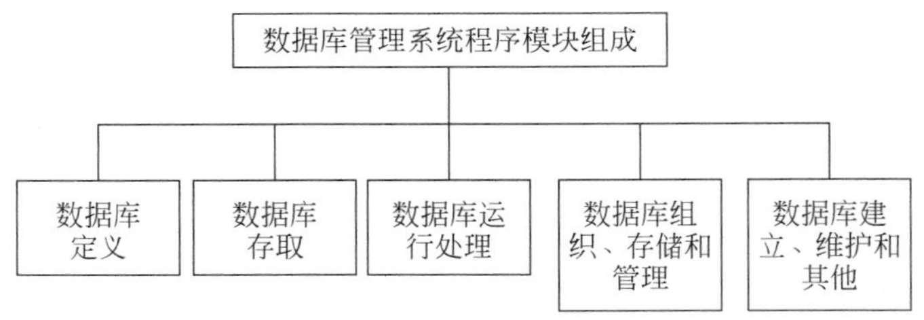

图1-27 数据库管理系统程序模块图

1. 数据库定义

数据库定义主要包括模式、外模式、存储模式的定义模块,同时还包括安全性和完整性的定义。

如在关系数据库管理系统中,数据库定义就是创建数据库、表、视图、索引等,安全方面如授权定义及处理模块,完整性定义如关系数据库管理系统的实体完整性、参照完整性和用户定义完整性及处理模块。

这些模块实质上是数据库管理系统中语言的一部分。

任何数据库管理系统都有自己的语言系统,如程序设计语言、定义和操作数据库的语言。

其中，程序设计语言对于不同的系统又分为宿主语言和自含语言。宿主语言是将对数据库操纵的语言作为主语言的一种扩充，例如，将对数据库的操纵嵌入到C语言中，然后在C语言中利用扩充的语言完成对数据库的操作。自含语言是指数据库管理系统有自己的编译解释程序，不需要其他高级语言的支持就可以独立完成对数据库的操作和控制，如目前比较流行的 Visual FoxPro。

相对于主语言，定义和操作数据库的语言被称为数据子语言，其中，"定义"用于描述数据库，简称为 DDL；"操作"用于操作数据库，简称为 DML。

数据库定义主要是 DDL 模块，这些 DDL 程序模块接收相应的定义，进行语法、语义检查，并且把它们翻译为内部格式存储在数据字典中。

2. 数据库操纵

典型的数据操纵包括：检索、插入、删除和修改。

这些程序模块主要是对用户数据操纵请求进行语法分析、语义检查，生成某种内部表示，优化处理，生成目标代码等，然后交给执行模块运行，完成对数据库的操作。

3. 数据库运行处理

主要负责系统初始化，建立数据库管理系统的系统缓冲区、系统工作区，打开数据字典等，同时还包括数据库监控程序、数据有效性检查程序、并发控制程序、通信控制程序等。一方面保证用户事务的正常运行，一方面保证数据库的完整性和安全性。

4. 数据库组织、存储和管理

主要包括缓冲区管理程序模块、文件读写维护程序模块、存取路径管理维护程序模块等，主要是负责维护数据库的数据和存取路径，提供有效的存取方法。

5. 数据库建立、维护和其他方面

主要用来维护数据库，包括：数据库装入程序、无用数据删除程序、重组数据库程序、转储复制程序、跟踪程序等。

1.5.5 数据库管理系统的层次结构

数据库管理系统的这些模块互相联系与依赖，共同完成复杂的功能，图 1-28 给出了典型的数据库管理系统的层次结构。

由图 1-28 可以看出，根据处理对象的不同，数据库管理系统的层次结构由高级到低级依次为应用层、语言翻译处理层、数据存取层、数据存储层和操作系统。

(1) 应用层。应用层是 DBMS 与终端用户和应用程序的界面层，处理的对象是各种各样的数据库应用。

(2) 语言翻译处理层。语言翻译处理层是对数据库语言的各类语句进行语法分析、视图转换、授权检查、完整性检查等。

(3) 数据存取层。数据存取层处理的对象是单个元组，它将上层的集合操作转换为单记录操作。

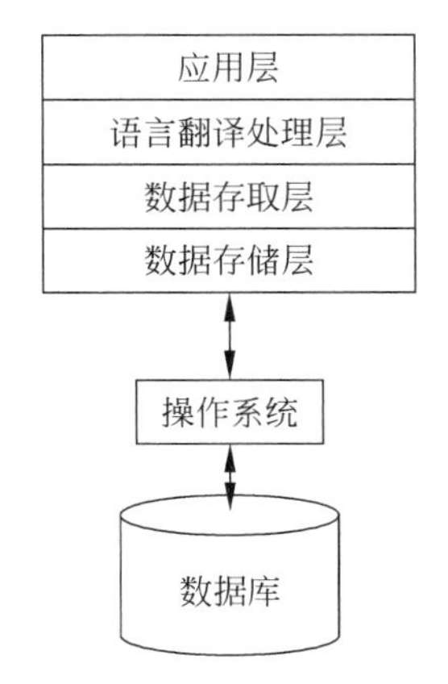

图 1-28 数据库管理系统的层次结构

(4) 数据存储层。数据存储层处理的对象是数据页和系统缓冲区。

(5) 操作系统。操作系统是 DBMS 的基础。操作系统提供的存取原语和基本的存取方法通常是作为和 DBMS 存储层的接口。

1.5.6 常见的数据库管理系统

目前有许多数据库产品,如 Oracle、Sybase、Informix、Microsoft SQL Server、Microsoft Access、Visual FoxPro 等,每个产品除了具有 DBMS 的基本功能以外,各自还具有自己特有的功能,在数据库市场上都占有一席之地。下面简要介绍几种常用的数据库管理系统。

1. Oracle

Oracle 是一个最早商品化的关系型数据库管理系统,也是应用广泛、功能强大的数据库管理系统。Oracle 作为一个通用的数据库管理系统,不仅具有完整的数据管理功能,还是一个分布式数据库系统,支持各种分布式功能,特别是支持 Internet 应用。作为一个应用开发环境,Oracle 提供了一套界面友好、功能齐全的数据库开发工具。Oracle 使用 PL/SQL 执行各种操作,具有可开放性、可移植性、可伸缩性等功能。特别是在 Oracle 8i 中,支持面向对象的功能,如支持类、方法、属性等,使得 Oracle 产品成为一种对象/关系型数据库管理系统。

2. Microsoft SQL Server

Microsoft SQL Server 也是目前拥有用户较多的关系型数据库管理系统,可以在许多操作系统上运行,它使用 Transact-SQL 完成数据操作。由于 Microsoft SQL Server 是开放式的系统,其他系统可以与它进行完好的交互操作。Microsoft SQL Server 版本很多,如 Microsoft SQL Server 2000,后续几乎每两年发布一个新的版本,微软在 2016 年 3 月宣布把 SQL Server 2016 带到 Linux 平台,8 个月后,微软推出了首个公共预览版本,并持续带来更新和改进。目前,微软同时向 Windows、Linux、Mac OS 以及 Docker 容器推出了 SQL Server 2017 的公共访问。截至目前,该公司一共为 SQL Server 2017 推出了 7 个社区预览版,引入了图数据处理支持、适应性查询、面向高级分析的 Python 集成等功能更新。

3. Microsoft Access

作为 Microsoft Office 组件之一的 Microsoft Access,是在 Windows 环境下非常流行的桌面型数据库管理系统。使用 Microsoft Access 无须编写任何代码,只需通过直观的可视化操作就可以完成大部分数据管理任务。在 Microsoft Access 数据库中,包括许多组成数据库的基本要素。这些要素是存储信息的表、显示人机交互界面的窗体、有效检索数据的查询、信息输出载体的报表、提高应用效率的宏和功能强大的模块工具等。它不仅可以通过 ODBC 与其他数据库相连,实现数据交换和共享,还可以与 Word 和 Excel 等办公软件进行数据交换和共享,并且通过对象链接与嵌入技术在数据库中嵌入和链接声音、图像等多媒体数据。

1.6 数据库应用系统开发概述

在 1.4 节中重点讨论了从数据库管理系统角度看待的数据库系统体系结构,本节主要从用户角度来看数据库系统结构,即从数据库应用角度来介绍数据库系统外部结构。

目前，根据数据库系统的应用和发展，数据库系统的应用架构主要包括单用户结构、集中式结构、分布式结构、客户机/服务器结构、浏览器/服务器结构。

1.6.1 单用户结构

单用户结构是指在个人计算机上使用单用户数据库系统，即整个数据库系统（应用程序、DBMS、数据）装在一台计算机上，为一个用户独占，不同机器之间不能共享数据。这种类型的数据库管理系统虽然在数据的完整性、安全性以及并发控制等方面还存在许多不足，但基本上已经实现了数据库管理系统应该具有的功能。目前，比较流行的 Microsoft Access 和 Visual FoxPro 就比较适合单用户结构，如图 1-29 所示。

1.6.2 集中式结构

集中式结构是一种采用大型主机和终端结合的系统，这种结构将数据库系统，包括应用程序、DBMS、数据都集中存放在主机上，所有处理任务都由主机来完成，各个用户通过主机的终端并发地存取数据库，共享数据资源，如图 1-30 所示。

图 1-29 单用户结构

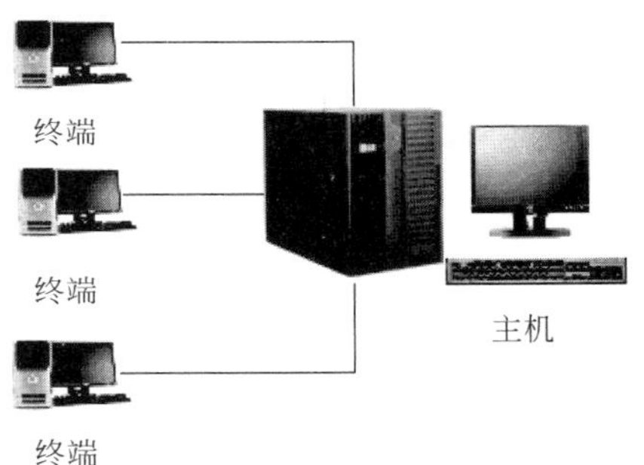

图 1-30 集中式结构

在这种集中式结构中，由于所有的处理都由主机完成，因此对主机的性能要求比较高，但这种结构易于管理、控制与维护。不足之处是当终端用户数目增加到一定程度后，主机的任务会过分繁重，成为瓶颈，从而使系统性能下降。系统的可靠性依赖主机，当主机出现故障时，整个系统都不能使用。

1.6.3 分布式结构

数据库中的数据在逻辑上是一个整体，但物理地分布在计算机网络的不同节点上。网络中的每个节点都可以独立处理本地数据库中的数据，执行局部应用；同时也可以同时存取和处理多个异地数据库中的数据，执行全局应用，如图 1-31 所示。

优点：适应了地理上分散的公司、团体和组织对于数据库应用的需求。

缺点：数据的分布存放给数据的处理、管理与维护带来困难。

当用户需要经常访问远程数据时，系统效率会明显地受到网络传输的制约。

1.6.4 客户机/服务器结构

客户机/服务器结构，简称 C/S 结构。在这种结构中，把数据库管理系统的功能和应用

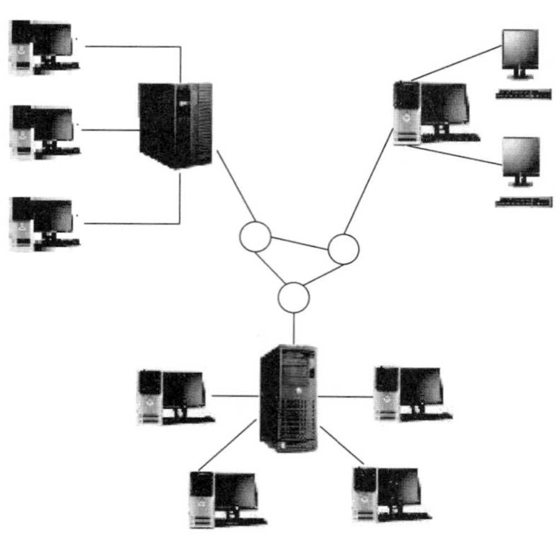

图 1-31　分布式结构

分开。网络中某个(些)节点上的计算机专门用于执行数据库管理系统功能,称为数据库服务器,简称服务器。其他节点上的计算机安装数据库管理系统的外围应用开发工具和用户的应用系统,称为客户机。客户机主要负责管理用户界面和接收用户数据,并且处理相应请求,产生数据库服务请求,然后将这些请求发给服务器,并且接收服务器返回的结果,最后再将这些结果按照一定的格式返回给用户。服务器的主要任务是接收客户机的请求,并且处理这些请求,然后将处理结果返回给客户机。

客户机/服务器数据库系统的种类包括集中的服务器结构和分布的服务器结构。集中的服务器结构中有一台数据库服务器,多台客户机,如图 1-32 所示。

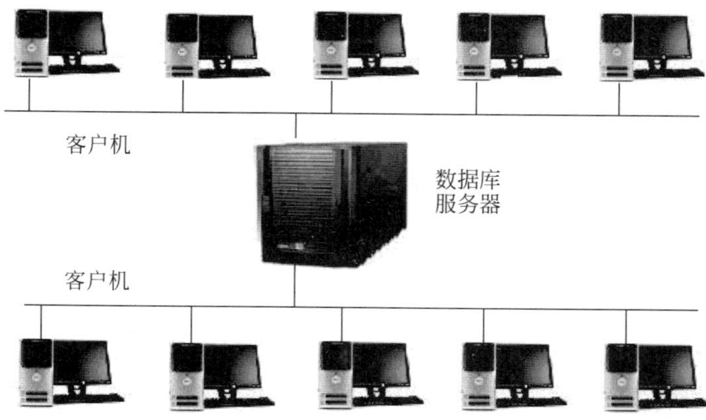

图 1-32　客户机/服务器结构

分布的服务器结构在网络中有多台数据库服务器,一般将数据控制层放在数据库服务器上,主要的业务处理层放在应用服务器上实现。而简单的业务处理功能和界面表示层放在客户机上,如图 1-33 所示。

客户机/服务器结构的好处是整个系统具有较好的性能,除此之外,由于客户端的用户请求被传送到数据库服务器,数据库服务器进行处理后,只将结果返回给用户,从而显著减

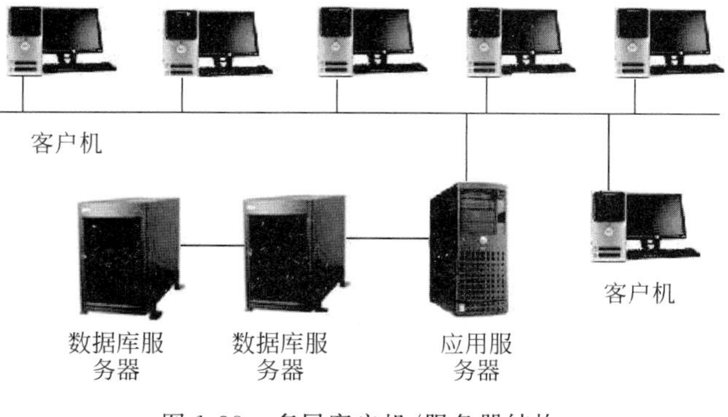

图 1-33　多层客户机/服务器结构

少了数据传输量。但是也有不足之处，例如，相同的应用程序要重复安装在每一台客户机上，从系统总体来看，大大浪费了系统资源；同时当系统规模达到数百数千台客户机时，它们的硬件配置、操作系统又常常不同，要为每一个客户机安装应用程序和相应的工具模块，其安装维护代价便不可接受了；并且这种结构还具有应用维护较困难，难于保密，造成安全性差等问题。

1.6.5　浏览器/服务器结构

由于客户机/服务器结构存在一些不方便之处，所以，人们提出了改进的方法，即将应用程序安装在服务器端执行，而客户机端只安装作为前端运行环境的浏览器，这就是浏览器/服务器结构。这种结构的核心是 Web 服务器，它负责接收远程或本地浏览器的超文本传输协议(HTTP)数据请求，然后根据查询条件到数据库服务器获取相关的数据，并把结果翻译成文本标记语言(HTML)文件传送给提出请求的浏览器。

这种结构的客户端由于浏览器的界面统一，广大用户容易掌握，因此大大减少了培训时间与费用。同时由于服务器端又分为 Web 服务器、应用服务器和数据库服务器等，所以，大大减少了系统开发和维护代价，能够支持数万甚至更多的用户。如图 1-34 所示为多层 B/S 模式结构。

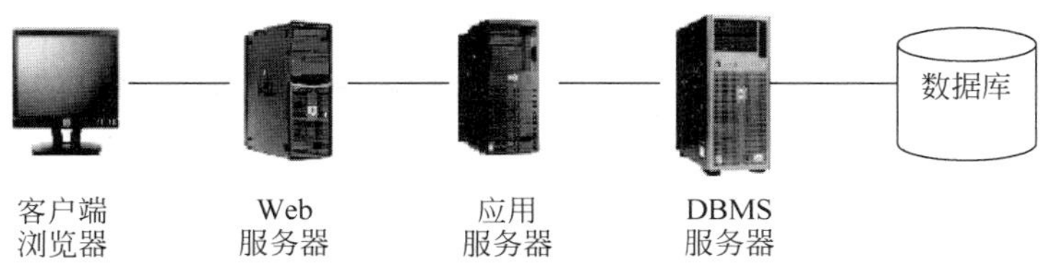

图 1-34　多层 B/S 模式结构

该结构中，浏览器与 Web 服务器之间可以通过 HTTP 通信，Web 服务器与应用服务器之间采用 CGI/API 等接口通信，应用服务器 DBMS 服务器可以利用 ODBC/JDBS 等接口完成数据库的操作。

说明：基于数据库管理系统开发应用系统有很多好处，但并不是所有的应用系统都必须基于数据库管理系统开发，例如，苛刻的实时(Real-Time)环境；应用系统要求的操作非常少,并且代码要求精练;操作的数据是非结构化或半结构化数据,等等。

*1.7 数据库技术的新发展

数据库技术从20世纪60年代中期产生到今天发展速度之快,使用范围之广是其他技术所远不及的。了解当前数据库技术的进展,研究数据库发展的动向,对数据库技术的研究和应用具有重大的意义。

近年来,数据库技术与计算机网络、人工智能、软件工程等其他学科的内容相结合,不断形成了新的发展方向,涌现出各种新型的数据库,这也是新一代数据库的一个显著特征。现举例说明如下。

1. 分布式数据库

分布式数据库与集中式数据库联网和分散式数据库是不同的。集中式数据库联网是指集中式数据库用网络连接起来。分散式数据库是指使分散在各个场地上的集中式数据库可以被网络上的用户通过远程登录加以访问,或者通过网络传递数据库中的数据。分布式数据库是指将其数据实体存储在地理位置上分散的计算机网络节点上,而概念上是单一的集中的数据库,其分布性对用户是透明的。也可以说分布式数据库是由一组数据组成,这些数据物理上分布在计算机网络的不同节点上,逻辑上属于同一个系统。分布式数据库重点强调两点:①分布性;②逻辑整体性。

20世纪80年代研制了许多分布式数据库的原型系统,攻克了分布式数据库中许多理论和技术难点。20世纪90年代开始主要的数据库厂商对集中式数据库管理系统的核心加以改造,逐步进入分布处理功能,向分布式数据库管理系统发展。目前,分布式数据库开始进入实用阶段。

2. 并行数据库

并行数据库是在并行机上运行的具有并行处理能力的数据库系统。

最近十几年来,并行计算机系统的发展十分迅速,许多公司推出了很多商品化的高性能并行计算机系统,但是,并行计算机软件系统的发展却远远落后于硬件的发展,至今尚未有实用的并行计算机操作系统、并行编译系统、并行数据库系统、并行智能系统等并行软件投入运行。因此,并行软件的研究已经成了最近几年来热门的高科技研究领域。

由于各种应用领域中数据库系统占有重要的地位,并行数据库系统的研究引起了学术界和工业界的特别关注。特别是随着计算机应用领域的不断扩大,数据库规模越来越大,数据查询也越来越复杂,对数据库管理系统性能的要求越来越高,基于传统的冯·诺依曼计算机的数据库管理系统已经难以适应迅速增长的性能要求,数据库管理系统性能的提高已经成为目前急需解决的问题。

目前,并行数据库系统的研究基本围绕着关系数据库进行,并且主要包括数据库中数据的划分及其在多处理器或多磁盘之间的分布;并行数据操作算法的设计与实现;并行数据库的查询优化。

3. 演绎数据库、知识库和主动数据库

演绎数据库是在数据库的基础上发展起来的一种扩充形式的数据库。在演绎数据库中不但引入了事实与完整性约束,也引入了规则。由于规则的引入,使得由已知的事实通过规则可以推演出未知的事实。

知识库是知识的集合，这些知识包括：概念、事实与规则。

主动数据库是相对传统数据库的被动性而言的。许多实际的应用领域，如计算机集成制造系统、管理信息系统、办公室自动化系统中常常希望数据库系统在紧急情况下能根据数据库的当前状态，主动适时地做出反应，执行某些操作，向用户提供有关信息。传统数据库系统是被动的系统，它只能被动地按照用户给出的明确请求执行相应的数据库操作，很难充分适应这些应用的主动要求，因此在传统数据库基础上，结合人工智能技术和面向对象技术提出了主动数据库。

主动数据库主要解决主动数据库的数据模型、知识模型、执行模型、条件检测、事务调度、体系结构和系统效率。主动数据库是目前数据库技术中一个活跃的研究领域，近年来的研究已取得了很大的成果。当然，主动数据库还是一个正在研究的领域，许多概念尚不成熟，不少技术问题还有待进一步研究解决。

4. 多媒体数据库

传统的数据库管理的都是以数值和字符数据为管理对象，其应用对象主要是一般的商业或事务数据，它可以不涉及诸如图像、声音等，当数据库管理对象被扩充到用以管理多媒体数据之后，其性质和功能都产生了重大的变化。其存储结构和存取结构不同，描述它们的数据结构和数据模型也不同，由此产生的用于管理多媒体数据的数据库管理系统，就是多媒体数据库管理系统。

多媒体技术是 20 世纪 80 年代发展起来的计算机新技术。目前来看，对多媒体的支持还是很有限的，主要支持是在系统中只引入新的数据类型，以便存储多媒体对象字段，如 VFP 的 OLE 字段、Access 的通用字段等。

5. 模糊数据库

为了使数据库描述的模型更贴切地反映客观世界的本来面目，不仅在静态结构上，而且在动态的操作和变换上更贴切地描述客观事物，有必要把不完全性、不确定性和模糊性引进数据库。即允许在数据库中存放一些模糊数据和不确定数据。

目前，无论国内还是国外关于模糊数据库的理论和技术的研究，都尚处于初创阶段，远未达到成熟和完善，还有待长期而深入的研究。

除上述之外，数据库技术被应用到特定的领域中，出现了工程数据库、地理数据库、统计数据库、科学数据库、空间数据库等多种数据库，使数据库领域中的技术内容层出不穷。

关于数据库最新技术的发展在书中第 9 章有详细介绍。

小　　结

本章首先重点介绍了几个有关数据库的基本概念：数据库、数据库管理系统、数据库系统；然后介绍了数据管理技术的发展，主要经历了人工管理阶段、文件系统阶段和数据库系统阶段；并且介绍了数据库系统的特点。

其次，本章讨论了数据模型。数据模型是指现实世界数据和信息的模拟，在从现实世界到计算机世界的抽象过程中，要求必须具备真实性、易理解性和易实现性。重点介绍了概念模型中的实体-联系模型和关系数据模型。

重点讨论了数据库系统三级模式和两级映像的体系结构,即外模式、模式和内模式及外模式/模式和模式/内模式的映像。并且重点讲述了数据库管理系统,包括数据库管理系统的组成、主要功能、应该满足的要求、程序模块的组成、层次结构和常见的数据库管理系统。

介绍了数据库应用系统目前常用的几种结构,包括单用户结构、集中式结构、分布式、客户机/服务器结构和浏览器/服务器结构。

最后简单介绍了数据库技术的新发展。

习 题 1

1.1 名词解释。

数据库(DB) 数据库系统(DBS) 数据库管理系统(DBMS) 数据模型 概念数据模型 一对一联系 一对多联系 多对多联系 层次模型 网状模型 关系模型 关键字 模式 外模式 内模式 数据独立性 逻辑数据独立性 物理数据独立性 数据字典(DD)

1.2 简答。

(1) 举例说明哪些应用适合使用文件系统而不适合使用数据库系统,哪些应用适合使用数据库系统而不适合使用文件系统。

(2) 文件系统与数据库系统有何区别和联系?

(3) 何谓数据的物理独立性与数据的逻辑独立性?

(4) 什么是数据独立性? 在数据库系统体系结构中是如何体现的?

(5) 数据模型的三要素。

(6) 概念模型的作用。

(7) 举例说明实体集之间具有 $1:1$、$1:n$、$m:n$ 的联系。

(8) 层次数据模型、网状数据模型和关系数据模型的优点和缺点。

(9) 举例说明 E-R 图的构成规则。

(10) 什么是外部模式? 概念模式? 内部模式? 它们之间有何联系? 这种分级结构的优点是什么?

(11) 关系数据库完整性约束有哪些? 举例说明。

(12) DBA 的主要职责是什么?

(13) 用户访问数据库的过程。

(14) 什么是数据字典? 它在数据库中的作用是什么?

(15) 简述数据库、数据库管理系统和数据库系统之间的关系。

(16) 给出层次模型和网状模型的概念,并各给出一个实例。

(17) 你认为选择数据库管理系统的主要原则有哪些?

(18) 给出三个具体 DBMS 的主要特点和适用场合。

1.3 判断。

(1) 数据库系统的一个主要特点是数据无冗余。

(2) 数据库管理系统和数据库构成了数据库系统。

(3) 数据结构化是数据库和文件系统的根本区别。

(4) 一个数据库系统设计中,概念模式只有一个,而外模式则可有多个。

(5) 数据库系统中数据具有完全独立性。

(6) DBA 的主要职责是管理数据库中的数据。

(7) 数据库避免了一切数据重复。

(8) 每一种 DBMS 的实现,均是建立在某一种数据模型基础之上的。

(9) 非过程化语言比过程化语言好。

(10) 模式是数据库全局逻辑结构的描述。

(11) 三级模式结构是数据库唯一的一种分级模式结构。

(12) 层次数据模型和网状数据模型都可用关系数据模型表示。

(13) 关系模型不仅可以描述实体,还可以描述实体及实体集之间的联系。

(14) 关系数据模型与网状数据模型相比具有查询效率高的优点。

(15) 网状数据模型可以直接表示 $M:N$ 的联系。

(16) 概念模型独立于硬件设备和 DBMS。

(17) 视图对重构数据库提供了一定程度的物理独立性。

(18) 实体是信息世界中的术语,与之相对应的数据库术语为字段。

(19) 数据库系统的核心工作就是完成用户级数据库、概念级数据库和物理级数据库之间的映射。

(20) 一个网状数据结构模型可以变换为一个等价的层次数据结构模型,这种变换以存储空间为代价。

1.4 选择题。

(1) 在(　　)中一个节点可以有多个双亲,节点之间可以有多种联系。

A. 网状模型　　B. 关系模型　　C. 层次模型　　D. 以上都有

(2) 数据库管理系统(DBMS)是(　　)。

A. 一个完整的数据库应用系统　　B. 一组硬件

C. 一组软件　　D. 既有硬件,也有软件

(3) 用户或应用程序看到的那部分局部逻辑结构和特征的描述是(　　)模式。

A. 模式　　B. 物理模式　　C. 子模式　　D. 内模式

(4) 要保证数据库的逻辑数据独立性,需要修改的是(　　)。

A. 模式与外模式之间的映射　　B. 模式与内模式之间的映射

C. 模式　　D. 三级模式

(5) 下列 4 项中,不属于数据库系统特点的是(　　)。

A. 数据共享　　B. 数据完整性

C. 数据冗余度高　　D. 数据独立性高

(6) 数据库(DB),数据库系统(DBS)和数据库管理系统(DBMS)之间的关系是(　　)。

A. DBS 包括 DB 和 DBMS　　B. DBMS 包括 DB 和 DBS

C. DB 包括 DBS 和 DBMS　　D. DBS 就是 DB,也就是 DBMS

(7) 数据库系统与文件系统的主要区别是(　　)。

A. 数据库系统复杂,而文件系统简单

B. 文件系统不能解决数据冗余和数据独立性问题,而数据库系统可以解决

C. 文件系统只能管理程序文件,而数据库系统能够管理各种类型的文件

D. 文件系统管理的数据量较少,而数据库系统可以管理庞大的数据量

(8) 数据库的概念模型独立于(　　)。

A. 具体的机器和 DBMS　　B. E-R 图

C. 信息世界　　D. 现实世界

(9) 在数据库中存储的是(　　)。

A. 数据　　B. 数据模型

C. 数据以及数据之间的联系　　D. 信息

(10) 在数据库中,数据的物理独立性是指(　　)。

A. 数据库与数据库管理系统的相互独立

B. 用户程序与 DBMS 的相互独立

C. 用户的应用程序与存储在磁盘上的数据库中的数据是相互独立的

D. 应用程序与数据库中数据的逻辑结构相互独立

(11) 数据库的特点之一是数据的共享,严格地讲,这里的数据共享是指(　　)。

A. 同一应用中的多个程序共享一个数据集合

B. 多个用户、同一种语言共享数据

C. 多个用户共享一个数据文件

D. 多种应用、多种语言、多个用户相互覆盖地使用数据集合

(12) 在数据库技术中,为提高数据库的逻辑独立性和物理独立性,数据库的结构被划分成用户级、(　　)和存储级三个层次

A. 管理员级　　B. 外部级　　C. 概念级　　D. 内部级

(13) 在数据库中,产生数据不一致的根本原因是(　　)。

A. 数据存储量太大　　B. 没有严格保护数据

C. 未对数据进行完整性控制　　D. 数据冗余

(14) 数据库具有(1)、最小的(2)和较高的程序与数据(3)。

① A. 程序结构化　　B. 数据结构化　　C. 程序标准化　　D. 数据模块化

② A. 冗余度　　B. 存储量　　C. 完整性　　D. 有效性

③ A. 可靠性　　B. 完整性　　C. 独立性　　D. 一致性

(15) 在数据库的三级模式结构中,描述数据库中全体数据的逻辑结构和特征的是(　　)。

A. 外模式　　B. 内模式　　C. 存储模式　　D. 模式

1.5 设计一个学生档案管理系统,学生的信息主要包括学生的学号、姓名、性别、入学年份、出生日期、联系电话、宿舍等,和学生相关的信息还有学生所在学院、所学专业、所在班级、班主任等。其中,一个学院可以有多个专业,一个专业可以有多个班级,一个专业只属于某个学院,一个班级也只属于某个专业,一个班级只能有一个班主任,一个班主任也只能带一个班级,学院信息包括学院代号、学院名称、学院负责人,专业信息包括专业代号、专业名称、专业负责人,班级信息包括班级代号、班级名称,班主任信息包括工号、姓名、职称,和班主任有关的信息包括所在学院和所在系部,一个教师只能在一个学院下的一个系部工作。

要求：

(1) 确定有哪些实体，每个实体包括哪些属性。

(2) 找出实体间的联系。

(3) 画出 E-R 图。

1.6 在 1.5 题设计基础上再多加一些考虑因素，继续完成上述三个要求。例如，可以考虑学生的学籍变动情况(休学、退学和留级等)，奖惩情况的记录等。

第 2 章 关系数据库

关系数据库是支持关系模型的数据库系统，简称 RDBS。关系模型不仅数据结构简单清晰，而且具有坚实的理论基础，这使得关系数据库成为应用最为广泛的数据管理技术。自 1970 年 E. F. Codd 提出了关系数据模型以来，其理论研究和软件研制均取得了丰富的成果。目前许多企业的在线交易处理系统、内部财务系统、客户管理系统等均采用关系数据库管理系统(RDBMS)。

RDBMS 种类很多，从具有良好的应用开发环境、用户量大和可在多平台上安装使用几方面考虑，处于前列的是美国 Oracle 公司的 Oracle 数据库，Sybase 公司的 Sybase 数据库，加州大学的 Ingres 数据库，Informix 公司的 Informix 数据库，IBM 公司的 DB2 数据库，以及 Microsoft 公司的 SQL Server 数据库等。随着数据库产品的商业化，关系数据库系统的应用领域迅速扩大，成为目前最重要、应用最广泛的数据库系统。因此，关系数据模型相关的原理及应用十分重要，是本书的重点。

在本章介绍关系数据模型相关理论的基础上，本书后续章节将陆续介绍有关关系数据库的问题，如第 3 章关系数据库的标准语言 SQL，第 4 章关系的规范化理论，第 5 章数据库的设计等。本章作为后续章节的基础，主要介绍关系的定义、关系的代数操作、关系演算、关系的查询优化及关系系统的分类和定义等内容。

2.1 关系模型

关系模型是由关系数据结构、关系操作和关系完整性约束三部分组成的。在 1.3.3 节中对关系模型的相关概念已经做了介绍，但并未深入讨论其数学基础，本节将在集合论的基础上对关系进行定义。

2.1.1 关系数据结构

关系模型中数据的逻辑结构是一张二维表，虽然结构简单但是语义丰富，现实世界中的实体以及实体之间的联系均可以通过关系模型进行描述。

在介绍关系的数学定义之前，需要先理解一些基本术语。

1. 域

定义 2.1 域(Domain)是一组具有相同数据类型的值的集合。

例如，自然数、整数、{男，女}、大于等于 0 的实数等。可以看出，同一域中的元素必须是相同的数据类型。

2. 笛卡儿积

定义 2.2 给定一组域 $D_1, D_2, \cdots, D_n$(其中允许有相同的域)，$D_1, D_2, \cdots, D_n$ 上的笛卡

儿积用公式表示为：

$$D_1 \times D_2 \times \cdots \times D_n = \{(d_1, d_2, \cdots, d_n) \mid d_i \in D_i, i = 1, 2, \cdots, n\}$$

其中，

(1) 每个元素$(d_1, d_2, \cdots, d_n)$称为一个 n 元组(n-tuple)或简称元组(Tuple)；

(2) 元组中每个 d_i 称为一个分量(Component)；

(3) 若 $D_i(i=1,2,\cdots,n)$为有限集，其基数(Cardinal Number)为 $m_i(i=1,2,\cdots,n)$，则 $D_1 \times D_2 \times \cdots \times D_n$ 的基数 M 为：$M = \prod_{i=1}^{n} m_i$。

式中：m_i 为第 i 个域的基数，n 为域的个数。

笛卡儿积也可以用一个二维表表示。表中的每一行对应一个元组，每一列对应一个域。例如，设有三个域，D_1 为姓名集合，D_2 为性别集合，D_3 为小说名集合：

D_1＝{唐僧，宋江，林黛玉}

D_2＝{男，女}

D_3＝{西游记，水浒传，红楼梦}

则以上三个域的笛卡儿积为：

$D_1 \times D_2 \times D_3$＝{{唐僧，男}，{宋江，男}，{林黛玉，男}，
{唐僧，女}，{宋江，女}，{林黛玉，女}}$\times D_3$
＝{{唐僧，男，西游记}，{宋江，男，西游记}，{林黛玉，男，西游记}，
{唐僧，女，西游记}，{宋江，女，西游记}，{林黛玉，女，西游记}，
{唐僧，男，水浒传}，{宋江，男，水浒传}，{林黛玉，男，水浒传}，
{唐僧，女，水浒传}，{宋江，女，水浒传}，{林黛玉，女，水浒传}，
{唐僧，男，红楼梦}，{宋江，男，红楼梦}，{林黛玉，男，红楼梦}，
{唐僧，女，红楼梦}，{宋江，女，红楼梦}，{林黛玉，女，红楼梦}}

它表示所有可能的组合，其中，{唐僧，男，西游记}，{唐僧，女，西游记}，{唐僧，男，水浒传}，{唐僧，女，水浒传}，{唐僧，男，红楼梦}，{唐僧，女，红楼梦}等都是元组。唐僧、宋江、林黛玉、男、女、西游记、水浒传、红楼梦等都是分量。进行笛卡儿积运算的三个域的基数分别为3、2、3，因此该笛卡儿积的基数为 3×2×3＝18，一共得到 18 个元组。这 18 个元组可列为一张二维表，如表 2-1 所示。

表 2-1　D_1、D_2、D_3 的笛卡儿积

D_1	D_2	D_3	D_1	D_2	D_3
唐僧	男	西游记	唐僧	女	水浒传
宋江	男	西游记	宋江	女	水浒传
林黛玉	男	西游记	林黛玉	女	水浒传
唐僧	女	西游记	唐僧	男	红楼梦
宋江	女	西游记	宋江	男	红楼梦
林黛玉	女	西游记	林黛玉	男	红楼梦
唐僧	男	水浒传	唐僧	女	红楼梦
宋江	男	水浒传	宋江	女	红楼梦
林黛玉	男	水浒传	林黛玉	女	红楼梦

3. 关系

定义 2.3 一组域笛卡儿乘积的一个子集称为一个关系。即当且仅当 R 是 $D_1 \times D_2 \times \cdots \times D_n$ 的一个子集，则称 R 是 $D_1 \times D_2 \times \cdots \times D_n$ 上的一个关系，记为：

$$R(D_1, D_2, \cdots, D_n)$$

其中，R 表示关系的名字，n 为关系的目或度(Degree)，R 中包含的元组个数称为 R 的基数。关系是笛卡儿积的子集，因此关系可表示为一个二维表，表的一行对应一个元组，一列对应一个域。由于域可以相同，为了加以区分，为每列起一个名字，称为属性(Attribute)。例如，表 2-2 就是一个关系，表示了小说人物对照关系。

表 2-2 小说人物对照表

姓名	性别	小说名
唐僧	男	西游记
宋江	男	水浒传
林黛玉	女	红楼梦

通过这个例子可以看出，对于一个笛卡儿积一般只有取它的子集才有意义，这和用户看到的二维表一样，只有满足一定条件的二维表才是研究的对象。

表 2-3 是一张学生表，它是一张二维表格，且是一个关系，是由学生学号、姓名、性别、专业、出生年份 5 个域计算笛卡儿积后得到的学生信息表。

表 2-3 学生表

学生学号	姓名	性别	专业	出生年份
09150123	张建	男	信息安全	1997
10150038	刘英	女	法学	1996
11150016	孙剑宾	男	会计学	1996
12150239	任英杰	男	建筑学	1998
13150363	范伟	男	统计学	1997
⋮	⋮	⋮	⋮	⋮

4. 码

在关系数据库中，码是关系模型的一个重要概念。码由一个或几个属性组成，在实际应用中，有如下几种码。

(1) 候选码(Candidate Key)：在一个关系中，能唯一标识元组的属性或最小属性集称为关系的候选码。

(2) 主码(Primary Key)：若一个关系中有多个候选码，则选其中一个作为主码。包含在任何一个候选码中的属性称为主属性(Primary Attribute)，不包含在任何候选码中的属性称为非主属性(Non-primary Attribute)或非码属性(Non-key Attribute)。

在表 2-3 的关系中，通过“学生学号”能唯一标识学生，因而“学生学号”是一个候选码。另外，假设学生中没有姓名重复，那么“姓名”也可以作为一个候选码。关系的候选码可以有多个，但针对实际问题只能指定一个作为主码。

(3) 外码(Foreign Key)：设 F 是基本关系 R 的一个或一组属性，但不是 R 的码。K_s是基本关系 S 的主码。如果 F 与 K_s相对应，则称 F 是 R 的外码，并称基本关系 R 为参照关系

(Referencing Relation),基本关系 S 为被参照关系(Referenced Relation)。

例如,学生关系和专业关系分别为:

学生(学生学号,姓名,性别,出生年份,专业编号,身份证号码)

专业(专业编号,专业名称,专业负责人)

学生表的主码为"学生学号",专业表的主码为"专业编号",在学生表中"专业编号"这一属性不能任意取值,必须参照专业表中存在的专业来取,因此称"专业编号"是学生表的外码。同时,"专业编号"作为专业表的主码和学生表的外码,可以实现两个表的关联,即当需要查询"某个学生所在的专业信息"时,可以通过"专业编号"将学生表和专业表进行连接,从而完成该查询请求。在关系数据库中,表与表的联系就是通过公共属性实现的,这个公共属性是一个表的主码和另外一个表的外码。

5. 关系的性质

尽管关系与二维表、传统的数据文件有相似之处,但它们又有区别。严格地说,关系是一种规范化的二维表,具有如下性质。

(1) 分量必须取原子值,即每一个分量都必须是不可分的数据项。

(2) 列是同质的,即每一列中的分量是同一类型的数据,来自同一个域。列的取值范围称为域,同列具有相同的域,不同的列也可以具有相同的域。例如,性别的值域是{男,女};年龄的值域是整数。

(3) 表中的列称为属性,给每列起一个名称即属性名,不同属性要起不同的属性名。

(4) 列的顺序无关,即列的顺序可以任意交换。但是有时为了方便,使用时有列序。

(5) 关系中任意两行(元组)不能相同。但是在大多数的关系数据库产品中,如果用户没有定义有关约束条件,则允许关系表中存在两个完全相同的元组。

(6) 行的顺序无关,即行的顺序可以任意交换。

以上 6 个性质可以简单归纳为:关系中的每一个属性是不可分解的,即所有域都应是原子数据的集合;没有完全相同的行和列,行、列的排列顺序是无关紧要的。

2.1.2 关系操作

关系数据模型提供了一系列操作的定义,这些操作称为关系操作,关系操作的特点是集合操作方式,即操作的对象和结果都是集合。

关系操作一般可分为两类:一类是关系检索操作,另一类是关系更新操作。更新操作又分为插入、删除和修改。进行更新操作时,不应该破坏在关系模式上指定的完整性约束。关系数据库管理系统一般向用户提供如下 4 种基本数据操纵功能。

(1) 数据检索。数据检索是查找出用户想要的数据。这个查找是按照用户指定的条件进行的,它可以是一个关系内的数据,也可以是多个关系间的数据。对一个关系内数据的检索主要是选择一些指定的属性(列的指定)或选择满足某些逻辑条件的元组(行的选择)。而对多个关系间数据的检索可以分解为:先将多个关系合并成一个大关系,然后检索合并后的关系。因此,数据检索可包含三个基本操作:①一个关系内属性的指定;②一个关系内元组的指定;③两个关系的合并。

(2) 数据插入。在一个关系内插入一个或一些新的元组。

(3) 数据删除。在关系内删除一些元组。

(4) 数据修改。用于改变已存在的元组中的一些属性的值。该操作实际上可分解为两个更基本的操作：先删除要修改的元组，再将包含新值的元组插入。

上述4类数据操纵的对象都是关系，这样，对关系模型的数据操纵可描述如下。

(1) 操纵对象是关系。

(2) 基本操纵方式有如下5种。

① 属性指定，指定一个关系的某些属性，确定二维表中的列。主要用于检索或定位。

② 元组选择，用一个逻辑表达式给出一个关系中满足此条件的那些元组，确定二维表中的行。主要用于检索或定位。

③ 关系合并，将两个关系合并成一个关系。用以合并多张表，从而实现多张表间的检索和定位。

④ 元组插入，在一个关系中添加一些元组。用以完成数据插入或修改。

⑤ 元组删除，先确定所要删除的元组，然后将它们删除。用于数据删除或修改。

早期的关系操纵能力通常通过代数方式或逻辑方式表示，分别为关系代数和关系演算。关系代数是用对关系的运算来说明查询要求的方式。而关系演算是用谓词来表达查询要求的方式。关系演算又可分为元组关系演算和域关系演算两种。关系代数、元组关系演算和域关系演算都是抽象的查询语言，在表达能力上是完全等价的，这些抽象的语言与具体的数据库管理系统中实现的实际语言不完全相同，实际的查询语言除了提供关系代数或关系演算的功能外，还提供了许多附加功能，如算术运算、聚集函数等。

除关系代数和关系演算语言之外，关系数据库标准语言SQL(Structured Query Language，结构化查询语言)是介于关系代数和关系演算之间的一种语言。SQL不仅具有丰富的查询功能，而且具有数据定义功能、数据操纵功能、数据控制功能。这些功能被集成到一个语言系统中，只要用SQL就可以实现数据库生命周期中的全部活动。

关系数据语言是一种高度非过程化的语言，用户不必请求数据库管理员来为其建立特定的存取路径，存取路径的选择由DBMS的优化机制来完成，用户只要告诉系统做什么，就可以完成数据操作。图2-1列出了关系数据语言的分类。

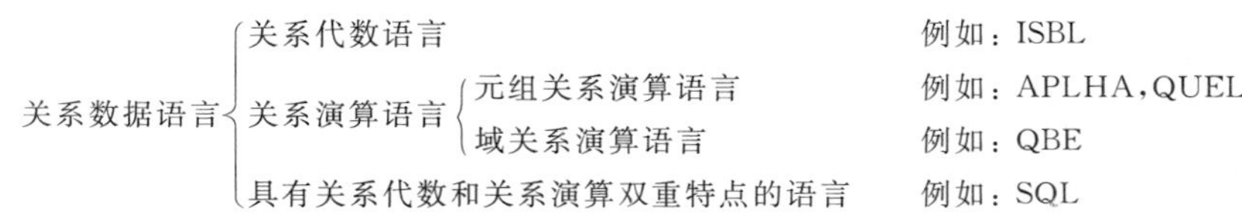

图2-1　关系数据语言的分类

2.1.3　关系完整性约束

完整性约束是利用完整性规则对关系进行约束的一些条件。关系模型提供了丰富的完整性控制机制，包括实体完整性、参照完整性和用户定义完整性三类完整性规则。其中，实体完整性和参照完整性是关系模型必须满足的完整性的约束条件，被称作关系的两个不变性，应该由关系系统自动支持。

1. 实体完整性规则

若属性A是基本关系R的主属性，则属性A不能取空值。

该规则要求关系在主码上的属性不能取空值。所谓空值就是“不知道”或“无意义”的值。如果出现空值,那么主码就失去了对实体的标识作用,即不能唯一标识关系中的元组。

例如,表 2-4 和表 2-5 分别给出了导师表和研究生表。

表 2-4 导师表

导师编号	姓名	性别	职称
102	孟 霄	女	副教授
115	赵名威	男	副教授
159	海 阑	男	教 授

表 2-5 研究生表

研究生学号	姓名	性别	研究方向	导师编号
200112	方力为	男	计算机应用	115
200145	刘若非	女	软件	159
200116	梁信伟	男	通信	189
200152	韩小亭	女	软件	159
200153	王 刚	男	网络	

导师表的主码是导师编号,研究生表的主码是研究生学号。这两个主码的值在表中是唯一的、确定的,只有这样才能有效标识每一个导师和研究生。根据实体完整性要求,主码值不能为空(NULL),因为空值无法标识和区分表中的任意一行。为了保证主码对实体的标识作用,必须要求主码不能取空值。

说明:

(1) 在导师表中,导师编号不允许是重复值和空值,而在研究生表中导师编号可以是空值,也可以重复,因为研究生表中导师编号不是主码,所以不受实体完整性规则的约束。

(2) 实体完整性规则规定关系在主码上的所有属性都不能取空值,而不仅是主码整体不能取空值。例如,有一个关系 R(U1,U2,U3,U4,U5),其中,(U1,U2)为主码,则 U1 和 U2 两个属性都不能取空值。

2. 参照完整性规则

若属性(或属性组)F 是基本关系 R 的外码,它与基本关系 S 的主码 Ks 相对应(基本关系 R 和 S 不一定是不同的关系),则对于 R 中每个元组在 F 上的值必须为:

(1) 或者取空值(F 的每个属性值均为空值)。

(2) 或者等于 S 中某个元组的主码值。

这条规则实质上就是“不允许引用一个不存在的实体”。如前面所述,在关系数据库中,关系与关系的联系是通过公共属性实现的,这个公共属性就是一个表的主码和另一个表的外码,而参照完整性规则就是对外码取值的约束,即外码必须是被参照关系中主码的有效值,或者是一个“空值”。

例如,表 2-4 和表 2-5 中,两个表之间的联系就是通过导师编号实现的,导师编号是导师表的主码、研究生表的外码。研究生表中的导师编号必须是导师表中导师编号的有效值,或者取“空值”,反之,就是非法的数据。如果研究生表中的导师编号是“空值”,则表示该研究生还没有被分配导师。如果研究生表中的导师编号是导师表中导师编号的有效值,则表示该研究生的导师是谁。在表2-5中,学号为“200153”的学生没有固定的导师,所以他的导师编号为“空值”;而学号为“200116”的学生的导师编号为189,就是一个非法值,因为这个值在导师表中不存在。

3. 用户定义完整性规则

这是针对某一具体数据的约束条件,由具体环境决定。它反映某一具体应用所涉及的数据必须满足的语义要求。系统应提供定义和检验这类完整性的机制,以便用统一的系统方法处理它们,而不再由应用程序承担这项工作。例如学生成绩应该大于或等于零,职工的工龄应小于年龄,人的身高不能超过3m等。

4. 举例

对于在实际操作中关系完整性约束的体现可以用一些例子来进行说明。下面以本节中的表2-4和表2-5为例。

(1) 在表2-4中插入{null,章岚,女,副教授}。

这个插入操作破坏了实体完整性约束(主码“导师编号”为空值),因此该操作被拒绝。

(2) 在表2-4中插入{177,章岚,女,副教授}。

这个插入操作满足所有的约束,所以被接受执行。

(3) 在表2-5中删除{200112,方力为,男,计算机应用,115}。

这个操作可以被接受执行。

(4) 在表2-4中删除{115,赵名威,男,副教授}。

这个操作不被接受,因为在表2-5中的记录还要参照这个元组。

(5) 在表2-5中将{200145,刘若非,女,软件,159}更新为{200145,刘若非,null,软件,159}。

假设用户定义了“性别不能取空值”的完整性规则,那么这个操作不被执行。

2.2 关系代数

关系代数是处理关系数据的重要数学基础之一,是关系数据操纵语言的一种传统表达方式。它为从一些关系生成另一些新关系提供了简单而又非常有用的方法,许多著名的关系数据库语言(如SQL等)都是基于关系代数开发的。

在关系代数中,用户对关系数据的操作都是通过关系代数表达式描述的,任何一个关系代数表达式都由运算符和作为运算分量的关系构成。关系代数用到的运算符包括4类:传统的集合运算符、专门的关系运算符、比较运算符和逻辑运算符。集合运算包括并、差、交、笛卡儿积;专门的关系运算包括选择、投影、连接和除运算;比较运算符包括大于、大于等于、小于、小于等于、等于、不等于;逻辑运算符包括与、或、非。传统的集合运算将关系看成元组的集合,其运算是从关系行角度进行的,专门的关系运算不仅涉及行,而且涉及列,比较运算符和逻辑运算符是用来辅助关系运算符进行操作的。

2.2.1 传统的集合运算

传统的集合运算包括关系的并、交、差和笛卡儿积。在进行关系的并、交、差运算时,假定参与运算的关系R和S具有相同的属性个数n(R和S同为n目关系),相应的属性取自同一个域，这意味着 R 和 S 具有相同的结构，称它们为相容（或同构）关系，这是对关系进行并、交、差运算的前提条件。

1. 并运算

所谓并运算（Union）是指将 R 与 S 合并为一个关系，并且去掉重复元组。关系 R 和 S 的并运算记为 R∪S。

形式化定义如下：

$$R \cup S \equiv \{t \mid t \in R \vee t \in S\}$$

R∪S 结果仍然是一个 *n* 目关系，由属于 R 或属于 S 的元组组成。t 是元组变量，R 和 S 的元数相同。图 2-2 中阴影部分表示 R∪S 的结果。并运算可用于完成元组插入操作。

2. 差运算

差运算（Difference）是指在 R 中去掉 S 中存在的元组组成的一个新关系。

关系 R 和 S 的差记为 R－S，形式化定义如下：

$$R - S \equiv \{t \mid t \in R \wedge t \notin S\}$$

R－S 结果仍然是一个 *n* 目关系，由属于 R 但不属于 S 的元组组成。t 是元组变量，R 和 S 的元数相同。

需要注意的是，R－S 不同于 S－R。图 2-3 中阴影部分表示 R－S。差运算可用于完成对元组的删除操作。

3. 交运算

交运算（Intersection）是指在 R 中找出与 S 中相同的元组组成一个新的关系。

关系 R 和 S 的交运算记为 R∩S，形式定义如下：

$$R \cap S \equiv \{t \mid t \in R \wedge t \in S\}$$

R∩S 结果还是一个 *n* 目关系，由同时属于 R 和 S 的元组组成。t 是元组变量，R 和 S 的元数相同。图 2-4 中阴影部分表示 R∩S。关系的交运算可以用差运算来表示，即：R∩S＝R－（R－S）或者 R∩S＝S－（S－R）。

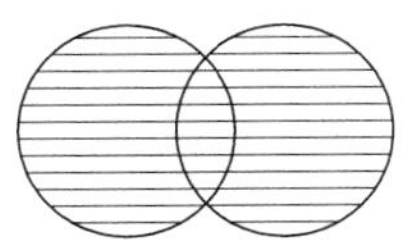

图 2-2　并运算

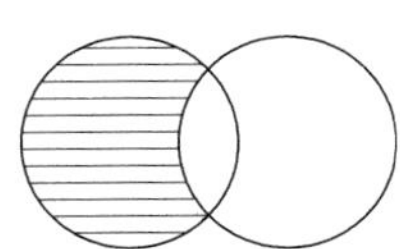

图 2-3　差运算

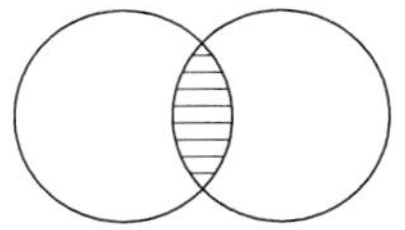

图 2-4　交运算

4. 广义笛卡儿积运算

R 与 S 的广义笛卡儿积运算（Cartesian Product）是用 R 中的每个元组与 S 中每个元组串接而成的一个新关系。新关系的度为 R 与 S 的度之和，新关系的基数为 R 与 S 元组数的乘积。

设有关系 R 和 S，它们分别是 r 目和 s 目关系，并且分别有 p 和 q 个元组。关系 R、S 经广义笛卡儿积运算的结果 T 是一个 r＋s 目关系，共有 p×q 个元组，这些元组是由 R 与 S 的元组组合而成的。关系 R 与 S 的广义笛卡儿积运算用 R×S 表示，形式定义如下：

$$R \times S \equiv \{t_r t_s \mid t_r \in R \wedge t_s \in S\}$$

由于 R 和 S 中可能存在相同的属性名，在 R×S 构成的新关系中，不允许列有重名的情况，因此，采用“关系.属性名”的方式命名 R×S 中的同名属性。

下面就以表 2-6 和表 2-7 中的两个表 R、S 为例说明上述几种运算。

表 2-6　关系 R

产品名	产地	数量
内存	河南	20
内存	南京	18
光驱	南京	20

表 2-7　关系 S

产品名	产地	数量
内存	南京	18
内存	上海	18
光驱	上海	19
光驱	南京	20

表 2-8～表 2-11 分别为 R∪S、R∩S、R－S 和 R×S 的结果，其中，R∪S 得到的是两个关系中完全不同的 5 条记录，R∩S 得到的是两个关系中相同的两条记录，R－S 得到的是在关系 R 中去掉和关系 S 中相同的记录，R×S 得到的是 R 和 S 两个关系中各记录的组合，共 12 个元组。特别地，由于 R 和 S 的属性名称相同，因此在笛卡儿积中按照“关系. 属性名”的方式重新命名。

表 2-8　R∪S

产品名	产地	数量
内存	河南	20
内存	南京	18
光驱	南京	20
内存	上海	18
光驱	上海	19

表 2-9　R∩S

产品名	产地	数量
内存	南京	18
光驱	南京	20

表 2-10　R－S

产品名	产地	数量
内存	河南	20

表 2-11　R×S

R. 产品名	R. 产地	R. 数量	S. 产品名	S. 产地	S. 数量
内存	河南	20	内存	南京	18
内存	河南	20	内存	上海	18
内存	河南	20	光驱	上海	19
内存	河南	20	光驱	南京	20
内存	南京	18	内存	南京	18
内存	南京	18	内存	上海	18
内存	南京	18	光驱	上海	19
内存	南京	18	光驱	南京	20
光驱	南京	20	内存	南京	18
光驱	南京	20	内存	上海	18
光驱	南京	20	光驱	上海	19
光驱	南京	20	光驱	南京	20

2.2.2　专门的关系运算

对于关系数据的操作，有些无法用传统的集合运算完成。例如，元组的选择和属性的指定等操作，需要引入一些新的运算完成特殊的关系操作要求。专门的关系运算包括选择、投影、连接、自然连接和除。

为了对下面的操作进行说明，假设有一个学生成绩管理数据库，该数据库包括学生表、课程表和学习表，结构如表 2-12～表 2-14 所示。

表 2-12 学生表

学　　号	姓　　名	性　　别	籍　　贯	出生年份	学　　院
091501	王　英	女	河北	1997	计算机
091502	王小梅	女	江苏	2000	信电
091503	张小飞	男	江西	1996	计算机
091504	孙志鹏	男	海南	1998	计算机
091505	徐　颖	女	江苏	1997	信电
091506	钱易蒙	男	河北	2000	外文
…	…	…	…	…	…

表 2-13 课程表

课程号	课程名	学　　时	开课学期	课程性质
180101	数据结构	56	2	必修
180102	操作系统	48	3	必修
180103	数据库原理	48	4	必修
…	…	…	…	…

表 2-14 学习表

学　　号	课程号	成　　绩
091501	180101	72
091501	180102	88
091501	180103	77
091502	180101	70
091502	180102	65
091502	180103	70
…	…	…

1. 选择运算

选择是指在给定的关系中选择出满足条件的元组组成一个新的关系。

选择运算根据某些条件对关系做水平分割，即选择符合条件的元组，因此，选择运算提供了一种从水平方向构造一个新关系的手段，如图 2-5 所示。

选择运算是单目运算，运算符为“σ”，条件用命题公式 F 表示，F 中的运算对象是常量(用引号括起来)或元组分量(属性名或列的序号)，运算符有比较运算符($<,\leqslant,>,\geqslant,=,\neq$，这些符号也称为 θ 符)和逻辑运算符($\wedge,\vee,\neg$)。

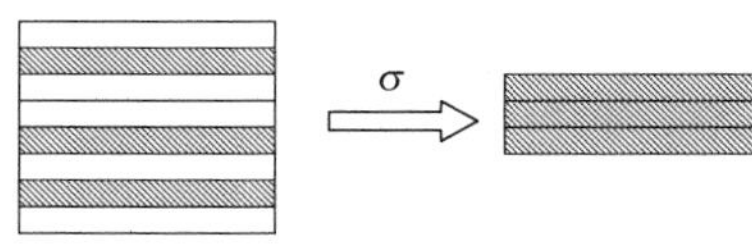

图 2-5　选择运算示意图

关系 R 关于公式 F 的选择运算用 $\sigma_F(R)$ 表示，形式化定义如下：

$$\sigma_F(R)=\{t|t\in R\wedge F(t)='true'\}$$

其中，$\sigma_F(R)$表示从 R 中挑选满足公式 F 的元组所构成的关系。

【例 2-1】 查询计算机学院全体学生情况。

分析：该操作要进行的操作对象为学生表，选择的条件是学院="计算机"，用关系代数表示为：

$$\sigma_{学院=“计算机”}(学生)$$

操作结果见表 2-15。

表 2-15 例 2-1 操作结果

学 号	姓 名	性 别	籍 贯	出生年份	学 院
091501	王 英	女	河北	1997	计算机
091503	张小飞	男	江西	1996	计算机
091504	孙志鹏	男	海南	1998	计算机
…	…	…	…	…	…

【例 2-2】 查询 20 世纪 90 年代出生的全体学生情况。

分析：该操作要进行的操作对象也是学生表，选择的条件是出生年份在 1990—1999 年之间，用关系代数表示为：

$$\sigma_{出生年份>=1990 \wedge 出生年份<=1999}(学生)$$

操作结果见表 2-16。

表 2-16 例 2-2 操作结果

学 号	姓 名	性 别	籍 贯	出生年份	学 院
091501	王 英	女	河北	1997	计算机
091503	张小飞	男	江西	1996	计算机
091504	孙志鹏	男	海南	1998	计算机
091505	徐 颖	女	江苏	1997	信电
…	…	…	…	…	…

【例 2-3】 查询信电学院江苏籍全体学生情况。

分析：该操作要进行的操作对象为学生表，选择的条件是学院="信电"，并且籍贯="江苏"，用关系代数表示为：

$$\sigma_{学院=“信电” \wedge 籍贯=“江苏”}(学生)$$

操作结果如表 2-17 所示。

表 2-17 例 2-3 操作结果

学 号	姓 名	性 别	籍 贯	出生年份	学 院
091502	王小梅	女	江苏	2000	信电
091505	徐 颖	女	江苏	1997	信电
…	…	…	…	…	…

【例 2-4】 查询江苏或者河北全体学生情况。

分析：该操作要进行的操作对象为学生表，选择的条件是籍贯为江苏或者河北，用关系代数表示为：

$$\sigma_{籍贯=“江苏”\vee 籍贯=“河北”}(学生)$$

操作结果见表 2-18。

表 2-18　例 2-4 操作结果

学　　号	姓　　名	性　　别	籍　　贯	出生年份	学　　院
091501	王　英	女	河北	1997	计算机
091502	王小梅	女	江苏	2000	信电
091505	徐　颖	女	江苏	1997	信电
091506	钱易蒙	男	河北	2000	外文
…	…	…	…	…	…

通过上述几个例子可以看出，选择运算的关键是明确两个问题：①确定所要操作的关系；②确定操作的条件以及如何表示。

2. 投影运算

对一个关系内属性的指定称为投影运算，它也是单目运算。这个操作是对一个关系进行垂直分割，消去某些列，并按要求的顺序重新排列，再删去重复元组。投影运算提供了一种从垂直方向构造一个新关系的手段，如图 2-6 所示。

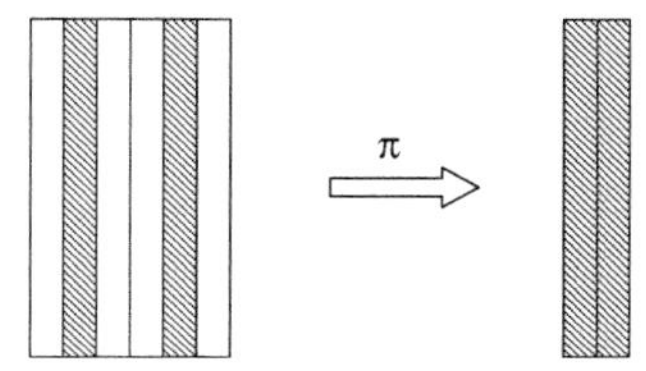

图 2-6　投影运算示意图

关系 R 关于属性集 A 的投影运算用 $\prod_A(R)$ 表示，形式化定义如下：

$$\prod_A(R) = \{t[A] \mid t \in R\}$$

【例 2-5】 查询所有学生的姓名和籍贯。

分析：该操作要进行的操作对象为学生表，所关心的属性只有姓名和籍贯，用关系代数表示为：

$\prod_{姓名,籍贯}(学生)$ 或者 $\prod_{2,4}(学生)$，属性名可用列号来表示。

操作结果见表 2-19。

【例 2-6】 查询学生来自哪些省份。

分析：该操作初看起来不知道如何下手，但实际上要进行的操作对象为学生表，所关心的属性是籍贯，所以用关系代数表示如下：

$$\prod_{籍贯}(学生)$$

操作结果见表 2-20。

表 2-19　例 2-5 操作结果

姓　　名	籍　　贯	姓　　名	籍　　贯
王　英	河北	徐颖	江苏
王小梅	江苏	钱易蒙	河北
张小飞	江西	…	…
孙志鹏	海南		

表 2-20　例 2-6 操作结果

籍贯
河北
江苏
江西
海南
…

通过上述两个投影的例子可以看出，投影之后不仅取消了原关系中的某些列，而且取消了某些元组，原因是取消了某些属性列后，会出现一些完全相同的行，根据关系的性质，应取消这些重复的行。

有了选择和投影运算，可以方便地对一个关系内任意行、列的数据进行查找。

【例 2-7】 查找出生年份在 1998 年以前(不含 1998 年)的学生的姓名、籍贯及其出生年份情况。

查询表达式如下：

$$\prod_{姓名,籍贯,出生年份}(\sigma_{出生年份<1998}(学生))$$

操作结果见表 2-21。

表 2-21　例 2-7 操作结果

姓　　名	籍　　贯	出 生 年 份
王　英	河北	1997
张小飞	江西	1996
徐　颖	江苏	1997
…	…	…

3. 连接运算

连接运算是把两个关系连接成一个新关系，它是一个双目运算。

假设有两个关系 R 和 S，R 和 S 的连接是指在 R 与 S 的笛卡儿积中，选取 R 中的属性组 A 的值与 S 中的属性组 B 的值进行比较后，找出满足比较关系θ的元组，组成一个新的关系。连接操作可以记作：

$$R \underset{A\theta B}{\bowtie} S=\{t_r t_s \mid t_r \in R \wedge t_s \in S \wedge t_r[A]\theta t_s[B]\}$$

其中，A 和 B 分别为 R 和 S 上度数相等且可比的属性组。θ 是比较运算符，因此，也称连接为 θ 连接。

当θ为“＝”时的连接运算称为等值连接，等值连接可记为：

$$R \underset{A=B}{\bowtie} S=\{t_r t_s \mid t_r \in R \wedge t_s \in S \wedge t_r[A]=t_s[B]\}$$

具体计算过程如下：①计算 R×S；②找出 R×S 中满足 R 中属性 A 的值与 S 中属性 B 的值相等的那些元组。

【例 2-8】 假设有两个关系 R，S，分别由表 2-22 和表 2-23 所示，求 $R \underset{C<E}{\bowtie} S$。

表 2-22　关系 R

A	B	C
a_1	b_1	5
a_1	b_2	6
a_2	b_3	8

表 2-23　关系 S

B	E
b_1	3
b_2	7
b_3	10
b_4	2

首先，计算 R×S，结果见表 2-24。

表 2-24　R×S

A	R.B	C	S.B	E
a_1	b_1	5	b_1	3
a_1	b_1	5	b_2	7
a_1	b_1	5	b_3	10
a_1	b_1	5	b_4	2
a_1	b_2	6	b_1	3
a_1	b_2	6	b_2	7
a_1	b_2	6	b_3	10
a_1	b_2	6	b_4	2
a_2	b_3	8	b_1	3
a_2	b_3	8	b_2	7
a_2	b_3	8	b_3	10
a_2	b_3	8	b_4	2

然后，找出满足 R.C<S.E 的元组，操作结果见表 2-25。

表 2-25　R.C<S.E

A	R.B	C	S.B	E
a_1	b_1	5	b_2	7
a_1	b_1	5	b_3	10
a_1	b_2	6	b_2	7
a_1	b_2	6	b_3	10
a_2	b_3	8	b_3	10

【例 2-9】 以例 2-8 中的两个关系 R,S 为例，求 $R \underset{R.B=S.B}{\bowtie} S$。

在 R×S 的基础上，找出满足 R.B=S.B 条件的元组，操作结果见表 2-26。

表 2-26　R.B=S.B

A	R.B	C	S.B	E
a_1	b_1	5	b_1	3
a_1	b_2	6	b_2	7
a_2	b_3	8	b_3	10

4. 自然连接

自然连接和等值连接一样，都是连接运算的特殊情况，但是自然连接是一种更常用和有意义的连接，它要求两个关系中进行比较的分量必须是相同的属性组，并且在结果中把重复的属性列去掉。如果关系 R 和 S 具有相同的属性组 B，则自然连接可记为：

$$R \bowtie S = \{ t_r t_s \mid t_r \in R \wedge t_r \in S \wedge t_r[B] = t_s[B] \}$$

具体计算过程如下所述。

(1) 计算 R×S。

(2) 设 R 和 S 的公共属性是 B，则找出 R×S 中满足 R 中属性 B 的值与 S 中的属性 B

的值相等的那些元组。

(3) 去掉S中B列(或者去掉R中B列)。

【例2-10】 以例2-8中的两个关系R,S为例,求R⋈S。

分析:(1) 第一步,计算R×S,结果见例2-8。

(2) 第二步,计算满足R.B=S.B条件的元组,结果见例2-9。

(3) 第三步,去掉重复列,操作结果见表2-27。

表2-27 R⋈S

A	B	C	E
a_1	b_1	5	3
a_1	b_2	6	7
a_2	b_3	8	10

【例2-11】 求表2-28中关系SC和表2-29中关系C的自然连接。

表2-28 关系SC

SNO	CNO	GRADE
S3	C3	87
S1	C2	88
S4	C3	79
S9	C4	83

表2-29 关系C

CNO	CNAME	CDEPT	TNAME
C2	离散数学	计算机	汪宏伟
C3	高等数学	通信	钱　红
C4	数据结构	计算机	马　良
C1	计算机原理	计算机	李　兵

分析:第一步,计算SC×C。

第二步,计算满足SC.CNO=C.CNO条件的元组。

第三步,去掉重复列,操作结果如表2-30所示。

表2-30 SC⋈C

SNO	CNO	GRADE	CNAME	CDEPT	TNAME
S3	C3	87	高等数学	通信	钱　红
S1	C2	88	离散数学	计算机	汪宏伟
S4	C3	79	高等数学	通信	钱　红
S9	C4	83	数据结构	计算机	马　良

通过上述可以发现,等值连接和自然连接两者是有区别的,二者的不同点如下所述。

(1) 等值连接要求相等的分量,但不一定是公共属性,而自然连接要求相等的分量必须是公共属性。

(2) 等值连接不做投影运算,而自然连接要把重复的属性去掉。

(3) 自然连接一定是等值连接,但等值连接不一定是自然连接。

5. 除运算

除运算适用的场合:查询条件是一个集合包含另一个集合,即适合于含有短语"对所有的"的查询,如"查询被所有的学生都选修的课程的信息"。

除运算的条件:假设给定关系R(X,Y)和S(Y,Z)。R和S中的Y可以有不同的属性名,但必须出自相同的域集。

除运算的结果：R 与 S 的除运算得到一个新的关系 P(X)，P 是 R 中满足下列条件的元组在 X 属性列上的投影：元组在 X 上分量值 x 的像集 Y_x，包含 S 在 Y 上投影的集合。记作：

$$R \div S = \{t_x[X] \mid t_r \in R \wedge \prod_y(S) \subseteq Y_x\}$$

其中，Y_x 为 x 在 R 中的像集，像集 $Y_X = \{t[Y] \mid t \in R, t[X] = x\}$。

【例 2-12】 关系 R 和 S 结构见表 2-31 和表 2-32，计算 R÷S。

表 2-31 关系 R

A	B
A_1	B_1
A_1	B_2
A_2	B_1
A_2	B_2
A_2	B_3
A_3	B_3

表 2-32 关系 S

B
B_1
B_2
B_3

分析：(1) 第一步，属性 B 是关系 R 和关系 S 的公共属性，因此，R÷S 的结果应该是满足条件的 R 中的元组在属性 A 上的投影。

(2) 第二步，计算 $\prod_y(S)$，结果为$\{B_1, B_2, B_3\}$。

① 计算 $\prod_A(R) = \{A_1, A_2, A_3\}$。

② 计算 Y_x，$B_{A_1} = \{B_1, B_2\}$，$B_{A_2} = \{B_1, B_2, B_3\}$，$B_{A_3} = \{B_3\}$。

(3) 第四步：确定满足条件 $\prod_y(S) \subseteq Y_x$ 的元组，即$\{(A_2, B_1), (A_2, B_2), (A_2, B_3)\}$，这些元组在属性 A 上的投影为$\{A_2\}$，因此，$R \div S = \{A_2\}$。

除运算不是一个基本运算，它的计算过程可以用基本关系运算表示如下。

$$R \div S \equiv \prod_{1,2,\cdots,r-s}(R) - \prod_{1,2,\cdots,r-s}\left(\prod_{1,2,\cdots,r-s}(R) \times S) - R\right)$$

其中，r 表示关系 R 中属性的个数，s 表示关系 S 中属性的个数。运用例 2-12 中的关系 R 和 S 对上述过程进行描述如下。

分析：

① 计算 $T = \prod_{1,2,\cdots,r-s}(R)$，结果 $= \{A_1, A_2, A_3\}$。

② 计算 $W = (T \times S) - R$，结果 $W = \{A_1B_3, A_3B_1, A_3B_2\}$。

③ 计算 $V = \prod_{1,2,\cdots,r-s}(W)$，结果 $= \{A_1, A_3\}$。

④ 计算 $T - V = \{A_2\}$。

从以上过程可以看出，除运算的实质是：求 R(X,Y)中所有与$\prod_y(S)$发生笛卡儿积运算的元组在 X 上的投影，因此可以说除运算(÷)是笛卡儿积运算(×)的逆运算。

【例 2-13】 假设用表 2-33 中关系 S_C 表示学生选修课程的情况，表 2-34 中关系 C 给出了所有课程号，试找出选修了全部课程的学生的学号。

对这个问题可用除法解决，即(S_C)÷C，结果如表 2-35 中(S_C)÷C 所示，即只有 S2 选修了全部课程。

结合上面的例子,除运算的计算过程如下。

(1) 第一步:根据公式 $T=\prod_{1,2,\cdots,r-s}(R)$,$T=\prod_{学号}(S\_C)=\{S1,S2,S3\}$。该步求出所有参与选课的学生学号。

(2) 第二步:计算 $W=(T\times S)-R$,其中,$T\times S=\{S1,S2,S3\}\times\{C1,C2,C3\}$,得到所有学生选修全部课程的选课记录。W 的计算结果如表 2-36 所示,结果表示学生未选修课程的记录。

表 2-33 S_C

学生学号	课程号
S1	C1
S1	C2
S2	C1
S2	C2
S2	C3
S3	C2

表 2-34 C

课程号
C1
C2
C3

表 2-35 (S_C)÷C

学生学号
S2

表 2-36 W

学生学号	课程号
S1	C3
S3	C1
S3	C3

(3) 第三步:$V=\prod_{1,2,\cdots,r-s}(W)$,计算结果为 $V=\prod_{学号}(W)=\{S1,S3\}$。

结果表明实际没有选修全部课程的学生学号。

(4) 第四步:$R\div S=T-V$ 计算结果为 $R\div S=T-V=\{S1,S2,S3\}-\{S1,S3\}=\{S2\}$。

结果表示参与选课的学生中选修了所有课程的学生学号,此结果即为除运算的结果,如表 2-35 所示。

以上介绍了关系代数中几种常见并且比较重要的运算和操作,这些运算中,并、差、笛卡儿积、选择和投影运算是关系代数的 5 种基本运算,选择和投影运算为单目运算,其他均为双目运算。表 2-37 列出了它们的主要特征和区别。

表 2-37 关系代数的 9 种运算比较

运 算	单/双目	基 本 运 算	复 合 运 算	表 示 方 法
并	双	√		$R\cup S$
差	双	√		$R-S$
交	双		差	$R\cap S$
笛卡儿积	双	√		$R\times S$
选择	单	√		$\sigma_F(R)$
投影	单	√		$\prod_A(R)$
连接	双		笛卡儿积、选择	$R\underset{A\theta B}{\bowtie}S$
自然连接	双		笛卡儿积、选择、投影	$R\bowtie S$
除	双		笛卡儿积、投影、差	$R\div S$

2.2.3 关系代数举例

下面以表 2-12～表 2-14 为例说明如何通过关系代数查询表达式检索数据。

【例 2-14】 查询计算机学院女学生的名单。

分析:首先,在学生表中选择“学院”为计算机、“性别”为女的记录,然后在选择的结果上对姓名进行投影，得到的关系代数表达式是：

$$\prod_{姓名}(\sigma_{学院=“计算机”\wedge 性别=“女”}(学生))$$

也可以表示为：

$$\prod_{姓名}(\sigma_{学院=“计算机”}(学生)\cap\sigma_{性别=“女”}(学生))$$

【例 2-15】 查询选修 180101 号课程的学生姓名。

分析：该查询涉及的操作包括：选择“课程号”为 180101 的元组和投影学生“姓名”，由于这两种运算操作的对象分别在学习表和学生表中，所以还要进行连接运算，关系代数表达式是：

$$\prod_{姓名}(\sigma_{课程号=“180101”}(学习\bowtie 学生))$$

也可以表示为：

$$\prod_{姓名}(学生\bowtie\sigma_{课程号=“180101”}(学习))$$

【例 2-16】 查询同时选修数据库及数学的学生名单。

分析：该查询可以运用除法或交运算实现。应用除法时，首先确定除数：投影出数据库和数学这两门课的“课程号”；然后确定被除数：在选课和学生表上投影出“姓名”和“课程号”；最后运用除法得到的结果为：

$$\prod_{姓名,课程号}(学习\bowtie 学生)\div\prod_{课程号}(\sigma_{课程名=“数据库”\vee 课程名=“数学”}(课程))$$

该查询也可以用交运算实现，先选择选修了数据库的学生名单，再选择选修了数学的学生名单，将两次运算的结果取交，得到的关系代数表达式为：

$$\prod_{姓名}(\sigma_{课程名=“数据库”}(课程\bowtie 学习\bowtie 学生))\cap$$

$$\prod_{姓名}(\sigma_{课程名=“数学”}(课程\bowtie 学习\bowtie 学生))$$

【例 2-17】 查询被所有学生都选修的课程名。

分析：该查询用除法实现。应用除法时，首先确定除数：在学生表中投影出所有学生的学号；然后确定被除数：在学习表中投影出学号和课程号；有了被除数与除数可以进行除法运算，得到被所有学生选修的课程的课程号；最后在除法的结果和课程表上投影出“课程名”：

$$\prod_{课程名}((\prod_{学号,课程号}(学习)\div\prod_{学号}(学生))\bowtie 课程)$$

【例 2-18】 查询没有选修任何课程的学生名单及所在学院。

分析：该查询只能用差运算实现。首先将学习表和学生表自然连接，可以获得选课学生的信息，然后从学生表中获得所有学生的相关信息，最后将两个结果进行差运算，得到的关系代数表达式为：

$$\prod_{姓名,学院}(学生)-\prod_{姓名,学院}(学习\bowtie 学生)$$

【例 2-19】 查询和王英在同一个学院学习的学生学号和姓名。

分析：该查询的条件需要用到学生表中的“姓名”和“学院”，最终查询的信息需要用到学生表中的“学号”和“姓名”，由于用到同一张表两次，该查询要通过自连接运算来实现，关系代数表达式为：

$$\prod_{1,2}(\sigma_{8=“王英”\wedge 6=12}(学生\times 学生))$$

说明：

(1) 运算中使用的属性列名可以用该属性列在表中的序号来代替，属性列在表中的序号从1开始。由于自连接需要用到同一张表两次，表名和属性列名都是相同的，因此在该类运算中一般采用属性列序号。

(2) 本题中学生表含有6列，"学生×学生"后得到一张12列的表，其中，前6列和后6列属性列名是相同的，该题中最终查询到的信息取自前6列，查询条件里的信息取自后6列，当然也可以交换使用的顺序。

*2.3 关系演算

对于关系数据的查询，除了可以用关系代数表达式表示，还可以用数理逻辑中的一阶谓词演算表示，这就是关系演算。关系演算与关系代数相比具有使用方便的特点，是一种高度非过程化语言，因为关系演算用谓词公式表示查询条件，只要指出"做什么"，而"怎么做"交给系统解决。而关系代数语言，用户须指出运算方法和步骤。

用谓词演算作为关系数据查询语言的思想，最早见于Kuhns的论文，而把它真正用于关系数据语言，提出关系演算概念的则是E. F. Codd。他首先给出了关系演算语言ALPHA。

按谓词变元的不同，关系演算可以分为元组关系演算和域关系演算。

2.3.1 元组关系演算

元组关系演算是以元组变量作为谓词变元的基本对象。一种典型的元组关系演算语言是E. F. Codd提出的ALPHA语言。尽管该语言并未实际实现。然而，世界上第一个关系数据库管理系统INGRES所使用的QUEL，正是参照了ALPHA语言研制的。这两个语言很相似，主要区别在于QUEL采用英语表示与(∧)、或(∨)、非(¬)及存在量词(∃、∀)这些符号。

ALPHA语言主要有GET、PUT、HOLD、UPDATE、DELETE、DROP这6条语句，语句的基本格式为：

操作语句　工作空间名(表达式)：操作条件

表达式用于指定语句的操作对象，它可以是关系名、属性名。操作条件是一个逻辑表达式，用于查找满足条件的元组，操作条件可以为空。除此之外，还可以在基本格式的基础上加上排序要求等。

例如：

(1) GET　W(学生)

该语句查询所有学生的数据。

(2) GET　W(学生.学院)

该语句查询学生表中有哪些院系。

(3) GET　W(学生.学号，学生.籍贯)：学生.出生年份>1980

该语句查询所有1980年以后出生的学生学号和籍贯。

(4) GET　W(学生) DOWN 出生年份

该语句查询所有学生的数据,结果按出生年份降序排序。

前面讲过关系模型一般提供 5 种基本操作:元组插入、元组删除、元组指定、属性指定和关系合并。它们对应于关系代数中的 5 种运算:并、差、选择、投影和笛卡儿积。这 5 种运算都可以用一阶谓词演算中的公式表示出来。

设 r 目关系 R 和 s 目关系 S 的谓词分别为 R(u)和 S(v),用它们表示并、差、选择、投影和笛卡儿积如下。

(1) 并:$R \cup S=\{t | R(t) \vee S(t)\}$。

(2) 差:$R-S=\{t | R(t) \wedge \neg S(t)\}$。

(3) 笛卡儿积:$R \times S=\{t^{(r+s)} | (\exists u^{(r)})(\exists v^{(s)})(R(u) \wedge S(v) \wedge t[1]=u[1] \wedge \cdots \wedge t[r]=u[r] \wedge t[r+1]=v[1] \wedge \cdots \wedge t[r+s]=v[s])$。

(4) 选择:$\sigma_F(R)=\{t | R(t) \wedge F'\}$。

其中,F'是条件表达式 F 在谓词演算中的表示形式。

(5) 投影:$\prod_{i_1,i_2,\cdots,i_k}(R)=\{t^{(k)} | (\exists u)(R(u) \wedge t[1]=u[i_1] \wedge \cdots \wedge t[k]=u[i_k])\}$。

其中,$t^{(k)}$ 表示元组 t 有 k 个分量,而 $t[i]$表示元组 t 的第 i 个分量,$u[j]$表示元组 u 的第 j 个分量。

由此可见,关系数据查询可以用一阶谓词演算公式来表示。当然,这里的谓词演算仅是一般谓词演算的特殊情况,即谓词仅表示关系,所以称之为关系演算。

设有关系模式 S(学号,姓名,性别,出生年份,学院),下面是用元组关系演算表达查询的几个例子,说明用元组关系演算是如何表示操作的。

【例 2-20】 列出计算机学院的所有学生。

$$S_{学院}=\{t | S(t) \wedge t[5]='计算机'\}$$

【例 2-21】 列出所有 1980 年以前出生的学生。

$$S_{出生年份}=\{t | S(t) \wedge t[4]<1980\}$$

2.3.2 域关系演算

域关系演算表达式的定义类似于元组演算表达式的定义,所不同的是公式中用域变量代替元组变量的每一个分量,域变量的变化范围是某个值域而不是一个关系。域演算表达式的一般形式为$\{t_1\ t_2 \cdots\ t_k | P(t_1, t_2, \cdots, t_k)\}$,$t_1, t_2, \cdots, t_k$ 分别是元组变量 t 的各个分量的域变量,P 是域演算公式。下面定义域演算的原子公式和公式。

(1) 原子公式有下列两种形式。

① $R(t_1, t_2, \cdots, t_k)$:R 是 k 元关系,每个 t_i 是域变量或常量。

② $x\theta y$,其中,x,y 是域变量或常量,但至少有一个是域变量,θ 是算术比较运算符。

(2) 域关系演算的公式也可以使用逻辑运算符和比较运算符,也可用 $\exists x$ 和 $\forall x$ 形成新的公式,但变量 x 是域变量,不是元组变量。

2.4 查询优化

从 2.2.3 节的关系代数举例中可以看到,一个查询请求可以通过不同的关系代数表达式来表示。那么系统应该选择哪一种表达方式,从而获得较高的查询效率呢?这就是查询优化要解决的问题。查询优化在关系数据库系统中具有非常重要的地位,是影响 RDBMS 整体性能的关键因素。关系数据库系统和非过程化的 SQL 能够取得巨大的成功,关键是得益于查询优化技术的发展。

2.4.1 查询优化的必要性

1. 关系代数表达式的优化问题

对于同一个查询语句,可以用不同的关系代数表达,但是它们之间的效率却可能相差很大,如例 2-22 所示。

【例 2-22】 下面以表 2-13 和表 2-14 为例,查询学号为 091502 的学生选修的课程名称。

$$E1 = \prod_{课程名}(\sigma_{课程.学号=学习.学号 \wedge 学习.学号=“091502”}(课程 \times 学习))$$

也可以把选择条件(学号="091502")移到笛卡儿积中的关系(学习)前面。

$$E2 = \prod_{课程名}(\sigma_{课程.学号=学习.学号}(课程 \times \sigma_{学号="091502"}(学习))$$

还可以把选择条件(课程.学号=学习.学号)与笛卡儿积结合成等值连接形式。

$$E3 = \prod_{课程名}(课程 \underset{课程.学号=学习.学号}{\bowtie} \sigma_{学号="091502"}(学习))$$

这三个关系代数表达式是等价的,但执行的效率大不一样。由于笛卡儿积运算的运算量大且产生的中间结果多,所以越早进行投影和选择运算来减少中间结果,越能够提高查询效率。很显然,E2 较 E1 先对学习表进行选择再和课程表做笛卡儿积运算,减少了中间结果,所以 E2 的效率高于 E1;E3 对学习表进行选择后,将选择的结果和课程表在学号上进行等值连接,将减少大量的中间结果,因此 E3 较 E2 的效率将有显著的提高。

从以上的分析可以看出,选择不同的关系代数运算顺序,就会得到不同的查询效率,因此,需要变换规则对关系代数表达式进行等价变换,从而将同一查询请求转换为效率最高的关系代数表达式。

2. 关系代数表达式的等价变换规则

关系代数表达式的优化是查询优化的基础课题。而研究关系代数表达式的优化最好从研究关系代数表达式的等价变换规则开始。所谓关系代数表达式的等价是指用相同的关系代数代替两个表达式中相应的关系所得到的结果是相同的。两个关系代数表达式 E_1 和 E_2 的等价写成 $E_1 \equiv E_2$。

规则 1:连接和笛卡儿积的交换律。

如果 E_1 和 E_2 是两个关系表达式。F 是既涉及 E_1 中属性又涉及 E_2 中属性的限制条件,即 F 是连接的条件。那么下式是成立的:

$$E_1 \times E_2 \equiv E_2 \times E_1$$

$$E_1 \underset{F}{\bowtie} E_2 \equiv E_2 \underset{F}{\bowtie} E_1$$

$$E_1 \bowtie E_2 \equiv E_2 \bowtie E_1$$

规则 2:连接和笛卡儿积的结合律。

如果 E_1、E_2 和 E_3 是关系表达式,并且 F_1 和 F_2 是限定条件,F_1 只涉及 E_1 和 E_2 的属性,F_2 只涉及 E_2 和 E_3 的属性,那么下式成立:

$$(E_1 \times E_2) \times E_3 \equiv E_1 \times (E_2 \times E_3)$$

$$(E_1 \underset{F_1}{\bowtie} E_2) \underset{F_2}{\bowtie} E_3 \equiv E_1 \underset{F_1}{\bowtie} (E_2 \underset{F_2}{\bowtie} E_3)$$

$$(E_1 \bowtie E_2) \bowtie E_3 \equiv E_1 \bowtie (E_2 \bowtie E_3)$$

规则 3：投影的串接。

$$\prod_{L_1}(\prod_{L_2}(\cdots(\prod_{L_n}(E))\cdots)) \equiv \prod_{L_1}(E)$$

两个相邻投影可以结合为一个的前提条件是：$L_1, L_2, \cdots, L_n$ 为属性集，并且 L_1 为 L_2 的子集，L_2 为 L_3 的子集，…，L_{n-1} 为 L_n 的子集。

规则 4：选择的串接。

$$\sigma_{F_1}(\sigma_{F_2}(E)) \equiv \sigma_{F_1 \wedge F_2}(E)$$

也就是说，两个选择可以合并为一个一次查找所有条件的选择。

由 $F_1 \wedge F_2 = F_2 \wedge F_1$，可以直接得到选择的交换律：

$$\sigma_{F_1}(\sigma_{F_2}(E)) \equiv \sigma_{F_2}(\sigma_{F_1}(E))$$

规则 5：选择与投影的交换。

如果条件 F 仅涉及属性 $A_1, \cdots, A_n$，那么

$$\prod_{A_1 \cdots A_n}(\sigma_F(E)) \equiv \sigma_F(\prod_{A_1 \cdots A_n}(E))$$

更一般地，如果条件 F 涉及不在 $A_1, \cdots, A_n$ 中出现的 $B_1, \cdots, B_m$，那么：

$$\prod_{A_1 \cdots A_n}(\sigma_F(E)) \equiv \prod_{A_1 \cdots A_n}(\sigma_F(\prod_{A_1 \cdots A_n, B_1 \cdots B_m}(E)))$$

规则 6：选择与笛卡儿积的交换律。

如果 F 中所涉及的属性都在 E_1 中，那么，$\sigma_F(E_1 \times E_2) \equiv \sigma_F(E_1) \times E_2$。

作为一个有用的推论，如果 F 是 $F_1 \wedge F_2$ 形式，并且 F_1 只涉及 E_1 中的属性，F_2 只涉及 E_2 的属性，根据规则 1、4、6 得到：

$$\sigma_F(E_1 \times E_2) \equiv \sigma_{F_1}(E_1) \times \sigma_{F_2}(E_2)$$

更一般地，如果 F_1 只涉及 E_1 中的属性，而 F_2 涉及 E_1 和 E_2 两者的属性，那么：

$$\sigma_F(E_1 \times E_2) \equiv \sigma_{F_2}(\sigma_{F_1}(E_1) \times E_2)$$

也就是把选择放在笛卡儿积前做。

规则 7：选择与并运算分配。

如果有表达式 $E = E_1 \cup E_2$，设在 E_1 中出现的属性名与在 E_2 中出现的属性相同，或者至少给出了这种对应关系，那么得到：

$$\sigma_F(E_1 \cup E_2) \equiv \sigma_F(E_1) \cup \sigma_F(E_2)$$

规则 8：选择与差运算分配。

若 E_1 与 E_2 有相同的属性名，则：

$$\sigma_F(E_1 - E_2) \equiv \sigma_F(E_1) - \sigma_F(E_2)$$

规则 9：投影与笛卡儿积的分配律。

设 E_1 和 E_2 是两个关系表达式，而且 L_1 是 E_1 的属性集，而且 L_2 是 E_2 的属性集，那么下式成立：

$$\prod_{L_1 \cup L_2}(E_1 \times E_2) \equiv \prod_{L_1}(E_1) \times \prod_{L_2}(E_2)$$

规则 10：投影与并的分配律。

这里要求 E_1 和 E_2 的属性有对应性，那么得到：

$$\prod_L(E_1 \cup E_2) \equiv \prod_L(E_1) \cup \prod_L(E_2)$$

2.4.2 查询优化的策略和算法

1. 优化策略

对关系代数表达式进行优化的主要策略包括以下几点。

(1) 在关系代数表达式中尽可能早地执行选择操作。

(2) 合并笛卡儿积和其后的选择操作，使之成为一个连接运算。

(3) 合并连续的选择和投影操作，以免分开运算造成多次扫描文件，从而节省了操作时间。

(4) 找出表达式里的公共子表达式。如果一个表达式中多次出现某个子表达式，那么应该将该子表达式预先计算出结果保存起来，以避免重复计算。

(5) 适当地对关系文件做预处理。根据实际需要对文件进行分类排序或建立临时索引等。

2. 优化算法

关系代数的优化是由 DBMS 的 DML 编译器完成的。对一个关系代数表达式进行语法分析，可以得到一棵语法树，叶子是关系，非叶子节点是关系代数操作。利用前面的等价变换规则和优化策略来对关系代数表达式进行优化。

算法 2.1 关系代数表达式的优化。

输入：一个关系代数表达式的语法树。

输出：计算表达式的一个优化序列。

方法：

(1) 用等价变换规则 4，把每个形为 $\sigma_{F_1 \wedge \cdots \wedge F_n}(E)$ 的子表达式转换为串接形式：

$$\sigma_{F_1}(\cdots\sigma_{F_n}(E))\cdots)$$

(2) 对每个选择操作，使用规则 4～8，尽可能地把选择操作移到树的叶端，即尽可能早地执行选择操作。

(3) 对每个投影操作，使用规则 3，5，9 和 10，尽可能地把投影操作移到树的叶端。规则 3 可能会使某些投影操作消失，规则 5 可能会把一个投影分成两个投影操作，其中一个将靠近叶端。如果一个投影是针对被投影的表达式的全部属性，则可消去该投影操作。

(4) 使用规则 3～5，把选择和投影合并成单个选择、单个投影或一个选择后跟一个投影。使多个选择、投影能同时执行或在一次扫描中同时完成。

(5) 将上述步骤得到的语法树的内接点分组。每个二元运算（×，∪，－）节点与其直接祖先（不超过其他的二元运算节点）的一元运算节点（σ 或 $\prod$）分为一组。如果它的子孙节点一直到叶都是一元运算符，则也并入该组。但如果二元运算是笛卡儿积，而且后面不是与它组合成等值连接的选择时，则不能将选择和这个二元运算组成同一组。

(6) 生成一个程序，每一组节点的计算是程序中的一步，各步的顺序是任意的，只要保证任何一组不会在它的子孙前面计算。

【例 2-23】 求 001001 号学生所选修的课程名及成绩。

为简化书写，对使用到的学生成绩管理数据库中的属性和关系用以下符号代替：

课程表(C){课程号(C＃)，课程名称(CN)，任课教师(TN)}

学习表(SC){课程号(C＃)，学号(S＃)，成绩(G)}

满足查询要求的关系代数表达式为：

$$\pi_{CN,G}(\sigma_{SC.S\#=\text{"001001"}\wedge SC.C\#=C.C\#}(SC\times C))$$

原始查询优化树如图 2-7 所示。

(1) 步骤 1：由规则 6，可以把选择 $\sigma_{SC.S\#=\text{"001001"}}$ 下移至 SC 之上，如图 2-8 所示。

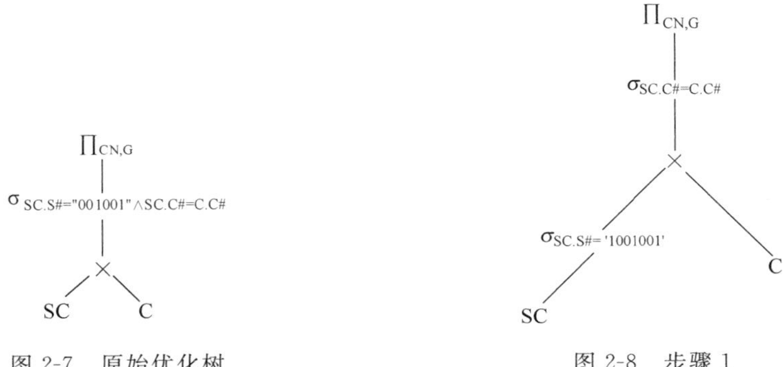

图 2-7　原始优化树　　　　图 2-8　步骤 1

(2) 步骤 2：由规则 5，选择与投影交换律得到图 2-9。

(3) 步骤 3：由规则 9，可以把投影 $\pi_{CN,G,SC.C\#,C.C\#}$ 下移，如图 2-10 所示。

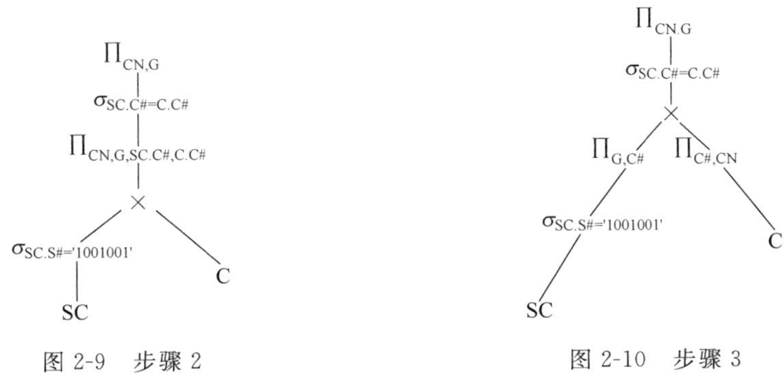

图 2-9　步骤 2　　　　图 2-10　步骤 3

因此，优化后的关系代数表达式为：

$$\Pi_{CN,G}(\Pi_{C\#,G}(\sigma_{SC.S\#=\text{'001001'}}(SC))\bowtie\Pi_{CN,C\#}(C))$$

2.5　关 系 系 统

关系系统和关系模型是两个密切相关而又不同的概念。把支持关系模型的系统称为关系系统，这种说法很笼统。因为并非关系模型的每一部分(关系数据结构、关系操作和完整性规则)都是同等重要的，不能苛刻地要求一个关系系统支持关系模型的所有组成部分，才称为关系系统。实际上，到目前还没有一个关系系统产品是完全支持关系模型的。因此，要给出一个关系系统的最小要求以及分类的定义。

2.5.1 关系系统定义

一个系统可定义为关系系统，当且仅当它支持：

(1) 关系数据结构。

(2) 支持选择、投影和(自然)连接运算。并且对这些运算不必要求定义任何物理存取路径。

显然，如果一个系统仅支持表数据结构而没有选择、投影和连接运算功能，则不能称之为关系系统。此外，如果一个系统虽然支持这三种运算，但要求定义物理存取路径，也不能称为关系系统。同时不要求一个关系系统的选择、投影、连接运算和关系代数中的相应运算完全一样，而只要求有与这三种运算等价的功能就行了。

请读者考虑为什么关系系统除了要支持关系数据结构外，还必须支持选择、投影、连接运算呢？为什么要求这三种运算不能依赖于物理存取路径呢？为什么要求关系系统支持这三种最主要的运算而不是关系代数的全部运算功能？

2.5.2 关系系统分类

有了关系系统的定义，就可以区分哪些系统是非关系系统，哪些是关系系统，是一个什么样的关系系统。当前根据关系系统的定义，许多数据库系统产品如 Oracle、Sybase、DB2、Informix 等都是关系系统。并且这些产品都不同程度地超过了这些要求。

按照 E. F. Codd 的思想，根据支持数据结构 S(Structure)、数据操纵 M(Manipulation)、完整性约束 I (Integrity)的不同程度，可以把关系系统分为 4 类，如图 2-11 所示。

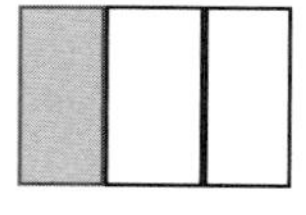

(a) 表式系统

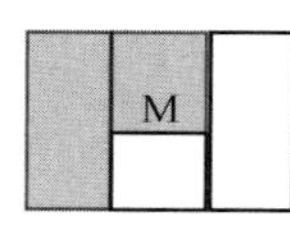

(b) 最小关系系统

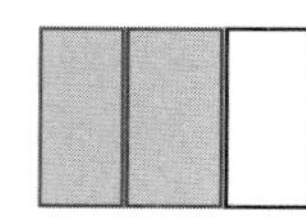

(c) 关系完备的系统

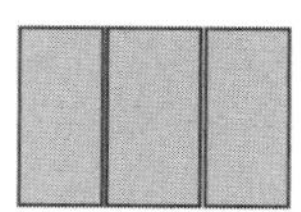

(d) 全关系系统

图 2-11 关系系统的分类

(1) 表式系统。这类系统仅支持关系(即表)数据结构，不支持集合级的操作。表式系统不能算关系系统。

(2) 最小关系系统。它们仅支持关系数据结构和三种关系操作。

(3) 关系完备的系统。这类系统支持关系数据结构和所有的关系代数操作(功能上与关系代数等价)。目前，Oracle，Sybase，Ingres，DB2，SQL/DS，Rdb/VMS，SQL Server 等许多系统都属于这一类。

(4) 全关系系统。这类系统支持关系模型的所有特征，特别是数据结构中域的概念、实体完整性和参照完整性。实际上，到目前为止尚没有一个系统是全关系系统，但某些系统已经接近这个目标。

*2.5.3 全关系系统的 12 条基本准则

根据上面的定义，全关系系统应该完全支持关系模型的所有特征。关系模型的奠基人

E. F. Codd 具体地给出了全关系系统应遵循的基本准则。从实际意义上看，这些准则可以作为开发、评价或购买关系型产品的标准。从理论意义上看，它是对关系数据模型的具体而又深入的论述，是从理论和实际紧密结合的高度对关系型 DBMS 的评述。

准则 0：一个关系型 DBMS 必须能完全通过它的关系能力来管理数据库。

一个关系型 DBMS 的关系能力包括属性指定、元组选择、插入和删除、关系合并以及数据完整性和并发控制等。准则 0 指出，一个 RDBMS 必须能完全通过这些关系能力来管理数据库，而不需要用户介入。

准则 0 的一个推论是：任何声称是关系型 DBMS 的产品，必须在关系这个级别上支持数据的插入、修改和删除(即一次多个记录的操作级别)。

准则 0 的另一个推论是：关系型 DBMS 必须遵循下面的信息准则和保证访问(存取)准则。

准则 1：信息准则。关系型 DBMS 的所有信息都应在逻辑一级上用一种方法即表中的值显式地表示。

呈现在用户面前的“关系”(或表)是一种逻辑上的概念，所有的信息都通过关系的元组或属性值表示出来。

进一步，表名、列名和域名等都用系统内部的表(即数据字典的表)中的值表示。数据字典本身是一个动态的用来描述元数据的关系数据库。

准则 2：保证访问准则。依靠表名、主关键字和列名的组合，保证能以逻辑方式访问关系数据库中的每个数据项(分量值)。

保证访问准则表明关系系统所采用的是相联寻址(Association Addressing)访问模式，而不是那种面向机器的寻址方法，这是关系系统独有的方式。

准则 3：空值的系统化处理。全关系型 DBMS 应支持空值的概念，并用系统化的方式处理空值。

准则 4：基于关系模型的动态联机数据字典。

数据库的描述在逻辑级上应该和普通数据采用同样的表示方式，使得授权用户可以使用查询一般数据所用的关系语言来查询数据库的描述信息。

这一准则的一个推论是：每个用户(无论是应用程序员还是最终用户)只需学习一种数据模型，而非关系系统常常不具备这个优点。

另一个推论是，授权用户可以很容易地扩充数据字典，使之变成完备的主动的关系数据字典。

准则 5：统一的数据子语言。

一个关系系统可以具有几种语言和多种终端使用方式(如表格填空方式、命令方式等)。但必须有一种语言，它的语句可以表示为具有严格语法规定的字符串，并全面地支持以下功能：数据定义，视图定义；数据操作(交互式或程序式)；完整性约束；授权；事务处理功能(事务开始、提交、回滚)。关系数据语言是一体化的统一的数据子语言。

准则 6：视图更新准则。

所有理论上可更新的视图也应该允许由系统更新。所谓“理论上可更新的视图”，是指对此视图的更新要求，存在一个与时间无关的算法，该算法可以无二义性地把更新要求转换为对基本表的更新序列。

视图更新准则对于系统支持数据逻辑独立性是不可缺少的。

准则7：高级的插入、修改和删除操作。即把一个基本关系或导出关系作为单一的操作对象进行处理。

准则8：数据物理独立性。无论数据库的数据在存储表示或存取方法上做任何变化，应用程序和终端活动都保持逻辑上的不变性。

准则9：数据逻辑独立性。当对基本关系进行理论上保持信息不受损害的任何改变时，应用程序和终端活动都保持逻辑上的不变性。

为了尽可能地提高数据逻辑独立性，DBMS必须能对理论上可更新的视图执行插入、修改和删除操作，即必须满足准则6。

准则10：数据完整性的独立性。关系数据库约束条件必须是用数据子语言定义并存储在数据字典中的，而不是在应用程序中加以定义的。

任何关系数据库必须满足两类完整性约束条件，即实体完整性和参照完整性。其中，实体完整性针对的是基本关系而不是视图等导出关系。实体完整性要求一个基本关系对应现实世界中的一个实体集，并用主关键字作为每个实体的唯一性标识，主关键字不能取空值。而参照完整性约束的是两个相互有关的关系模式中的数据必须满足的条件。

准则11：分布独立性。关系型DBMS具有分布独立性。

分布独立性是指关系型DBMS具有这样的数据子语言，它使应用程序和终端活动在分布数据的情况下保持逻辑不变性。

准则12：无破坏准则。如果一个关系系统具有一个低级(指一次一个记录)语言，则这个低级语言不能违背或绕过完整性准则。

以上是E. F. Codd给出的衡量一个全关系型DBMS的12条准则。这12条准则都以准则0为基础。但仅有准则0是不够的。不支持信息准则，不保证访问准则，不支持空值准则和数据字典准则就不能保证数据库的完整性。和早期的DBMS相比，这4条准则使数据库的管理和控制(授权和完整性控制)达到了更高的标准。准则8～11要求全关系型DBMS具有4种独立性。其中，数据的物理独立性和逻辑独立性已为人们所熟知，而数据完整独立性和分布独立性尚未被人们重视。今后，准则10和11将变得和准则8、准则9同等重要。

小　　结

关系运算理论是关系数据库查询语言的理论基础。只有掌握了关系运算理论，才能深刻理解查询语言的本质和熟练使用查询语言。

本章首先介绍了关系模型的基本概念。关系定义为元组的集合，但关系又有它特殊的性质。关系模型必须遵循实体完整性规则、参照完整性规则和用户定义的完整性规则。

关系代数的基本操作和组合操作，是本章的重点。要能进行两方面的运用：一是计算关系代数表达式的值；二是根据查询语句写出关系代数表达式的表示形式。

关系演算是基于谓词演算的关系运算，理论性比较强。主要理解表达式的语义，计算其值，并能根据简单的查询语句写出元组表达式。

查询优化是指系统对关系代数表达式要进行优化组合，以提高系统效率。本章介绍了关系代数表达式的若干变换规则和优化的一般策略，然后提出了一个查询优化的算法。

为了给关系系统一个明确的定义，本章从关系模型三要素(关系数据结构、关系数据操作和关系完整性约束)的角度，对关系系统进行了定义和分类，并介绍了全关系系统应满足的基本准则。

习　题　2

2.1　试述关系模型的三个组成部分。

2.2　一个关系模式能否没有关键字？为什么？

2.3　试述关系模型的完整性规则。在参照完整性中，为什么外部关键字属性的值也可以为空？什么情况下才可以为空？

2.4　一个n行、m列的二维表(其中没有两行或两列全同)，将行或列交换后，能导出多少个不同的表？

2.5　假定关系R和S分别有n和m个元组，试说明下列运算结果中的最小和最大元组个数。

(1) $R \cup S$

(2) $R \infty S$

(3) $\sigma_C(R) \times S$，其中C是条件表达式

(4) $\prod_L(R) - S$，其中，L是属性集合

2.6　设有关系R和S，如表2-38和表2-39所示。

表2-38　关系R

A	B	C
3	6	7
2	5	7
7	2	3
4	4	3

表2-39　关系S

A	B	C
3	4	5
7	2	3

计算$R \cup S$，$R - S$，$R \cap S$，$R \times S$，$\prod_{3,2}(S)$，$\sigma_{B<'5'}(R)$。

2.7　如果R是二元关系，那么下面元组表达式的结果是什么？

$$\{t \mid (\exists u(R(t) \wedge R(u)) \wedge (t[1] \neq u[1] \vee t[2] \neq u[2]))\}$$

2.8　假设R和S分别是三元和二元关系，试把表达式$\Pi_{1,5}(\sigma_{2=4 \vee 3=4}(R \times S))$转换成等价的：①汉语查询句子；②元组表达式；③域表达式。

2.9　假设R和S都是二元关系，试把元组表达式$\{t \mid R(t) \wedge (\exists u)(S(u) \wedge u[1] \neq t[2])\}$转换为等价的：①汉语查询句子；②关系代数表达式；③域表达式。

2.10　设数据库中有4个基本表：

部门 Dept(D#(部门号)，DName(部门名称)，DTel(电话号码)，DMan(经理工号))

职工 EMP(E#(职工号)，EName(姓名)，ESex(性别)，EPost(职务)，D#(部门号))

工程 PRO(P#(项目号)，PName(项目名称)，PBud(经费预算))

施工 EP(E#(职工号)，P#(项目号)，WH(工时))

(1) 写出每个表的主码和外码。

(2) 用关系代数表达式写出职务为“工程师”的姓名和部门名称。

(3) 用关系代数表达式写出姓名为“潘小光”的职工所在的部门名称和所参与的项目名称。

2.11 设数据库中有三个基本表:

S(SNo(学号),SName(姓名),SSex(性别),SPro(专业方向))

SC(SNo(学号),CNo(课程号),Grade(成绩))

C(CNo(课程号),CName(课程名),CPre(先行课),CCredit(学分))

试用关系代数表达式表示下列查询语句。

(1) 找出选修网络方向女同学名单。

(2) 求选修15164课程的学生姓名和专业方向。

(3) 求选修数据库原理与应用课程的学生姓名。

(4) 同时选修人工智能及编译技术的学生名单。

(5) 没有被任何人选修的课程名。

(6) 没有选修任何课程的学生性别和姓名。

(7) 至少选修了002号学生选修的全部课程的学生学号。

(8) 求所有课程被选修的情况,列出课程号、课程名、先行课、学分、学号和成绩。

(9) 求每个学生没有选修的课程,列出学号、课程号。

2.12 为什么要对关系代数表达式进行优化?

2.13 在2.11题中的三个关系中,用户有一个查询语句:检索网络方向的学生选修先行课为计算机网络的课程名和课程学分。

(1) 写出该查询的关系代数表达式。

(2) 画出该查询初始的关系代数表达式的语法树。

(3) 使用本章中介绍的优化算法,对语法树进行优化,并画出优化后的语法树。

(4) 写出该查询优化的关系代数表达式。

第3章 关系数据库标准语言SQL

SQL(Structured Query Language)是关系数据库的标准语言,也称结构化查询语言。它是介于关系代数和元组演算之间的一种语言。SQL是一种综合性的数据库语言,实现对数据的定义、操纵和控制等功能。本章将对SQL的语法规则进行详细的介绍。

3.1 SQL概述

3.1.1 SQL的发展

自从1970年美国IBM研究中心的E. F. Codd提出关系模型,并连续发表多篇论文以后,人们对关系数据库的研究日益深入。1972年,IBM公司开始研制实验型关系数据库管理系统SYSTEM R,并且为其配置了SQUARE(Specifying Queries As Relational Expression)查询语言。1974年,Boyce和Chamberlin在此基础上对其进行改进,将SQUARE语言改为SEQUEL(Structured English Query Language),后来SEQUEL简称为SQL,即"结构式查询语言",并首先在IBM公司研制的关系数据库系统System R上实现。

由于它具有功能丰富、使用方便灵活、语言简洁、易学等突出优点,深受计算机工业界和计算机用户的欢迎。各厂商纷纷开发基于SQL的商业应用产品,并将SQL作为关系数据库产品事实上的标准,如Oracle、DB2、Sybase等。1986年10月,经美国国家标准局(ANSI)的数据库委员会X3H2批准,将SQL作为关系数据库语言的美国标准,同年公布了标准SQL。1987年6月,国际标准化组织(International Organization for Standardization, ISO)将其采纳为国际标准。这两个标准现在称为"SQL 86"。ANSI在1989年10月颁布了增强完整性特征的SQL 89标准,1992年又公布了SQL 92标准,1999年发布了SQL 99,以后每隔几年会推出一个新版本,目前最近的版本是SQL 2016。

本章的论述主要遵循SQL 92标准,由于各数据库厂商的SQL产品在支持标准SQL 92语法的同时,在功能上都做了相应的扩充,在实现上略有不同,因此,在使用具体的DBMS时,请查阅系统提供的参考手册。

3.1.2 SQL的特点

SQL有许多优点,主要体现在以下4点。

1. 高度非过程化

"过程化"是指用户不但要知道"做什么",还应该知道"怎样做"。对于SQL,用户只需要提出"做什么",无须具体指明"怎么做"。例如,存取路径选择、具体处理操作过程等均由系统自动完成。这种特点使得用户更能集中精力考虑要“做什么”和所要得到的结果，大大提高了开发效率。

2. 功能完备并且一体化

数据库的主要功能就是通过数据库支持的数据语言来实现的。SQL 不但具有数据定义功能、数据查询、数据操作功能、数据控制功能，而且这些功能被集成到一个语言系统中，只要用 SQL 就可以实现数据库生命周期中的全部活动。可见，SQL 功能是完备的。

3. 统一的语法结构

SQL 可用于所有用户的模型，包括系统管理员、数据库管理员、应用程序员及终端用户，这些用户可以通过自含式语言和嵌入式语言两种方式对数据库进行访问，这两种方式使用统一的语法结构。

4. 语言简洁，易学易用

尽管 SQL 的功能很强，但语言十分简洁，SQL 完成核心功能只用了以下 8 个动词。

数据查询：SELECT(查询)。

数据定义：CREATE(创建)，DROP(撤销)。

数据操作：INSERT(插入)，UPDATE(修改)，DELETE(删除)。

数据控制：GRANT(授权)，REVOKE(收权)。

3.1.3 SQL 体系结构

SQL 支持关系数据库体系结构，即外模式、模式和内模式。利用 SQL 可以实现对三级模式的定义、修改和数据的操作功能，在此基础上形成了 SQL 体系结构，如图 3-1 所示。

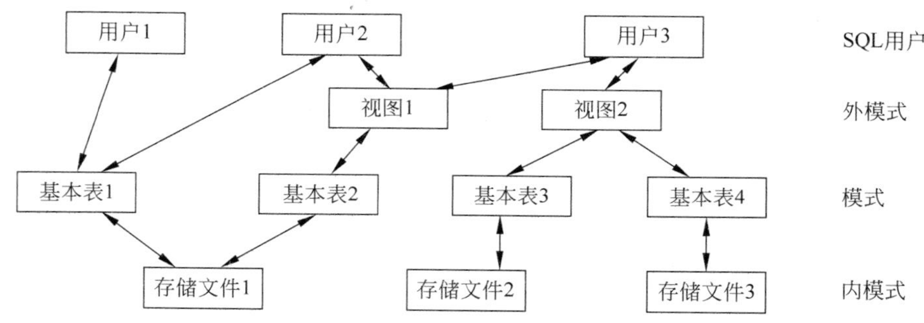

图 3-1　SQL 体系结构

图 3-1 中对应的几个基本概念如下。

(1) SQL 用户。可以是应用程序，也可以是终端用户。SQL 语句可嵌入在宿主语言的程序中使用，也可以作为独立的用户接口，供交互环境下的终端用户使用。

(2) 基本表，简称基表。它是数据库中实际存在的表，在 SQL 中一个关系对应于一个基本表。

(3) 视图。SQL 用视图概念支持非标准的外模式概念。视图是从一个或几个基表导出的表，虽然它也是关系形式，但它本身不实际存储在数据库中，只存放对视图的定义信息(没有对应的数据)。因此，视图是一个虚表(Virtual Table)或虚关系，而基表是一种实关系(Practical Relation)。

(4) 存储文件。每个基表对应一个存储文件,每个存储文件都与外部存储器上一个物理文件对应。一个基表还可以带一个或几个索引,存储文件和索引一起构成了关系数据库的内模式。

由此可以看出,一个基本表可以存放在多个存储文件中,一个存储文件也可以存放多个基本表的数据;一个视图可以来自多个基本表,一个基本表可以构造多个视图;一个用户可以查询多个视图,一个视图也可以被多个用户访问。

3.2 SQL 的定义功能

3.2.1 基本表的定义

1. 表结构的定义

建立数据库最重要的一步就是定义基本表的结构。SQL 用于创建基本表的语法结构为:

```
CREATE TABLE <表名>
(<列名> <数据类型> [列级完整性约束条件]
  [,<列名> <数据类型> [列级完整性约束条件] … ]
  [,<表级完整性约束条件>]);
```

说明:

(1) 表名是所要定义的基本表的名字,表可以由一个或多个属性(列)组成。

(2) 定义表的各个列时需要指明其数据类型及长度。表 3-1 列出了主要数据类型。

表 3-1 SQL 92 提供的主要数据类型

类　　型	数据类型举例及缩写	说　　明
Binary	BinaryLargeOBject(BLOB)	这种数据类型以十六进制格式存储二进制字符串的值
BitString	BIT(n) BIT VARYING(n)	这两种数据类型可以存储二进制和十六进制数据,BIT 数据类型长度固定,而 BIT VARYING 数据类型具有可变长度
Boolean	BOOLEAN	这种数据类型存储真、假值——true、false 或 unknown
Character	CHAR(n) VARCHAR(n)	这两种数据类型可以存储适宜的字符集中的任意字符组合。VARCHAR 数据类型允许字符长度变化,而 CHAR 数据类型只能有固定的字符长度。VARCHAR 数据类型自动删除后继的空格,而 CHAR 数据类型则添加空格达到指定长度
Numeric	INTEGER SMALLINT DECIMAL(i,j) FLOAT(p,s) REAL DOUBLE PRECISION	这些数据类型存储数据的准确值(整数或小数)或近似值(浮点数)

续表

类　　型	数据类型举例及缩写	说　　明
Temporal	DATE TIME TIMESTAMP INTERVAL	这些数据类型处理时间的值。DATE 和 TIME 分别处理日期和时间。TIMESTAMP 类型存储着按机器当前运行时间计算出来的值。INTERVAL 指定一个时间间隔,它是一个相对值,用于增加或减少一个日期、时间或时间戳类型数据的绝对值

(3) 完整性约束条件。关系完整性约束包括实体完整性、参照完整性和用户定义完整性。这三种完整性约束条件都可以在表的定义中给出。其中,实体完整性定义表的主关键字(Primary Key),参照完整性定义外关键字(Foreign Key),用户定义完整性根据具体应用对关系模式提出要求,主要包括对数据类型、数据格式、取值范围、空值约束等的定义。

完整性约束,又可分为列完整性、元组完整性和表级完整性三个级别。在关系模式的定义中,最常定义的是列完整性约束和表级完整性约束。用户定义的完整性规则属于列级完整性约束,而实体完整性和参照完整性都属于表级完整性约束。

由于完整性约束条件也是关系模式定义的一部分,所以下面给出部分完整性约束条件的定义方法。这些完整性约束条件被存入系统的数据字典中,当用户操作表中数据时由 DBMS 自动检查该操作是否违背这些完整性约束条件。

【例 3-1】 建立一个"学生"表,它由学号、姓名、性别、出生年份、籍贯和所在学院 6 个列组成,其中,学号属性不能为空,并且其值是唯一的。

```
CREATE TABLE 学生
        ( 学号   CHAR(8)   NOT  NULL   UNIQUE,
          姓名   CHAR(8),
          性别   CHAR(2),
          出生年份   SMALLINT,
          籍贯   CHAR(8),
          学院   CHAR(15));
```

上述 SQL 语句执行后,将建立一个新的空"学生"表。其中,NOT NULL 和 UNIQUE 分别说明学号不能取空值和重复的值,该约束等同于主码的约束。

2. 主关键字的定义

一个关系可能有多个候选关键字,但在定义基本表时只能定义一个主关键字。一个关系的主关键字由一个或几个属性构成,在 CREATE TABLE 中声明主关键字的方法如下。

(1) 在列出关系模式的属性时,在属性及其类型后加上保留字 PRIMARY KEY,表示该属性是主关键字。

(2) 在列出关系模式的所有属性后,再附加一个声明:

```
PRIMARY  KEY (<属性 1 >[,<属性 2 >, … ])
```

说明:如果关键字由多个属性构成,则必须使用第二种方法。

【例 3-2】 建立一个"学生"表,它由学号、姓名、性别、出生年份、籍贯和所在学院 6 个列组成,其中,学号为主关键字。

方法一：

```
CREATE    TABLE    学生
  (学号      CHAR(8)       PRIMARY  KEY,
   姓名      CHAR(8),
   性别      CHAR(2),
   出生年份  SMALLINT,
   籍贯      CHAR(8),
   学院      CHAR(15));
```

方法二：

```
CREATE    TABLE    学生
           ( 学号         CHAR(8),
             姓名         CHAR(8),
             性别         CHAR(2),
             出生年份     SMALLINT,
             籍贯         CHAR(8),
             学院         CHAR(15),
             PRIMARY      KEY(学号));
```

【例 3-3】 建立一个“课程”表，它由课程号、课程名、学时、开课学期、课程性质 5 个属性组成，其中，课程号为主关键字。

```
CREATE    TABLE    课程
           ( 课程号         CHAR(8)  NOT  NULL  UNIQUE,
             课程名         CHAR(15),
             学时           SMALLINT,
             开课学期       CHAR(4),
             课程性质       CHAR(15),
             PRIMARY        KEY (课程号));
```

从例 3-3 可以看出，虽然非空(NOT NULL)约束和唯一(UNIQUE)约束结合在一起的作用等同于主键(PRIMARY KEY)约束，但是，二者是可以重复定义的。同时，虽然主键的声明是可选的，但为每个关系指定一个主键会更好些。

【例 3-4】 建立一个“学习”表，它由学号、课程号、成绩 3 个属性组成，其中，学号和课程号为主关键字。

```
CREATE  TABLE  学习
      ( 学号  CHAR(8),
        课程号 CHAR(8),
        成绩   SMALLINT,
        PRIMARY  KEY (学号, 课程号));
```

该例中，由于组成主关键字的属性有两个：学号和课程号，所以只能在属性列表的最后来定义该主关键字。

3. 外部关键字的定义

外部关键字的定义是建立参照完整性的约束，它是关系模式的另一种重要约束。根据参照完整性的概念，在 SQL 中，有两种方法用于说明一个外部关键字。

(1) 如果外部关键字只有一个属性，可以在它的属性名和类型后面直接用

“REFERENCES”说明它参照了某个表的某些属性(必须是主关键字)。其语法格式是:

```
REFERENCES  <表名> (<属性>)
```

(2) 在 CREATE TABLE 语句的属性列表后面增加一个或几个外部关键字说明,其格式为:

```
FOREIGN  KEY (<属性 1 >) REFERENCES <表名> (<属性 2 >)
```

其中,“属性 1”是外部关键字,“属性 2”是被参照的属性。

【例 3-5】 建立一个“学习”表,它由学号、课程号、成绩 3 个属性组成,其中,学号和课程号的集合为主关键字,同时,学号、课程号也分别是外关键字,分别参照了学生表中的学号和课程表中的课程号。

```
CREATE  TABLE  学习
     ( 学号  CHAR(8),
       课程号 CHAR(8),
       成绩   SMALLINT,
       PRIMARY KEY (学号, 课程号),
       FOREIGN KEY(学号)  REFERENCES  学生(学号)
       FOREIGN KEY(课程号)  REFERENCES  课程(课程号));
```

该例中定义了两个外关键字:学习表中的学号和课程号。根据参照完整性规则,学习表中的学号要么取空值,要么取学生表中的学号值。但是,由于学习表中的学号又是该关系主关键字中的属性,根据实体完整性约束条件,主属性不能取空值。所以,学习表中的外关键字学号只能取学生表中学号的值,不能取空值。另一个外关键字课程号的取值亦然。

4. 默认值的定义

可以在定义属性时增加保留字 DEFAULT 为表中某列的取值定义一个默认值。

例如:

```
性别  CHAR(2)     DEFAULT  '男';
年龄  SMALLINT  DEFAULT  19;
```

3.2.2 基本表的修改和删除

1. 修改基本表

随着应用环境和应用需求的变化,有时需要修改已经建立好的基本表,如增加列、增加新的完整性约束条件、修改原有的列定义或删除已有的完整性约束条件等,此处仅列出其中的部分语法。

语法格式:

```
ALTER TABLE   <表名>
[ ADD  <新列名>  < 数据类型> [完整性约束]]
| [DROP  <完整性约束名>]
| [ALTER COLUMN <列名><数据类型>]
```

其中,表名是要修改的基本表,ADD 子句用于增加新列和新的完整性约束条件,DROP 子句用于删除指定的完整性约束条件,ALTER COLUMN 子句用于修改原有的列定义,包括修改列名和数据类型。

【例 3-6】 在学生表中增加"年龄"属性,类型为 SMALLINT。

```
ALTER  TABLE  学生 ADD  COLUMN 年龄 SMALLINT;
```

【例 3-7】 在学生表中删除"年龄"属性。

```
ALTER  TABLE  学生  DROP COLUMN 年龄;
```

【例 3-8】 课程表中修改"课程名称"属性的长度为 20 位。

```
ALTER  TABLE  课程  ALTER  COLUMN 课程名  CHAR(20);
```

注意:

(1) 可以增加或减少某一列的长度,但是修改后的长度不能小于该列原有数据的长度。

(2) 对于 NULL 值约束进行修改的问题。该问题产生于将某列的约束从 NULL 改变为 NOT NULL 时,要求指定的字段中不能有 NULL 值。如果包含值为 NULL 的字段,则必须先删掉所发现的任何 NULL 值,然后使用 ALTER TABLE 命令进行修改。

2. 基本表的删除

```
DROP  TABLE  <表名>  [RESTRICT | CASCADE];
```

RESTRICT 表示如果有视图或约束条件涉及要删除的表时,就禁止 DBMS 执行该命令;而 CASCADE 选项则将该表与其涉及的对象一起删除。

【例 3-9】 假设已经存在一个表,表名为"临时表",现将其删除,并将与该表有关的其他数据库对象一起删除。

```
DROP  TABLE 临时表 CASCADE;
```

3.2.3 索引的建立与删除

可以用两种方法从数据库中获得数据。第一种方法常被称为顺序访问方式,它需要 SQL 检查每一个记录以找到与之相匹配的数据项。这种查找的方法效率很低,但它是使记录准确定位的唯一方法。

第二种获取数据的方法就是使用索引,数据库中的索引可以帮用户能快速地获得想要的数据。索引实际上是根据关系(表)中某些字段的值建立一个树状结构的文件。索引文件中存储的是按照某些字段的值排列的一组记录号,每个记录号指向一个待处理的记录。所以,索引实际上可以理解为根据某些字段的值进行逻辑排序的一组指针。

目前,很多 DBMS 直接使用主键的概念建立主索引,方法是建立基本表时直接定义主键,即建立了主索引。一个表只能有一个主索引,同时用户还可以建立其他索引,不同的 DBMS 略有区别,如 MySQL 有主索引、候选索引、普通索引和唯一索引 4 种类型的索引;Access 中有主索引、重复索引和非重复索引;SQL Server 中则是聚簇索引、非聚簇索引和唯一索引。

SQL 支持用户根据应用环境的需要,在基本表上建立一个或多个索引,以提供多种存取路径,加快查找速度。

1. 建立索引

```
CREATE [UNIQUE][CLUSTER] INDEX  <索引名> ON <表名> (<列名> [<次序>][,<列名>[<次序>]] …);
```

其中,表名是指要建立索引的基本表的名字,索引名是用户自己为建立的索引起的名字。索引可以建立在该表的一列或多列上,各列名之间用逗号分隔,这种由两列或多列属性组成的索引,称为"复合索引(Composite Index)"。

UNIQUE 表明此索引的每个索引值只对应唯一的数据记录。CLUSTER 表示要建立的索引是聚簇索引。聚簇索引是指索引项的顺序与表中记录的物理顺序一致的索引组织。

【例 3-10】 为学生、课程和学习表建立索引。

```
CREATE UNIQUE  INDEX  STU_IDX_SNO  ON  学生 (学号);
CREATE UNIQUE  INDEX  COU_IDX_CNO  ON  课程 (课程号);
CREATE UNIQUE  INDEX  SC_IDX_SNO_CNO ON 学习 (学号 ASC,课程号 DESC);
```

其中,ASC 表示按照升序排列,DESC 表示按照降序排列。

2. 删除索引

```
DROP  INDEX  <索引名>;
```

DROP INDEX 命令可以删除当前数据库内的一个或几个索引。当一个索引被删除后,该索引先前占有的存储空间就会被收回。但是,DROP INDEX 不会影响 PRIMARY KEY 和 UNIQUE 约束条件,这些约束条件必须用 ALTER TABLE…DROP 命令来完成。

【例 3-11】 删除学生表上在学号上建立的索引。

```
DROP  INDEX  STU_IDX_SNO;
```

虽然采用了索引技术可以提高数据查询的速度,但另一方面,增加了数据插入、删除和修改的复杂性,以及维护索引的时间开销。因此,是否使用索引,对哪些属性建立索引,数据库设计人员必须全面考虑,权衡折中。下面给出几个使用索引的技巧。

(1) 对于小表来说,使用索引性能不会有任何提高。

(2) 索引列中有较多不同的数据时,索引会使性能有极大的提高。

(3) 当查询要返回的数据很少时,索引可以优化查询(比较好的情况是少于全部数据的25%),如果要返回的数据很多,索引会加大系统开销。

(4) 索引可以提高数据的返回速度,但是它使得数据的更新操作变慢。如果要进行大量的更新操作,在执行更新操作时先删除索引,当执行完更新操作后只需要简单地恢复索引即可。

(5) 索引会占用数据库的空间。如果数据库管理系统允许管理数据库的磁盘空间,那么在设计数据库的可用空间时要考虑索引所占用的空间。

(6) 不要对经常需要更新或修改的字段创建索引,更新索引的开销会降低你所期望获得的性能。

(7) 不要将索引与表存储在同一个驱动器上。分开存储会去掉访问的冲突,从而使结果返回得更快。

3.3 数据查询

建立数据库的目的就是为了对数据库进行操作，以便能够从中提取有用的信息。数据库查询是数据库的核心操作，SQL 提供了 SELECT 语句进行数据库的查询。

SQL 92 标准中 SELECT 语句的语法格式：

```
SELECT [ALL | DISTINCT] <属性列表>
FROM  <表名或视图名>[,<表名或视图名>]…
[WHERE <条件表达式>]
[GROUP  BY  <列名> ]
[HAVING  <条件表达式>]
[ORDER  BY  <列名>  [ASC | DESC] ];
```

SELECT 语句的含义是：根据 WHERE 子句中的条件表达式，从 FROM 子句指定的基本表中找出满足条件的元组，并按 SELECT 子句中指出的属性，选出元组中的分量形成结果表。

并不是所有的查询都会用到所有的子句，最小限度情况下，查询只需要一个 SELECT 和一个 FROM 子句。实际上，SELECT 子句所完成的功能类似于关系代数中的投影运算，而 WHERE 子句的功能类似于关系代数中的选择运算。

如果有 GROUP 子句选项，则将结果按列名的值进行分组，该属性列值相等的元组为一个组，每个组产生结果表中的一条记录，通常会在每组中使用集函数。如果 GROUP 子句带有 HAVING 短语，则结果只有满足指定条件的组才被选出来。

ORDER BY 子句是将查询的结果进行排序显示，ASC 表示升序，DESC 表示降序，默认为升序。

可选项[ALL|DISTINCT]的含义是，如果没有指定 DISTINCT 短语，则默认为 ALL，即保留结果中取值重复的行。

下面将查询分为简单查询、复杂查询和嵌套查询几类进行举例说明，通过这些例子可以看出查询语句的丰富功能和灵活的使用方式。

说明：本节中所有操作均作用于学生成绩管理数据库，该数据库中包括学生表、课程表和学习表，关系模式见表 3-2～表 3-4。

表 3-2 学生表

学　号	姓　名	性　别	籍　贯	出生年份	学　院
091501	王　英	女	河北	1997	计算机
091502	王小梅	女	江苏	2000	信电
091503	张小飞	男	江西	1996	计算机
091504	孙志鹏	男	海南	1998	计算机
091505	徐　颖	女	江苏	1997	外文
091506	钱易蒙	男	河北	2000	信电
…	…	…	…	…	…

表 3-3 课程表

课程号	课程名	学时	先修课程号	课程性质
180101	C++程序设计	56		必修
180102	数据结构	48	180101	必修
180103	操作系统	48	180102	必修
180104	数据库原理	48	180103	必修
180105	DB_Design	32	180104	选修
…	…	…	…	…

表 3-4 学习表

学号	课程号	成绩
091501	180101	78
091501	180102	80
091501	180103	77
091503	180101	89
091503	180102	78
091503	180103	70
091503	180104	90
091504	180101	59
091504	180102	50
091504	180103	
…	…	…

3.3.1 单表查询

最简单的 SQL 查询只涉及一个关系(基本表),可归纳为以下 5 种操作。

(1) 选择表中的若干列(关系代数中的投影运算);

(2) 选择表中的若干元组(关系代数中的选择运算);

(3) 对查询进行分组;

(4) 使用集函数;

(5) 对查询结果排序。

1. SQL 中的投影

关系代数中的投影运算,对应于 SQL 中利用 SELECT 子句指定属性的功能。

【例 3-12】 在学生表中找出所有学生的姓名和籍贯。

```
SELECT  姓名,籍贯
FROM  学生;
```

输出的结果见表 3-5。

与关系代数不同,SQL 语句的投影运算默认获得投影列上的所有元组(包括所有的重复元组),若希望在重复列上仅取一次数值,则添加关键字 DISTINCT,请看例 3-13。

【例 3-13】 在学生表中找出所有学生的籍贯。

```
SELECT  DISTINCT  籍贯
FROM 学生;
```

输出的结果如表 3-6 所示。

表 3-5 例 3-12 结果

姓 名	籍 贯
王 英	河北
王小梅	江苏
张小飞	江西
孙志鹏	海南
徐 颖	江苏
钱易蒙	河北
…	…

表 3-6 例 3-13 结果

籍 贯
河北
江苏
江西
海南
…

【例 3-14】 在学生表中找出学生的所有信息。

```
SELECT  学号,姓名,性别,籍贯,出生年份,院系
FROM  学生;
```

该查询可以在 SELECT 语句中将所有的属性列出,同时也可以使用通配符"*"简化输入,如下所示。

```
SELECT  *
FROM 学生;
```

输出的结果如表 3-7 所示。

表 3-7　例 3-14 结果

学　号	姓　名	性　别	籍　贯	出生年份	学　院
091501	王　英	女	河北	1997	计算机
091502	王小梅	女	江苏	2000	信电
091503	张小飞	男	江西	1996	计算机
091504	孙志鹏	男	海南	1998	计算机
091505	徐　颖	女	江苏	1997	外文
091506	钱易蒙	男	河北	2000	信电
…	…	…	…	…	…

使用 SELECT 语句,不仅可以选择出表中存在的列值,而且可以通过对列值进行算术运算得到表中不存在的信息,请看例 3-15。

【例 3-15】 查询学生的姓名和年龄。

由于表 3-2 中没有年龄属性,所以不能直接列出年龄,但是 SELECT 子句中可以出现计算表达式,从而可以查询经过计算的值。

```
SELECT  学号, year(now()) - 出生年份
FROM  学生;
```

说明:year()和 now()是 MySQL 中处理日期和时间的函数,now()返回为获取当前日期时间,year()为返回指定日期中的年,因此 year(now())是获得当前年份。MySQL 还支持其他日期时间处理函数,如 curdate()、curtime()、datediff()……其他数据库管理系统也提供类似的函数,只是名称略有区别,如 sqlite 中获取当前年份的表达式为 strftime('%Y','now'),需要时可以查阅相关的技术手册。

输出的结果如表 3-8 所示。

表 3-8　例 3-15 结果

学　号	Expr1001	学　号	Expr1001
091501	21	091505	21
091502	18	091506	18
091503	22	…	…
091504	20		

【例 3-16】 给列定义别名。

从例 3-15 会发现,通过运算得到的列,系统都会自动地赋给它一个列名(Expr1001),这样的列名晦涩难懂,不易理解。在这种情况下,可以添加列的别名,以替换在结果中列出的默认列标题。使用的格式为:

```
COLUMN  AS  <别名>  或者  COLUMN  <别名>
```

例 3-15 运用别名可表示为:

```
SELECT  学号, year(now()) - 出生年份 AS 年龄
FROM  学生;
```

输出的结果如表 3-9 所示。

表 3-9 例 3-16 结果

学号	年龄	学号	年龄
091501	21	091505	21
091502	18	091506	18
091503	22	…	…
091504	20		

2. SQL 中的选择运算

查询满足指定条件的元组可以通过 WHERE 子句实现。WHERE 子句常用的查询条件如表 3-10 所示。

表 3-10 常用的查询条件

查询条件	谓词
比较	=、<>、>、<、>=、<=
算术运算	+、-、*、/
确定范围	BETWEEN AND, NOT BETWEEN AND
确定集合	IN, NOT IN
字符匹配	LIKE, NOT LIKE
空值	IS NULL, IS NOT NULL
多重条件	AND, OR

下面分别针对以上列出的查询条件,给出查询的实例。

1) 比较运算

【例 3-17】 查询有不及格课程的学生的学号、课程号及成绩。

```
SELECT  学号, 课程号, 成绩
FROM  学习
WHERE  成绩 < 60;
```

输出的结果如表 3-11 所示。

如果只想查看有不及格课程的学生，且重复的学号只输出一次，则可以表示如下。

【例 3-18】 查询有不及格课程的学生的学号。

```
SELECT  DISTINCT  学号
FROM  学习
WHERE  成绩 < 60;
```

输出的结果如表 3-12 所示。

表 3-11 例 3-17 结果

学　号	课　程　号	成　绩
091504	180101	59
091504	180102	50
…	…	…

表 3-12 例 3-18 结果

学　号
091504
…

2）多重条件和算术运算

【例 3-19】 在学生表中找出信电学院 2000 年后出生的学生的记录。

```
SELECT *
FROM  学生
WHERE  学院 = '信电'
AND  出生年份> = 2000;
```

输出的结果如表 3-13 所示。

表 3-13 例 3-19 结果

学　号	姓　名	性　别	籍　贯	出生年份	学　院
091502	王小梅	女	江苏	2000	信电
091506	钱易蒙	男	河北	2000	信电
…	…	…	…	…	…

3）确定范围

【例 3-20】 查询出生年份在 1996—1998 年(包括 1996 年和 1998 年)的学生的姓名、性别、学院和出生年份。

```
SELECT  姓名, 性别, 学院, 出生年份
FROM  学生
WHERE  出生年份 BETWEEN  1996  AND  1998;
```

输出的结果如表 3-14 所示。

表 3-14 例 3-20 结果

姓　名	性　别	学　院	出生年份
王　英	女	计算机	1997
张小飞	男	计算机	1996
孙志鹏	男	计算机	1998
徐　颖	女	外文	1997
…	…	…	…

该查询等价于：

```
SELECT  姓名, 性别, 学院, 出生年份
FROM  学生
WHERE  出生年份 >= 1996
AND  出生年份 <= 1998;
```

4）确定集合

【例 3-21】 查询信电学院、理学院和计算机学院的学生的学号、姓名和学院。

```
SELECT  学号, 姓名, 学院
FROM  学生
WHERE  学院 IN ('信电', '理学院', '计算机');
```

输出的结果如表 3-15 所示。

表 3-15　例 3-21 结果

学　　号	姓　　名	学　　院
091501	王　英	计算机
091502	王小梅	信电
091503	张小飞	计算机
091504	孙志鹏	计算机
091506	钱易蒙	信电
091511	李　雷	理学院
…	…	…

与 IN 相对的谓词是 NOT IN,用于查找属性值不属于指定集合的元组。如查找不在信电学院、理学院和计算机学院的学生的学号、姓名和学院的语句如下。

```
SELECT  学号, 姓名, 学院
FROM  学生
WHERE  学院 NOT  IN ('信电', '理学院', '计算机');
```

5）字符匹配

谓词 LIKE 可以用来进行字符串的匹配。其一般语法格式如下：

```
[NOT]  LIKE '<匹配串>'  [ESCAPE '<换码字符>']
```

其含义是查找指定的属性列值与匹配串相匹配的元组。匹配串可以是一个完整的字符串,也可以含有通配符“%”和“_”。%(百分号)代表任意长度(长度可以为 0)的字符串,_(下画线)代表任意单个字符。

【例 3-22】 查询所有姓王的学生的姓名、学号和性别。

```
SELECT  姓名, 学号, 性别
FROM  学生
WHERE  姓名 LIKE  '王%';
```

输出的结果如表 3-16 所示。

【例 3-23】 查找名字中第二个字为“小”字的学生的姓名和学号。

```
SELECT 姓名, 学号
FROM 学生
WHERE 姓名 LIKE "_小%"
```

输出的结果如表 3-17 所示。

表 3-16 例 3-22 结果

姓 名	学 号	性 别
王 英	091501	女
王小梅	091502	女
…	…	…

表 3-17 例 3-23 结果

姓 名	学 号
王小梅	091502
张小飞	091503
…	…

如果用户要查询的匹配字符串本身就含有“%”或“_”,比如要查课程名为 DB_Design 的课程的学分,应如何实现呢?这时就要使用 ESCAPE'\',对通配符进行转义。

【例 3-24】 查找课程名是 DB_Design 课程的课程号、课程性质。

```
SELECT 课程号, 课程性质
FROM 课程
WHERE 课程名 LIKE 'DB\_Design'  ESCAPE '\ '
```

ESCAPE '\'短语表示“\”为转义字符,这样匹配串中紧跟在“\”后面的字符“_”不再具有通配符的含义,而是取其本身含义,被转义为普通的“_”字符。

输出的结果如表 3-18 所示。

6) 空值

【例 3-25】 某些学生选修某门课程后没有参加考试,所以有选课记录,但没有考试成绩,下面查询缺少成绩的学生的学号和相应的课程号。

```
SELECT 学号, 课程号, 成绩
FROM 学习
WHERE 成绩 IS  NULL;
```

注意: 这里的“IS”不能用等号(=)代替。

输出的结果如表 3-19 所示。

表 3-18 例 3-24 结果

课 程 号	课 程 性 质
180105	选修
…	…

表 3-19 例 3-25 结果

学 号	课 程 号	成 绩
091504	180103	

3. 对查询结果进行分组

GROUP BY 子句可以将查询结果的各行按一列或多列取值相等的原则进行分组。对查询结果分组的目的是为了细化集函数的作用对象。如果未对查询结果分组,集函数将作用于整个查询结果,即整个查询结果只有一个函数值。否则,集函数将作用于每一个组,即每组都有一个函数值。

【例 3-26】 查询各个课程号相应的选课人数。

```
SELECT 课程号, COUNT(学号)  AS 选课人数
FROM 学习
GROUP BY 课程号;
```

输出结果如表 3-20 所示。

该 SELECT 语句对学习表按课程号的取值进行分组,所有具有相同课程号值的元组为一组,然后对每一组作用集函数 COUNT 以求得该组的学生人数。

如果分组后还要求按一定的条件对这些组进行筛选,最终只输出满足指定条件的组,则可以使用 HAVING 短语指定筛选条件。

【例 3-27】 查询学号在 091501～091506 至少选修了三门课程的学生的学号和选修课程的课程数。

```
SELECT 学号,COUNT(课程号)AS 选课数
FROM 学习
WHERE 学号 BETWEEN  '091501' AND  '091506'
GROUP BY 学号
HAVING  COUNT(课程号)>= 3;
```

输出结果如表 3-21 所示。

表 3-20 例 3-26 结果

课 程 号	选 课 人 数
180101	3
180102	3
180103	3
180104	1
…	…

表 3-21 例 3-27 结果

学 号	选 课 数
091501	3
091503	4
091504	3
…	…

查询学号在 091501～091506 至少选修三门课程的学生,首先需要通过 WHERE 子句中的条件,从学习表中筛选出学号在 091501～091506 的选课记录;然后根据 GROUP BY 子句中指定的属性进行分组,即学号相同的选课记录为一组;再用集函数 COUNT 对每一组计数,如果某一组的元组数目大于等于 3,则表示此学生选修的课至少有三门,应将他的学生号选出来。HAVING 短语指定选择组的条件,只有满足条件(即元组个数≥3)的组才会被选出来。

说明:WHERE 子句与 HAVING 短语的根本区别在于作用对象不同。WHERE 子句作用于基本表或视图,从中选择满足条件的元组。HAVING 短语作用于组,从中选择满足条件的组。

4. 使用集函数

为了进一步方便用户,增强检索功能,SQL 提供了许多集函数,主要如下。

COUNT([DISTINCT|ALL] *):统计元组个数。

COUNT([DISTINCT|ALL] <列名>):统计一列中值的个数。

SUM([DISTINCT|ALL] <列名>):计算一列值的总和(此列必须是数值型)。

AVG([DISTINCT|ALL] <列名>)：计算一列值的平均值(此列必须是数值型)。

MAX([DISTINCT|ALL] <列名>)：求一列值中的最大值。

MIN([DISTINCT|ALL] <列名>)：求一列值中的最小值。

如果指定 DISTINCT 短语，则表示在计算时要取消指定列中的重复值。如果不指定 DISTINCT 短语或指定 ALL 短语(ALL 为默认值)，则表示不取消重复值。

【例 3-28】 查询学生总人数。

```
SELECT COUNT( * )  AS 总人数
FROM 学生;
```

输出结果如表 3-22 所示。

【例 3-29】 查询计算机学院学生的平均年龄。

```
SELECT AVG(year(now()) - 出生年份)  AS 平均年龄
FROM 学生
WHERE 学院 = '计算机';
```

输出结果如表 3-23 所示。

【例 3-30】 查询学习 180101 号课程的学生最高分数。

```
SELECT MAX(成绩)  AS  最高分
FROM 学习
WHERE 课程号 = '180101';
```

输出结果如表 3-24 所示。

表 3-22 例 3-28 结果

总 人 数
30

表 3-23 例 3-29 结果

平 均 年 龄
21

表 3-24 例 3-30 结果

最 高 分
95

5. 对查询结果排序

如果没有指定查询结果的显示顺序，DBMS 将按其最方便的顺序(通常是元组在表中的先后顺序)输出查询结果。用户也可以用 ORDER BY 子句指定按照一个或多个属性列的升序(ASC)或降序(DESC)重新排列查询结果，其中，升序 ASC 为默认值。

【例 3-31】 查询选修了 180102 号课程的学生学号和成绩，查询结果按成绩从高到低排列。

```
SELECT  学号,成绩
FROM  学习
WHERE 课程号 = '180102'
ORDER BY 成绩 DESC
```

表 3-25 例 3-31 结果

学 号	成 绩
091501	80
091503	78
091504	50
…	…

输出的结果如表 3-25 所示。

【例 3-32】 查询全体学生情况，查询结果按所在学院的名称升序排列，对同一学院中的学生按年龄降序排列。

```
SELECT *
FROM 学生
ORDER BY 学院 ASC, year(now()) - 出生年份 DESC;
```


输出的结果如表 3-26 所示。

表 3-26 例 3-32 结果

学 号	姓 名	性 别	籍 贯	出生年份	学 院
091508	黎 明	男	北京	1998	采矿
091507	郭小娜	女	江苏	1997	机电
091503	张小飞	男	江西	1996	计算机
091501	王 英	女	河北	1997	计算机
091504	孙志鹏	男	海南	1998	计算机
091509	徐 明	男	河北	2000	体育
091505	徐 颖	女	江苏	1997	外文
091502	王小梅	女	江苏	2000	信电
091506	钱易蒙	男	河北	2000	信电
…	…	…	…	…	…

3.3.2 连接查询

一个数据库中的多个表之间一般都存在某种内在联系,它们共同提供有用的信息。前面的查询都是针对一个表进行的。若一个查询同时涉及两个以上的表,则称之为连接查询。连接查询根据连接的对象和方法不同,可以包含以下 5 个方面的内容。

- 等值连接和非等值连接查询;
- 自身连接查询;
- 外连接查询;
- 复合条件连接查询;
- 集合运算查询。

在 SQL92 中,连接方法可以分为 theta 方式和 ANSI 方式两类。

(1) ANSI 方式

该方式通过“表 1 [INNER] JOIN 表 2 ON 连接条件”的语法实现两个表的连接。

【例 3-33】 查询每个学生及其选修课程的情况。

学生情况存放在“学生”表中,学生选课情况存放在“学习”表中,所以本查询实际上同时涉及“学生”与“学习”两个表中的数据。这两个表之间的联系是通过两个表都具有的属性“学号”实现的。要查询学生及其选修课程的情况,就必须将这两个表中学号相同的元组连接起来。这是一个等值连接。完成本查询的 SQL 语句为:

```
SELECT 学生.*, 学习.*
FROM 学生 INNER JOIN 学习 ON 学生.学号 = 学习.学号;
```

(2) theta 方式

该方式通过 WHERE 子句指定条件来进行连接。

【例 3-33】的查询语句也可以写成:

```
SELECT 学生.*, 学习.*
FROM 学生, 学习
WHERE 学生.学号 = 学习.学号;
```

输出的结果如表 3-27 所示。

表 3-27　例 3-3 的结果

学生.学号	姓名	性别	籍贯	出生年份	学院	学习.学号	课程号	成绩
091501	王　英	女	河北	1997	计算机	091501	180101	78
091501	王　英	女	河北	1997	计算机	091501	180102	80
091501	王　英	女	河北	1997	计算机	091501	180103	77
091503	张小飞	男	江西	1996	计算机	091503	180101	89
091503	张小飞	男	江西	1996	计算机	091503	180102	78
091503	张小飞	男	江西	1996	计算机	091503	180103	70
091503	张小飞	男	江西	1996	计算机	091503	180104	90
…	…	…	…	…	…	…	…	…

1. 等值与非等值连接查询

用来连接两个表的条件称为连接条件或连接谓词，其一般格式为：

```
[<表名 1>.]<列名 1> <比较运算符> [<表名 2>.]<列名 2>
```

其中，比较运算符主要有：=、>、<、>=、<=、!=。

此外，连接谓词还可以使用下面的形式。

```
[<表名 1>.]<列名 1> BETWEEN [<表名 2>.]<列名 2> AND [<表名 2>.]<列名 3>
```

当连接运算符为=时，称为等值连接，使用其他运算符时称为非等值连接。

说明：

(1) 连接谓词中的列名称为连接字段。连接条件中的各连接字段类型必须是可比的，但不必相同。例如，可以都是字符型，或都是日期型；也可以一个是整型，另一个是实型，整型和实型都是数值型，因此是可比的。但若一个是字符型，另一个是整数型则不允许，因为它们是不可比的类型。

(2) 从概念上讲，DBMS 执行连接操作的过程是，首先在表 1 中找到第一个元组，然后从头开始顺序扫描或按索引扫描表 2，查找满足连接条件的元组，每找到一个元组，就将表 1 中的第一个元组与该元组拼接起来，形成结果表中的一个元组。表 2 全部扫描完毕后，再到表 1 中找第二个元组，然后再从头开始顺序扫描或按索引扫描表 2，查找满足连接条件的元组，每找到一个元组，就将表 1 中的第二个元组与该元组拼接起来，形成结果表中的一个元组。重复上述操作，直到表 1 全部元组都处理完毕为止。

自然连接是等值连接运算中的一种特殊情况，即按照两个表中的相同属性进行等值连接，且目标列中去掉了重复的属性列，但保留了所有不重复的属性列。

【例 3-34】 自然连接"学生"表和"学习"表。

```
SELECT 学生.学号, 姓名, 性别, 出生年份, 学院, 课程号, 成绩
FROM 学生, 学习
```

```
WHERE 学生.学号 = 学习.学号;
```

输出的结果如表 3-28 所示。

表 3-28　例 3-34 结果

学　号	姓　名	性　别	籍　贯	出生年份	学　院	课程号	成　绩
091501	王英	女	河北	1997	计算机	180101	78
091501	王英	女	河北	1997	计算机	180102	80
091501	王英	女	河北	1997	计算机	180103	77
091503	张小飞	男	江西	1996	计算机	180101	89
091503	张小飞	男	江西	1996	计算机	180102	78
091503	张小飞	男	江西	1996	计算机	180103	70
091503	张小飞	男	江西	1996	计算机	180104	90
…	…	…	…	…	…	…	…

在本查询中,由于姓名、性别、出生年份、学院、课程号和成绩属性列在学生与学习表中是唯一的,因此引用时可以去掉表名前缀。而学号在两个表中都出现了,因此引用时必须加上表名前缀。该查询的执行结果不再出现“学习.学号”列。

2. 自身连接查询

【例 3-35】 求每一门课程的间接先修课(先修课的先修课)。

分析:题目要求查询每一门课程的先修课的先修课,在“课程”表中,只有每门课的直接先修课信息,而没有先修课的先修课,要得到这个信息,必须先对一门课找到其先修课,再按此先修课的课程号,查找它的先修课程,这相当于将“课程”表与其自身连接后,取第一个副本的课程号与第二个副本的先修课号进行等值条件连接。具体写 SQL 语句时,为清楚起见,可以为课程表取两个别名,一个是 FIRST,另一个是 SECOND,也可以在考虑问题时就把课程表认为是两个完全一样的表,一个是 FIRST 表,另一个是 SECOND 表,如下所示。

```
SELECT  FIRST.课程号 AS 课程号, FIRST.课程名 AS 课程名, SECOND.先修课程号 AS  间接先修课程号
FROM 课程 AS FIRST, 课程 AS SECOND
WHERE  FIRST.先修课程号 = SECOND.课程号;
```

输出的结果如表 3-29 所示。

表 3-29　例 3-35 结果

课　程　号	课　程　名	间接先修课程号
180102	数据结构	
180103	操作系统	180101
180104	数据库原理	180102
180105	DB_Design	180103
…	…	…

结合表 3-3 可以看到,“C++程序设计”没有先修课程,因此更没有间接先修课的信息;“数据结构”的先修课是“C++程序设计”,由于“C++程序设计”没有先修课,所以“数据结构”的间接先修课为空;“操作系统”的先修课是“数据结构”,而“数据结构”的先修课是

"C++程序设计",所以"操作系统"的间接先修课是"C++程序设计"(180101);以此类推其他课程。

2.2.3 节中的例 2-19 也可以通过该方法进行查询,读者可以自行练习。

3. 外连接查询

在通常的连接操作中,只有满足连接条件的元组才能作为结果输出,如在例 3-34 的结果表中没有关于 091511 和 091512 两个学生的信息,原因在于他们没有选课,在选课表中没有相应的元组。但是有时想以学生表为主体列出每个学生的基本情况及其选课情况,若某个学生没有选课,则只输出其基本情况信息,其选课信息为空值即可,这时就需要使用外连接(Outer Join)。

外连接的方式也可以分为 theta 方式和 ANSI 方式两类。ANSI 方式是使用 OUTER JOIN、ON 等关键字配合连接条件完成连接查询操作,theta 方式是使用 WHERE 条件进行连接。对于 theta 方式,为了与内连接区分开,必须通过在 WHERE 子句中设置特殊的字符来实现对外部连接的处理。例如,Oracle 在进行连接时,需要将一个外部连接运算符(+)置于外部关键字列的边上。而在较旧的版本中,Microsoft SQL Server 则是通过使用(*)来实现这一功能。

下面分别以左外连接(LEFT OUTER JOIN)和右外连接(RIGHT OUTER JOIN)为例,对 theta 方式和 ANSI 方式进行说明。

1) 左外连接

规定所有记录都应该从连接语句左侧的表中返回。当右侧表中并没有匹配的记录时,左表中该记录依然会返回,而对应的右侧表中的列值将自动填充 NULL 值。

【例 3-36】 查询所有学生的姓名以及他们选修课程的课程号和成绩。

——theta 方式:

```
SELECT 姓名, 课程号, 成绩
FROM 学生, 学习
WHERE 学习.学号 (+) = 学生.学号;
```

输出的结果如表 3-30 所示。

表 3-30 例 3-36 结果

姓　名	课 程 号	成　绩
王　英	180101	78
王　英	180102	80
…	…	…
张小飞	180101	89
张小飞	180102	78
…	…	…
孙志鹏	180101	59
孙志鹏	180102	50
…	…	…
于　诚		
…	…	…

——ANSI 方式:

```
SELECT 姓名, 课程号, 成绩
FROM 学生
LEFT OUTER JOIN 学习 ON 学生.学号 = 学习.学号;
```

2) 右外连接

规定所有记录都应该从连接语句右侧的表中返回。当左侧表中并没有匹配的记录时,右侧表中的值依然返回,而对应的左侧表中的列值将自动填充 NULL 值。

【例 3-37】 查询所有的课程信息及选修该课程的学生的学号及成绩。

```
SELECT 课程名, 学号, 成绩
FROM  学习,课程
WHERE  课程.课程号 =(+)学习.课程号;
```

——ANSI 方式:

```
SELECT 课程名, 学号, 成绩
FROM 学习
RIGHT OUTER JOIN 课程 ON 学习.课程号 = 课程.课程号;
```

输出的结果如表 3-31 所示。

表 3-31　例 3-37 结果

课　程　名	学　　号	成　　绩
C++程序设计	091501	78
C++程序设计	091503	89
…	…	…
数据结构	091501	80
数据结构	091503	78
…	…	…
操作系统	091501	77
操作系统	091503	70
…	…	…
算法设计		
…	…	…

全外连接一般没有什么意义,MySQL 并不能直接支持全外连接,但可以通过左右外连接的并集来模拟实现。

4. 复合条件连接查询

上面各个连接查询中,WHERE 子句中只有一个条件,WHERE 子句中有多个条件的连接操作,称为复合条件连接。

【例 3-38】 查询选修 180101 号课程且成绩在 90 分以上的学生学号,姓名及成绩。

```
SELECT 学生.学号, 姓名,成绩
FROM 学生, 学习
WHERE 学生.学号 = 学习.学号
AND  学习.课程号 = '180101'
AND  学习.成绩> 90
```

以上是复合条件连接的 theta 连接方式，若表示为 ANSI 连接方式，则为以下形式。

```
SELECT 学生.学号, 姓名,成绩
FROM 学生
JOIN 学习 ON 学生.学号 = 学习.学号
AND  学习.课程号 = '180101'
AND  学习.成绩> 90
```

输出的结果如表 3-32 所示。

表 3-32　例 3-38 结果

学　号	姓　名	成　绩
091517	王高飞	91
…	…	…

连接操作除了可以是两表连接，一个表与其自身连接外，还可以是两个以上的表进行连接，后者通常称为多表连接。

【例 3-39】 查询每个学生及其选修的课程名及其成绩。

```
SELECT 学生.学号, 姓名,课程名, 学习.成绩
FROM  学生, 学习, 课程
WHERE 学生.学号 = 学习.学号
AND   学习.课程号 = 课程.课程号;
```

以上是多个表的 theta 连接方式，若表示为 ANSI 连接方式，则为以下形式。

```
SELECT 学生.学号, 姓名,课程名, 学习.成绩
FROM 学生
  JOIN  学习 ON 学生.学号 = 学习.学号
  JOIN  课程 ON 学习.课程号 = 课程.课程号
```

输出的结果如表 3-33 所示。

表 3-33　例 3-39 结果

学　号	姓　名	课　程　名	成　绩
091501	王　英	C++程序设计	78
091501	王　英	数据结构	80
091501	王　英	操作系统	77
091503	张小飞	C++程序设计	89
091503	张小飞	数据结构	78
091503	张小飞	操作系统	70
…	…	…	…

5. 集合运算连接查询

有时候，用户希望在 SQL 查询中利用关系代数中的集合运算（并、交、差）来组合关系，SQL 为此提供了相应的运算符：UNION、INTERSECT、EXCEPT，分别对应于集合运算的 ∪、∩、－。它们用于两个查询之间，对每个查询都要用圆括号括起来。对于不同的 DBMS，支持的集合运算有所不同，如 MySQL 只支持并运算。

【例 3-40】 查询选修了 180101 号或 180102 号课程或二者都选修了的学生学号、课程

号和成绩。

```
(SELECT  学号, 课程号, 成绩
FROM  学习
WHERE  课程号 = '180101')
  UNION
(SELECT  学号, 课程号, 成绩
FROM  学习
WHERE   课程号 = '180102')
```

输出的结果如表 3-34 所示。

与 SELECT 子句不同,UNION 运算自动去除重复。因此在本例中,若只输出学生的学号,则相同的学号只出现一次。如果想保留所有的重复,则必须用 UNION ALL 代替 UNION,且查询结果中出现的重复元组数等于两个集合中出现的重复元组数的和。

表 3-34　例 3-40 结果

学　号	课　程　号	成　绩
091501	180101	78
091501	180102	80
091503	180101	89
091503	180102	78
…	…	…

【例 3-41】 查询同时选修了 180101 和 180102 号课程的学生学号、课程号和成绩。

```
(SELECT  学号, 课程号, 成绩
FROM  学习
WHERE 课程号 = '180101')
INTERSECT
(SELECT 学号, 课程号, 成绩
FROM 学习
WHERE 课程号 = '180102')
```

INTERSECT 运算自动去除重复,如果想保留所有的重复,必须用 INTERSECT ALL 代替 INTERSECT,结果中出现的重复元组数等于两集合出现的重复元组数里较少的那个。

【例 3-42】 查询选修了 180101 号课程的学生中没有选修 180102 号课程的学生学号、课程号和成绩。

```
(SELECT  学号, 课程号, 成绩
FROM  学习
WHERE  课程号 = '180101')
EXCEPT
(SELECT 学号, 课程号, 成绩
FROM 学习
WHERE  课程号 = '180102')
```

EXCEPT 运算自动去除重复,如果想保留所有的重复,必须用 EXCEPT ALL 代替 EXCEPT,结果中出现的重复元组数等于两集合出现的重复元组数之差(前提是差是正值)。

在不支持 INTERSECT 和 EXCEPT 运算的 DBMS 中,必须使用其他方法实现。其中,

嵌套查询是十分有效的一种方法。

3.3.3 嵌套查询

在 SQL 中，一个 SELECT…FROM…WHERE 语句称为一个查询块，将一个查询块嵌套在另一个查询块的 WHERE 子句或 HAVING 条件中的查询称为嵌套查询。请看下面的例子。

【例 3-43】 查询选修了 180101 号课程的学生姓名。

可以使用如下的嵌套形式实现该查询。

```
SELECT  姓名
FROM  学生
WHERE  学号 IN
(SELECT  学号
  FROM  学习
  WHERE  课程号 = '180101');
```

说明：在这个例子中，下层查询块"SELECT 学号 FROM 学习 WHERE 课程号＝'180101'"是嵌套在上层查询块"SELECT 姓名 FROM 学生 WHERE 学号 IN"的 WHERE 条件中的。上层的查询块又称为"外层查询""父查询"或"主查询"，下层查询块又称为"内层查询"或"子查询"。SQL 允许多层嵌套查询，即一个子查询中还可以嵌套其他子查询。需要特别指出的是，子查询的 SELECT 语句中不能使用 ORDER BY 子句，ORDER BY 子句永远只能对最终查询结果排序。

嵌套查询的求解方法是由里向外一层层处理。根据子查询是否独立于父查询，可以将嵌套查询分为两大类：①不相关子查询，该类中的子查询独立于上层的父查询，每个子查询在其上一级查询处理之前可以完成求解，子查询的结果用于建立其父查询的查找条件；②相关子查询，该类中的子查询依赖于父查询，最内层子查询的执行需要用到上层父查询中的某些属性值，因此最内层的子查询不能独立于父查询先完成。

嵌套查询使得可以用一系列简单查询构成复杂的查询，从而明显地增强了 SQL 的查询能力。以层层嵌套的方式来构造程序正是 SQL(Structured Query Language)中"结构化"的含义所在。

嵌套查询主要内容如下。

1. 带有 IN 谓词的子查询

带有 IN 谓词的子查询是指父查询与子查询之间用 IN 进行连接，判断某个属性列值是否在子查询的结果中。由于在嵌套查询中，子查询的结果往往是一个集合，所以谓词 IN 是嵌套查询中最经常使用的谓词。

【例 3-44】 查询与王颖在同一个学院学习的学生学号和姓名。

查询与"王颖"在同一个学院学习的学生，可以首先确定"王颖"所在学院名，然后再查找所有在该学院学习的学生。所以可以分步来完成此查询。

(1) 确定"王颖"所在学院名。

```
SELECT  学院
FROM  学生
WHERE  姓名 = '王颖';
```

若假设结果为 Q。

(2) 查找所有在 Q 学院学习的学生学号和姓名。

```
SELECT  学号, 姓名
FROM  学生
WHERE  学院 IN 'Q';
```

若用嵌套查询的形式,则可以表示为:

```
SELECT  学号, 姓名
FROM   学生
WHERE   学院  IN
(SELECT   学院
FROM      学生
WHERE      姓名 = '王颖');
```

【例 3-45】 查询选修了"数据库原理"课程的学生学号和姓名。

```
SELECT   学号, 姓名
FROM      学生
WHERE   学号   IN
(SELECT   学号
FROM      学习
WHERE   课程号  IN
    ( SELECT   课程号
      FROM     课程
        WHERE  课程名 = '数据库原理'));
```

输出的结果如表 3-35 所示。

本查询也可以用非嵌套的形式表示。

```
SELECT  学生.学号,姓名
FROM   学生,学习,课程
WHERE   课程.课程名称 = '数据库原理'
AND    学生.学号 = 学习.学号
AND   学习.课程号 = 课程.课程号;
```

表 3-35　例 3-45 结果

学　　号	姓　　名
091503	张小飞
…	…

2. 带有比较运算符的子查询

例 3-45 中"数据库原理"课程的课程号是唯一的,但选修该课程的学生并不只有一个,所以也可以用"="运算符和 IN 谓词共同完成。

```
SELECT  学号, 姓名
FROM  学生
WHERE  学号 IN
  (SELECT  学号
  FROM  学习
  WHERE  课程号 =
      (SELECT  课程号
        FROM  课程
      WHERE  课程名 = '数据库原理'));
```

3. 带有 ANY 或 ALL 谓词的子查询

子查询返回单值时可以用比较运算符。当返回的结果有可能不止一个时，则不能够使用比较运算符，此时，可以使用 ANY 或 ALL 谓词来实现比较操作，而使用 ANY 或 ALL 谓词时则必须同时使用比较运算符，其语义如表 3-36 所示。

表 3-36 比较运算符

运 算 符	ANY	ALL
>	大于子查询结果中的某个值	大于子查询结果中的所有值
<	小于子查询结果中的某个值	小于子查询结果中的所有值
>=	大于等于子查询结果中的某个值	大于等于子查询结果中的所有值
<=	小于等于子查询结果中的某个值	小于等于子查询结果中的所有值
=	等于子查询结果中的某个值	通常没有实际意义
!=	不等于子查询结果中的某个值	不等于子查询结果中的任何一个值

【例 3-46】 查询其他学院中比计算机学院某个学生年龄小的学生名单。

```
SELECT  姓名
FROM  学生
WHERE  year(now()) - 出生年份< ANY
   (SELECT  year(now()) - 出生年份
    FROM   学生
    WHERE  学院 = '计算机')
    AND  学院 <> '计算机'
ORDER BY  year(now()) - 出生年份 DESC;
```

该查询的含义是：其他学院中的学生只要比计算机学院中的某个学生的年龄小，就可以选择满足条件，换句话说，若其他院系中的某个学生的年龄比计算机学院中的年龄最大的学生小，则该学生一定满足选择的条件，所以本查询实际上也可以用集函数 MAX 实现。语句如下。

```
SELECT  姓名, year(now()) - 出生年份
FROM  学生
WHERE  year(now()) - 出生年份<
(SELECT  MAX(year(now()) - 出生年份)
FROM 学生
WHERE  学院 = '计算机')
AND  学院 <> '计算机'
ORDER  BY year(now()) - 出生年份 DESC;
```

事实上，用集函数实现子查询通常比直接用 ANY 或 ALL 查询效率要高。ANY 与 ALL 与集函数的对应关系如表 3-37 所示。

表 3-37 ANY、ALL 谓词与集函数及 IN 谓词的等价转换关系

	=	<>或!=	<	<=	>	>=
ANY	IN	--	<MAX	<=MAX	>MIN	>= MIN
ALL	--	NOT IN	<MIN	<MIN	>MAX	>MAX

上述嵌套查询均属于不相关子查询，其执行过程都是按照由内到外的顺序，先独立完成最内层的子查询，然后将查询的结果作为上层父查询的条件，由上层父查询再继续逐层执

行,最终完成整个查询过程。

4. 带有EXISTS谓词的子查询

EXISTS代表存在量词∃。带有EXISTS谓词的子查询不返回任何数据,只产生逻辑真值“true”或者逻辑假值“false”。

【例3-47】 查询选修了180102号课程的学生学号和姓名。

使用EXISTS的嵌套查询语句表示如下。

```
SELECT 学号,姓名
FROM   学生
WHERE  EXISTS
    (SELECT  *
     FROM  学习
    WHERE  学生.学号 = 学习.学号
    AND    学习.课程号 = '180102');
```

输出的结果如表3-38所示。

表3-38 例3-47结果

姓　名	学　号
王　英	091501
张小飞	091503
…	…

该语句的执行顺序是:从学生表中依次取出每个元组的学号,用此值去检查学习表。若学习表中存在这样的元组,其学号值与此学生.学号值相等,并且该学生学习的课程号为180102,则取此学生的学号和姓名送入结果表中。

由EXSITS引出的子查询,其目标列表达式通常都用“*”,因为带EXSITS的子查询只返回真值或假值,给出列名无实际意义。

与EXISTS谓词相对应的是NOT EXISTS谓词,若内层结果为空,则NOT EXISTS结果为真,外层的WHERE子句返回真值,否则返回假值。

【例3-48】 查询没有选修180102号课程的学生学号和姓名。

使用NOT EXISTS的嵌套查询语句表示如下。

```
SELECT 学号,姓名
FROM   学生
WHERE  NOT  EXISTS
      (SELECT  *
       FROM  学习
       WHERE  学生.学号 = 学习.学号
       AND   学习.课程号 = '180102');
```

该语句的执行顺序是:从学生表中依次取出每个元组的学号,用此值去检查学习表。若学习表中某元组不存在这样的情况,其学号值与此学生.学号值相等,并且该学生学习的课程号为180102,则取此学生的学号和姓名送入结果表中,从而表示了没有选修180102号课程的学生信息,实现了差运算相同的效果。

可以看出,由EXISTS和NOT EXISTS引导的子查询属于相关子查询,因为子查询在执行过程中,需要用到父查询的表中相应的属性值。

注意:一些带EXISTS或NOT EXISTS谓词的子查询不能被其他形式的子查询所代替,但是所有带IN谓词、比较运算符、ANY和ALL谓词的子查询都能够用EXISTS谓词的子查询等价替换。

例如，例 3-45 可以用带 EXISTS 的子查询替换为：

```
SELECT   学号，姓名
FROM     学生
WHERE   EXISTS
   (SELECT *
      FROM  学习，课程
     WHERE 学习.课程号 = 课程.课程号
      AND   学生.学号 = 学习.学号
     AND   课程名 = '数据库原理')
```

【例 3-49】 查询至少选修了 091501 号学生选修的全部课程的学生学号。

本查询是一个典型的除法问题，其关系代数可以表示为：

$$\prod_{学号,课程号}(学习) \div \prod_{课程号}(\sigma_{学号='091501'}(学习))$$

通过第 2 章的学习可知，能够使用除法的查询，其查询条件中必含有“一个集合包含另一个集合”的概念，因此在转换成 SQL 语句时，首先要找出这两个集合，其次需要通过一定的运算来确定一个集合包含另一个集合。

设有两个集合 A 和 B，证明 A 包含 B，即 A⊇B。如果正向证明，只能通过穷举的方法，即检查 B 集合中的每个元素是否在 A 集合中。可以看出，该方法不具有通用性和自动化性。因此考虑用逆向证明，B—A 得到的是“在 B 集合中有的，而在 A 集合中没有的元素”，如果该结果集为空，则说明 B 集合中的元素都存在于 A 集合中，即 A⊇B。

因此可以得出：A⊇B ≡ ¬∃(B—A)，其中，¬∃表示“不存在”。

在本题中，设 A 集合表示某个学生选修课程的课程号集合，B 集合表示 090101 号学生选修的课程号集合，根据题意，如果 A 集合大于等于 B 集合，即 A⊇B，则当前这个学生是要查找的学生，需要将其学号送入结果表。对应的 SQL 语句如下。

(1) 第一步：明确两个集合。

A 集合表示为：

```
SELECT  课程号
FROM  学习
WHERE 学习.学号 = 'xxx'(xxx 表示某个学生的学号);
```

B 集合表示为：

```
SELECT  课程号
FROM  学习
WHERE 学习.学号 = '091501';
```

(2) 第二步：表示 A 包含 B，即¬∃(B—A)。

```
NOT EXISTS
(   (SELECT  课程号
    FROM  学习 AS  First
    WHERE  First.学号 = '091501')
   EXCEPT
      (SELECT  课程号
       FROM  学习 AS  Second
       WHERE  Second.学号 = 'xxx'));
```

其中,由于用到学习表两次,为了方便引用,分别对其取了别名。

(3) 第三步:得到查询的信息。

本题最终要查找的是学生的学号,而查找过程中需要对每个学生进行筛选,因此选用学生表:

```
SELECT  学号
FROM  学生
WHERE  NOT EXISTS
  (  (SELECT  课程号
      FROM  学习 AS  First
      WHERE  First.学号 = '091501')
    EXCEPT
     (SELECT 课程号
      FROM  学习 AS  Second
      WHERE  Second.学号 = 学生.学号));
```

此时,Second.学号不再是"未知值",而是"学生.学号",因为要对学生表中的每个学生检查一遍,故从学生表中依次取出每个学生的学号,放到内层查询中进行检验,符合条件的学生将其学号送入结果表中。

由于"差运算(EXCEPT)"也可以由"NOT EXISTS"来表示,因此可以进一步表示成如下形式。

```
SELECT  学号
FROM 学生
WHERE  NOT EXISTS
  ( SELECT *
   FROM  学习 AS  First
   WHERE  First.学号 = '091501' AND  NOT EXISTS
     ( SELECT *
      FROM  学习 AS  Second
      WHERE  Second.学号 = 学生.学号
       AND    Second.课程号 =  First.课程号));
```

说明:由于"NOT EXISTS"不关心返回的内容,只关心是否有值返回,因此内层查询的 SELECT 语句中可以用"*"替代。

【例 3-50】 查询选修了全部课程的学生的姓名。

本查询也是一个典型的除法问题,其关系代数可以表示为:

$$\prod_{\text{姓名,课程号}}(\text{学习} \infty \text{学生}) \div \prod_{\text{课程号}}(\text{课程})$$

设 A 代表某个学生的选课集合,B 代表全部课程的集合,根据题目要求"选修了全部课程"可知,A 集合中的课程号应该包含 B 集合中的所有课程号(即 A⊇B),符合该条件的学生的姓名就是最终查询的结果。因此,可以按如下三步进行除法的求解。

(1) 第一步:明确两个集合。

A 集合表示为:

```
SELECT  课程号
FROM  学习
WHERE 学习.学号 = 'xxx'(xxx 表示某个学生的学号);
```

B 集合表示为:

```
SELECT  课程号
FROM  课程;
```

(2) 第二步：表示 A 包含 B，即 ¬ ∃(B－A)。

```
NOT EXISTS
(  (SELECT 课程号
    FROM  课程;)
   EXCEPT
    (SELECT 课程号
     FROM  学习
     WHERE  学习.学号 = 'xxx'));
```

(3) 第三步：得到查询的信息。

```
SELECT 姓名
FROM 学生
WHERE  NOT EXISTS
(  (SELECT *
   FROM 课程
   WHERE NOT EXISTS
    (SELCET *
     FROM  学习
     WHERE 学号 = 学生.学号
     AND    课程号 = 课程.课程号));
```

【例 3-51】 查询被所有学生都选修的课程名称。

```
SELECT  课程名
FROM  课程
WHERE NOT EXISTS
(SELECT *
    FROM 学生
    WHERE NOT EXISTS
      (SELCET *
              FROM  学习
          WHERE  学号 = 学生.学号
          AND    课程号 = 课程.课程号));
```

通过上述例题可以看出，除法的求解主要分为三步：首先根据题目描述，找出两个集合 A 和 B，并且明确两个集合之间的包含关系 A⊇B；然后表示出 A 包含 B 的关系，也就是写成 NOT EXISTS(B－A)的形式；最后根据题目所要查询的信息，写出最外层的查询，并完善最内层查询的条件。由于子查询的连接谓词是 NOT EXISTS，因此需要在最内层的查询条件中给出需要用到父查询中的属性。

3.4 数据更新

SQL 对数据的更新包括数据插入、删除和修改三个方面的功能。

3.4.1 插入数据

1. 插入单个元组

插入语句的一般格式为：

```
INSERT
INTO  <表名>  [(<属性列1>[,<属性列2>, … ])
VALUES(<常量1>[,<常量2>] … );
```


如果某些属性列在INTO子句中没有出现，则新记录在这些列上将取空值。但必须注意的是，在表定义时说明了NOT NULL的属性列不能取空值，否则会出错。

如果INTO子句中没有指明任何列名，则新插入的记录必须在每个属性列上均有值且新插入记录的属性值与原表属性应一一对应。

【例3-52】 将一个新学生记录(学号：091530；姓名：夏雨；性别：男；籍贯：海南；出生年份：1999；学院：计算机)插入学生表中。

```
INSERT
INTO  学生
VALUES ('091530', '夏雨', '男','海南', '1999','计算机');
```

子查询也可以嵌套在INSERT语句中，用以生成要插入的数据。其功能是以批量插入，一次将子查询的结果全部插入指定表中。

2. 插入子查询结果

```
INSERT
INTO    <表名>  [(<属性列1>[,<属性列2>, … )]
子查询;
```

【例3-53】 设有关系模式DEPT_AGE(SDEPT ChAR(20), AVG_AGE SMALLINT)，表示每个学院学生的平均年龄，请根据学生表中的数据，求得结果后存入数据库。

```
INSERT
INTO DEPT_AGE(SDEPT, AVG_AGE)
SELECT 学院, AVG(year(now()) - 出生年份)
FROM 学生
GROUP BY 学院
```

3.4.2 删除数据

删除语句的一般格式为：

```
DELETE
FROM  <表名>
[ WHERE  <条件> ];
```

删除可以分为如下几种。

(1) 删除某个(某些)元组的值：WHERE子句中给出删除条件。

(2) 删除全部元组的值：省略WHERE子句。

(3) 带子查询的删除语句。

【例3-54】 删除学号为092010的学生记录。

```
DELETE  FROM  学生
WHERE 学号 = '092010';
```

【例 3-55】 删除计算机学院所有学生的选课记录。

```
DELETE
FROM  学习
WHERE 学号 IN
  ( SELECT  学号
    FROM  学生
    WHERE  学院 = '计算机');
```

带有子查询的删除操作，执行过程类似于相关子查询。如例 3-55 中，首先考察父查询学习表的第一条记录，取其学号值放到子查询中执行；如果查询的结果为“计算机”，使得父查询中 WHERE 条件为真，则删除当前考察的这条记录；接着考察学习表中的第二条记录，以此类推。

3.4.3 修改数据

修改操作语句的一般格式为：

```
UPDATE  <表名>
SET  <列名> = <表达式> [, <列名> = <表达式>] …
[WHERE  <条件> ];
```

其功能是修改指定表中满足 WHERE 子句条件的元组。其中，SET 子句用于指定修改方法，即用表达式的值取代相应的属性列值。如果省略 WHERE 子句，则表示要修改表中的所有元组。

1. 更新表中的一个元组

【例 3-56】 将 091611 号学生的籍贯改为江苏。

```
UPDATE  学生
SET  籍贯 = '江苏'
WHERE  学号 = '091611';
```

2. 更新表中多个元组的数据

【例 3-57】 将 180101 号课程的成绩增加一分。

```
UPDATE  学习
SET  成绩 = 成绩 + 1
WHERE  课程号 = '180101';
```

3. 带子查询的修改

【例 3-58】 将计算机学院学生的成绩清零。

```
UPDATE  学习
SET  成绩 = 0
WHERE  学号 IN
  ( SELECT  学号
    FROM  学生
    WHERE  学院 = '计算机');
```

带有子查询的修改操作，执行过程与带子查询的删除操作类似。如例 3-58 中，首先考察父查询学习表的第一条记录，取其学号值放到子查询中执行；如果查询的结果为“计算机”,使得父查询中 WHERE 条件为真,则将当前考察的这条记录中的成绩修改为零;接着考察学习表中的第二条记录,以此类推。

3.5 视 图

视图是从一个或几个基本表(或视图)导出的表,因此是一种非标准的子模式概念。一个用户可以定义若干个视图,这样,用户的外模式就由若干基本表和若干视图组成。视图一旦被定义,就可以对它查询,在某些情况下甚至可以修改。

3.5.1 建立视图

建立视图的一般格式为:

```
CREATE  VIEW  <视图名>[(<列名>[,<列名>]…)]
AS  <子查询>
[WITH  CHECK  OPTION];
```

DBMS 执行 CREATE VIEW 语句时只是把视图的定义存入数据字典,并不执行其中的子查询语句。所以数据库中只存放视图的定义,而不存放对应的数据,这也是视图被称为虚表的原因。

构成视图的属性列或者全部省略,或者全部给出,没有其他情况。如果全部省略,构成视图的属性列由子查询中 SELECT 子句中的诸字段确定。但在下列三种情况下必须明确指定组成视图的所有列名。

(1) 某个目标列是集函数或列表达式;

(2) 多表连接时选出了几个同名列作为视图的字段;

(3) 需要在视图中为某个列启用新的更合适的名字。

WITH CHECK OPTION 表示对视图进行插入、删除和更新操作时要保证发生变动的行满足视图定义中的谓词条件(即子查询中的条件表达式)。

【例 3-59】 建立计算机学院学生的视图。

```
CREATE  VIEW CS_VIEW
AS  SELECT *
FROM  学生
WHERE  学院 = '计算机';
```

该语句生成一个名为 CS_VIEW 的视图,其中的属性列与学生表中的属性列一致,它相当于基本表的一个映像,只有在运行视图的时候,才会得到数据,不运行时,视图只是一个表的模式的定义。

需要注意的是,以 SELECT * 方式创建的视图可扩充性差,应尽可能避免。原因在于该类视图(CS_VIEW)中的属性列与定义视图时的基本表(学生表)中的属性列自动形成映射关系,当基本表的结构发生变化时,视图(CS_VIEW)与基本表(学生表)的映射关系被破坏,导致该类视图不能正确工作。为了避免出现这类问题,最好在修改基本表之后删除由其导出的视图,然后重建视图;或者将视图的建立语句改写为如下形式。

```
CREATE  VIEW CS_VIEW(学号, 姓名, 性别, 籍贯, 出生年份, 学院)
```

```
AS SELECT  学号，姓名，性别，籍贯，出生年份，学院
FROM  学生
WHERE  学院 = '计算机';
```

(1) 视图可以建立在多个表上。

【例 3-60】 建立计算机学院选修了“数据库原理”这门课的学生的视图。

```
CREATE  VIEW DB_S1
AS
SELECT  学生.学号,姓名,性别,籍贯,学院,成绩
FROM  学生, 学习,课程
WHERE  课程名 = '数据库原理'
AND   学生.学号 = 学习.学号
AND   课程.课程号 = 学习.课程号
AND   学院 = '计算机';
```

(2) 视图可以建立在其他的视图上。

【例 3-61】 建立计算机学院选修“数据库原理”课程且成绩在 90 分以上的学生的视图。

```
CREATE  VIEW DB_S2
AS
SELECT *
FROM DB_S1
WHERE  成绩> = 90;
```

定义基本表时，为了减少数据库中的冗余数据，表中只存放基本数据，由基本数据经过各种计算派生出的数据一般是不存储的。由于视图中的数据并不实际存储，所以定义视图时可以根据应用的需要，设置一些派生属性列。这些派生属性由于在基本表中并不实际存在，所以有时也称它们为虚拟列。带虚拟列的视图称为带表达式的视图。

【例 3-62】 定义一个反映学生年龄的视图。

```
CREATE  VIEW BT_S(学号，姓名，年龄)
AS
SELECT  学号，姓名，year(now()) - 出生年份 AS 年龄
FROM  学生;
```

3.5.2 删除视图

删除视图的一般格式为：

```
DROP  VIEW  <视图名>
```

一个视图被删除后，由此视图导出的其他视图也将失效，用户应该使用 DROP VIEW 语句将它们一一删除。

3.5.3 查询视图

视图定义后，用户就可以像对基本表进行查询一样对视图进行查询。DBMS 执行对视图的查询时，首先进行有效性检查，检查查询涉及的表、视图等是否在数据库中存在，如果存在，则从数据字典中取出查询涉及的视图的定义，把定义中的子查询和用户对视图的查询结

合起来,转换成对基本表的查询,然后再执行这个经过修正的查询。将对视图的查询转换为对基本表的查询的过程称为视图的消解(View Resolution)。

【例 3-63】 在计算机学院学生的视图中找出年龄小于 20 岁的学生。

```
SELECT *
FROM  CS_VIEW
WHERE  year(now()) - 出生年份< 20;
```

DBMS 执行此查询时,将其与 CS_VIEW 视图定义中的子查询

```
CREATE  VIEW CS_VIEW
AS SELECT *
FROM 学生
WHERE  学院 = '计算机'
```

结合起来,转换成对基本表学生表的查询,消解后的查询语句为:

```
SELECT *
FROM  学生
WHERE  学院 = '计算机' AND year(now()) - 出生年份< 20;
```

3.5.4 更新视图

更新视图包括插入(INSERT)、删除(DELETE)和修改(UPDATE)三类操作。并非所有的视图都允许更新,只有某些非常简单的视图(称为可更新视图,Updatable View),在把对视图的更新操作转换为对基本表的等价操作后,允许对这些视图进行更新。

到底什么样的视图是可更新的?若一个视图是从单个基本表导出的,并且只是去掉了某些行和列(不包括关键字),如视图 CS_VIEW,称这类视图为行列子集视图。目前,关系系统只提供对行列子集视图的更新,并具有以下限制。

(1) 若视图的属性来自属性表达式或常数,则不允许对视图执行 INSERT 和 UPDATE 操作,但允许执行 DELETE 操作。

(2) 若视图的属性来自库函数,则不允许对此视图更新。

(3) 若视图定义中有 GROUP BY 子句,则不允许对此视图更新。

(4) 若视图定义中有 DISTINCT 选项,则不允许对此视图更新。

(5) 若视图定义中有嵌套查询,并且嵌套查询的 FROM 子句涉及导出该视图的基本表,则不允许对此视图更新。

(6) 若视图由两个以上的基本表导出,则不允许对此视图更新。

(7) 如果在一个不允许更新的视图上再定义一个视图,这种二次视图是不允许更新的。

【例 3-64】 以下视图的更新就是不允许的。

```
CREATE  VIEW GOOD_S_C_VIEW
AS
SELECT 学号, 课程号, 成绩
FROM 学习
WHERE 成绩>
    (SELECT  AVG(成绩)
      FROM 学习);
```

3.6 数据控制

由 DBMS 提供统一的数据控制功能是数据库系统的特点之一。数据控制也称为数据保护，包括数据的安全性控制、完整性控制、并发控制和恢复。这里主要介绍 SQL 的安全控制中的存取控制的实现，其他详细内容见第 6 章数据库保护。

3.6.1 授权

SQL 用 GRANT 语句向用户授予操作权限，GRANT 语句的一般格式为：

```
GRANT <权限>[,<权限>]…
[ON <对象类型> <对象名>]
[TO <用户>[,<用户>]…
[WITH GRANT OPTION];
```

其语义为：将对指定操作对象的指定操作权限授予指定的用户。

对不同类型的操作对象有不同的操作权限，常见的操作权限如表 3-39 所示。

表 3-39 不同对象类型允许的操作权限

对　象	对象类型	操作权限
属性列	TABLE	SELECT,INSERT,UPDATE,DELETE,ALL PRIVILEGES
视图	TABLE	SELECT,INSERT,UPDATE,DELETE,ALL PRIVILEGES
基本表	TABLE	SELECT,INSERT,UPDATE,DELETE ALTER, INDEX,ALL PRIVILEGES
数据库	DATABASE	CREATETAB

接受权限的用户可以是一个或多个具体用户，也可以是 PUBLIC 即全体用户。如果指定了 WITH GRANT OPTION 子句，则获得某种权限的用户还可以把这种权限再授予别的用户。如果没有指定 WITH GRANT OPTION 子句，则获得某种权限的用户只能使用该权限，但不能传播该权限。

【例 3-65】 把学生表的查询权限授予用户 User1。

```
GRANT SELECT ON TABLE 学生 TO User1;
```

【例 3-66】 把学生表和课程表的全部权限授予用户 User2 和 User3。

```
GRANT ALL PRIVILEGES ON TABLE 学生, 课程 TO User2, User3;
```

【例 3-67】 把学习表的查询权限授予全部用户。

```
GRANT SELECT ON TABLE 学习 TO PUBLIC;
```

【例 3-68】 把查询学习表和修改成绩的权限授给用户 User4。

```
GRANT UPDATE(成绩), SELECT ON TABLE 学习 TO User4;
```

【例 3-69】 把学生表的 INSERT 权限授予 User5 用户，并允许他再将此权限授予其他用户。

```
GRANT INSERT ON TABLE 学生 TO User5 WITH GRANT OPTION;
```

3.6.2 收回权限

授予的权限可以由 DBA 或其他授权者用 REVOKE 语句收回,REVOKE 语句的一般格式为:

```
REVOKE <权限>[,<权限>]…
[ON <对象类型> <对象名>]
[FROM <用户>[,<用户>]…
```

【例 3-70】 把用户 User4 修改成绩的权限收回。

```
REVOKE  UPDATE(成绩) ON TABLE 学习 FROM User4;
```

【例 3-71】 把用户 User5 对学生表的 INSERT 权限收回。

```
REVOKE INSERT ON TABLE 学生 FROM User5;
```

在例 3-69 中,用户 User5 获得了学生表的 INSERT 权限,并且可以将该权限授予其他用户。若 User5 将该权限授予了 User6,执行此 REVOKE 语句后,DBMS 在收回 User5 对学生表的 INSERT 权限的同时,还会自动收回 User6 对学生表的 INSERT 权限,即收回权限的操作会级联下去。但如果 User6 还从其他用户处获得对学生表的 INSERT 权限,则他仍具有此权限,系统只收回直接或间接从 User5 处获得的权限。

小 结

SQL 是关系数据库的标准语言,已经广泛应用在商务系统中。SQL 主要由数据定义、数据操作、数据控制语句组成。

SQL 的数据定义部分包括对 SQL 基本表、视图、索引的创建和撤销。

SQL 的数据操作分成数据查询和数据更新两部分。

SQL 的数据查询用 SELECT 语句实现,兼有关系代数和元组演算的特点。查询的类型有单表查询、连接查询和嵌套查询,同时介绍了聚集函数、分组子句和排序子句的使用方法。

SQL 的数据更新包括数据的插入、删除和修改三种操作。

SQL 中的视图是一个虚表,只给出了结构的定义,并不存储数据。本章主要介绍了视图的定义、查询和更新操作,其中,只有行列子视图才允许进行更新。

习 题 3

3.1 试述 SQL 的特点。

3.2 解释下列术语:

SQL 模式　基本表　视图　单表查询　连接查询　嵌套查询

3.3 试述 SQL 的特点。

3.4 试述 SQL 体系结构和关系数据库模式之间的关系。

3.5 SQL是如何实现实体完整性、参照完整性和用户定义完整性的？

3.6 讨论当对一个视图进行更新的时候可能会出现什么样的问题。

3.7 设有两个基本表R(A,B,C)和S(A,B,C)，试用SQL查询语句表达下列关系代数表达式：

(1) $R \cap S$ (2) $R-S$ (3) $R \cup S$ (4) $R \times S$

3.8 对于教学数据库的三个基本表：

S(学号,姓名,年龄,性别)

SC(学号,课程号,成绩)

C(课程号,课程名,任课教师姓名)

试用SQL语句表达下列查询。

(1) 查询姓刘的老师所授课程的课程号和课程名。

(2) 查询年龄大于23岁的男同学的学号和姓名。

(3) 查询学号为S3的学生所学课程的课程号、课程名和任课教师姓名。

(4) 查询"张小飞"没有选修的课程号和课程名。

(5) 查询至少选修了三门课程的学生的学号和姓名。

(6) 查询全部学生都选修了的课程编号和课程名称。

(7) 在SC中删除尚无成绩的选课元组。

(8) 把"高等数学"课的所有不及格成绩都改为60。

(9) 把低于总平均成绩的女同学的成绩提高5%。

(10) 向C中插入元组('C8','VC++','王昆')。

3.9 设有下列4个关系模式：

```
PRODUCT(MAKER,MODEL,TYPE)
PC(MODEL,SPEED,RAM,HD,CD,PRICE)
LAPTOP(MODEL,SPEED,RAM,SCREEN,PRICE)
PRINTER(MODEL,COLOR,TYPE,PRICE)
```

注：PRODUCT表中TYPE属性列的取值为pc或laptop或printer；PRINTER表中color属性列的取值为true或false，代表彩色或单色。

试用SQL语句表达下列查询。

(1) 找出价格高于15000元，并且运行速度低于同价位PC的平均运行速度的LAPTOP。

(2) 找出生产价格最低的彩色打印机的厂家。

(3) 计算由厂家"HP"生产的PC和LAPTOP的平均价格。

(4) 计算各厂商所生产的LAPTOP的显示器的平均尺寸。

(5) 找出每一个生产厂商的PC的最高价格。

(6) 计算生产打印机的各个厂商所生产的PC的硬盘的平均容量。

3.10 试设计如图3-2所示的数据库模式Library，用来记录书籍、借书人和书籍借出的情况，参照完整性在图中用有向弧来表示。请用SQL建立图中的关系模式，并完成下列操作。

(1) 查询"清华大学出版社"出版的所有图书名称和编号。

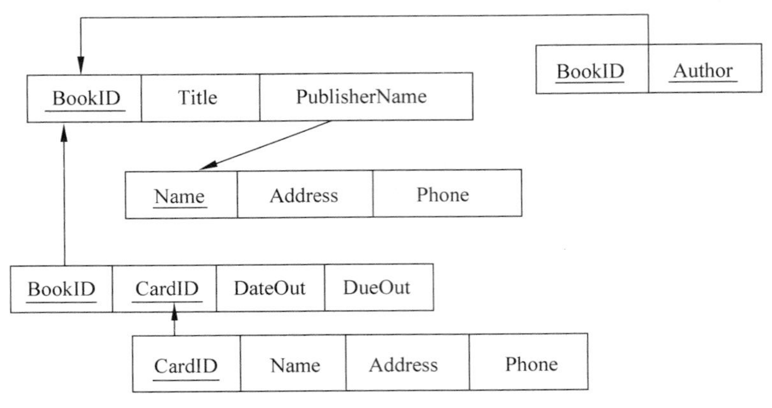

图 3-2　Library 数据库模式

(2) 查询所有作者是“郭雨辰”的图书的编号和名称。

(3) 查询“王丽”借过的所有图书的名称。

(4) 查询“李明”在 2018 年上半年期间借过的图书名称。

(5) 建立视图,显示 2017 年期间没有被人借过的图书编号和名称。

(6) 建立超期未归还书籍的视图,显示图书编号和名称,以及借书人的姓名和电话。

(7) 建立热门书籍的视图,显示 2017 年期间借出次数最多的 10 本图书名称。

(8) 增加新书《大数据》,书号为“TP319-201”,该书由“广西师范大学出版社”出版,作者为“涂子沛”。

(9) 将“清华大学出版社”的电话改为“010-62770278”。

(10) 删除书号为“D001701”的书籍信息。

3.11　针对 3.8 建立的表,用 SQL 完成下列操作。

(1) 把对所有表的 INSERT 权限授予“张丽”,并允许她将此权限授予其他用户;

(2) 把查询和修改 BORROWER 的权限授给用户“王伟”。

第4章 关系规范化理论

关系是一个二维表，通过关系模式来描述其逻辑结构；而关系数据库是由一组关系组成，这些关系模式的集合构成了数据库模式，即数据库的逻辑结构。但是构造一个合适的数据库模式这个问题在数据库设计中是极其重要而又基本的问题，至今尚未提及。

因此，在分析和设计数据库的逻辑结构之前，首先必须搞清楚什么是"好的"关系模式，如何衡量一个关系模式的"好坏"，如何把一个"不好"的关系模式改造成"好的"关系模式。关于这个问题的长期研究和讨论，形成了一系列完整的理论和方法，称为关系规范化理论。这也是关系数据理论的创始人 E. F. Codd 的重要贡献之一。

本章共 4 节，4.1 节通过实例阐述为什么要对关系数据模型进行规范化；4.2 节和 4.3 节介绍函数依赖的概念及相关理论，构建关系模式分解的理论基础；4.4 节讨论关系模式的分解方法。

4.1 问题的提出

一个"不好"的关系模式，究竟不好在什么地方？由什么原因引起？如何处理？

本节通过一个实例说明：如果数据库模式设计不当，就会出现数据冗余；有了数据冗余，就可能产生操作异常。关系规范化问题产生的背景就是需要处理数据冗余以及由此带来的操作异常现象。为了解决这些问题，关系规范化理论引入了数据依赖的概念，例如，函数依赖、多值依赖和连接依赖等，建立了关系模式满足的数据依赖的约束级别，即范式理论，以及进行数据依赖关系推理和演绎的 Armstrong 公理系统。

4.1.1 一个泛关系模式的实例

理论上，如果把现实问题的所有属性组合成一个关系模式 R(U)，则这个关系模式就称为泛关系模式。例 4-1 所示的关系模式 S_D_P 就是一个泛关系模式。

【例 4-1】 学校要建立一个研究生管理系统，包含的对象有：研究生的学号、姓名、学院名称、院长、项目编号、项目名称、承担任务、导师姓名。根据实际情况，可以得到以下一些事实。

(1) 学院中包含若干名研究生，某个研究生只能属于固定的一个学院；

(2) 学院的院长是主要负责人且只有一个；

(3) 每个研究生可以承担多个项目，每个项目可以由多个研究生共同参与，研究生选定项目后要承担相应的任务；

(4) 每个研究生只能选择一个导师，一个导师可以带若干名研究生。

根据以上分析的结果,可以得到属性集 U 和属性之间的依赖关系图,如图 4-1 所示。

U = {学号,姓名,学院名称,院长,项目编号,项目名称,承担任务,导师姓名}

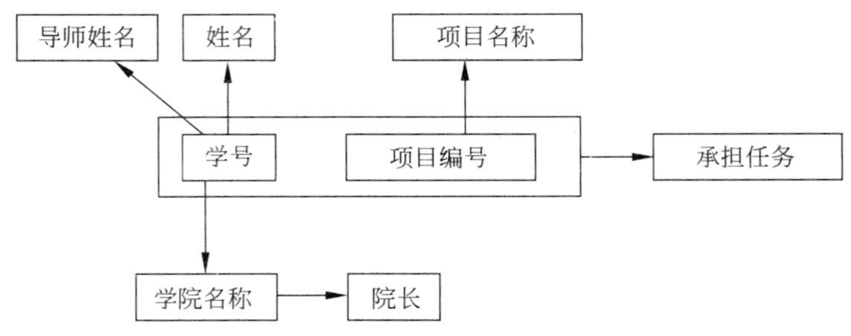

图 4-1　研究生管理系统数据依赖图

图 4-1 相关说明如下。

(1) 如果研究生的学号确定,则研究生的姓名及其导师的姓名就可以确定。

(2) 如果研究生的学号确定,则该研究生所在的学院就可以确定。

(3) 如果学院名称确定,则院长就可以确定。

(4) 如果项目编号确定,则项目名称就可以确定。

(5) 如果研究生的学号和其承担的项目编号都确定时,则该研究生在项目中承担的任务就可以确定。

可以看出,学号和项目编号组合起来可以唯一地标识一个元组,是关系的主码。若将所有属性放在一个关系模式中,则得到泛关系模式 S_D_P。对于泛关系模式 S_D_P,它的一个具体实例如表 4-1 所示。

表 4-1　关系模式 S_D_P

学　号	姓名	学院名称	院　长	项目编号	项 目 名 称	承担任务	导师姓名
20182401	周黎明	计算机学院	李洲彤	0042	提升机稳定性研究	实验分析	贺信维
20182402	李毅先	计算机学院	李洲彤	0042	提升机稳定性研究	系统设计	张琦
20182402	李毅先	计算机学院	李洲彤	0052	多维数据分析研究	软件编码	萨林
20183401	王鑫鑫	数学学院	吴兆民	0091	定理证明自动化研究	软件编码	刘玉琴
20183402	何飞雨	数学学院	吴兆民	0083	最大熵原理研究	软件编码	刘玉琴

针对表 4-1 的关系,详细分析其关系模式 S_D_P,不难发现,有如下缺点。

首先,冗余度大。

(1) 项目编号确定,则项目名称就可以确定。也就是说,对每个学生,只要知道他所参与的项目编号,自然就知道了项目名称。因此,“项目名称”被重复存储了。同样的道理,知道研究生的学号,则研究生姓名、导师姓名、学院名称自然确定,因此,这些属性也被重复存储了。这些都说明,该模式存在不合理的“数据冗余”。

(2) 同一个学院有多名研究生。如果研究生的学号确定,则该研究生所在的学院就确定,如果所在学院确定,则该学院的院长也就确定。很明显,这里对每个学生都重复冗余记录了“院长”,也导致该模式存在不合理的“数据冗余”。

其次,存在以下三类操作异常。

（1）由于S_D_P关系模式的主码是(学号,项目编号)，所以，如果新生入学时还没有承担项目，根据实体完整性规则，他们的个人信息就会由于缺少主码中的主属性“项目编号”而无法插入到关系S_D_P中；同样地，一个新项目，还没有研究生参与进来，也无法插入到关系S_D_P中。也就是说存在着“插入异常”的问题。

（2）假设学生在毕业离校时，要删除他们的信息，在删除这些学生信息的同时，连同某些项目信息也删除掉了，会导致某些项目不存在的假象；类似地，某些项目已经完成，删除时也可能会导致学生信息的丢失，产生“删除异常”现象。

（3）由于存在着不该有的数据冗余的问题，所以如果某个学院的院长更换，那么这个学院的所有学生对应的“院长”属性值都要进行更新，即便有一个遗漏，也会造成数据的不一致现象。类似地，研究生姓名、导师姓名、学院名称这些属性在更新时也存在同样的问题，所以，S_D_ P关系模式还存在着“更新异常”的问题。

4.1.2 改造泛关系模式S_D_P

以上讨论说明，关系模式S_D_P是一个“不好”的设计，存在数据冗余、插入、删除、更新异常等问题。改造的办法是把关系模式S_D_P分解成多个关系模式，并期望在分解后的每个关系模式中消除上述不好的现象。以下是4种不同的分解方法得到的设计结果。

（1）第一种分解方法：消除第一类冗余。

```
S_D(学号,学生姓名,学院名称,院长,导师姓名)
P(项目编号,项目名称)
S_P(学号,项目编号,承担任务)
```

分析：这种分解方法得到的关系模式将描述研究生的信息放在S_D模式中，描述项目的信息放在P模式中，描述研究生承担项目的信息放在S_P模式中，各模式的数据依赖如图4-2所示，其优点和缺点如下。

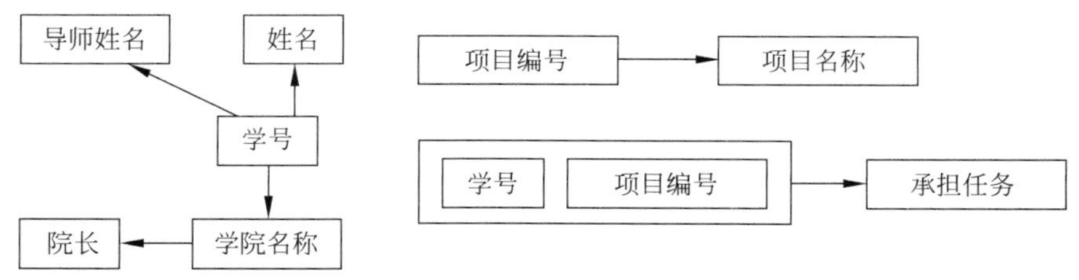

图4-2　分解一的数据依赖图

优点：消除掉“项目名称”“研究生姓名”“导师姓名”“学院名称”这些属性的冗余存储。同时，由于冗余的消除，也解决了学生和项目信息的“更新异常”。此外，即使是没有承担项目的新研究生或者没有分配给研究生的新项目，两者的信息都可以独立地插入到对应的关系模式中；同时，研究生信息的删除和项目信息的删除也都不会相互影响，解决了此类的“插入异常”和“删除异常”问题。

缺点：由于在关系模式S_D中，还包含学院的相关信息(学院及院长)，因此“学院”这个相对独立的实体不得不依附于“学号”这个主码，由此所带来的数据冗余和操作异常问题仍没有得到解决。

(2) 第二种分解方法：消除掉第一类和第二类冗余，但丢失数据依赖关系。

```
S(学号,学生姓名,学院名称,导师姓名)
P(项目编号,项目名称)
S_MN(学号,院长)
S_P(学号,项目编号,承担任务)
```

分析：各模式的数据依赖如图 4-3 所示。这种分解方法的优点和缺点如下。

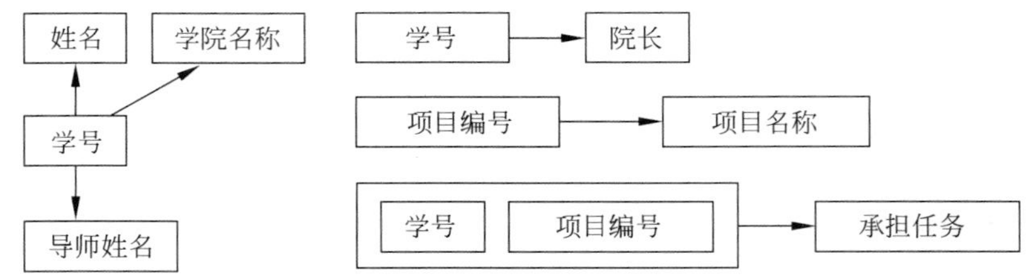

图 4-3　分解二的数据依赖图

优点：和方法一分解的优点相同。

缺点：为了解决第一种分解的缺点，这种分解方法将院长信息和学号放在 S_MN 模式中，虽然可以查找到某个研究生所在的学院及其院长信息，但是从 S 和 S_MN 两个关系模式中只能得到"学号可以决定学院名称"和"学号可以决定院长"两个依赖关系，而作为描述"学院"信息的院长不应该依赖于研究生的学号，而应该直接依赖于学院名称，所以这种分解等于丢失了原模式中数据之间应有的依赖关系，自然会存在操作异常的问题，如新成立了一个学院，虽然已经分配了院长但还没有招收学生，则这个学院的信息就不能插入到 S 和 S_MN 两个关系模式中。

(3) 第三种分解方法：消除掉第一类和第二类冗余，但丢失了信息。

```
S(学号,学生姓名,学院名称,导师姓名)
P(项目编号,项目名称)
D(学院名称,院长)
T(承担任务)
```

分析：这种分解方法得到的关系模式将描述研究生的信息放在 S 模式中，描述项目的信息放在 P 模式中，描述学院的信息放在 D 模式中，各模式的数据依赖如图 4-4 所示。其优点是解决了数据冗余和操作异常问题。

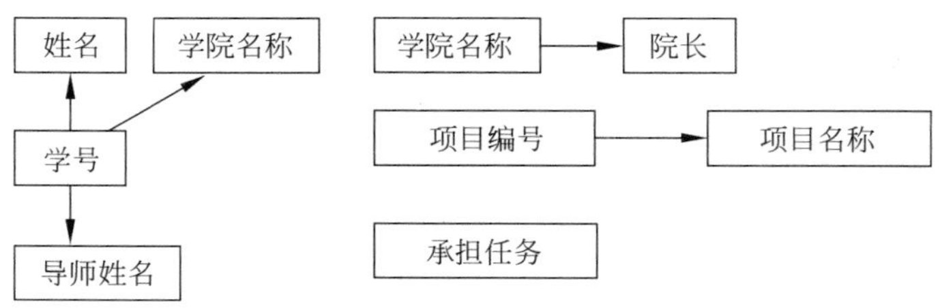

图 4-4　分解三的数据依赖图

缺点：由于 T 模式中只包含承担任务，若要回答"某个研究生在某个项目中承担了什么任务"这类问题，必须通过 S、P 和 T 三个模式的笛卡儿积运算才能获得，而笛卡儿积运算的结果使得元组数增加了,这些增加的元组出现在查询的结果中,也就等于丢失了原模式中的相关信息。

(4) 第四种分解方法: 消除第一类和第二类冗余,保持数据依赖,保证信息不丢失。

```
S(学号,学生姓名,学院名称、导师姓名)
P(项目编号,项目名称)
D(学院名称,院长)
S_P(学号,项目编号,承担任务)
```

分析: 这种分解将"研究生""学院""项目"和"研究生承担项目"等实体的属性分别放在独立的关系模式中,解决了数据冗余和操作异常问题; 同时,各分解后的子模式都可以通过自然连接运算恢复到原来的关系模式 S_D_P,并且 S_D_P 中的所有数据依赖关系在分解后的各子模式中都得到了保留,如图 4-5 所示。因此,可以认为这是一种"最优"的分解方式。

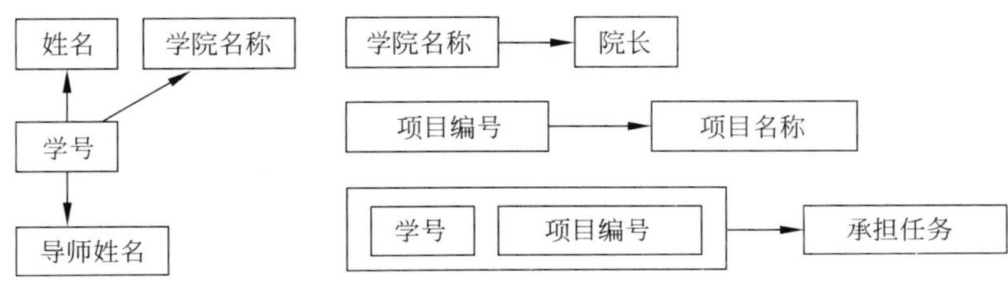

图 4-5 分解四的数据依赖图

4.1.3 存在问题的原因

例 4-1 表明,一个不好的设计存在数据冗余及操作异常的问题。到底是什么原因引起的? 对这个问题需要从语义方面进行分析。

如第 1 章所述,事物之间是互相联系、互相制约的,而事物本身内部的各个属性之间也是互相联系、互相制约的。例如,一个学生所学的专业依赖于学生的学号。属性之间的这种依赖关系表达了一定的语义信息。在设计数据库时,既要考虑事物之间的联系,也要考虑事物内部的联系。数据模型描述的是事物之间的联系,而没有充分考虑到属性之间的联系。对于例 4-1,研究生的姓名、学院名称、导师姓名都依赖于学号,但与研究生所参与的科研项目的项目编号、项目名称及承担任务没有什么联系。然而泛关系模式没有按照客观世界的"本来面目"去考虑,而是为了方便,把不相干的科研项目信息与研究生信息拼凑在一起,导致数据冗余及操作异常的发生。

在关系数据库中,数据之间的联系表现为同一关系模式中各个属性之间的依赖关系,称为数据依赖。关系系统中,数据冗余和操作异常产生的重要原因就是对数据依赖的不恰当处理,最终导致不合理的关系模式的设计。如果在设计和构造关系模式时,不从语义上研究和考虑属性子集间的这种关联,简单地将有关联的和无关联的、关联密切的和关联松散的、具有这种关联的和具有另一种关联的属性随意地编排在一起,形成泛关系模式,就可能产生很大程度的数据冗余,导致"排他"现象,从而引发各种冲突和异常。事实上,有些属性关联本来可以作为独立的关系存在,但却有可能不得不依附其他关系而存在。这是关系结构本身带来的限制,不是现实世界真实情况的正确反映。

解决问题的方法就是将关系模式进一步分解,即将关系模式中的属性按照一定的约束条件重新分组,争取“一个关系模式只描述一个独立的实体”,使得逻辑上独立的信息放在独立的关系模式中,即进行关系模式的规范化处理。

数据依赖对关系模式的设计起着举足轻重的作用。因此,在对关系模式进行分解的过程中,即对关系实施规范化处理时,必须要保持其原有的数据依赖关系,否则分解后的关系模式仍可能因为依赖关系的丢失而造成数据冗余和操作异常问题。

4.1.4 规范化理论的提出

由例 4-1 可知,关系数据库设计的结果方案可能有多个,这些设计方案中有些是“好”的,有些是“不好”的。一个“好”的方案是指它的每个关系中的属性一定要满足某种内在的语义联系。这种语义联系,又可按设计关系的不同要求分为若干等级,这叫作关系的规范化(Normalization)。即在设计关系数据库模式时,如果能够按照规范化要求构造每一个关系,就能得到一个好的或者较好的数据库模式。

通过上述针对一个泛关系模式实例的分析和改造实践可以知道,在关系数据库的设计中,不是随便一种关系模式的设计方案都是“合适”的,更不是任何一种关系模式都满足实际应用环境的需要。由于数据库中的每一个关系模式的属性之间需要满足某种内在的必然联系,因此,设计一个好的数据库模式的根本方法就是首先要分析和掌握属性间的语义关联,然后再依据这些关联得到相应的设计方案。

“关系规范化”理论包含两个核心的问题:①如何判断关系模式中存在的问题。通过分析关系模式中的数据依赖关系,判断关系模式的“范式”级别,从而得到这种模式中可能存在的数据冗余和操作异常问题。②如何解决关系模式中存在的问题,即对关系模式进行分解。从例 4-1 可以看到,分解的方法很多,但不是所有的分解都是“最优的”。分解过程必须考虑“满足一定级别的范式”“保持原模式中的信息”“保持原模式中的函数依赖”等问题,而“关系规范化”理论为解决这些问题提供了理论依据和相应的算法。

综合以上分析,规范化理论为优化数据库设计提供了坚实的理论基础,因此是进行数据库设计所必须掌握的一个重要环节。下面介绍最重要的一种数据依赖关系——函数依赖,以及建立在函数依赖基础之上的多级范式的概念。

4.2 函数依赖和范式

函数依赖是最为常见和最为基本的数据依赖形式。本节首先从属性之间的函数依赖关系开始介绍,在此概念的基础上,介绍几种不同的函数依赖类型,进而建立在这些函数依赖类型基础之上的范式理论。

4.2.1 函数依赖的概念

1. 函数依赖的定义

数据依赖包含函数依赖、多值依赖、连接依赖、分层依赖和相互依赖等,其中,函数依赖是最常见、最重要的一种数据依赖。例如,在学生关系中,学号与姓名之间有依赖关系,因为对于每个确定的学号值,姓名有且只有一个值与其相对应,类似于数学中的单值函数,因此称学号函数决定姓名，或者称姓名函数依赖于学号，用符号表示为：

学号→姓名

类似的还有，学号→性别，学号→班级等。

在学习表中，属性学号与成绩之间是否存在这种函数依赖关系呢？由于一个确定的学号可能会有多个成绩与其相对应，表示具有该学号的学生选修了多门课程。因此学号不能唯一地确定一个成绩值，即学号不能函数决定成绩，用符号可表示为：

学号↛成绩

但是，(学号，课程号)能唯一地确定成绩，因此有：

(学号，课程号)→成绩

如上所述，函数依赖可以表达一个关系模式属性间的语义联系，而且这种联系只能通过语义分析才能确定。

对于函数依赖的定义，有一些不同的表述方法，以下给出最典型的两种。

定义 4.1 设 R(U)是属性集 U 上的关系模式。若对于 R(U)的任意一个可能的关系 r，X、Y 是属性集 U 的任意子集，当且仅当对 r 中任意一个给定的 X 的属性值，r 中都只存在唯一的 Y 属性值与之对应。也就是说，如果 X 相等，就有 Y 也相等，则称 Y 函数依赖于 X 或 X 函数确定 Y，记作 X→Y。

定义 4.2 R(U)的属性子集 X、Y 之间的函数依赖用 X→Y 表示，它在构成关系 R 的任意关系 r 上指定了一个约束。这个约束是：如果对于 r 中的任何两个元组 t1 和 t2，如果有 t1[X]=t2[X]，则必有 t1[Y]=t2[Y]。

无论是哪一种定义，本质上都是强调了 X 对 Y 的决定作用。若 X 相等则 Y 一定相等；若 X 不等，Y 可以相等也可以不等。

一个函数依赖 X→Y 也可以用图形表示为：

[X]→[Y]

称之为函数依赖图。

注意：关系模式 R 上的函数依赖对于关系中的所有实体都必须满足，即使有一个特例的存在，也被认为这个函数依赖不成立。因此，函数依赖不是指关系模式 R 的某个或某些关系满足的约束条件，而是指 R 的一切关系均要满足的条件。

2. 几个基本概念

由函数依赖的定义，可以引出如下一些基本概念。

(1) 决定因素：若 X→Y，则 X 被称为决定因素。

(2) 互相依赖：若 X→Y，Y→X，称 X 和 Y 互相依赖，记作 Y↔X。

(3) 若 Y 不依赖于 X，则记作 X↛Y。

下面以第 4.1 节中的关系模式 S_D_P 为例，说明函数依赖的定义的具体含义。首先，根据调查分析，得到关系模式 S_D_P 中的属性集合以及存在的一些事实关系：

U={学号，姓名，学院名称，院长，项目编号，项目名称，承担任务，导师姓名}

(1) 学院中包含若干研究生，某个研究生只能属于固定的一个学院。

(2) 学院的负责人只有一个。

(3) 每个研究生可以承担多个项目，每个项目可以由多个研究生共同参与，研究生选定项目后要承担相应的任务。

(4) 每个研究生只能选择一个导师,一个导师可以带若干名研究生。

根据以上条件结合函数依赖的概念,可以得到如下一些函数依赖关系。

(1) 学号→姓名,学号→导师姓名,学号→学院名称。

(2) 学院名称→院长。

(3) 项目编号→项目名称。

(4) {学号,项目编号}→承担任务。

这些函数依赖的含义如下。

(1) 如果学号确定,研究生的姓名就确定,导师的姓名就确定,学院名称就确定,即学号相同,则研究生姓名一定相同,学号不同,研究生姓名可以相同也可以不同,此时,称学号函数确定研究生姓名,或者研究生姓名函数依赖于研究生学号。

(2) 学院名称唯一确定学院的院长,即学院名称函数确定院长或者院长函数依赖于学院名称。

(3) 项目编号可以唯一确定项目名称,即项目编号函数确定项目名称或者项目名称函数依赖于项目编号。

(4) 研究生学号和项目编号的组合唯一决定某个研究生在某个项目上承担的任务。可见,决定因素X可以是单个属性,也可以是一个属性组,研究生承担的任务只能被学号和项目编号的组合唯一决定,所以承担任务函数依赖于学号和项目编号这个属性组。

3. 几种类型的函数依赖

为了深入研究函数依赖,也为了规范化的需要,下面引入几种不同类型的函数依赖。

定义 4.3 一个函数依赖 $X\rightarrow Y$ 如果满足 $Y\not\subseteq X$,则称此函数依赖为非平凡函数依赖(Nontrivial Dependency),否则称之为平凡函数依赖(Trivial Dependency)。

例如,学号→姓名,项目编号→项目名称,都是非平凡的函数依赖;{学号,姓名}→姓名则是平凡函数依赖。由于平凡函数依赖不产生新的语义,所以若不做特殊说明,本书讨论的都是非平凡的函数依赖。

定义 4.4 在R(U)中,如果 $X\rightarrow Y$,并且对于X的任何一个真子集 X',都有 $X'\nrightarrow Y$ 成立,则称Y对X完全函数依赖(Full Functional Dependency),记作 $X\xrightarrow{f}Y$。

定义 4.5 在R(U)中,如果 $X\rightarrow Y$,并且存在X的一个真子集 X',有 $X'\rightarrow Y$ 成立,则称Y对X部分函数依赖(Partial Functional Dependency),记作 $X\xrightarrow{p}Y$。

例如,{学号,项目编号}$\xrightarrow{f}$承担任务,{学号,项目编号}$\xrightarrow{p}$学院名称,因为学号$\xrightarrow{f}$学院名称。

定义 4.6 在R(U)中,如果 $X\rightarrow Y$,$(Y\not\subseteq X)$,$Y\nrightarrow X$,$Y\rightarrow Z$,则称Z对X传递函数依赖(Transitive Functional Dependency),记作 $X\xrightarrow{t}Z$。

例如,学号$\xrightarrow{t}$院长就是一个传递函数依赖关系,因为学号$\xrightarrow{f}$学院名称,学院名称$\xrightarrow{f}$院长。

通常对于一个关系模式,总是试图从属性集中找到这样的一些决定因素X,X可以唯一地确定(即函数确定)属性集中的其他属性,这样的决定因素X就是“码”。在第2章中,给出过码的非形式化定义——“能够唯一确定一个元组的最小属性集”。在下文中将根据函数依赖的概念给出码的形式化定义。码是规范化理论的核心，所以对码进行定义的函数依赖理论是规范化理论的基础。

4.2.2 码的函数依赖定义

在第2章中，曾经给出过码的定义，即“在关系模式R中，可以唯一确定一个元组的最小属性的集合”，从4.2.1节的函数依赖概念可知，若X唯一确定Y，则X、Y之间存在着函数确定关系。因此，在本章中就从函数依赖的角度，给出**码**的形式化定义。

定义 4.7 设K为$R<U,F>$中的属性或属性组，若$K\xrightarrow{f}U$，则K为R的候选码。若候选码多于一个，则选定其中的一个为主码。

下面介绍一些和码有关的基本概念。

1. 主属性和非主属性

包含在任何一个候选码中的属性，称为主属性(Prime Attribute)。不包含在任何候选码中的属性称为非主属性(Nonprime Attribute)。注意：主属性并不是只包含那些在主码中的属性，而是包含在所有候选码中的属性。如在关系模式R(学号，身份证号，研究生姓名，课程编号，成绩)中，由于(学号＋课程编号)$\xrightarrow{f}$成绩，(身份证号＋课程编号)$\xrightarrow{f}$成绩，所以R的候选码有两个：K1＝学号＋课程编号，K2＝身份证号＋课程编号。在研究生的管理系统当中，通常选择K1＝学号＋课程编号为主码；同时，包含在所有候选码中的属性：学号、身份证号、课程编号就是主属性，研究生姓名、成绩则是非主属性。能否正确得出一个关系模式中的主属性和非主属性，是下文中判断一个关系模式属于第几范式的关键。

2. 全码

最简单的情况是，码只包含单个属性。最复杂的情况是所有属性集组合成码，称为全码。如关系模式R(学生，教室，教师)，由于这三者之间是多对多的关系，所以，要确定元组中的任何一个属性，都必须使用这三个属性的集合，即(学生，教室，教师)为全码。

3. 外码

关系模式R中属性或属性组X并非R的主码，但X是另一个关系模式的主码，则称X是R的外码。

例如，关系模式S_P(学号，项目编号，承担任务)，研究生学号不是它的主码，但是研究生学号是另一个关系模式S(学号，姓名，学院名称，导师姓名)的主码，所以称研究生学号是关系模式S_P的外码。主码和外码提供了一个表示关系间联系的手段。如研究生信息和研究生的工作项目之间的联系就是通过关系模式S_P中的研究生学号来实现的。

4. 超码

根据关系对主码的定义，一个主码是完全函数决定关系的属性集合。但是一个包含关键字的属性集合也能用函数决定(但不是完全函数确定，而是部分函数确定)属性全集，这种包含候选码的属性集合称为超码(Super Key)。例如：

学号$\xrightarrow{f}$(学号，姓名，学院，性别，班级)

课程号$\xrightarrow{f}$(课程号，课程名称，学分)

(学号，课程号)$\xrightarrow{f}$(成绩)

学号、课程号及(学号,课程号)分别是关系模式学生、课程、学习表的主码。但是,

$$(学号,姓名)\xrightarrow{p}(学号,姓名,学院,性别,班级)$$

$$(学号,学院)\xrightarrow{p}(学号,姓名,学院,性别,班级)$$

所以(学号,姓名)和(学号,学院)都不是码,而是超码。

4.2.3 范式

在第 4.1 节中已经看到,选用不同的关系模式的集合作为数据库的模式,其性能的优劣是大不相同的。为了区分关系模式的优劣,同时也为了将不合适的关系模式进行优化,关系数据库的创始人 E. F. Codd 在 1971—1972 年系统地提出了范式的概念。最初是 1NF 问题,随后又进一步提出 2NF、3NF,1974 年 E. F. Codd 和 Boyce 共同提出了 BCNF。1976 年,Fagin 提出了 4NF,后来又出现了 5NF 等。4NF 和 5NF 主要用于理论研究,在设计关系模式时,一般只会涉及 3NF 或 BCNF。

范式实际上表示关系模式满足的某种约束级别。当关系模式满足某级别范式要求的约束条件时,就称这个关系模式属于这个级别的范式,记作 $R\in x$NF。随着约束条件越来越严格,范式的级别也越来越高,其中,对于各种范式之间的联系有:

$$5NF\subset 4NF\subset BCNF\subset 3NF\subset 2NF\subset 1NF$$

一个满足低一级别范式的关系模式,通过模式分解可以转换为若干更高级别的范式的关系模式的集合,这种过程就叫作规范化。

1. 第一范式(1NF)

定义 4.8 设 R 是一个关系模式,如果 R 中的每一个属性 A 的属性名和属性值都是不可再分的,则称 R 属于第一范式,记作 $R\in 1$NF。

在第 2 章当中介绍过"关系的性质",其中就要求关系中的属性必须是原子属性,所以,一个关系模式最起码要满足 1NF。

把一个非规范化的关系模式规范化为 1NF,有两种方法,一种方法是将复合属性分解为多个原子属性,使其变为单值属性;第二种方法是把关系模式进行分解,使得分解后的每个关系模式都满足 1NF 的要求。

【例 4-2】 关系模式课程 Course1 如表 4-2 所示,学时数包含讲课、实验两个子属性,即属性是复合属性,属性名可以再分,所以课程 $\notin$ 1NF。

表 4-2 Course1

课 程 号	课 程 名 称	学 时 数	
		讲 课	实 验
C0001	数据库原理	48	8
C0002	数据结构	44	20
…	…	…	…

(1) 存在的问题:关系模式 Course1 中若要求查询"C0001"号课程的"讲课"学时数,原关系模式课程无法从学时数的属性中直接得到结果,所以,不满足第一范式的模式将直接影响到对模式的操作,因此,规范化理论要求关系模式最起码要满足 1NF。

（2）解决的办法：用原子属性代替原来的复合属性。修改后的关系模式 Course2 可以对每个属性直接操作，如表 4-3 所示。

表 4-3　Course2

课　程　号	课程名称	讲课学时	实验学时
C0001	数据库原理	48	8
C0002	数据结构	44	20
…	…	…	…

【例 4-3】 表 4-4 的关系模式 STUDENT1，表示学生基本信息。其中，由于“电话号码”属性的值不唯一，不是原子属性值，所以 STUDENT1 $\notin$ 1NF。

表 4-4　STUDENT1

学　号	姓　名	性　别	出生日期	学　院	电话号码
S0001	李明	男	1997-5-6	计算机	15987657788 0516-83596753 15987657538
S0002	张莉	女	1997-10-23	信电	15876543232 0516-83597673
…	…	…	…	…	…

（1）存在的问题：电话号码为多值属性，当在关系模式 STUDENT1 中添加属性“电话类型”时，就无法正确地插入某个学生的某电话号码所属的电话类型，即（学号，电话号码）→电话类型的函数依赖关系。

（2）解决的办法：将关系分解为两个关系 STUDENT2 和 S-TEL，如表 4-5(a)和表 4-5(b)所示。

表 4-5　STUDENT2 和 S-TEL

(a) STUDENT2

学　号	姓　名	性　别	出生日期	学　院
S0001	李明	男	1997-5-6	计算机
S0002	张莉	女	1997-10-23	信电
…	…	…	…	…

(b) S_TEL

学　号	电话号码
S0001	15987657788
S0001	0516-83596753
S0001	15987657538
S0002	15876543232
S0002	0516-83597673

2. 第二范式（2NF）

定义 4.9　若 R∈1NF，且每一个非主属性都完全函数依赖于码，则 R∈2NF。

在关系模式项目（编号，项目名称，负责人编号，职务，成员编号，任务情况）中，项目∈1NF，主码是（编号＋成员编号），并且存在以下完全函数依赖和部分函数依赖关系。

（编号，成员编号）$\xrightarrow{f}$任务情况

负责人编号$\xrightarrow{f}$职务

因为：编号$\xrightarrow{f}$项目名称　所以：(编号,成员编号)$\xrightarrow{p}$项目名称

因为：编号$\xrightarrow{f}$负责人编号　所以：(编号,成员编号)$\xrightarrow{p}$负责人编号

因为：编号$\xrightarrow{f}$职务　所以：(编号,成员编号)$\xrightarrow{p}$职务

(1) 存在的问题。

① 插入异常：由于项目关系模式的主码是(编号,成员编号),所以,当一个新项目建立了,还没有成员参与项目时,根据实体完整性规则,项目信息会因缺少成员编号导致新项目信息无法插入到关系项目中。

② 删除异常：假设某些成员离职后,要删除他们的信息,在删除这些成员信息的同时,连同某些项目信息也删除掉了。

③ 修改异常：由于数据冗余的存在,所以如果更换某个项目的负责人,那么这个项目负责人对应的所有职务属性也都要进行更新,即使有一个遗漏,都会造成数据的不一致现象。

(2) 解决的办法。

分析上面的例子可知,各种操作异常主要是由于存在非主属性对码的部分函数依赖造成的,如项目名称完全函数依赖于编号,项目名称对于主码(编号＋成员编号)则是部分函数依赖的关系,要消除这种部分函数依赖,可以对关系模式项目进行分解,得到以下两个子模式。

项目(编号,项目名称,负责人编号,职务)
任务(编号,成员编号,任务情况)

分解后的函数依赖图如图 4-6 所示。

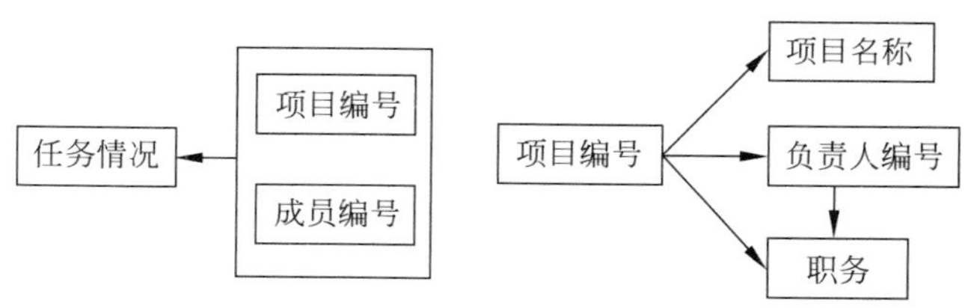

图 4-6　2NF 函数依赖图

显然,分解后的关系模式都属于 2NF。那么,一个关系模式满足 2NF 就是好的关系模式了吗？在上面分解得到的满足 2NF 的关系模式中,仍然存在着一些问题,还需要进一步地对其进行优化,下面先给出 3NF 的概念。

3. 第三范式(3NF)

定义 4.10　关系模式 R(U,F)中若不存在这样的码 X,属性组 Y 及非主属性组 Z($Z \not\subseteq Y$),使得 $X \rightarrow Y$,$Y \not\rightarrow X$,$Y \rightarrow Z$ 成立,则称 $R(U,F) \in 3NF$。

由定义可知,若 $R \in 3NF$,则每个非主属性既不部分函数依赖于码,也不传递依赖于码,即若 $R \in 3NF$,则必有 $R \in 2NF$。

在关系模式项目(编号,项目名称,负责人编号,职务)中,存在着如下函数依赖关系。

因为：编号$\xrightarrow{f}$负责人编号,负责人编号$\xrightarrow{f}$职务

因此：编号$\xrightarrow{t}$职务

所以：项目∈2NF

(1) 存在的问题。

① 插入异常。若对于一个新晋级的负责人，尚未负责任何项目，则这个负责人及其职务的信息就会由于缺少“编号”这个主属性，而无法插入到表中。

② 删除异常。若某个负责人只负责了一个项目，当这个负责人离职时，删除他的信息时，连同项目的信息也将被删除。

③ 修改异常。若某个负责人的职务发生变动，设该负责人负责 N 个项目，则职务信息也被重复存储了 N 次，更新职务时不得不将这 N 个元组的职务值全部更新，即使有一个没有更新，也会产生数据的不一致性。

(2) 解决的办法。

关系模式项目产生以上操作异常是因为模式中存在着非主属性对码的传递函数依赖，所以，必须从原模式中去掉这些传递函数依赖，将关系模式项目进一步分解可得：

项目(<u>编号</u>,项目名称,负责人编号)
负责人(<u>负责人编号</u>,职务)

这样，对关系模式项目进行规范化的结果，当其满足 3NF 的要求时，原关系模式被分解为以下三个子模式。

项目(<u>编号</u>,项目名称,负责人编号)
负责人(<u>负责人编号</u>,职务)
任务(<u>编号,成员编号</u>,任务情况)

分解后的函数依赖图如图 4-7 所示。

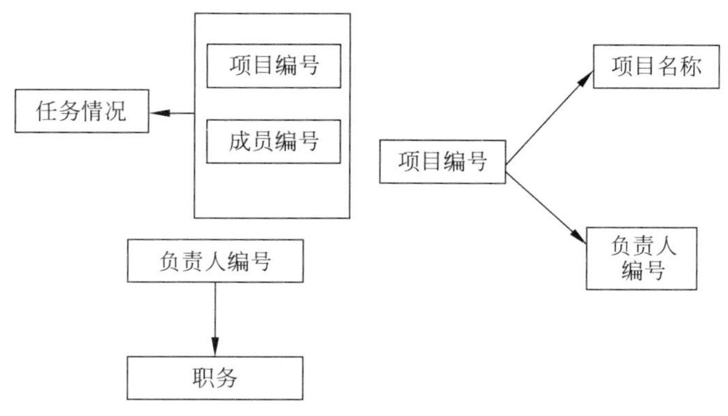

图 4-7　3NF 函数依赖图

分解后的关系模式，减小了存储冗余，并且消除了各种操作异常。那么，一个满足 3NF 的关系还会有问题出现么？答案是肯定的，原因是没有对主属性与关键字之间给出任何限制，如果出现主属性部分或传递依赖于 KEY，则也会使关系性能变坏。下面继续介绍 BCNF 的概念。

4. BCNF

BCNF(Boyce Codd Normal Form)是由 Boyce 与 Codd 共同提出的,它比 3NF 的约束条件又进了一步,通常认为 BCNF 是修正的第三范式,有时也称其为扩充的第三范式。

定义 4.11 关系模式 R(U,F)∈1NF,若每一个决定因素都含有码,则 R∈BCNF。

从 BCNF 的定义可以看到,1NF～3NF 都是对非主属性的函数依赖关系的约束,即消除非主属性对码的部分函数依赖和传递函数依赖,而 BCNF 同时强调主属性和非主属性对码的函数依赖关系。可以从以下三个方面理解 BCNF 的定义。

(1) 所有非主属性对码都是完全函数依赖的。

(2) 所有的主属性对每一个不包含它的码也都是完全函数依赖的。

(3) 没有任何属性完全函数依赖于非码的任何一组属性。

关系模式项目(编号,项目名称,负责人编号,职务)中,编号是主码,并且是唯一的候选码,所以主属性是编号,非主属性是(项目名称,负责人编号,职务),非主属性对码都是完全函数依赖的,所以项目∈BCNF。

【例 4-4】 关系模式 SJT(学生,课程,教师),根据具体的语义,得到以下关系:学生选择了某门课程后,对应的讲课教师就只有一位;每个教师就只讲授一门课;每门课可由不同的教师讲授。

根据语义,得到如下函数依赖。

(学生,课程)$\xrightarrow{f}$教师,(学生,教师)$\xrightarrow{p}$课程,教师$\xrightarrow{f}$课程

从以上函数依赖可知,关系模式 SJT 的码有两个(学生,课程)和(学生,教师),所以,主属性是学生、课程、教师,没有非主属性,故 SJT 至少属于 3NF。但是,SJT 是否属于 BCNF 呢?首先,(学生,课程)$\xrightarrow{f}$教师,主属性“教师”完全函数依赖于不包含它的码,(学生,教师)$\xrightarrow{p}$课程,由于存在函数依赖关系教师$\xrightarrow{f}$课程,决定因素“教师”不包含码,因此,SJT∉BCNF。

(1) 存在的问题。

不满足 BCNF 的关系模式同样存在着更新异常。例如,在 SJT(学生,课程,教师)中,如果存在元组(S4,J1,T1),当删除信息“学生 S4 学习课程 J1”时,将同时失去“T1 教师主讲 J1 课”这一信息。产生更新异常的主要原因是,属性教师是决定因素,却不是码。

(2) 解决的办法。

将 SJT 分解为两个关系模式:SJ(学生,课程)和 TJ(教师,课程),则 SJ∈BCNF,TJ∈BCNF,而且如此分解的结果就解决了上述更新异常问题。

3NF 和 BCNF 是在函数依赖的条件下对模式分解所能达到的分离程度的测度。一个模式中的关系模式如果都属于 BCNF,那么在函数依赖的范畴内,它已实现了彻底的分解,即已消除了操作异常。3NF 的“不彻底性”表现在可能存在主属性对码的部分函数依赖和传递依赖。

5. 多值依赖和 4NF

1) 多值依赖

前面都是在函数依赖的范围内讨论问题。那么,属于 BCNF 的关系模式就很完美了吗?下面来看一个例子。

【例 4-5】 设有关系模式 CTBR(C,T,B),其中,C 表示课程,T 表示教师,B 表示教材,具体关系如表 4-6 所示。

表 4-6　关系模式 CTBR

C	T	B
数据库	闫敏 刘辉	数据库概论 数据库原理与应用
数据结构	徐浩 刘军 赵小亮	数据结构与算法设计 数据结构

这张表显然不满足 1NF,将其进行规范化后得到表 4-7。

表 4-7　满足 1NF C-T-B 实体之间的关系

C	T	B
数据库	闫敏	数据库概论
数据库	闫敏	数据库原理与应用
数据库	刘辉	数据库概论
数据库	刘辉	数据库原理与应用
数据结构	徐浩	数据结构与算法设计
数据结构	徐浩	数据结构
数据结构	刘军	数据结构与算法设计
数据结构	刘军	数据结构
数据结构	赵小亮	数据结构与算法设计
数据结构	赵小亮	数据结构
…	…	…

关系模式 CTB 的码是全码,因而 CTB∈BCNF。但是当某一课程(如数据库)增加一名教师(刘磊),则必须插入两个元组:

(数据库,刘磊,数据库概论)
(数据库,刘磊,数据库原理与应用)

同样,如果某一门课(数据结构)要减少一本参考书(数据结构),要同时删除三个元组:

(数据结构,徐浩,数据结构)
(数据结构,刘军,数据结构)
(数据结构,赵小亮,数据结构)

可见,这个关系模式存在大量冗余,那么,这个关系模式有什么问题呢?下面先介绍一种新的数据依赖——多值依赖。

定义 4.12 设有 R(U),X、Y 是 U 的子集,Z=U−X−Y。多值依赖 X→→Y 成立,当且仅当对 R 的任一具体关系 r,给定一对(X、Z)值,就有一组 Y 值与之对应,且这种对应关系与 Z 值无关。

多值依赖具有下面一些性质。

(1) 若 X→→Y,必有 X→→U−X−Y。

(2) 若 X→Y,则必有 X→→Y,即 X→Y 是 X→→Y 的特例。

读者要注意,讨论了关系模式中的多值依赖,而且函数依赖是多值依赖的一种特例,但并不意味着就不需要函数依赖了。恰恰相反,一般来说,不仅要找出关系模式中的所有多值依赖关系,还要找出关系模式中的所有函数依赖。这样,一个完整的关系模式 R(U)就可能既包含一个函数依赖集 F,又包含一个多值依赖集 MF,即 R(U,F,MF)。

2) 第四范式(4NF)

定义 4.13 关系模式 R(U)∈1NF,若对 R 的每个非平凡多值依赖 X→→Y(Y⊈X),X 都包含码,则称 R(U)满足第四范式,记为 R∈4NF。

一个关系模式若属于 4NF,则必然属于 BCNF,R 中所有非平凡的多值依赖实际就是函数依赖。

(1) 4NF 的关系模式的例子。

以 CTB(课程,教师,参考书)为例,课程→→教师,课程→→参考书,它们都是非平凡的多值依赖,而 CTB 的码是全码,即码是(课程,教师,参考书),课程不是码,所以 CTB ∉4NF。

(2) 存在的问题。

一个关系模式如果达到 BCNF 但不是 4NF,它仍然具有不好的性质。比如,在 CTB 中,若某课程有 m 个教师可以讲授,有 n 本教材可以使用,则关系中有该课程的元组数目一定有 $m\times n$ 个。每个教师重复存储 n 次,每本教材重复存储 m 次,这样的存储冗余,造成更新异常的问题,因此对于不满足 4NF 的关系模式,还可以继续规范化。

(3) 解决的办法。

将关系模式 CTB 分解为 CT(课程,教师)和 CB(课程,教材),在 CT 中虽然有课程→→教师,但这是平凡的多值依赖,CT 中不存在非平凡的非函数依赖的多值依赖,所以它们都属于 4NF。

综上所述,关系规范化的主要目的如下。

(1) 消除异常现象。

(2) 方便用户使用,简化检索操作。关系中的每一数据项应是一个简单的数或符号串,而不是一组数或一个重复组。

(3) 增强数据独立性,即当引入新数据项时,减少对原有数据结构的修改。

(4) 使关系模式更加灵活,更容易使用非过程化的高级查询语言。

(5) 更容易进行各种查询统计工作。

4.3 数据依赖的公理系统

研究函数依赖是解决数据冗余的重要课题,其中重要的问题是在一个给定的关系模式中,找出其上的所有函数依赖。这就需要一种正确、完备的推理规则系统,这就是 Armstrong 公理系统。

对于一个关系模式来说,在理论上总有函数依赖存在,例如平凡函数依赖;在实际应用中,人们通常也会制订一些语义明显的函数依赖,这样,一般总有一个作为问题展开的初始的函数依赖集,假设记作 F。

4.3.1 函数依赖集的闭包

1. 函数依赖集 F 的逻辑蕴涵

定义 4.14 对于满足一组函数依赖 F 的关系模式 R(U, F)，其任何一个关系 r，若函数依赖 X→Y 都成立，则称 F 逻辑蕴含 X→Y。

如果考虑到 F 所逻辑蕴涵(推导)的所有函数依赖，就有函数依赖集闭包的概念。

2. 函数依赖集闭包

定义 4.15 称所有被一个已知函数依赖集 F 逻辑蕴涵的那些函数依赖的集合为 F 的闭包(Closure)，记为 F^+。

由上述定义可知，由已知函数依赖集 F 求得的新的函数依赖可以归结为求 F 的闭包 F^+。为了用一套系统的方法求 F 的闭包，还必须遵循一组函数依赖的推理规则。

4.3.2 函数依赖的推理规则

为了从关系模式 R 上已知的函数依赖 F 得到其闭包 F^+，1974 年，Armstrong 提出了一套推理规则，根据这套规则可以由给定的函数依赖集 F 推导出所有的函数依赖关系。

设有关系模式 R(U)及它上面的一个函数依赖集 F，X、Y、Z、W 是 U 中的子集。

1. 独立推理规则

独立推理规则是指，下面给出的 Armstrong 公理的三条推理规则是彼此独立的。

(1) A1：自反律(Reflexivity)。

如果 $Y \subseteq X$，则 X→Y。

根据这条规则可以推导出一些平凡函数依赖。由于 $\Phi \subseteq X \subseteq U$，所以，X→Φ 和 U→X 都是平凡函数依赖，即都可以由自反律得到。注意：由自反律得到的函数依赖均是平凡的函数依赖，自反律的使用并不依赖于 F。

(2) A2：增广律(Augmentation)。

如果 $Z \subseteq W$，且 X→Y，则 XW→YZ。

注意，有一些特殊情形。例如，当 Z=Φ 时，若 X→Y，则对于 U 的任何子集 W 有 XW→Y。在 W=Z 时，若 X→Y，则 XW→YW。在 W=Z=X 时，如果 X→Y，则 X→XY。

(3) A3：传递律(Transitivity)。

如果 X→Y 且 Y→Z，则 X→Z。

这个公理系统给出了从 F 到 F^+ 的推理规则。根据 A3，若 X→Y，Y→Z∈F，则必有 X→Z∈F^+；根据 A2，若 X→Y∈F，且 $Z \subseteq W$，则必有 XW→YZ∈F^+。

2. 其他推理规则

由上面的三条推理规则，又得到三条推论(可作为定理使用)，但它们不是独立的。

推论 1：合并规则(The Union Rule)。

若 X→Y，X→Z，有 X→YZ。

证明：由 X→Y，知 X→XY(增广律)；由 X→Z，知 XY→YZ(增广律)；所以 X→YZ(传递律)。

推论 2：分解规则(The Decomposition Rule)。

X→Y，$Z \subseteq Y$，有 X→Z。

证明：由 Z⊆Y，可知 Y→Z(自反律)，又因为 X→Y，所以有 X→Z(传递律)。

推论 3：伪传递规则(The Pseudo Transitivity Rule)。

X→Y，WY→Z，有 XW→Z。

证明：由 X→Y，得到 WX→WY(增广律)，又因为 WY→Z，所以 XW→Z(传递律)。

定理 4.1 若 $A_i(i=1,2,\cdots,n)$ 是关系模式 R 的属性，则 $X\to\{A_1,A_2,\cdots,A_n\}$ 成立的充分必要条件是 $X\to A_i$ 均成立。

证明：

充分性：因为 $X\to A_i$，$A_i(i=1,2,\cdots,n)$ 是关系模式 R 的属性，所以 $X\to\{A_1,A_2,\cdots,A_n\}$(合并规则)。

必要性：若 $X\to\{A_1,A_2,\cdots,A_n\}$，则 $X\to A_i$(分解规则)。

4.3.3 属性集闭包与 F 逻辑蕴涵的充要条件

从理论上讲，对于给定的函数依赖集 F，只要反复使用 Armstrong 公理系统给出的推理规则，直到不能再产生新的函数依赖为止，就可以算出 F 的闭包。但在实际应用中，这种方法不但效率低，而且会产生大量无意义的或者意义不大的函数依赖。由于人们感兴趣的只是 F 的闭包的某个子集，所以实际过程中几乎没有必要算出 F 的闭包自身。为了解决这个问题，就引入了属性集闭包的概念。

1. 属性集闭包

定义 4.16 设有关系模式 R(U)，F 是 U 上的一个函数依赖集，X⊆U，定义

$$X_F^+=\{A\mid X\to A\text{ 能由 F 根据 Armstrong 公理导出}\}$$

并称 X_F^+ 为属性集 X 关于函数依赖集 F 的闭包。

由属性集闭包的概念可以看出，X_F^+ 是这样一些被决定因素 X 函数确定的属性 A 的集合，其中，X→A 能由 F 根据 Armstrong 公理推导出来，即 X→A 存在于 F^+ 中，换句话说，属性 X 在 F 上的属性集闭包就是属性 X 能够推导出来的所有属性的集合。

所以，很容易得到下面的定理 4.2，用来判断 X→Y 是否存在于 F 的闭包中。

2. F 逻辑蕴涵的充要条件

定理 4.2 设 F 为属性集 U 上的一组函数依赖关系，X、Y⊆U，X→Y 能由 F 根据 Armstrong 公理导出的充分必要条件是 $Y\subseteq X_F^+$。

定理证明略。于是，判断某一函数依赖 X→Y 是否能由 F 根据 Armstrong 公理导出的问题，就转换为求 X_F^+，并判断 Y 是否包含于 X_F^+ 的问题。该问题可由算法 4.1 解决。

3. 求属性集闭包算法

算法 4.1 求 X_F^+。

求属性集 X(X ⊆ U)关于 U 上的函数依赖集 F 的闭包 X_F^+。

输入：属性全集 U，U 上的函数依赖集 F，以及属性集 X⊆U。

输出：X 关于 F 的闭包 X_F^+。

方法：根据下列步骤计算一系列属性集合 $X^{(0)},X^{(1)},\cdots$

(1) 令 $X^{(0)}=X$，$i=0$。

(2) 令 $X^{(i+1)}=X^{(i)}\cup B$。

其中，$B=\{A\mid(\forall V)(\forall W)(V\to W\in F\wedge V\subseteq X^{(i)}\wedge A\in W)\}$

即 B 是这样的集合：在 F 中寻找满足条件 $V \subseteq X^{(i)}$ 的所有函数依赖 $V \to W$，并记属性 W 的并集为 B。

(3) 判断 $X^{(i+1)} = X^{(i)}$ 吗？

(4) 若 $X^{(i+1)} \neq X^{(i)}$，则用 $i+1$ 取代 i，返回(2)。

(5) 若 $X^{(i+1)} = X^{(i)}$，则 $X^{(i)}$ 即为 X_F^+，算法终止。

该算法中的 U、X 和 F 都是有限集，它们的任何子集也是有限集；另外，算法每一步的中间结果均满足 $X^{(i)} \subseteq U$，$B \subseteq U$，从而 $X^{(i)}$ 不可能无限扩大，即计算过程是有限的，经过有限次循环后，一定有 $X^{(i)} = X^{(i+1)} = X^{(i+2)} = \cdots$。

【例 4-6】 设 $F = \{AB \to C, C \to A, BC \to D, ACD \to B, D \to EG, BE \to C, CG \to BD, CE \to AG\}$，令 X=BD，求 X_F^+。

解：

(1) $X_F^{(0)} = X = BD$。

(2) 在 F 中找所有满足条件 $V \subseteq X^{(0)} = BD$ 的函数依赖 $V \to W$，结果为：$D \to EG$，则算法第二步中的 B=EG，于是 $X^{(1)} = X^{(0)} \cup B = BDEG$。

(3) 判断是否 $X^{(i+1)} = X^{(i)}$，显然 $X^{(1)} \neq X^{(0)}$。

(4) 在 F 中找所有满足条件 $V \subseteq X^{(1)} = BDEG$ 的函数依赖 $V \to W$，结果为 $BE \to C$，于是 B=C，则 $X^{(2)} = X^{(1)} \cup B = BCDEG$。

(5) 判断是否 $X^{(i+1)} = X^{(i)}$，显然 $X_F^{(2)} \neq X_F^{(1)}$。

(6) 在 F 中找所有满足条件 $V \subseteq X^{(2)} = BCDEG$ 的函数依赖 $V \to W$，结果为 $C \to A$，$BC \to D$，$CG \to BD$，$CE \to AG$，则 B=ABDG，于是 $X^{(3)} = X^{(2)} \cup B = ABCDEG$。

(7) 判断是否 $X^{(i+1)} = X^{(i)}$，这时虽然 $X^{(3)} \neq X^{(2)}$，但 $X_F^{(3)}$ 已经包含全部属性，所以不必再继续计算下去。若继续计算，必有 $X^{(4)} = X^{(3)}$。

最后，$X_F^{(+)} = (BD)_F^+ = ABCDEG$。

【例 4-7】 已知关系模式 R(U,F)，其中，$U = \{A, B, C, D, E\}$；$F = \{AB \to D, B \to CD, DE \to B, C \to D, D \to A\}$，令 X=AB，求 X^+。

解：

(1) $X^{(0)} = AB$。

(2) $X^{(1)} = X^{(0)} \cup D \cup C = ABCD$。

(3) $X^{(2)} = X^{(1)} = ABCD$ 不变，所以 $X^+ = (AB)^+ = ABCD$。

对于属性闭包算法的终止条件，下列 4 种方法是等价的。

(1) $X^{(i+1)} = X^{(i)}$。

(2) 当发现 $X^{(i)}$ 包含全部属性时。

(3) 在 F 中的函数依赖的右边属性中，再也找不到 $X^{(i)}$ 中未出现过的属性。

(4) 在 F 中未用过的函数依赖的左边属性中已没有 $X^{(i)}$ 的子集。

【例 4-8】 $R = \{A, B, C, G, H, I\}$，$F = \{A \to B, A \to C, CG \to H, CG \to I, B \to H\}$，AG 是否为 R 的超码？是否为 R 的候选码？

解：

(1) 求 $AG^+ = \{ABCGHI\} = U$，因此 AG 是超码。

(2) 根据候选码的定义，判断 AG 的非空真子集的闭包是否包含 U。

真子集 A^+ =ABH。

真子集 G^+ =G 均不为 U,因此 AG 是候选码。

4. 码值理论

4.2.3 节讨论了关系的范式级别,由此可知要准确地判定出关系的范式级别,必须先找出关系所有可能的候选码。如果问题相对简单,可以通过分析关系中属性间的语义确定候选码,但是当遇到抽象关系,函数依赖集又比较复杂的情况时,则不能快速确定关系所有的候选码,因此需要给出求候选码的方法。

由例 4-8 可知,利用属性集闭包还可以判断某个已知的属性集是否为关系的候选码。那么如何求得一个关系的所有候选码呢?容易想到也可利用属性集闭包来求解,下面介绍码值理论及求候选码的算法。

对于给定的关系 $R(A_1,A_2,\cdots,A_n)$ 和函数依赖集 F,可将其属性分为以下 4 类。

(1) L 类:仅出现在 F 的函数依赖左边的属性。

(2) R 类:仅出现在 F 的函数依赖右边的属性。

(3) N 类:在 F 的函数依赖左右两边均未出现的属性。

(4) LR 类:在 F 的函数依赖左右两边均出现的属性。

定理 4.3 对于给定的关系模式 R 及其函数依赖集 F,若 X(X∈R)是 L 类属性,则 X 必是 R 的候选码的成员。

定理 4.4 对于给定的关系模式 R 及其函数依赖集 F,若 X(X∈R)是 N 类属性,则 X 必是 R 的候选码的成员。

定理 4.5 对于给定的关系模式 R 及其函数依赖集 F,若 X(X∈R)是 R 类属性,则 X 不在任何候选码中。

综合以上定理,可以得到候选码求解的一个重要推论。

定理 4.6 对于给定的关系模式 R(U,F),若 X(X∈R)是 R 的 L 类或 N 类属性组成的属性集,且 X^+ 包含 R 的全部属性,则 X 是 R 的唯一候选码。

证明:设 P 是 R 的一个候选码。

由定理 4.3 和定理 4.4 可知,若 X 包含 R 的 L 类或 N 类属性,则 X⊆P;又因为 X^+ 包含 R 的全部属性,即 X→U(X 是 R 的一个超码),则 X⊇P;所以,X=P,即 X 是 R 的唯一候选码。

【例 4-9】 设有关系模式 R(A,B,C,D,E,P),R 的函数依赖集为:F{A→D,E→D,D→B,BC→D,DC→A},求 R 的候选码。

解:

第一步:C,E 是 L 类属性,P 是 N 类属性,所以 CEP 包含在所有候选码中。

第二步:$(CEP)^+$ =ABCDEP。

因此,由定理 4.6 可知,CEP 是 R 的唯一候选码。

定理 4.6 给出了唯一候选码的判定方法,但是要求 L、N 类属性集的闭包包含 U,如果 L、N 类属性集的闭包不包含全部属性集 U,这时 R 可能会包含多个候选码,又该如何进行求解呢?下面介绍多属性依赖集候选关键字求解算法。

算法 4.2 多属性依赖集候选关键字求解算法。

输入:R(U)及 F。

输出：R 上所有的候选关键字。

(1) 将 R 的所有属性分为 L、R、N 和 LR 两类，令 X 代表 L 和 N 类，Y 代表 LR 类。

(2) 求 X^+。若 X^+ 包含 R 的全部属性，则 X 为 R 的唯一候选关键字，转 5；否则转 3。

(3) 在 Y 中取一属性 A，求 $(XA)^+$。若它包含 R 的全部属性，则转 4；否则，调换一属性反复进行这一过程，直到试完所有 Y 中的属性。

(4) 如果已找出所有候选关键字，则转 5；否则在 Y 中依次取两个、三个……求它们的属性闭包，直到其闭包包含 R 的全部属性。

(5) 停止，输出结果。

【例 4-10】 设有关系模式 R=(O,B,I,S,Q,D)，其上的函数依赖集：F=(S→D,D→S,I→B,B→I,B→O,O→B)，求出 R 的所有候选关键字。

解：Q 为左右两边均不出现的属性，属于 X 类属性，一定在候选码中。

其余属性均在左右两边出现，为 Y 类属性。

$$X^+ = \{Q\}$$

根据算法从 Y 类属性中取出一个属性与 X 结合得到：

$$(QB)^+ = (QO)^+ = (QI)^+ = QBIO$$

$$(QD)^+ = (QS)^+ = QDS$$

从 Y 类属性中取出两个属性与 X 结合，经过如上发现 B、O、I 是等价的属性，D、S 是等价的属性。

因此取 QBS，QBD，QOD，QOS，QID，QIS 分别求其属性集闭包，经过计算，均为候选码。

从本章的介绍可以看出，码对于关系模式的分析和分解都具有重要的作用。在讨论一个关系模式的范式级别时，需要首先确定这个关系模式中所有的候选码，然后才能区分主属性和非主属性，通过分析属性和码之间的依赖关系，判断关系模式的范式级别。

4.3.4 Armstrong 公理的正确性和完备性

1. 正确性证明

(1) 正确性的概念：Armstrong 公理是正确的。

(2) 证明：

要证明 Armstrong 公理是正确的，只要证明规则 A1，A2，A3 是正确的就可以了。

1) 自反律 A1 是正确的

因为 $Y \subseteq X$，可令 $Z = X - Y$，从而有 $X = YZ$，其中，Z 可能为空。设 r 是关系模式 R 上的任一关系，t、u 为 r 的任意两个元组，从函数依赖的语义有：

$$t[X]=t[YZ]=t[Y]t[Z], u[X]=u[YZ]=u[Y]u[Z]$$

所以 $t[X]=u[X]$ 时，必有 $t[Y]=u[Y]$。又由于 r 是 R 的任意一个具体关系，按照函数依赖定义有 X→Y，公理 A1 得证。

2) 增广律 A2 是正确的

用反证法。设 $X, Y, Z \subseteq U$，$Z \subseteq W$，r 是关系模式 R(U) 上的任一具体关系，且满足 X→Y。t，u 为 r 的任意两个元组，设 $t[XW]=u[XW]$。于是，必有 $t[YZ]=u[YZ]$。假设 $t[XW]=u[XW]$，但是 $t[YZ] \neq u[YZ]$，根据这一假设，若 $t[X]=u[X]$，则必有 $t[Y] \neq$

u[Y],与假设的 r 满足 X→Y 矛盾。公理 A2 得证。

3) 传递律 A3 是正确的

也使用反证法。设 r 同时满足 X→Y 和 Y→Z,但不满足 X→Z,则对于任一具体关系 r 上的任意两个元组 t,u,就有 t[X]=u[X],但 t[Z]≠u[Z]。那么,是否 t[Y]=u[Y]? 如果 t[Y]≠u[Y],则与假设的 r 满足 X→Y 矛盾;但如果 t[Y]=u[Y],而 t[Z]≠u[Z],由与假设的 r 满足 Y→Z 矛盾。公理 A3 得证。

2. 完备性证明

(1) 完备性的概念:F^+ 中的每一个函数依赖,必定可以由 F 出发根据 Armstrong 公理推导出来。即:若 X→Y∈F^+,则 X→Y 必定可以由 F 出发根据 Armstrong 公理推导出来。

(2) 证明:

根据原命题与其逆否命题的等价性,可以证明完备性命题的逆否命题,即:若函数依赖 X→Y 不能由函数依赖集 F 出发利用 Armstrong 公理导出,那么 X→Y 必定不为 F 所逻辑蕴涵。

首先注意:如果 X→Y 为 F 所逻辑蕴涵,则必定在 R(U, F)的任何一个具体的关系上都成立。因此,假设能够构造出一个具体的关系 r,并使得 F^+ 中的所有的函数依赖在 r 上都成立,那么,如果 X→Y 为 F 所逻辑蕴涵,则必定在关系 r 上成立。

当然,如果能够根据“X→Y 不能由 F 出发利用 Armstrong 公理导出”这个前提条件,推断出 X→Y 在具体关系 r 上不成立,那么就说明 X→Y 必定不为 F 所逻辑蕴涵,从而完备性命题得证。

第一步:构造关系 r,证明 F 中的全部依赖在 r 上都成立。

构造出的具体关系 r 如表 4-8 所示。其中,属性分为两组,X^+ 为一组,其余为另一组;元组有 s 和 t 两个,且二者在 X^+ 属性集上的取值相同,在其余属性集上的取值完全不同。

表 4-8 关系 r 示意图

元　　组	X^+ 的属性	$U-X^+$
s	11…1	11…1
t	11…1	00…0

然后证明 F 中的全部依赖在 r 上都成立。假设 V→W 是 F 中的任一函数依赖,则 V→W 必定在关系 r 上成立。因为倘若不成立,则必有 s[V] = t[V]且 s[W] ≠ t[W],则说明 V 包含于 X^+ 中,而 W 必不包含于 X^+;又因为 V⊆X^+,所以 X→V,结合 V→W 的假设,则有 X→W,即 W⊆X^+,这与 W 必不包含于 X^+ 相矛盾,因此 V→W 必定在关系 r 上成立,也就是说 r 必是 R(U, F)的一个关系。

第二步:根据“X→Y 不能由 F 从 Armstrong 公理导出”,证明关系 r 不满足 X→Y。

由定理 4.2 知 Y⊈X^+,而 X⊆X^+,由表 4-8 可以看出,s[X] = t[X]且 s[Y] ≠ t[Y],即 X→Y 在关系 r 上不成立。

综合以上两步,Armstrong 公理系统的完备性得证。

Armstrong 公理系统的完备性说明了“导出”和“蕴含”的等价性。因此,F^+ 也可以说成是由 F 出发借助 Armstrong 公理系统导出的函数依赖的集合。

4.3.5 函数依赖集的等价和最小函数依赖集

设有函数依赖集 F,F 中可能有些函数依赖是“冗余”的,有些函数依赖中的属性是冗余的,若去掉这些冗余的函数依赖和冗余的属性,F 在某种意义上和某个较小的函数依赖集“等价”,人们自然会选择“较小”的那个函数依赖集。这个问题的确切描述为“给定一个函数依赖集 F,怎样求得一个和 F‘等价’的‘最小’的函数依赖集 Fm”。

1. 函数依赖集的覆盖与等价

定义 4.17 设 F 和 G 是依赖集,若 $F^+ = G^+$,则称 F 与 G 等价,记为 $F \equiv G$。

定理 4.7 F 和 G 等价的充分必要条件是: $F \subseteq G^+$ 且 $G \subseteq F^+$。

该定理给出了检查两个函数依赖集 F 和 G 是否等价的方法。

第一步: 检查 F 中的每个函数依赖是否属于 G^+,若全部满足,则 $F \subseteq G^+$。

例如,若有 $X \rightarrow Y \in F$,则计算 X_G^+,如果 $Y \subseteq X_G^+$,则 $X \rightarrow Y \in G^+$。

第二步: 检查是否 $G \subseteq F^+$。

第三步: 如果 $G \subseteq F^+$,且 $F \subseteq G^+$,则 F 与 G 等价。

2. 最小函数依赖集的定义

定义 4.18 如果函数依赖集 F 满足下列条件,则称 F 是一个极小函数依赖集或最小覆盖。

(1) F 中每一个函数依赖的右边都是单个属性。

(2) 对 F 中任一函数依赖 $X \rightarrow A$,$F - \{X \rightarrow A\}$ 都不与 F 等价。

(3) 对于 F 中的任一函数依赖 $X \rightarrow A$,$\{F - \{X \rightarrow A\}\} \cup \{Z \rightarrow A\}$ 都不与 F 等价,其中,Z 为 X 的任一子集。

上述三个条件的作用分别如下。

(1) 条件 1 保证每个函数依赖的右边都不会有重复的属性。

(2) 条件 2 保证 F 中没有冗余的函数依赖。即若 $F - \{X \rightarrow A\}$ 与 F 等价,则说明 $F - \{X \rightarrow A\}$ 可以推导出 $\{X \rightarrow A\}$,说明 $\{X \rightarrow A\}$ 是冗余的函数依赖。

(3) 条件 3 保证每个函数依赖的左边没有冗余的属性。如果 $\{F - \{X \rightarrow A\}\} \cup \{Z \rightarrow A\}$ 与 F 等价,说明可以用 $Z \rightarrow A$ 代替 $X \rightarrow A$,而 Z 为 X 的子集,所以说明 X 中包含冗余的属性,因此,要去除这些冗余的属性。

定义 4.19 如果函数依赖集 F 与某个最小依赖集 Fm 等价,则称 Fm 是 F 的最小覆盖或 Fm 是 F 的最小依赖集。

3. 最小函数依赖集的求解算法

算法 4.3 求 F 的最小覆盖的算法。

(1) 检查 F 中的每个函数依赖 $X \rightarrow A$,若 $A = A_1, A_2, \cdots, A_k$,则根据分解规则,用 $X \rightarrow A_i$ $(i = 1, 2, \cdots, k)$ 取代 $X \rightarrow A$。

(2) 检查 F 中的每个函数依赖 $X \rightarrow A$,令 $G = F - \{X \rightarrow A\}$,若有 $A \in X_G^+$,则从 F 中去掉此函数依赖。

(3) 检查 F 中各函数依赖 $X \rightarrow A$,设 $X = B_1, B_2, \cdots, B_m$,检查 $B_i (i = 1, 2, \cdots, m)$,当 $A \in (X - B_i)_F^+$ 时,即以 $X - B_i$ 替换 X。

【例 4-11】 将下列函数依赖集 F 划分为最小函数依赖集。

$$F=\{A\to B,B\to A,B\to C,A\to C,C\to A\}$$

解：

(1) 分解为单个属性 F1=F。

(2) 消去 F 中冗余的函数依赖。

考察 A→B,将 A→B 从 F 中删除：令 X=A,求 X^+=?,$X^{(0)}=A$,$X^{(1)}=AC=X^+$。因为 B 不属于 X^+,所以 A→B 不冗余。

考察 B→A：令 X=B,求 X^+=?,$X^{(0)}=B$,$X^{(1)}=BC$,$X^{(2)}=ABC=X^+$。因为 A 属于 X^+,所以 B→A 冗余。

考察 B→C：令 X=B,求 X^+=?,$X^{(0)}=B$,$X^{(1)}=B=X^+$。因为 C 不属于 X^+,所以 B→C 不冗余。

考察 A→C：令 X=A,求 X^+=?,$X^{(0)}=A$,$X^{(1)}=AB$,$X^{(2)}=ABC=X^+$。因为 C 属于 X^+。所以 A→C 冗余。

考察 C→A：令 X=C,求 X^+=? $X^{(0)}=X^{(1)}=C=X^+$,因为 A 不属于 X^+,所以 C→A 不冗余。

因此 F2={A→B,B→C,C→A}

(3) 判断每个函数依赖左边是否有冗余属性。

每个函数依赖的左边均为单属性,不存在冗余属性,因此 F2={A→B,B→C,C→A}为所求的最小覆盖。

(4) 如果在第 2 步中,首先考察 B→C：求 B^+=ABC。因为 C 属于 B^+,所以 B→C 冗余,得到 F3={A→B,B→A,A→C,C→A},再考虑其他的函数依赖发现均不冗余,因此 F3 也是 F 的最小覆盖。

由本例可知,函数依赖集 F 的最小覆盖可能会有多个,究其原因,不难发现是在第二步考察冗余函数依赖顺序的不同时所导致的。

4.4 关系模式的分解方法

在前面的讨论中,已经知道关系模式中存在的函数依赖关系将影响到关系模式的性质,若将一些本可以作为独立关系存在的属性集合不加区分地放在一个关系模式中,就会使一些属性不得不依附于其他关系的属性,造成数据冗余和操作异常现象。解决这个问题的途径就是将关系模式进行分解,使描述单一实体的属性集合构成一个独立的关系模式。本节主要讨论关系模式分解的概念,以及分解时应当满足的基本要求和相应的分解算法。

4.4.1 模式分解的概念

1. 模式分解的概念

定义 4.20 关系模式 R(U,F)的一个分解 ρ 是若干个关系模式的一个集合,其中,

(1) $U=\bigcup_{i=1}^{n}U_i$,即关系模式 R 的属性集 U 是分解后所有小关系模式的属性集 U_i 的并。

(2) 对每个 $i,j(1\leqslant i,\ j\leqslant n)$,有 $U_i\not\subseteq U_j$。

(3) $F_i(i=1,\ 2,\ \cdots,\ n)$是 F 在 U_i 上的投影,即 $F_i=\{X\to Y\mid X\to Y\in F^+\wedge XY\subseteq U_i\}$。

2. 模式分解举例

【例 4-12】 已知关系模式 S_D(U,F),其中,U={学号,学院代码,院长},F={学号→学院代码,学院代码→院长}。S_D 的一个实例见表 4-9。

表 4-9 S_D

学　　号	学院代码	院　　长
0001	CS	张明
0002	CS	张明
0003	CE	李韦
0004	CE	李韦

分析可知,关系模式 S_D 的唯一候选码是(学号),由于存在非主属性(院长)和主属性(学号)之间的传递函数依赖:学号$\xrightarrow{t}$院长,所以 S_D∈2NF。对 S_D 进行分解,可以得到以下三种分解结果。

ρ_1={R_1(学号){ϕ}, R_2(学院代码){ϕ}, R_3(院长){ϕ}}

ρ_2={R_1(学号, 学院代码){学号→学院代码}, R_2(学号, 院长){学号→院长}}

ρ_3={R_1(学号, 学院代码){学号→学院代码}, R_2(学院代码, 院长){学院代码→院长}}

1) 第一种分解 ρ_1

分解后的关系 r_i 是原关系模式在 U_i 上的投影,即 r_i=S_D(U_i),r_1={0001,0002,0003,0004},r_2={CS,CE},r_3={张明,李韦}。对于分解后的关系模式尽管满足 BCNF,但是,若要回答“0001 号学生是哪个学院的,他的院长是谁”这样的问题时,却发现从该分解后的模式中得不到正确的答案了!这是因为,由于分解后的三个关系模式之间没有公共属性,所以只能做笛卡儿积连接,笛卡儿积的结果共有 4×2×2=16 个元组,而原关系模式共有 4 个元组,元组增加了,原来关系中的信息也就相当于丢失了。所以,从分解 ρ_1 中可以看到,若分解后的子模式可以通过自然连接而非笛卡儿积运算得到原来的关系模式,这种分解的结果才是正确的;否则,就不是一种合理的分解方式。

2) 第二种分解 ρ_2

对于第二种分解方法,可以证明:R_1 和 R_2 都满足 BCNF,同时由于 R_1 和 R_2 有公共属性学号,因此可以通过自然连接运算恢复到原关系模式 S_D。但是这种分解存在操作异常现象,例如,如果要插入一个新的学院信息,因为还没有研究生,缺少学号,所以这条信息无法存入。类似地,如果某个学院的院长调离了学校,在删除该院长信息的同时,也会删除掉他所在的学院的信息。会产生这些操作异常的原因是:原来在 S_D 模式中存在的函数依赖学院代码$\xrightarrow{f}$院长,在 R_1 和 R_2 中都不存在了,即在分解后的子模式中,原模式中的某些函数依赖丢失了,显然这也不是一种合理的分解方法。

3) 第三种分解 ρ_3

ρ_3={R_1(学号, 学院代码){学号→学院代码}, R_2(学院代码, 院长){学院代码→院长}}。可以证明,ρ_3 既可以通过自然连接运算恢复到原来的关系模式 S_D,又保持了原来的函数依赖集 F={学号→学院代码,学院代码→院长},所以 ρ_3 是一种合理的分解方式。

通过例4-9可以看出，对于关系模式R(U,F)的一个分解ρ，必须从两个方面衡量其正确性，即分解ρ和原关系模式R之间是否具有“等价性”。

(1) 分解前的关系模式R和分解后的ρ是否表示同样的数据，即分解是否导致数据的丢失。

(2) 分解前的关系模式R和分解后的ρ是否保持相同的函数依赖，即分解是否导致函数依赖的丢失。

为了解决以上两个问题，分别引入了模式分解“等价性”的两个判定准则：“无损连接性”和“函数依赖保持性”。

4.4.2 分解的无损连接性判定

1. 分解的无损连接性(无损分解)

定义4.21 无损分解的概念。

设R是一个关系模式，F是R上的一个函数依赖集，R分解为关系模式的集合 $\rho=\{R_1(U_1), R_2(U_2), \cdots, R_n(U_n)\}$。如果对于R的满足F的每一个关系r，都有

$r=\prod_{R_1}(r)\bowtie\prod_{R_2}(r)\bowtie\cdots\bowtie\prod_{R_n}(r)$，则称ρ是一个无损连接的分解。

2. 无损分解的判定算法

算法4.4 判断分解的无损连接性。

输入：一个关系模式 $R(A_1,A_2,\cdots,A_n)$，R上的一个函数依赖集F以及R的一个分解 $\rho=\{\{R_1,F_1\},\{R_2,F_2\},\cdots,\{R_k,F_k\}\}$。

输出：确定ρ是否是一个连接不失真分解。

方法：

(1) 构造一个 n 列 k 行表，第 i 行对应于 R_i，第 j 列对应于属性 A_j，如表4-10所示。

表4-10 用于检验连接不失真的 $n\times k$ 表

R_i \ A_j	A_1	A_2	…	A_n
R_1				
R_2				
…				
R_k				

(2) 填表：若 $A_j\in R_i$，则第 i 行第 j 列上填入 a_j，否则填入 b_{ij}。

(3) 修改表：逐一检查F中的每一个函数依赖X→Y，如果在对应于X的那些属性的所有列上X的符号相同，就使这些符号相同的行中对应于Y的那些属性的所有列上的符号也相同。即如果其中有 a_j，则将 b_{ij} 改为 a_j；若无 a_j，则将它们全改为 b_{ij}。一般来说，i 是其中最小的行号。

(4) 反复进行(3)，如发现某一行变成 $a_1,a_2,\cdots,a_k$，则此分解ρ具有连接不失真性。

注意：在算法第3步中，修改时至少要找到两行上的X值相等。此外，在算法第4步中，所谓“反复”，即包括在前一次修改后继续进行修改，直到表中的数据不再发生变化。

【例 4-13】 设有关系模式 R(B,O,I,S,Q,D),其上的函数依赖集 F={S→D,I→B,IS→Q,B→O},R 的一个分解为 ρ={SD,IB,ISQ,BO},这样的分解具有无损连接性吗?

(1) 首先构造初始表,填表,如表 4-11 所示。

表 4-11 初始表

A_j / R_i	B	O	I	S	Q	D
SD	b_{11}	b_{12}	b_{13}	a_4	b_{15}	a_6
IB	a_1	b_{22}	a_3	b_{24}	b_{25}	b_{26}
ISQ	b_{31}	b_{32}	a_3	a_4	a_5	b_{36}
BO	a_1	a_2	b_{43}	b_{44}	b_{45}	b_{46}

(2) 修改表。

下面逐一考察 F 中的函数依赖。

① S→D,可以将 b_{36} 改为 a_6,如表 4-12 所示。

表 4-12 修改表 1

A_j / R_i	B	O	I	S	Q	D
SD	b_{11}	b_{12}	b_{13}	a_4	b_{15}	a_6
IB	a_1	b_{22}	a_3	b_{24}	b_{25}	b_{26}
ISQ	b_{31}	b_{32}	a_3	a_4	a_5	a_6
BO	a_1	a_2	b_{43}	b_{44}	b_{45}	b_{46}

② I→B,b_{31} 改为 a_1。

③ IS→Q,因为 IS 上没有值相等的行,所以不用修改表。

④ B→O,可以将 b_{22} b_{32} 都改为 a_2,如表 4-13 所示。

表 4-13 修改表 2

A_j / R_i	B	O	I	S	Q	D
SD	b_{11}	b_{12}	b_{13}	a_4	b_{15}	a_6
IB	a_1	a_2	a_3	b_{24}	b_{25}	b_{26}
ISQ	a_1	a_2	a_3	a_4	a_5	a_6
BO	a_1	a_2	b_{43}	b_{44}	b_{45}	b_{46}

因为表 4-13 中出现了 a_1,a_2,a_3,a_4,a_5,a_6 的行,所以该分解具有无损连接性。

【例 4-14】 设关系模式 R(A, B, C, D, E),R 上的函数依赖集 F={A→C, C→D, B→C, CE→A},判断 ρ={AD,AB,BC,CDE,AE}这样的分解具有无损连接性吗?

(1) 首先构造初始表,结构如表 4-14 所示。

表 4-14　初始表

A_j / R_i	A	B	C	D	E
AD	a_1	b_{12}	b_{13}	a_4	b_{15}
AB	a_1	a_2	b_{23}	b_{24}	b_{25}
BC	b_{31}	a_2	a_3	b_{34}	b_{35}
CDE	b_{41}	b_{42}	a_3	a_4	a_5
AE	a_1	b_{52}	b_{53}	b_{54}	a_5

(2) 修改表。逐一考察 F 中的函数依赖。

① A→C,将 b_{23} 和 b_{53} 修改为 b_{13},如表 4-15 所示。

表 4-15　修改表 1

A_j / R_i	A	B	C	D	E
AD	a_1	b_{12}	b_{13}	a_4	b_{15}
AB	a_1	a_2	b_{13}	b_{24}	b_{25}
BC	b_{31}	a_2	a_3	b_{34}	b_{35}
CDE	b_{41}	b_{42}	a_3	a_4	a_5
AE	a_1	b_{52}	b_{13}	b_{54}	a_5

② C→D,将 D 列全部修改为 a_4,如表 4-16 所示。

表 4-16　修改表 2

A_j / R_i	A	B	C	D	E
AD	a_1	b_{12}	**b_{13}**	a_4	b_{15}
AB	a_1	a_2	**b_{13}**	a_4	b_{25}
BC	b_{31}	a_2	a_3	a_4	b_{35}
CDE	b_{41}	b_{42}	a_3	a_4	a_5
AE	a_1	b_{52}	**b_{13}**	a_4	a_5

③ B→C,将 C 列第二行的 b_{13} 修改为 a_3,如表 4-17 所示。

表 4-17　修改表 3

A_j / R_i	A	B	C	D	E
AD	a_1	b_{12}	**b_{13}**	a_4	b_{15}
AB	a_1	a_2	a_3	a_4	b_{25}
BC	b_{31}	a_2	a_3	a_4	b_{35}
CDE	b_{41}	b_{42}	a_3	a_4	a_5
AE	a_1	b_{52}	**b_{13}**	a_4	a_5

④ CE→A，CE 列不存在相同符号的行，不修改表。

进入第二轮修改。

⑤ A→C，A 对应的属性在第 1，2，5 行数值相同，对应的 C 列在第 2 行有一个 a_3，因此将 C 列的第 1 行 b_{13} 和最后一行 b_{13} 改为 a_3，如表 4-18 所示。

表 4-18　修改表 4

R_i \ A_j	A	B	C	D	E
AD	a_1	b_{12}	a_3	a_4	b_{15}
AB	a_1	a_2	a_3	a_4	b_{25}
BC	b_{31}	a_2	a_3	a_4	b_{35}
CDE	b_{41}	b_{42}	a_3	a_4	a_5
AE	a_1	b_{52}	a_3	a_4	a_5

⑥ C→D，表的结构不变。

⑦ B→C，表的结构不变。

⑧ CE→A，CE 列的第 4，5 行相同，将 A 的第 4 行 b_{41} 修改为 a_1，如表 4-19 所示。

表 4-19　修改表 5

R_i \ A_j	A	B	C	D	E
AD	a_1	b_{12}	a_3	a_4	b_{15}
AB	a_1	a_2	a_3	a_4	b_{25}
BC	b_{31}	a_2	a_3	a_4	b_{35}
CDE	a_1	b_{42}	a_3	a_4	a_5
AE	a_1	b_{52}	a_3	a_4	a_5

进入第三轮修改。此时，对 F 中的每个函数依赖，表的结构都不再变化。又因为表中没有出现 a_1,a_2,a_3,a_4,a_5 的行，所以该分解不具有无损连接性。

上述是检验连接不失真的一般性方法。对于分解为两个模式的情况，可根据下面的定理 4.8，用更简单的方法进行检验。

定理 4.8　设 $\rho=\{R_1,R_2\}$ 是关系模式 R 的一个分解，F 是 R 的一个函数依赖集，则对于 F，ρ 具有连接不失真性的充分必要条件是 $R_1\cap R_2\to R_1-R_2\in F^+$，或 $R_1\cap R_2\to R_2-R_1\in F^+$。

注意：该定理中的两个函数依赖不一定要属于 F，只要属于 F^+ 就可以了。

【例 4-15】　设有关系模式 R(A，B，C)，函数依赖集 F＝{A→B，C→B}，分解 ρ＝{AB，BC}，检验 ρ 是否具有无损连接性。

解：

$$
\begin{aligned}
\text{因为}(R_1\cap R_2)\to(R_1-R_2) &= (AB\cap BC)\to(AB-BC)\\
&= B\to A\notin F^+\\
(R_1\cap R_2)\to(R_2-R_1) &= (AB\cap BC)\to(BC-AB)\\
&= B\to C\notin F^+
\end{aligned}
$$

所以分解 ρ 不具有无损连接性。

定理 4.8 和例 4-15 说明一个事实：如果两个关系模式间的公共属性集至少包含其中一个关系模式的码，则此分解必定具有无损连接性。

4.4.3 分解的函数依赖保持性判定

1. 分解的函数依赖保持性

定义 4.22 设有关系模式 R(U, F)，F 是 R 的函数依赖集，Z 是 R 的一个属性集合，则把 F^+ 中所有满足 $XY\subseteq Z$ 的函数依赖 $X\to Y$ 组成的集合，称为函数依赖集 F 在属性集 Z 上的投影，记为 $\prod_Z(F)$。

由定义 4.22 可知，$\prod_Z(F)=\{X\to Y \mid X\to Y\in F^+, 且\ XY\subseteq Z\}$。对于 R(U, F)的一个分解 $\rho=\{R_1(U_1,F_1),\cdots,R_k(U_K,F_k)\}$，F 在 U_i 上的投影 F_i 可以表示为 $\prod_{U_i}(F)$ 即，

$$\prod_{U_i}(F)=\{X\to Y \mid X\to Y\in F^+, 且\ XY\subseteq U_i\}$$

定义 4.23 若 $F^+=\left(\bigcup_{i=1}^{k}F_i\right)^+$，则 R(U,F)的分解 $\rho=\{R_1(U_1,F_1),\cdots,R_k(U_K,F_k)\}$ 保持函数依赖。

2. 保持依赖的判定算法

由定义 4.23 的概念可知，检验一个分解是否具有函数依赖保持性，其实就是检验函数依赖集 $G=\bigcup_{i=1}^{k}F_i$ 是否和原函数依赖集 F 等价，由定理 4.3 可知，判断函数依赖集等价的过程分为以下三步。

第一步：检验任一个函数依赖 $X\to Y\in F$ 是否可以由 G 根据 Armstrong 公理导出，即 $Y\subseteq X_G^+$ 是否成立。

第二步：检验任一个函数依赖 $X\to Y\in G$ 是否可以由 F 根据 Armstrong 公理导出，即 $Y\subseteq X_F^+$ 是否成立。

第三步：若 $Y\subseteq X_G^+$ 和 $Y\subseteq X_F^+$ 同时成立，则有 $F^+=\left(\bigcup_{i=1}^{k}F_i\right)^+$ 成立。

【例 4-16】 关系模式 R(U,F)，其中，U={A,B,C,D}，$F=\{A\to B,B\to C,C\to D,D\to A\}$，分解 $\rho=\{R_1(A,B),R_2(B,C),R_3(C,D)\}$ 是否具有函数依赖保持性？

解：

$$F_1=\prod_{U_1}(F)=(A\to B,\ B\to A)$$

$$F_2=\prod_{U_2}(F)=(B\to C,\ C\to B)$$

$$F_3=\prod_{U_3}(F)=(C\to D,\ D\to C)$$

$$G=F_1\cup F_2\cup F_3=\{A\to B,\ B\to A,\ B\to C,\ C\to B,\ C\to D,\ D\to C\}$$

$$F=\{A\to B,\ B\to C,\ C\to D,\ D\to A\}$$

显然，G 必定包含于 F^+。又 $A\subseteq D_G^+$，所以 F 必定包含于 G^+。

因此，有 $G^+=F^+$，即 ρ 具有函数依赖保持性。

4.4.4 关系模式的分解算法

按照上面讨论的模式分解理论，一个模式分解必须满足：①连接不失真性；②函数依赖保持性；③某一级范式。但事实上不能顺利地同时满足上述三个条件。一般而言：

(1) 若要求连接不失真，分解可达到 BCNF。

(2) 若要求函数依赖保持，则分解可达到 3NF，但不一定能达到 BCNF。

(3) 若同时要求连接不失真和依赖保持，则分解可达到 3NF，但不一定能达到 BCNF。

由以上分析可知，若分解达到 3NF，既可以满足连接不失真，又可以满足函数依赖保持；同时，从实际工程设计的需求出发，也基本上要求分解达到 3NF 即可。所以，下面着重介绍两个满足 3NF 的模式分解算法。

1. 满足 3NF 的函数依赖保持分解算法

算法 4.5 结果为 3NF 的依赖保持分解算法。

输入：关系模式 R 和函数依赖集 F。

输出：结果为 3NF 的一个依赖保持分解。

步骤：

(1) 如果 R 中有某些属性与 F 的最小覆盖 F′中的每个依赖的左边和右边都无关，原则上可由这些属性构成一个关系模式，并从 R 中将它们消除；否则，

(2) 如果 F′中有一个依赖涉及 R 的所有属性，则输出 R；否则，

(3) 输出一个分解 ρ，它由模式 XA 组成，其中，$X \to A \in F'$。但当 $X \to A_1, X \to A_2, \cdots, X \to A_n$ 均属于 F′时，则用模式 $XA_1A_2\cdots A_n$ 代替 $XA_i(i=1,2,\cdots,n)$。

【例 4-17】 关系模式 R(U,F)，U={A,B,C,D,E,F,G}，给定的函数依赖集 F={BCD→A,BC→E,A→F,F→G,C→D,A→G}，求 R 的一个满足 3NF 的函数依赖保持分解。

解：

第一步：求 F 的最小覆盖。

$$Fm = \{BC \to AE,\ A \to F,\ F \to G, C \to D\}$$

第二步：对于 Fm，根据算法逐一判断，条件(1)(2)均不满足，因此根据条件(3)，输出分解 ρ={BCAE, AF, FG, CD}。

即 ρ 是 R 的一个满足 3NF 的函数依赖保持的分解。

2. 满足 3NF 的函数依赖保持和无损连接的分解算法

算法 4.6 结果为 3NF，且依赖保持和无损连接的分解。

设 $\delta=\{R_1,R_2,\cdots,R_k\}$是由算法 4.5 得到的满足 3NF 且函数依赖保持的分解，X 为 R 的一个候选码，则 $\tau=\{R_1,R_2,\cdots,R_k,X\}$是 R 的一个分解，且 τ 中的所有关系模式均满足 3NF，同时，τ 既具有连接不失真性，又具有依赖保持性。

由算法 4.6 可知，设 τ 为该算法的一个分解，τ 的求解步骤如下。

(1) 通过算法 4.5 求得满足 3NF 的函数依赖保持的分解 δ。

(2) 若 δ 包含原关系模式 R 的一个候选码，则 $\tau=\delta$，算法终止。

(3) 若 δ 不包含原关系模式 R 的一个候选码，则 $\tau=\{R_1,R_2,\cdots,R_k,X\}$，算法终止。

【例 4-18】 对于例 4-17，求 R 的满足 3NF，且依赖保持和无损连接的分解。

解:

第一步:根据算法 4.5,得到 R 的一个满足 3NF 的函数依赖保持的分解。

$$\rho = \{BCAE, AF, FG, CD\}$$

第二步:求 R 的一个候选码。根据候选码的形式化定义,如果属性或属性集的闭包等于属性集 U,则该属性或属性集为候选码。

因为$(A)^+ = AFG$,$(B)^+ = B$,$(C)^+ = CD$,…,直到$(BC)^+$时有:

$$(BC)^+ = ABCDEFG$$

所以 BC 是 R 的一个候选码。

第三步:判断 ρ 中是否包含 BC。

因为 $BC \subseteq BCAE$

所以 $\delta = \{BCAE, AF, FG, CD\}$

即 δ 是 R 的一个满足 3NF 的函数依赖保持和无损连接的分解。

小　　结

本章讨论如何设计关系模式的问题。关系模式设计的好与坏,直接影响到数据冗余度和数据操作的一致性等问题。在数据库中,数据冗余是指同一个数据存储了多次,数据冗余将会引起各种操作异常。通过把关系模式分解成若干子模式可以消除冗余现象。

因此,模式分解需要达到什么样的标准,以及如何进行模式分解就是非常重要的问题。要解决好该问题,除了一些非形式化的直观判定方法外,必须有系统化的理论和方法作为基础,这就是规范化理论。

首先,规范化理论在引入数据依赖概念的基础上,给出了模式分解可能达到的范式标准。函数依赖 X→Y 是属性间最基本的一种数据依赖关系,是规范化理论的基础。范式是衡量模式优劣的标准,是对关系模式中属性间函数依赖等级的约束。

其次,规范化理论引出了 Armstrong 公理系统以及属性集闭包(X_F^+)和最小函数依赖集的算法,用于判定两个函数依赖集(FD)是否等价,以及计算最小函数依赖集。这些概念和算法奠定了模式分解算法的基础。

再次,规范化理论给出了具体的模式分解准则和算法。

关系模式在分解时应保持"等价",分解的等价性通过"无损连接性"和"函数依赖保持性"两个标准进行衡量。前者保持关系在投影连接以后仍能够恢复回来,而后者保证数据在投影或连接中其语义不会发生变化。

分解达到 BCNF 范式的算法能保证分解的"无损连接性",但不一定"函数依赖保持",而分解达到 3NF 的算法既能保持"无损连接"又能保证"函数依赖保持"。

习　题　4

4.1　表 4-20 给出的关系 R 为第几范式?是否存在操作异常?若存在,则将其分解为高一级范式。分解完成的高级范式中是否可以避免分解前关系中存在的操作异常?

表 4-20 关系 R

工 程 号	材 料 号	数 量	开工日期	完工日期	价 格
P1	M1	5	1802	1809	2500
P2	M2	8	1802	1809	3000
P2	M3	23	1802	1809	12 000
P3	M2	6	1810	1912	2800
P3	M4	54	1810	1912	55 000

4.2 设有关系模式 R(A,B,C,D,E,P,G,H),R 的函数依赖集 F={AB→CE,A→C,GP→B,EP→A,CDE→P,HB→P,D→HG,ABC→PG},求 D^+。

4.3 证明函数依赖集 F={A→BC,A→D,CD→E}和函数依赖集 G={A→BCE,A→ABD,CD→E}的等价性。

4.4 设关系模式 R(ABCD),F 是 R 上成立的函数依赖集,F={A→B,C→B},则相对于 F,试写出关系模式 R 的候选码,并说明理由。

4.5 设有关系模式 R(A,B,C,D,E),R 的函数依赖集 F={AB→D,B→CD,DE→B,C→D,D→A}。

(1) 计算$(AB)^+$,$(AC)^+$,$(DE)^+$。

(2) 求 R 的所有候选码。

(3) 求 F 的最小覆盖。

4.6 设有关系模式 R(A,B,C,D),R 的函数依赖集 F={A→C,C→A,B→AC,D→AC,BD→A},求 F 的最小覆盖。

4.7 设关系模式 R(ABC),F 是 R 上成立的 FD 集,F={C→A,B→A},分解 ρ={AB,BC},判断 ρ 是否具有函数依赖保持性。

4.8 设关系模式 R(ABC),F 是 R 上成立的 FD 集,F={C→A,B→C},ρ={AB,AC},判断 ρ 是否具有"无损连接性"和"函数依赖保持性"。

4.9 设关系模式 R(ABCD),在 R 上有 5 个相应的 FD 集及分解:

(1) F={B→C,D→A},ρ={AD,BC}

(2) F={AB→C,C→A,C→D},ρ={ACD,BC}

(3) F={A→BC,C→AD},ρ={ABC,AD}

(4) F={A→B,B→C,C→D},ρ={AB,ACD}

(5) F={A→B,B→C,C→D},ρ={AB,AD,CD}

试对上述 5 种情况分别回答下列问题。

(1) 确定 R 的候选码和主码。

(2) 是否为无损分解?

(3) 是否函数依赖保持?

(4) 确定 ρ 中每一模式的范式级别。

4.10 设有关系模式 R(A,B,C,D,E),R 的函数依赖集 F={AB→C,C→D,D→E}。判断分解 ρ={R_1(ABC),R_2(CD),R_3(DE)}是否为无损连接分解。并且:

(1) 求 R 的所有候选码。

(2) 求 F 的最小覆盖。

(3) 将 R 分解为 3NF 并具有无损连接性和函数依赖保持性。

4.11 设有关系模式 R(U)=(A,B,C,D,E,F,G),F={AB→C,C→EG,C→A, BE→C,BC→D,CG→BD,ACD→B,CE→AG},求函数依赖集 F 的最小覆盖。

4.12 设有关系模式 R(职工名,项目名,工资,部门名,部门经理)。如果规定每个职工可参加多个项目,各领一份工资;每个项目只属于一个部门管理;每个部门只有一个经理。

(1) 试写出关系 R 的基本 FD 和候选码,确定主码。

(2) 说明 R 不是 2NF 的理由,并把 R 分解成 2NF 的模式集。

(3) 把 R 分解成 3NF 模式集,说明理由。

4.13 表 4-21 给出一数据集,请判断它是否可直接作为关系数据库中的关系。若不行,则改造成为尽可能好的并能作为关数据库中关系的形式,同时说明进行这种改造的理由。

表 4-21 数据集

系　　名	课　程　名	教　师　名
计算机系	DB	张伟,王强
信控系	AI	孙兰,宋灵
信息安全系	DS	张燕,李杰
数学系	CM	刘海

4.14 建立关于系学生班级社团等信息的一个关系数据库,一个系有若干个专业,每个专业每年只招一个班,每个班有若干学生,一个系的学生住在同一宿舍区,每个学生可以参加若干个社团,每个社团有若干个学生。

- 描述学生的属性有:学号,姓名,出生年月,系名,班级号,宿舍区。
- 描述班级的属性有:班级号,专业号,系名,人数,入学年份。
- 描述系的属性有:系名,系号,办公室地点,人数。
- 描述社团的属性有:社团名,成立年份,地点,人数,学生参加某社团的年份。

(1) 请给出关系模式,指出是否存在传递函数依赖,对于函数依赖左边是多属性的情况讨论函数依赖是完全函数依赖,还是部分函数依赖。

(2) 指出各关系的候选码、外码,有没有全码存在?

第5章 数据库设计

5.1 数据库设计概述

5.1.1 数据库设计的定义和知识要求

数据库设计是指对于一个给定的应用环境,根据用户的需求,在某一具体的数据库管理系统上,构造一个性能良好的数据模式,建立数据库及其应用系统,使之能够有效地存储数据,满足各种用户的信息需求和处理需求。

(1) 信息需求。信息需求表示一个单位所需要的数据及其结构,表达了对数据库的内容及结构的要求,也就是静态要求。信息需求定义所设计的数据库将要用到的所有信息,描述实体、属性、联系的性质,描述数据之间的联系。

(2) 处理需求。处理需求表示一个单位需要经常进行的数据处理,表达了基于数据库的数据处理要求,也就是动态要求。处理需求定义所设计的数据库将要进行的数据处理,描述操作的优先次序、操作执行的频率和场合,描述操作与数据之间的联系。

因此,数据库设计就是把现实世界中的数据,根据各种应用处理的要求,加以合理地组织,使其满足硬件和操作系统的特性;同时,利用已有的DBMS建立数据库,使其能够实现应用系统的目标。

数据库设计是一个庞大而且复杂的工程,数据库设计人员应该具备以下知识。

(1) 计算机科学的基础知识和程序设计的方法与技巧。

作为一个数据库的设计人员,首先必须是一个懂得计算机专业的人员,而作为计算机专业的人员,最基本的就是计算机科学的基础知识,其次应该掌握关于程序设计的知识和程序设计的方法与技巧。

(2) 数据库的基本知识和数据库设计技术。

除了具有计算机的基础知识以外,作为数据库的设计人员必须具有数据库的基本知识和数据库设计技巧。

(3) 软件工程的原理和方法。

在数据库领域内,常常把使用数据库的各类系统称为数据库应用系统。数据库应用系统的开发应该遵循软件工程的方法和原理。尤其是大型数据库设计,其开发周期长、耗资大,失败的风险也大,必须把软件工程的原理和方法应用到数据库建设中来。

(4) 应用领域的知识。

应用领域的知识随着应用系统所属的领域不同而不同,如财务管理、仓库管理、人事管理、教务管理等。而且同样是教务管理,大学、中学、小学等不同类型的学校,各不相同,即使都是高等学府各个学校的管理方式也不相同。因此,数据库设计人员必须深入实际与用户密切结合,对应用环境、专业业务流程进行详细的调查研究,才能设计出符合具体应用领域和用户要求的数据库应用系统。

5.1.2 数据库设计的内容

数据库设计包括结构设计和行为设计两方面的内容。

1. 数据库的结构设计

数据库的结构设计是指根据给定的应用环境,进行数据库的模式或子模式的设计。它包括数据库的概念设计、逻辑设计和物理设计。数据库模式是各应用程序共享的结构,是静态的、稳定的,一经形成后通常情况下是不容易改变的,所以结构设计又称为静态模型设计。

2. 数据库的行为设计

数据库的行为设计是指确定数据库用户的行为和动作。而在数据库系统中,用户的行为和动作指用户对数据库的操作,这些要通过应用程序来实现,所以数据库的行为设计就是应用程序的设计。用户的行为总是使数据库的内容发生变化,所以行为设计是动态的,行为设计又称为动态模型设计。

数据库的结构设计和行为设计是不能分离的,分离会导致数据与程序不易结合,增加数据库设计的复杂性。本章重点介绍数据库的结构设计,对于数据库的行为设计请参考"软件工程"相关书籍。

由于数据库的设计和开发是一个庞大而且复杂的工程,涉及多学科的综合性技术,所以,数据库设计是涉及硬件、软件和管理的综合技术,这也是数据库设计的另外一个特点。有人讲"三分技术,七分管理,十二分基础数据"是数据库建设的基本规律,这是有一定道理的。

5.1.3 数据库设计方法

数据库设计方法目前可分为 4 类:直观设计法、规范设计法、计算机辅助设计法和自动化设计法。

1. 直观设计法

直观设计法也叫手工试凑法,它是最早使用的数据库设计方法。这种方法依赖于设计者的经验和技巧,缺乏科学理论和工程原则的支持,设计的质量很难保证,常常是数据库运行一段时间后又发现了各种问题,这样就不得不修改原有设计,增加了系统维护的代价。因此这种方法越来越不适应信息管理发展的需要。

对于一个简单的程序设计过程来说,这样的方法具有周期短、效率高、操作简便、易于实现等优点。但是对于数据库设计,尤其是大型数据库系统的设计,由于其信息结构复杂、应用环境多样、应用需求全面等系统化综合性的要求,通常需要若干个人的共同努力、相互协调,综合多种知识才能完成,所以,在具有丰富经验和设计技巧的前提下,还应该以严格的科学理论和软件工程设计原则为依托,完成数据库设计的全过程。

2. 规范设计法

规范设计法是将数据库设计分为若干阶段,明确规定各阶段的任务,采用自顶向下、分层实现、逐步求精的设计原则,结合数据库理论和软件工程设计方法,实现设计过程的每一细节，最终完成整个设计任务。

1978 年 10 月，来自三十多个国家的数据库专家在美国新奥尔良市专门讨论了数据库设计问题，他们运用软件工程的思想和方法，提出了数据库设计的规范，这就是著名的新奥尔良法，它是目前公认的比较完整和权威的一种规范设计法。新奥尔良法将数据库设计分成需求分析（分析用户需求）、概念设计（信息分析和定义）、逻辑设计（设计实现）和物理设计（物理数据库设计）。此后，S. B. Yao 等人提出了数据库设计的 6 个步骤：需求分析、模式构成、模式汇总、模式重构、模式分析和物理数据库设计，从而逐渐形成了数据库规范化设计方法。

目前，常用的各种数据库设计方法都属于规范设计法，即都是运用软件工程的思想和方法，根据数据库设计的特点，提出了各种设计原则与设计规程。常用的规范化设计方法主要有：基于 E-R 模型的数据库设计方法，基于 3NF 的数据库设计方法，基于视图概念的数据库设计方法等。

1）基于 E-R 模型的数据库设计方法

基于 E-R 模型的数据库设计方法是由 P. P. S. chen 于 1976 年提出的数据库设计方法，其基本思想是在需求分析的基础上，用 E-R 图构造一个反映现实世界实体之间联系的企业模式，然后再将此企业模式转换成基于某一特定的 DBMS 的概念模式。

2）基于 3NF 的数据库设计方法

基于 3NF 的数据库设计方法是一种结构化设计方法，其基本思想是在需求分析的基础上，确定数据库模式中的全部属性和属性间的依赖关系，将它们组织在一个单一的关系模式中，然后再分析模式中不符合 3NF 的约束条件，将其进行投影分解，规范成若干个 3NF 关系模式的集合。

其具体设计步骤分为以下 5 个阶段。

（1）设计企业模式，利用规范化得到的 3NF 关系模式画出企业模式；

（2）设计数据库的概念模式，把企业模式转换成 DBMS 所能接受的概念模式，并根据概念模式导出各个应用的外模式；

（3）设计数据库的物理模式（存储模式）；

（4）对物理模式进行评价；

（5）实现数据库。

3）基于视图的数据库设计方法

此方法先从分析各个应用的数据着手，其基本思想是为每个应用建立自己的视图，然后再把这些视图汇总起来合并成整个数据库的概念模式。合并过程中要解决以下问题。

（1）消除命名冲突；

（2）消除冗余的实体和联系；

（3）进行模式重构，在消除了命名冲突和冗余后，需要对整个汇总模式进行调整，使其满足全部完整性约束条件。

除了以上三种方法外，规范化设计方法还有实体分析法、属性分析法和基于抽象语义的设计方法等。规范设计法从本质上来说仍然是手工设计方法，其基本思想是过程迭代和逐步求精。

3. 计算机辅助设计法

计算机辅助设计法是指在数据库设计的某些过程中模拟某一规范化设计的方法,并以人的知识或经验为主导,通过人机交互方式实现设计中的某些部分。目前许多计算机辅助软件工程工具可以自动或辅助设计人员完成数据库设计过程中的很多任务,比如 Sysbase 公司的 PowerDesigner 和 Oracle 公司的 Oracle Designer。

4. 自动化设计法

自动化设计法是缩短数据库设计周期、加快数据库设计速度的一种方法。这种方法往往是直接用户,特别是非专业人员在对数据库设计专业知识不太熟悉的情况下,较好地完成数据库设计任务的一种捷径。例如,设计人员只要熟悉某种 MIS 辅助设计软件的使用,通过人机会话,输入原始数据和有关要求,无须人工干预,就可以由计算机系统自动生成数据库结构及相应的应用程序。由于该设计方法基于某一 MIS 辅助设计系统,从而受限于某种 DBMS,使得最终产生的数据库及其软件系统带有一定的局限性。此外,一个好的数据库模型,往往需要设计者与用户反复商讨,是在用户的参与及合作下所形成的一个最终结果,设计者的经验及对应用部门的熟悉程度,在很大程度上是数据库设计质量的关键。因此,相对于其他设计方法而言,自动化设计法并不是一种理想的设计手段。下面围绕规范化设计法,深入分析和介绍其详细设计过程。

5.1.4 数据库设计的基本步骤

按照规范设计方法,考虑数据库及其应用系统开发全过程,并仿照软件生存周期,将数据库设计分为需求分析、概念结构设计、逻辑结构设计、物理结构设计、数据库实施和运行维护 6 个阶段。数据库设计过程可以用图 5-1 表示。

1. 需求分析

需求分析是对具体应用环境的业务流程和用户提出的各种要求加以调查研究和分析,并和用户共同对各种原始数据加以综合、整理的过程,是形成最终设计目标的首要阶段,也是整个数据库设计过程中最困难的阶段。该阶段任务的完成,将为以后各阶段任务打下坚实的基础。因此,对用户的各种需求及数据,能否做出准确无误、充分完备的分析,并在此基础上形成最终目标,是整个数据库设计成败的关键。

2. 概念结构设计

概念结构设计是对用户信息需求所进行的进一步抽象和归纳,结果为数据库概念结构,通常用 E-R 模型来表示。

数据库的概念结构与 DBMS 和相关软硬件无关,它是对现实世界中具体数据的抽象,实现了从现实世界到信息世界的转换过程。概念结构设计是数据库设计的一个重要环节,是数据库的逻辑结构设计和物理结构设计的基础。

3. 逻辑结构设计

概念结构设计的结果是得到一个与 DBMS 无关的概念模式,而逻辑结构设计就是将概念模式转换为与选用的具体 DBMS 所支持的数据模型相符合的逻辑结构。所以,在逻辑结构设计阶段选择什么样的数据模型和哪一个具体 DBMS 尤为重要,它是能否满足用户各种要求的关键。

在逻辑结构设计阶段还有一个很重要的工作就是模式优化,该工作主要以用规范化理

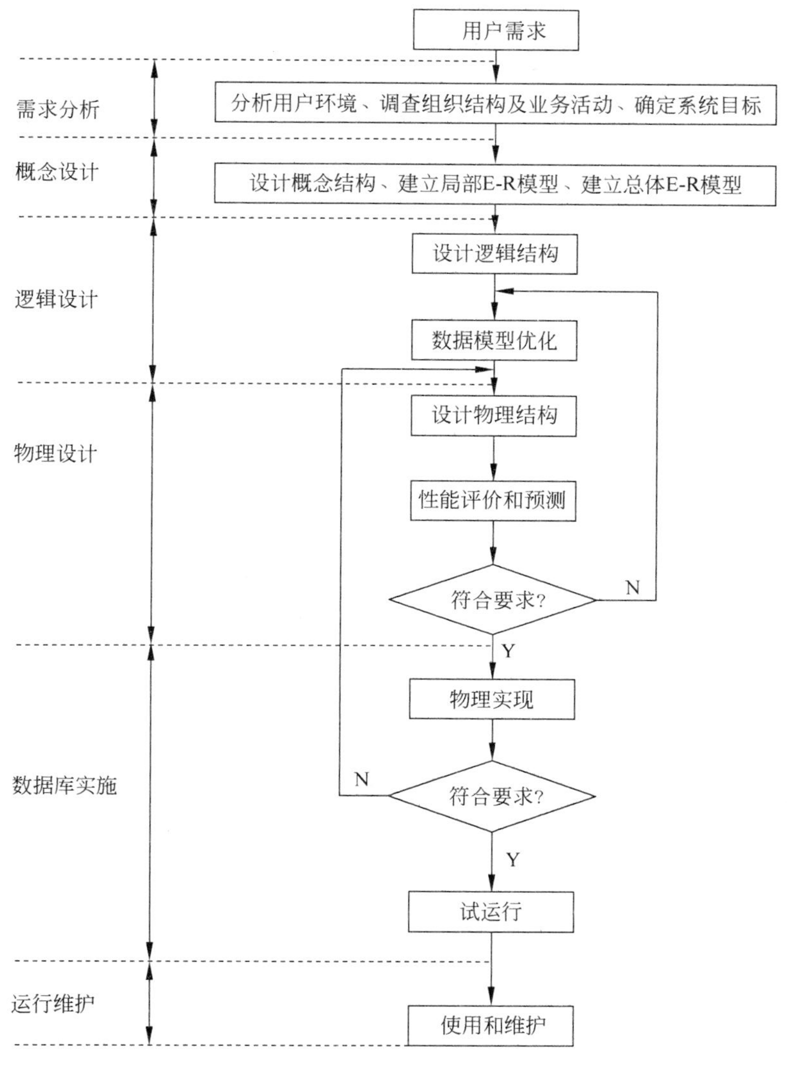

图 5-1　数据库设计步骤

论为指导,目的是能够合理存放数据集合。逻辑结构设计阶段的模式优化,已成为影响数据库设计质量的一项重要工作。

4. 物理结构设计

数据库物理设计是将逻辑结构设计阶段所产生的逻辑数据模型,转换为某一计算机系统所支持的数据库物理结构的实现过程。

数据库的物理结构主要指数据库的存储记录格式、存储记录安排和存储方法,完全依赖于给定的硬件环境、具体的 DBMS 和操作系统。

存储记录格式的设计包括记录的组成、数据项的类型、长度,以及逻辑记录到存储记录的映射。存储记录的安排是指可以把经常同时被访问的数据组合在一起。存取方法的设计主要是指存取路径,存取路径分为主存取路径与辅存取路径,前者用于主码检索,后者用于辅助键检索。

除此之外,物理结构设计还要进行完整性和安全性考虑,设计者应在完整性、安全性、有效性和效率方面进行分析,做出权衡。

完成物理结构设计后,对该物理结构做出相应的性能评价,若评价结果符合原设计要求,则进一步实现该物理结构。否则,对该物理结构做出相应的修改,若属于最初设计问题所导致的物理结构的缺陷,必须返回到概念设计阶段修改其概念数据模型或重新建立概念数据模型,如此反复,直至评价结果最终满足原设计要求为止。

5. 数据库实施

数据库实施阶段,即数据库调试、试运行阶段。一旦数据库物理结构形成,就可以用已选定的DBMS定义、描述相应的数据库结构,装入数据库数据,以生成完整的数据库,编制有关应用程序,进行联机调试并转入试运行,同时进行时间、空间等性能分析,若不符合要求,则需调整物理结构、修改应用程序,直至高效、稳定、正确地运行该数据库系统为止。

6. 数据库运行和维护

数据库实施阶段结束,标志着数据库系统投入正常运行的开始。严格地说,数据库运行和维护不属于数据库设计的范畴,早期的新奥尔良法明确规定数据库设计的4个阶段,不包括运行和维护内容。随着人们对数据库设计的深刻了解和设计水平的不断提高,已经充分认识到数据库运行和维护工作与数据库设计的紧密联系。数据库设计是一种动态和不断完善的运行过程,运行和维护阶段开始,并不意味着设计过程的结束,任何哪怕只有细微的结构改变,也许就会引起对物理结构的调整、修改,甚至物理结构的完全改变,因此数据库运行和维护阶段是保证数据库日常活动的一个重要阶段。

5.2 需求分析

5.2.1 需求分析的任务

需求分析的任务是通过详细调查现实世界要处理的对象(组织、部门、企业等),充分了解原系统(手工系统或计算机系统)工作概况,明确用户的各种需求,然后在此基础上确定新系统的功能。新系统必须充分考虑今后可能的扩充和改变,不能仅按当前应用需求来设计数据库。

需求分析的重点是调查、收集与分析用户在数据管理中的信息要求、处理要求、安全性与完整性要求。

1. 信息要求

信息要求是指用户需要从数据库中获得信息的内容与性质。由用户的信息要求可以导出数据要求,即在数据库中需要存储哪些数据。

2. 处理要求

处理要求是指用户要求完成什么处理功能,如对处理的响应时间有什么要求,处理方式是批处理还是联机处理等。新系统的功能必须能够满足用户的信息要求、处理要求。

3. 安全性与完整性要求

数据库的安全性就是保护数据库,以防止因用户非法使用而造成的数据泄露、更改或者破坏。而完整性则保证数据库中数据的正确性和相容性。安全性和完整性同样是保障数据库应用系统正确、高效运行的重要内容。

确定用户的最终需求其实是一件很困难的事,这是因为一方面用户缺少计算机知识,开始时无法确定计算机究竟能为自己做什么，不能做什么，因此无法一下子准确地表达自己的需求，他们所提出的需求往往不断地变化。另一方面，设计人员缺少用户的专业知识，不易理解用户的真正需求，甚至误解用户的需求。此外，新的硬件、软件技术的出现也会使用户需求发生变化。因此设计人员必须与用户不断深入地进行交流，才能逐步确定用户的实际需求。

5.2.2 需求分析的方法和过程

需求分析常用的方法有以下几种。

(1) 跟班作业。通过亲身参加业务工作来了解业务活动的情况。这种方法可以比较准确地理解用户的需求，但比较耗费时间。

(2) 开调查会。通过与用户座谈来了解业务活动情况及用户需求。座谈时，参加者之间可以相互启发。

(3) 请专人介绍和询问。对某些调查中的问题，可以找专业人员介绍情况并进行咨询。

(4) 设计调查表请用户填写。如果调查表设计得合理，这种方法是很有效，也很易于为用户接受。

(5) 查阅记录。即查阅与原系统有关的数据记录，包括原始单据、账簿、报表等。

需求分析的过程一般如下。

(1) 分析用户活动，产生业务流程图。了解用户当前的业务活动和职能，理清其处理流程。把用户业务分成若干个子处理过程，使每个处理功能明确、界面清楚，画出业务流程图。

(2) 确定系统范围，产生系统范围图。在和用户经过充分讨论的基础上，确定计算机所能进行数据处理的范围，确定哪些工作由人工完成，哪些工作由计算机系统完成，即确定人机界面。

(3) 分析用户活动所涉及的数据，产生数据流图。深入分析用户的业务处理，以数据流图(Data Flow Diagram，DFD)的形式表示出数据的流向和对数据所进行的加工。DFD 有 4 个基本成分：数据流，加工或处理，文件，外部实体。DFD 可以形象地表示数据流与各业务活动的关系，它是需求分析的工具和分析结果的描述手段。

(4) 分析系统数据，产生数据字典(Data Dictionary，DD)。仅有 DFD 并不能构成需求说明书，DFD 只表示出系统由哪几部分组成和各个部分之间的关系，并没有说明各个成分的含义。数据字典提供对数据库时间描述的集中管理，它的功能是存储和检索各种数据描述(元数据 Metadata)，数据字典是数据收集和数据分析的主要成果，在数据库设计中占有很重要的地位。

(5) 功能分析。数据库的设计是与应用系统的设计紧密结合的过程，离开一定的功能，数据库就失去其存在的价值。数据库设计的一个重要特点是结构(数据)和行为(功能)的结合。用户希望系统能提供的功能必须有一个清晰的描述。功能分析可以采用软件结构图或模块图来表示系统的层次分解关系、模块调用关系。

5.2.3 需求分析常用工具

1. 数据流图

数据流图(Data Flow Diagram，DFD)是结构化分析方法中用于表示系统逻辑模型的一种工具，它以图形的方式描绘数据在系统中流动和处理的过程，由于它只反映系统必须完成的逻辑功能，所以它是一种功能模型。

图 5-2 是一个飞机机票预订系统的数据流图,它反映的功能是:旅行社把预订机票的旅客信息(姓名、年龄、单位、身份证号码、旅行时间、目的地等)输入机票预订系统。系统为旅客安排航班,打印出取票通知单(附有应交的账款)。旅客在飞机起飞的前一天凭取票通知单交款取票,系统检验无误,输出机票给旅客。

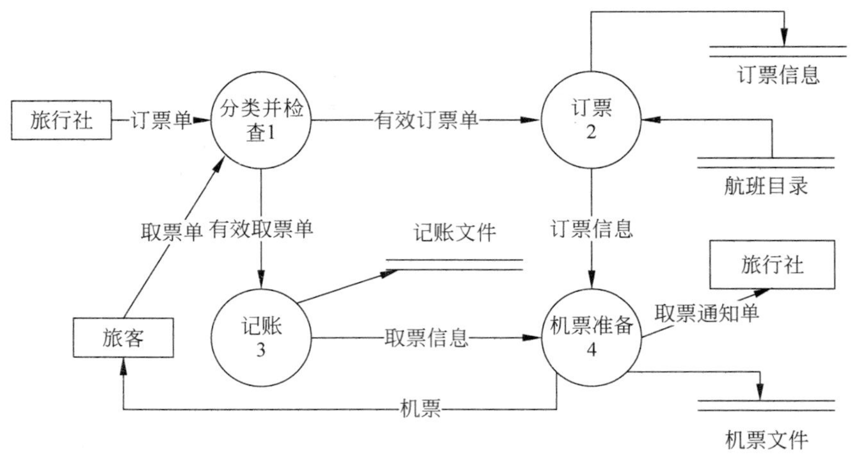

图 5-2 飞机机票预订系统数据流图

DFD 由以下 4 个要素组成。

(1) 数据流→ 代表数据流的有向线。数据流是数据在系统内传播的路径,因此由一组成分固定的数据组成。如订票单由旅客姓名、年龄、单位、身份证号、日期、目的地等数据项组成。由于数据流是流动中的数据,所以必须有流向,除了与数据存储之间的数据流不用命名外,数据流应该用名词或名词短语命名。

(2) (加工) 代表数据处理逻辑,对数据流进行某些操作或变换。每个加工也要有名字,通常是动词短语,简明地描述完成什么加工。在分层的数据流图中,加工还应编号。

(3) 文件 代表数据存储,指暂时保存的数据,它可以是数据库文件或任何形式的数据组织。

(4) 外部实体 代表系统之外的数据提供者或使用者,是本软件系统外部环境中的实体(包括人员、组织或其他软件系统),统称外部实体。一般只出现在数据流图的顶层。

画 DFD 的步骤如下。

(1) 首先画系统的输入输出,即先画顶层数据流图。顶层流图只包含一个加工,用以表示被开发的系统,然后考虑该系统有哪些输入数据、输出数据。顶层图的作用在于表明被开发系统的范围以及它和周围环境的数据交换关系。

(2) 画系统内部结构,即画下层数据流图。不能再分解的加工称为基本加工。一般将层号从 0 开始编号,采用自顶向下,由外向内的原则。画 0 层数据流图时,分解顶层流图的系统为若干子系统,确定每个子系统间的数据接口和活动关系。

画 DFD 时注意事项如下。

(1) 命名。不论数据流、数据存储还是加工,合适的命名使人们易于理解其含义。

(2) 画数据流而不是控制流。数据流反映系统“做什么”,不反映“如何做”,因此箭头上的数据流名称只能是名词或名词短语,整个图中不反映加工的执行顺序。

(3) 一般不画物质流。数据流反映能用计算机处理的数据,并不是实物,因此对目标系统的数据流图一般不画物质流。

(4) 每个加工至少有一个输入数据流和一个输出数据流,反映出此加工数据的来源与加工的结果。

(5) 编号。如果一张数据流图中的某个加工分解成另一张数据流图时,则上层图为父图,直接下层图为子图。子图及其所有的加工都应编号。

(6) 父图与子图的平衡。子图的输入输出数据流同父图相应加工的输入输出数据流必须一致,此即父图与子图的平衡。

(7) 局部数据存储。当某层数据流图中的数据存储不是父图中相应加工的外部接口,而只是本图中某些加工之间的数据接口时,则称这些数据存储为局部数据存储。

(8) 提高数据流图的易懂性。注意合理分解,要把一个加工分解成几个功能相对独立的子加工,这样可以减少加工之间输入、输出数据流的数目,增加数据流图的可理解性。

构造 DFD 的目的是为了系统分析师与用户能够进行明确的交流,以便指导系统的设计,并为后续工作打下基础。所以要求 DFD 既要简单,又要易于理解。构造 DFD 通常从上到下,逐层分解,直到功能细化为止,形成若干层次的 DFD。

2. 数据字典

数据字典(Data Dictionary,DD)是将数据流程图中各个要素的具体内容和特征,以特定格式记录下来,所形成的文档。

对数据库设计来讲,数据字典是进行数据收集和数据分析所获得的主要成果,是各类数据描述的集合。在数据库设计过程中,数据字典被不断地充实、修改和完善。数据字典通常包括数据项、数据结构、数据流、数据存储和处理过程 5 个部分。

1) 数据项

数据项是不可再分的数据单位。对数据项的描述通常包括以下内容。

数据项描述={数据项名,数据项含义说明,别名,数据类型,长度,取值范围,
取值含义,与其他数据项的逻辑关系}

其中,取值范围与其他数据项的逻辑关系定义了数据的完整性约束条件,是设计数据检验功能的依据。

2) 数据结构

数据结构反映了数据之间的组合关系。一个数据结构可以由若干个数据项组成,也可以由若干个数据结构组成,或由若干个数据项和数据结构混合组成。对数据结构的描述通常包括以下内容。

数据结构描述={数据结构名,含义说明,组成:{数据项或数据结构}}

3) 数据流

数据流是数据结构在系统内传输的路径。对数据流的描述通常包括以下内容。

数据流描述={数据流名,说明,数据流来源,数据流去向,
组成:{数据结构},平均流量,高峰期流量}

其中,数据流来源是说明该数据流来自哪个过程,数据流去向是说明该数据流将到哪个过程去,平均流量是指在单位时间(每天、每周、每月等)内的传输次数,高峰期流量则是指在高峰时期的数据流量。

4) 数据存储

数据存储是数据结构停留或保存的地方,也是数据流的来源和去向之一。对数据存储的描述通常包括以下内容。

数据存储描述={数据存储名,说明,编号,流入的数据流,流出的数据流,
组成:{数据结构},数据量,存取方式}

其中,数据量是指每次存取多少数据,每天(或每小时、每周等)存取几次等信息。存取方法包括是批处理,还是联机处理;是检索还是更新;是顺序检索还是随机检索等。另外,流入的数据流要指出其来源,流出的数据流要指出其去向。

5) 处理过程

数据字典中只需要描述处理过程的说明性信息,通常包括以下内容。

处理过程描述={处理过程名,说明,输入:{数据流},输出:{数据流},
处理:{简要说明}}

其中,简要说明是指该处理过程的功能及处理要求。其中,功能是指该处理过程用来做什么(而不是怎么做),处理要求包括处理频度要求,如单位时间里处理多少事务,多少数据量;响应时间要求等。这些处理要求是后面物理设计的输入及性能评价的标准。

数据字典是关于数据库中数据的描述,即元数据,而不是数据本身。数据本身将存放在物理数据库中,由数据库管理系统管理。数据字典有助于这些数据的进一步管理和控制,为设计人员和数据库管理员在数据库设计、实现和运行阶段控制有关数据提供依据。

5.2.4 需求分析实例

本节以建立"学校管理信息系统"为例,说明数据库设计的步骤,各步骤中所做的工作及产生的结果。

首先,在建立"学校管理信息系统"的需求分析阶段,为了明确系统的数据要求、处理要求、安全性和完整性,需要明确"学校"这个应用环境的组织结构和数据流程,即学校由哪些部门组成,各部门的职能,各部门接收的数据,对这些数据进行的处理,处理时有哪些要求,处理后产生的数据,这些数据的接收者是谁等。通过这些内容的调查,可以得到目标系统的系统结构图、数据流图,对于数据的要求得到数据字典等内容,为应用系统在概念结构设计阶段抽象出 E-R 图提供了基础。

某校的行政管理部门按照职能划分,其主要的组织结构图见图 5-3。

各行政管理部门由于职能的不同,管理的对象也不同,例如,研究生院管理研究生信息;人事处负责师资队伍建设及人事管理;学生工作处负责学生事务管理及学生资助;教务处负责学生档案、选课、成绩查询、教师教学管理等。各部门之间会有一定的联系,例如,教务处需要同时处理学生、课程以及教师三种对象的信息,而教师信息则主要由人事处进行管理,教务处只需要教师信息中的部分信息即可;学生工作处也需要从教务处获得学生的相

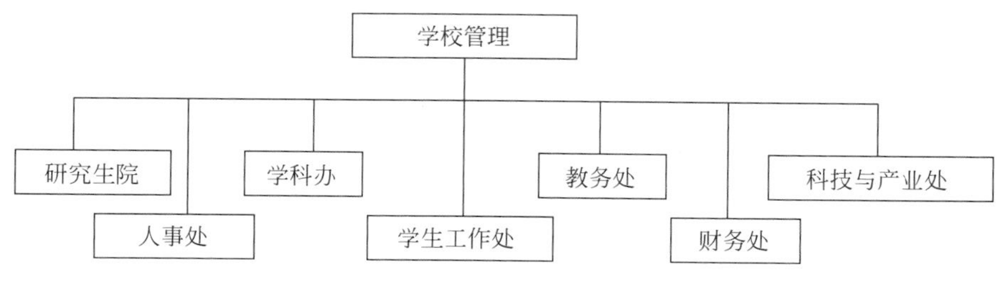

图 5-3　某校的组织结构图

关资料进行学生日常活动、评优及奖学金管理。所以，部门之间存在着数据流动和相互处理的问题，这就需要用数据流图将数据在各部门之间的流动和处理情况表示清楚，对于数据的说明则用数据字典进行表示。

在清楚了部门之间的相互关系之后，就要具体到某个部门进行详细分析了。下面以该校教务处管理系统为例，假设该系统可以分为三个主要功能：学籍管理，负责学生的基本信息采集及学籍档案管理；专业建设，管理学校各院系的专业设置、培养计划、课程管理、教学大纲、教材选用等信息；选课管理，负责所有在校本科生的选课及成绩查询等工作。

图 5-4 得到的只是高层次抽象的系统概貌，要反映更详细的内容，则需要将各功能模块的划分进一步细化，直到将系统的工作过程表述清楚为止。在处理功能逐级分解的同时，它们所使用的数据也逐级分解，形成若干层次的数据流图，数据流图表达了对数据进行处理的过程，如图 5-5～图 5-9 所示。其中，图 5-5 是学籍管理子系统的顶层数据流图，在这一层，只能看到该子系统的输入外部项（招生办、辅导员、教务处）与输出外部项（使用学籍信息的相关部门），对于学籍管理子系统中具体包含哪些功能，在顶层数据流图中是无法看到的。图 5-6 是学籍管理子系统的 0 层数据流图，可以看出学籍管理子系统总共包括 5 个功能：学籍基本信息管理、学籍变动管理、奖惩信息管理、统计查询及报表打印。数据存储包括：学籍信息表、学籍变动表、奖励信息表和处罚信息表，这些静态的数据存储，都是数据库设计重点考虑的内容。但是，在这一层的数据流图中，仍然无法具体地知道每个功能包含哪些操作。因此在图 5-7～图 5-9 中，对基本信息管理、学籍变动管理和奖惩信息管理三个功能进行进一步细化，得到相应功能的一层数据流图。显然，一层数据流图对各个功能具体实现的操作已经非常明确了。当然，对于图 5-9，仍然可以对奖励信息管理进一步细化。但是对于数据库设计来说，一层数据流图已经可以清晰地看到需要存储和管理的数据对象了。而对于数据对象的详细说明，则使用数据字典来描述。

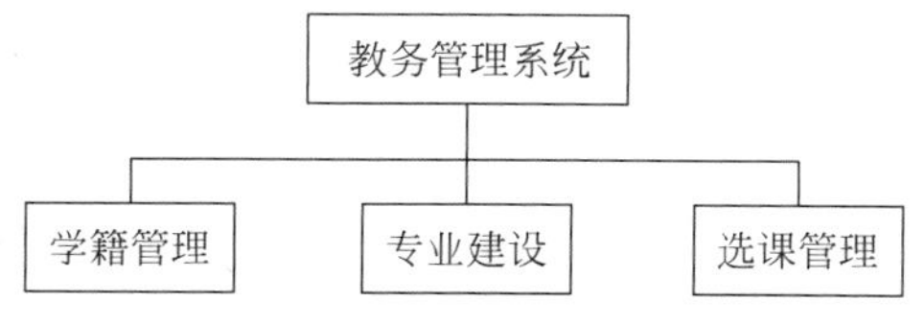

图 5-4　教务管理子系统功能结构图

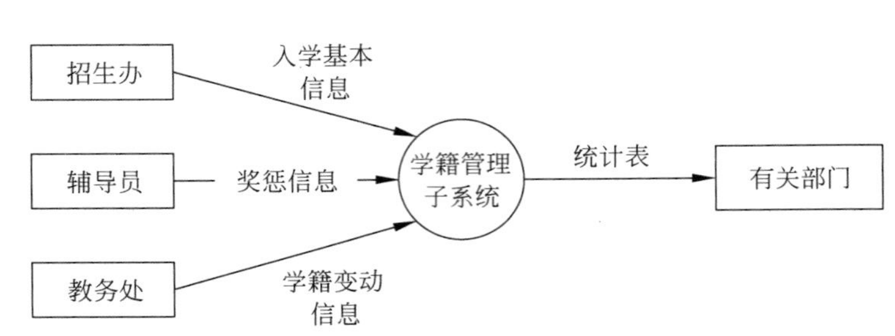

图 5-5 学籍管理子系统顶层数据流图

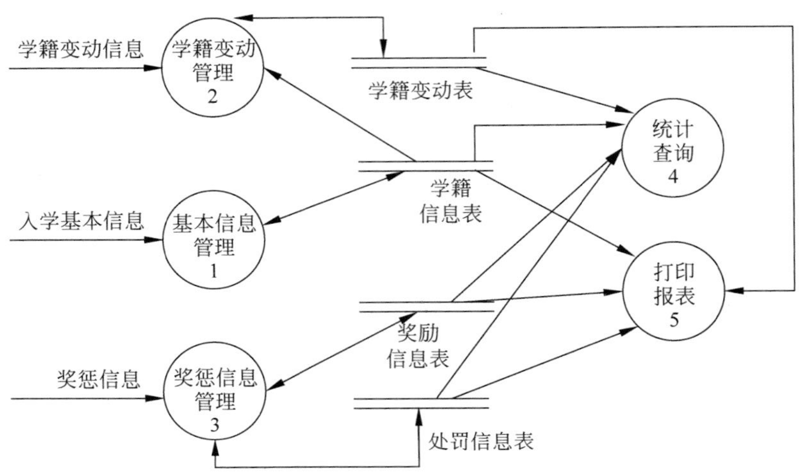

图 5-6 学籍管理子系统 0 层数据流图

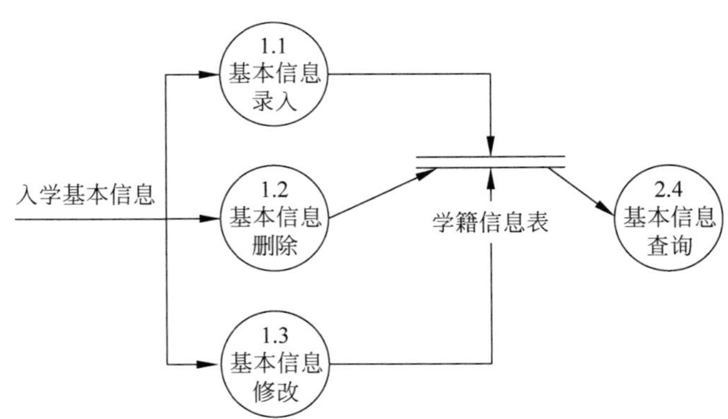

图 5-7 基本信息管理一层数据流图

下面以“学籍管理子系统”为例,简要说明如何定义数据字典。

1. 数据项

该子系统涉及很多数据项,其中,“学号”数据项非常重要,它能够唯一表示一个学生实体,作为学生实体的标识属性,可以如下描述。

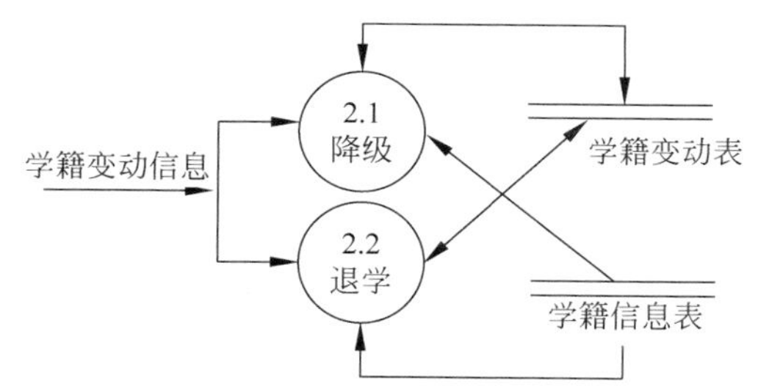

图 5-8　学籍变动管理一层数据流图

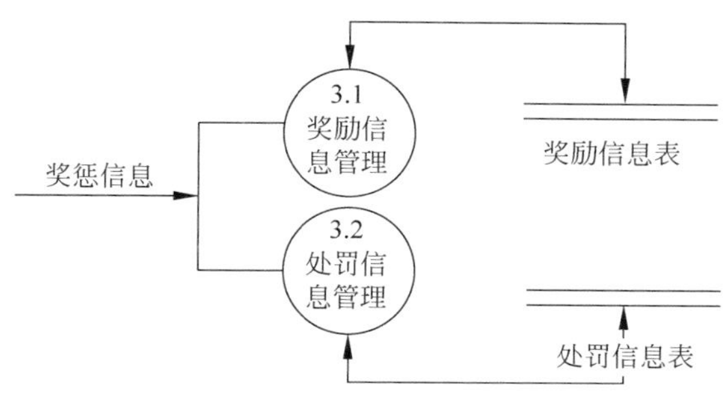

图 5-9　奖惩信息管理一层数据流图

数据项：学号
含义说明：唯一标识某个学生
别名：学生编号
类型：字符型
长度：8
取值范围：00000000～99999999
取值含义：第 1,2 位表示该学生所在学院；第 3,4 位表示学生入学年份；后 4 位按顺序编号
与其他数据项的逻辑关系：能够决定学生的其他属性

2. 数据结构

“学生”是该系统中的重要实体，也是系统的一个核心数据结构，在实际操作中，学生实体实际上就是代表学生的一条条学籍信息，它可以如下描述。

数据结构：学生
含义说明：学籍管理子系统的主体数据结构，定义了一个学生的在校基本信息
组成：学号＋姓名＋性别＋出生日期＋年龄＋学院＋专业＋班级

3. 数据流

数据流是数据结构在系统内传输的路径，体现了系统中对数据动态的处理过程及变化。如“入学基本信息”数据流，来自系统的外部输入项“招生办公室”，流向基本信息管理模块，具体内容描述如下。

> **数据流**：入学基本信息
> **含义说明**：学生入学时采集到的基本信息
> **来源**：招生办公室
> **去向**：基本信息管理模块
> **组成**：身份证号＋姓名＋性别＋出生日期……

4. 数据存储

系统中基本信息管理、学籍变动管理和奖惩信息管理三个功能都会对相应的数据存储进行操作，如基本信息管理模块，会对学籍信息表进行读取，同时会对学籍信息表进行添加、删除、修改等操作。数据存储中的数据，作为数据源，流向统计查询和报表显示模块。具体内容如下。

> **数据结构**：学籍信息表
> **含义说明**：学生在校的学籍基本信息
> **流入数据流**：学生在校基本信息
> **流出数据流**：具体统计和查询信息
> **组成**：学号＋姓名＋性别＋出生日期＋学院＋专业＋班级＋宿舍

5. 处理过程

处理过程表示对数据流的处理功能和处理要求，如处理过程“1.1 基本信息录入”可如下描述。

> **处理过程**：1.1 基本信息录入
> **说明**：为所有新生录入在校学籍信息
> **输入**：入学基本信息
> **输出**：在校学籍信息
> **处理**：在新生报到后，根据录取专业，为所有新生录入宿舍、院系、专业、班级等在校信息。

5.3 概念结构设计

5.3.1 概念结构设计的定义

概念模型可以看成是现实世界到机器世界的一个过渡的中间层次，在这个层次中，使用接近计算机存储的方式表示数据，同时又不涉及具体的 DBMS。做出概念模型后，再转换为具体的 DBMS(如 SQL Server 或 Oracle)下的模型，就成为逻辑模型。在设计数据库应用系统时，要把现实世界的事物通过认识和抽象转换为信息世界的概念模型，再把概念模型转换为机器世界的数据模型。

概念模型是对现实世界的一种抽象，即对实际的人、物、事和概念进行人为处理，抽取人们关心的共同特性，忽略非本质的细节，并把这些特性用各种概念精确地加以描述。

概念模型是数据库系统的核心和基础。由于各个机器上实现的 DBMS 软件都是基于某种数据模型的，所以在具体机器上实现的模型都有许多严格的限制。而现实应用环境是复杂多变的，如果把现实世界中的事物直接转换为机器中的对象，就非常不方便。因此，人们研究把现实世界中的事物抽象为不依赖于具体机器的信息结构，又接近人们的思维，并具有丰富语义的概念模型，然后再把概念模型转换为具体的机器上 DBMS 支持的数据模型。概念模型的描述工具通常是使用 E-R 模型图。该模型不依赖于具体的硬件环境和 DBMS。

将需求分析得到的用户需求抽象为信息结构即概念模型的过程就是概念结构设计。

对数据库概念模型有以下要求。

(1) 有丰富的语义表达能力，能表达用户的各种需求。

(2) 易于交流和理解，从而可以用它和不熟悉计算机的用户交换意见。

(3) 要易于更改。当应用环境和应用要求改变时，概念模型要能很容易地修改和扩充以反映这种变化。

(4) 易于向各种数据模型转换。

5.3.2 概念结构设计方法

概念结构设计阶段，一般使用语义数据模型描述概念模型。通常是使用 E-R 模型图作为概念设计的描述工具进行设计。用 E-R 模型图进行概念设计可以采用如下方法。

1. 集中式模式设计法

集中式模式设计法即首先定义全局概念结构的框架，然后逐步细化。例如，可以先确定几个高级实体类型，然后在确定其属性时，把这些实体类型分解为更低一层的实体类型和联系。集中式模式设计法的设计过程如图 5-10 所示。

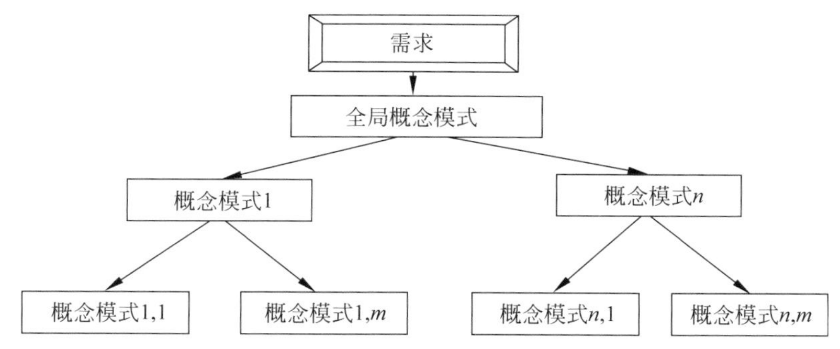

图 5-10 集中式模式设计法

2. 视图集成法

以各部分的需求说明为基础，分别设计各自的局部模式，这些局部模式相当于各部分的视图，然后再以这些视图为基础，集成为一个全部模式。视图是按照某个用户组、应用或部门的需求说明，用 E-R 数据模型设计的局部模式。现在的关系数据库设计通常采用视图集成法。视图集成法的设计过程如图 5-11 所示。

3. 混合方法

即将集中式模式设计法和视图集成法相结合，用集中式模式设计法设计一个全局概念结构的框架，以它为骨架集成由视图集成法中设计的各局部概念结构。

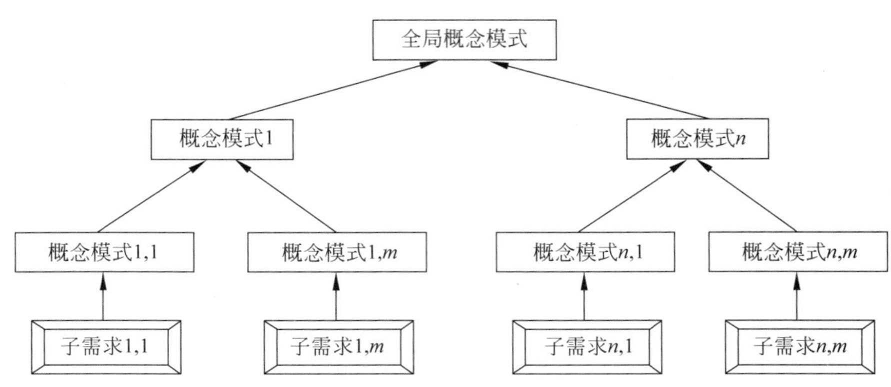

图 5-11　视图集成法

4. 由内向外法

首先定义最重要的核心概念结构，然后向外扩充，考虑已存在概念附近的新概念使得建模过程向外扩展。使用该策略，可以先确定模式中比较明显的一些实体类型，然后继续添加其他相关的实体类型，如图 5-12 所示。

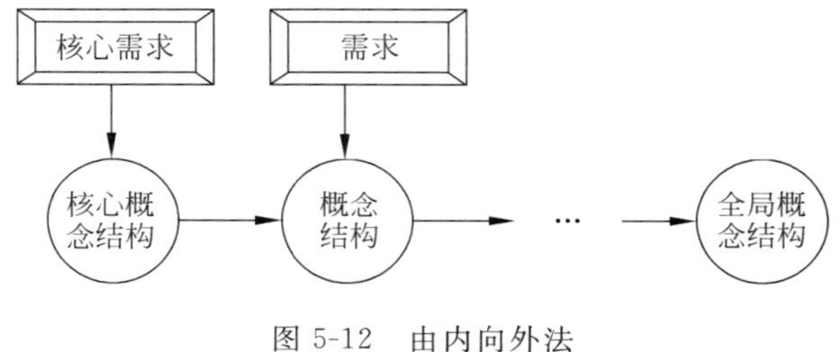

图 5-12　由内向外法

5.3.3　局部视图设计

1. 局部视图设计的方法

1）选择局部应用

在需求分析阶段，通过对应用环境和要求进行详尽的调查分析，用多层数据流图和数据字典描述了整个系统。设计分 E-R 图的第一步，就是要根据系统的具体情况，在多层的数据流图中选择一个适当层次的(经验很重要)数据流图，使得图中每一部分对应一个局部应用，可以就这一层次的数据流图为出发点，设计分 E-R 图。一般而言，中层的数据流图能较好地反映系统中各局部应用的子系统组成，因此人们往往以中层数据流图作为设计分 E-R 图的依据。

2）逐一设计分 E-R 图

每个局部应用都对应了一组数据流图，局部应用涉及的数据都已经收集在数据字典中了。现在就是要将这些数据从数据字典中抽取出来，参照数据流图，标定局部应用中的实体、实体的属性、标识实体的码，确定实体之间的联系及其类型(1∶1、1∶n、m∶n)。

(1) 标定局部应用中的实体。

现实世界中一组具有某些共同特性和行为的对象就可以抽象为一个实体。对象和实体之间是“is member of”的关系。

例如，在学校环境中，可以把张三、李四、王五等对象抽象为学生实体。对象类型的组成成分可以抽象为实体的属性。

组成成分与对象类型之间是“is part of”的关系。例如，学号、姓名、专业、年级等可以抽象为学生实体的属性。其中，学号为标识学生实体的码。

（2）标定实体的属性、标识实体的码。

实际上，实体与属性是相对而言的，很难有截然划分的界限。同一事物，在一种应用环境中作为“属性”，在另一种应用环境中就必须作为“实体”。一般说来，在给定的应用环境中，属性不能再具有需要描述的性质，即属性必须是不可分的数据项。属性不能与其他实体具有联系，联系只发生在实体之间。

（3）确定实体之间的联系及其类型（1∶1、1∶n、m∶n）。

根据需求分析，要考察实体之间是否存在联系，有无多余联系。

2. 应用举例

继续以“教务管理系统”中的“学籍管理子系统”为例，讨论该系统概念结构设计的过程和方法。在该例中，由学籍管理的数据流图得到的局部应用中，主要涉及的实体包括：学生、学院、班级、宿舍、专业、奖励信息、处罚信息及学籍变动信息等。那么，这些实体之间的联系又是怎样的呢？

由于一个宿舍可以住多个学生，而一个学生只能住在某一个宿舍中，一个班级往往有若干名学生，而一个学生只能属于一个班级，一个学院包含多名学生，开设了多个专业方向，每个专业方向有多个班级，而每个班级又包括多名学生，因此各实体之间的关系见图 5-13。

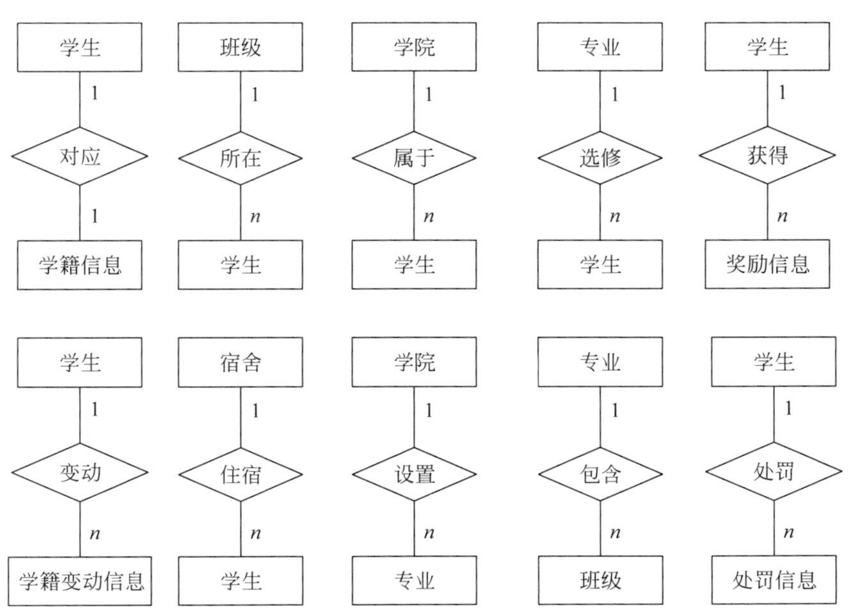

图 5-13　学籍管理局部应用的分 E-R 图

这些实体的属性分别如下（此处省略了 E-R 图对实体属性的表示）。

学生：{<u>学号</u>，姓名，性别，出生日期，年龄，学院，专业，班级，宿舍}

学籍信息:{学号,姓名,性别,出生日期,年龄,学院,专业,班级,宿舍}

学籍变动信息:{学籍变动编号,学号,姓名,变动类型,变动时间}

班级:{班级号,学生人数,班主任}

宿舍:{宿舍编号,地址,人数}

学院:{学院编号,学院名称,院长,办公室电话}

专业:{专业编号,专业名称}

奖励信息:{编号,学号,奖励名称,获奖时间,获奖等级,颁奖单位}

处罚信息:{编号,学号,处罚名称,处罚时间,处罚原因}

此处,学生和学籍信息为相同的内容,合并为一个实体,命名为学生。因此,学籍管理子系统中,共计 8 个实体,9 个联系。

5.3.4 集成全局视图

1. 视图集成要解决的问题

由于局部概念设计相对简单,因此简化了全局模式的设计。但是,在将局部视图合成为全局视图的时候,需要具体地解决下列问题。

1) 确定模式之间的对应和冲突

由于各子模式是分开进行设计的,因此有必要在集成之前确定各模式表示的是否是同一个现实世界的概念结构。在此过程中,模式间可能会发生如下一些冲突。

(1) 属性冲突

① 属性域冲突,即属性值的类型、取值范围或取值集合不同,如零件号,有的部门作为整数对待,有的部门则使用字符串。不同部门对零件号的编码也可能不同。

② 属性取值单位冲突,如零件重量,有的部门以千克为单位,有的部门以克为单位。

(2) 命名冲突

包括同名异义和异名同义。如科研项目,财务科称为项目,科研处称为课题,生产管理处称为工程,这就是一个异名同义的例子。

(3) 结构冲突

① 同一对象在不同应用中具有不同的抽象。如在教学管理中,职称是一个属性;而在人事管理中,因为职称与工资、住房挂钩,因此是一个实体。

② 同一实体在不同局部视图中所包含的属性不完全相同。

③ 实体间的联系在不同分 E-R 图中为不同类型,如在生产子系统分 E-R 图中,产品和零件构成 $1:n$ 联系。而物资子系统分 E-R 图中,产品、零件、供应商三者构成多对多联系。

2) 修改视图使得相互一致

对一些模式进行修改,以便于其他模式相符合。这一步可以解决上一步发现的冲突。

3) 合并视图

通过创建单个子视图来创建全局视图。相应的概念在全局模式中只出现一次,并且要确定子视图和全局视图之间的映射关系。在涉及数百个实体和联系的现实数据库中,这一步是最为困难的。因为牵扯到大量的人为干预和协商来解决冲突,并且要确定全局模式的一个最为合理并且能够接受的解决方案。

4）重构

该步骤是一个可选步骤，可能会对全局模式进行分析和重构，以删除任何冗余和不必要的内容。

2. 视图集成的策略

子视图的集成是一个非常复杂的过程，需要一个更加严格和系统化的方法。下面介绍一些用于视图合并的策略。

1）二元集成

首先对两个比较类似的模式进行集成。然后把结果模式和另外一个模式集成，不断重复该过程直到所有模式被集成。可以根据模式的相似程度确定模式集成的顺序。由于集成是逐步进行的，所以该策略适用于手工集成。

2）n 元集成

对视图的集成关系进行分析和说明之后，在一个过程中完成所有视图的集成。对于规模较大的设计问题，这个策略需要使用计算机化的工具，目前有一些这种工具的原型，但还没有成熟的商业产品。

3）二元平衡策略

首先将模式成对地进行集成，然后再将结果模式成对地进一步集成，不断重复该过程直至得到最终的全局模式。

4）混合策略

首先，根据模式的相似性把它们划分为不同的组，对每个组单独地进行集成。然后对中间结果进行分组并集成，重复该过程直至集成结束。

3. 应用举例

将学籍管理子系统的各分 E-R 图进行合并的主要步骤如下。

（1）第一步：确定各模式之间的对应和冲突。

学籍管理子系统各模式之间主要存在命名冲突和结构冲突：学生实体的属性{学院，专业，班级，宿舍}分别对应“学院”实体的{学院编号}、“专业”实体的{专业编号}、“班级”实体的{班级编号}和“宿舍”实体的{宿舍编号}。因此，消除冲突后学生实体表示为：

学生：{学号，姓名，性别，出生日期，年龄，学院编号，专业编号，班级编号，宿舍编号}

（2）第二步：消除存在着的冗余属性和冗余联系。

学生实体中的年龄属性可以由出生日期推算出来，属于冗余属性，应该去掉。这样不仅可以节省存储空间，而且当某个学生的出生日期有误，进行修改后，无须相应修改年龄，减少了产生数据不一致的机会。因此，消除冗余属性后学生实体表示为：

学生：{学号，姓名，性别，出生日期，学院编号，专业编号，班级编号，宿舍编号}

第三步：视图集成。集成后的学籍管理模块的 E-R 图如图 5-14 所示。

学籍管理子系统的 E-R 图还需要进一步和专业建设子系统（如图 5-15 所示）以及选课管理子系统（如图 5-16 所示）的 E-R 图合并，生成教务管理系统的 E-R 图，由于篇幅限制，这里就不再给出系统的完整 E-R 图了，待读者自己完成。

视图集成后形成一个整体的数据库概念结构，对该整体概念结构还必须进行进一步验

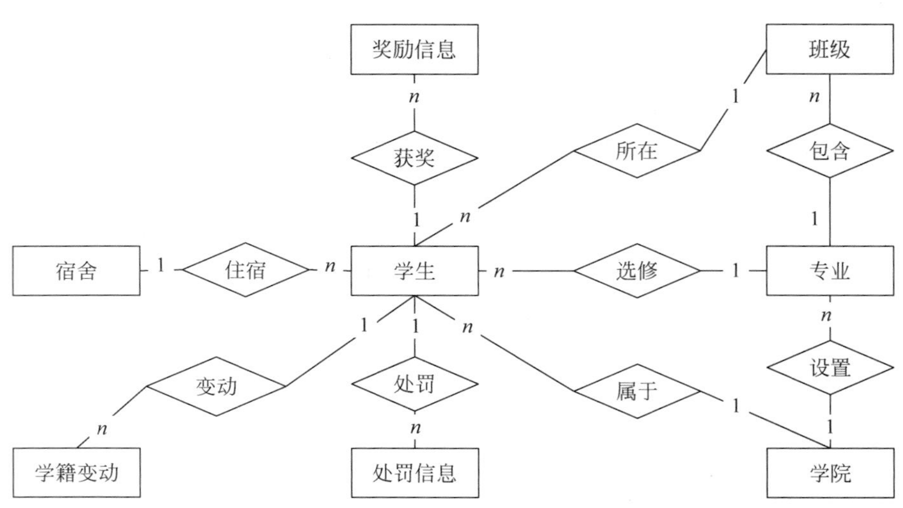

图 5-14　学籍管理模块 E-R 图

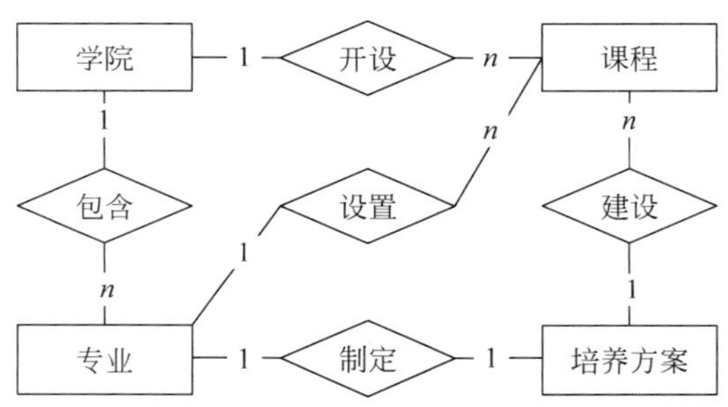

图 5-15　专业建设模块 E-R 图

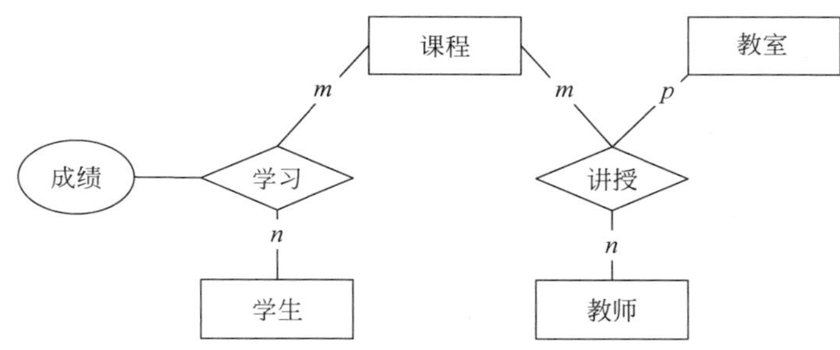

图 5-16　选课管理模块 E-R 图

证,确保它能够满足下列条件。

(1) 整体概念结构内部必须具有一致性,即不能存在互相矛盾的表达。

(2) 整体概念结构能准确地反映原来的每个视图结构,包括属性、实体及实体间的联系。

(3) 整体概念结构能满足需求分析阶段所确定的所有要求。

5.4 逻辑结构设计

5.4.1 逻辑结构设计的任务和步骤

概念结构设计阶段得到的 E-R 模型是用户的模型，它独立于任何一种数据模型，独立于任何一个具体的 DBMS。数据库逻辑结构设计的任务是将概念结构转换成特定 DBMS 所支持的数据模型的过程。从此开始便进入了“实现设计”阶段，需要考虑到具体的 DBMS 的性能、具体的数据模型特点。

从 E-R 图所表示的概念模型可以转换成任何一种具体的 DBMS 所支持的数据模型，如网状模型、层次模型和关系模型。逻辑结构设计应该选择最适于描述与表达相应概念结构的数据模型，然后选择最合适的 DBMS。

逻辑结构设计阶段需要完成的任务和步骤如下。

(1) 将 E-R 模型转换为等价的关系模式。

(2) 按需要对关系模式进行规范化。

(3) 对规范化后的模式进行评价。

(4) 根据局部应用的需要，设计用户外模式。

要使计算机能够处理 E-R 模型中的信息。首先必须将它转换为具体的 DBMS 能处理的数据模型。E-R 模型可以向现有的各种数据模型转换。而目前市场上 DBMS 大部分是基于关系数据模型的，所以本书只详细讲解 E-R 模型向关系数据模型的转换方法。

从 E-R 图中可以看出，E-R 模型实际上是实体型及实体间联系所组成的有机整体，而前面也学过，关系模型的逻辑结构是一系列关系模式的集合。所以将 E-R 模型转换为关系模型，实质上就是将实体型和联系转换为关系模式。也就是如何用关系模式来表达实体型以及实体集之间的联系的问题。

5.4.2 E-R 图向关系模型的转换原则

关系模型的逻辑结构是一组关系模式的集合。而 E-R 图则是由实体、实体的属性和实体之间的联系三个要素组成的。所以将 E-R 图转换为关系模型实际上就是要将实体、实体的属性和实体之间的联系转换为关系模式。

E-R 图向关系模型的转换一般应遵循如下原则。

1. 实体的转换

一个实体型转换为一个关系模式。实体的属性就是关系的属性，实体的码就是关系的码。

例如，“学生”实体可以转换为如下关系模式，其中，学号为学生关系的码。

学生：(学号，姓名，性别，出生日期，学院编号，专业编号，班级编号，宿舍编号)

同样，学院、专业、班级、宿舍、学籍变动信息、奖励信息和惩罚信息等几个实体都分别转换为一个关系模式。

2. 联系的转换

一个联系转换为一个关系模式，与该联系相连的各实体的码以及联系的属性转换为关系的属性,该关系的码则有以下几种情况。

(1) 若联系为 1∶1,则每个实体的码均是该关系的候选码。

(2) 若联系为 1∶n,则关系的码为 n 端实体的码。

(3) 若联系为 m∶n,则关系的码为诸实体码的组合。

(4) 三个或三个以上实体间的多元联系、同一实体集内的自反联系的转换规则与二元联系相同。

下面以二元联系为例,对联系的转换规则进行详细的解释。

1) 联系为 1∶1

(1) 转换为独立的关系模式。如果转换为一个独立的关系模式,则与该联系相连的各实体的码以及联系本身的属性均转换为关系的属性,每个实体的码均是该关系的候选码。

例如,图 5-15 中专业和培养方案之间的联系"制定"为 1∶1 类型,则该联系转换为独立的关系模式时,形式为:

制定(专业编号,培养方案编号)

该联系的属性,包含专业和培养方案两个关系的码及联系的属性(此处没有联系的属性)。该联系的码,为任意一方关系的码,即专业编号或者培养方案编号。此处,选择专业编号为主码。

(2) 与关系模式合并。如果与某一端对应的关系模式合并,则需要在该关系模式的属性中加入另一个关系模式的码和联系本身的属性。

例如,图 5-15 中专业和培养方案之间的联系"制定",可以与专业或者培养方案两个关系模式合并,合并结果为下面两种情况之一。

专业(专业编号,专业名称,所属学院,培养方案编号)

培养方案(培养方案编号,内容,制定日期,负责人,专业编号)

在上面的关系模式中,用下画线表示主码,波浪线表示外码,该外码即为并入的另一方关系模式的主码。后续的章节中,如不做特殊说明,主外码均用这种方式表示。

2) 联系为 1∶n

(1) 转换为独立的关系模式。如果转换为一个独立的关系模式,则与该联系相连的各实体的码以及联系本身的属性均转换为关系的属性,而关系的码为 n 端实体的码。

例如,图 5-14 中专业和学生之间的联系"选修"为 1∶n 类型,则该联系转换为独立的关系模式时,形式为:

选修(学生编号,专业编号)

该联系的属性,包含专业和学生两个关系的码及联系的属性(此处没有联系的属性),该联系的码,为 n 方关系的码,即学生编号。

(2) 与关系模式合并。如果与 n 端对应的关系模式合并,则在 n 端实体对应模式中加入 1 端实体所对应关系模式的码,以及联系本身的属性。而关系的码为 n 端实体的码。

例如,图 5-14 中专业和学生之间的联系"选修",只能与表示 n 方的学生关系模式合并,形式为:

学生:(学号,姓名,性别,出生日期,学院编号,专业编号,班级编号,宿舍编号)

3) 联系为 m∶n

m∶n 联系的转换方法只有一种,就是转换为一个独立的模式。与该联系相连的各实体的码以及联系本身的属性均转换为关系的属性。而关系的码为各实体码的组合。

例如，图 5-16 中学生和课程之间的“选课”联系是一个 $m:n$ 联系，可以将它转换为如下关系模式，其中，学号与课程号为关系的组合码，成绩则是联系的属性。

学习(学号，课程号，成绩，学期)

3. 具有相同码的关系模式可合并

为了减少系统中的关系个数，如果两个关系模式具有相同的主码，可以考虑将它们合并为一个关系模式。合并方法是将其中一个关系模式的全部属性加入到另一个关系模式中，然后去掉其中的同义属性(可能同名也可能不同名)，并适当地调整属性的次序。

按照上述转换方法，学籍管理模块中的 9 个联系，若 1∶1 联系和 $1:n$ 联系按照转换为独立关系模式的方法，可以得到下列 9 个关系模式，最终逻辑结构转换的结果是 9 个联系的关系模式和 8 个实体的关系模式的集合，共计 17 个关系模式。

住宿(学生编号，宿舍编号)

变动(学籍变动编号，学生编号)

获奖(奖励编号，学生编号)

处罚(处罚编号，学生编号)

所在(学生编号，班级编号)

选修(专业编号，学生编号)

属于(学生编号，学院编号)

包含(班级编号，专业编号)

设置(专业编号，学院编号)

若按照合并的方式，学籍管理模块中的 9 个联系转换得到如下模式。

学生：(学号，姓名，性别，出生日期，学院编号，专业编号，班级编号，宿舍编号)

学籍变动信息：(学籍变动编号，学号，姓名，变动类型，变动时间)

班级：(班级号，班级名称，学生人数，专业编号)

专业：(专业编号，专业名称，学院编号)

奖励信息：(奖励编号，学号，奖励名称，获奖时间，获奖等级，颁奖单位)

处罚信息：(处罚编号，学号，处罚名称，处罚时间，处罚原因)

由于合并后的关系模式包含部分实体模式，因此最终逻辑结构转换的结果，还应添加余下的两个实体关系模式，因此这种转换方法共计得到 8 个关系模式。

宿舍：{宿舍编号，地址，人数}

学院：{学院编号，学院名称，院长，办公室电话}

从上面两种转换方法的结果可以看出，独立关系模式转换方法操作简单，结果清晰，但是会增加系统的存储空间，且产生较多的连接运算，降低系统查询效率；合并转换方法得到的关系模式数量较少，查询效率高，但是转换过程容易发生遗漏。

5.4.3 逻辑结构的优化

应用规范化理论对逻辑设计阶段产生的逻辑模式进行初步优化，以减少乃至消除关系模式中存在的各种异常，改善完整性、一致性和存储效率。规范化理论是数据库逻辑设计的指南和工具，规范化过程分为两个步骤：确定范式的级别和实施规范化处理(模式分解)。

1. 确定范式级别

考察关系模式的函数依赖关系,确定范式等级。找出所有“数据字典”中得到的数据之间的依赖关系,对各模式之间的数据依赖进行极小化处理,消除冗余的联系。按照数据依赖理论对关系模式逐一进行分析,考察是否存在部分函数依赖、传递函数依赖和多值依赖等,确定各关系模式属于第几范式。

例如,在学籍变动信息模式中,学号和姓名之间存在函数依赖:学号→姓名,因此该关系模式存在传递依赖关系,属于 2NF。

学籍变动信息:(学籍变动编号,学号,姓名,变动类型,变动时间)

2. 实施规范化处理

确定范式级别后,根据应用需求,判断它们对于这样的应用环境是否合适,确定对于这些模式是否进行合并或分解。对于上例中的学籍变动信息中存在的传递依赖关系,若学生姓名在此关系中经常需要被查询,则可以不对其进行优化,保留在原关系模式中;若学生姓名较少成为查询目标,则可以对将该关系模式进行优化,结果为:

学籍变动信息:(学籍变动编号,学号,变动类型,变动时间)

5.4.4 设计用户外模式

前面根据用户需求设计了局部应用视图,这种局部应用视图只是概念模型,用 E-R 图表示。在将概念模型转换为逻辑模型后,即生成了整个应用系统的模式后,还应该根据局部应用需求,结合具体 DBMS 的特点,设计用户的外模式。

目前关系数据库管理系统一般都提供了视图概念,支持用户的虚拟视图。可以利用这一功能设计更符合局部用户需要的用户外模式。

定义数据库模式主要是从系统的时间效率、空间效率、易维护等角度出发。由于用户外模式与模式是独立的,因此在定义用户外模式时应该更注重考虑用户的习惯与方便。包括:

(1) 使用更符合用户习惯的别名。

(2) 对不同级别的用户定义不同的外模式,以满足系统对安全性的要求。

(3) 简化用户对系统的使用。

5.5 物理结构设计

数据库最终要存储在物理设备上。对于给定的逻辑数据模型,选取一个最适合应用环境的物理结构的过程,称为数据库物理设计。物理设计的任务是为了有效地实现逻辑模式,确定所采取的存储策略。此阶段是以逻辑设计的结果作为输入,结合具体 DBMS 的特点与存储设备特性进行设计,选定数据库在物理设备上的存储结构和存取方法。

数据库的物理设计可分为以下两步。

(1) 确定物理结构,在关系数据库中主要指存取方法和存储结构。

(2) 对物理结构进行评价,评价的重点是时间和空间效率。

5.5.1 确定数据库的物理结构

数据库的物理结构设计为存储在物理设备(通常指辅存)上的数据提供存储和检索功能,包括存储结构和存取方法两个部分。存储结构限定了可能访问的路径和存储记录,存取方法定义了每个应用的访问路径。

1. 确定存取方法

存取方法中访问路径的设计分为主访问路径的设计与辅访问路径的设计。主访问路径与初始记录的装入有关,通常是用主码来检索的。首先利用这种方法设计各个文件,使其能最有效地处理主要的应用。一个物理数据库很可能有几套主访问路径。辅访问路径是通过辅助键的索引对存储记录重新进行内部链接,从而改变访问数据的入口点。用辅助索引可以缩短访问时间,但却增加了辅存空间和索引维护的开销。设计者应根据具体情况进行权衡。

DBMS 一般提供多种存取方法,这里介绍其中的两种:聚簇和索引。

1) 聚簇

聚簇就是为了提高查询速度,把在一个(或一组)属性上具有相同值的元组集中地存放在一个物理块中。如果存放不下,可以存放在相邻的物理块中。其中,这个(或这组)属性称为 聚簇码。聚簇有两个作用:

(1) 使用聚簇以后,属性值相同的元组就集中在一起了,因而属性值不必在每个元组中重复存储,只要在一组中存储一次即可,因此可以节省存储空间。

(2) 聚簇功能可以大大提高按聚簇码进行查询的效率。例如,假设要查询学生关系中计算机系的学生名单(计算机系有 300 名学生)。在极端情况下,这些学生的记录会分布在 300 个不同的物理块中,这时如果要查询计算机系的学生,就需要做 300 次的 I/O 操作,这将影响系统查询的性能。如果按照系别建立聚簇,使同一个系的学生记录集中存放,则每做一次 I/O 操作,就可以获得多个满足查询条件和记录,从而显著地减少了访问磁盘的次数。

2) 索引

存储记录是属性值的集合,主关系键可以唯一确定一个记录,而其他属性的一个具体值不能唯一确定是哪个记录。在主关系键上应该建立唯一索引,这样不仅可以提高查询速度,还能避免关系键重复值的录入,确保了数据的完整性。

在数据库中,用户访问的最小单位是属性。如果频繁对某些非主属性检索,可以考虑建立这些属性的索引文件。索引文件对存储记录重新进行内部链接,从逻辑上改变了记录的存储位置,从而改变了访问数据的入口点。关系中数据索引越多,其优越性也就越明显。

建立多个索引文件可以缩短存取时间,但却增加了索引文件所占用的存储空间和维护的开销。因此,应该根据实际需要综合考虑。

2. 确定存储结构

确定数据库存储结构时要综合考虑存取时间、存储空间利用率和维护代价三方面的因素。这三个方面常常是相互矛盾的,例如消除一切冗余数据虽然能够节约存储空间,但往往会导致检索代价的增加,因此必须进行权衡,选择一个适宜方案。

在物理结构中，数据的基本存取单位是存储记录。有了逻辑记录结构以后，就可以设计存储记录结构，一个存储记录可以和一个或多个逻辑记录相对应。存储记录结构包括记录的组成、数据项的类型和长度，以及逻辑记录到存储记录的映射。某一类型的所有存储记录的集合称为“文件”，文件的存储记录可以是定长的，也可以是变长的。

文件组织或文件结构是组成文件的存储记录的表示法。文件结构应该表示文件格式、逻辑次序、物理次序、访问路径、物理设备的分配。物理数据库就是指数据库中实际存储记录的格式、逻辑次序和物理次序、访问路径、物理设备的分配。

3. 确定数据的存放位置

为了提高系统性能，应该根据应用情况将数据的易变部分、稳定部分、经常存取部分和存取频率较低部分分开存放。

例如，目前许多计算机都有多个磁盘，因此可以将表和索引分别存放在不同的磁盘上，在查询时，由于两个磁盘驱动器并行工作，可以提高物理读写的速度。

在多用户环境下，可能将日志文件和数据库对象(表、索引等)放在不同的磁盘上，以加快存取速度。另外，数据库的数据备份、日志文件备份等，只在数据库发生故障进行恢复时才使用，而且数据量很大，可以存放在磁带上，以改进整个系统的性能。

4. 确定系统配置

DBMS产品一般都提供了一些系统配置变量、存储分配参数，供设计人员和DBA对数据库进行物理优化。系统为这些变量设定了初始值，但是这些值不一定适合每一种应用环境，在物理设计阶段，要根据实际情况重新对这些变量赋值，以满足新的要求。

系统配置变量和参数很多，例如，同时使用数据库的用户数、同时打开的数据库对象数、内存分配参数、缓冲区分配参数(使用的缓冲区长度、个数)、存储分配参数、数据库的大小、时间片的大小、锁的数目等，这些参数值影响存取时间和存储空间的分配，在物理设计时要根据应用环境确定这些参数值，可以存放在辅助存储设备上，以改进整个系统的性能。

5.5.2 评价物理结构

数据库物理设计过程中需要对时间效率、空间效率、维护代价和各种用户要求进行权衡，其结果可以产生多种方案，数据库设计人员必须对这些方案进行细致的评价，从中选择一个较优的方案作为数据库的物理结构。

评价物理数据库的方法完全依赖于所选用的DBMS，主要是从定量估算各种方案的存储空间、存取时间和维护代价入手，对估算结果进行权衡、比较，选择出一个较优的合理的物理结构。如果该结构不符合用户需求，则需要修改设计。

5.6 数据库实施

数据库实施是指根据逻辑设计和物理设计的结果，在计算机上建立起实际的数据库结构、装入数据、进行测试和试运行的过程。

数据库实施主要包括以下工作。

1. 建立实际数据库结构

确定了数据库的逻辑结构与物理结构后，就可以用所选用的 DBMS 提供的数据定义语言(DDL)来严格描述数据库结构。可使用 SQL 定义语句中的 CREATE TABLE 语句定义所需的基本表，使用 CREATE VIEW 语句定义视图。

2. 组织数据入库

装入数据又称为数据库加载(Loading)，是数据库实施阶段的主要工作。在数据库结构建立好之后，就可以向数据库中加载数据了。

由于数据库的数据量一般都很大，它们分散于一个企业(或组织)中各个部门的数据文件、报表或多种形式的单据中，存在着大量的重复，并且其格式和结构一般都不符合数据库的要求，必须把这些数据收集起来加以整理，去掉冗余并转换成数据库所规定的格式，这样处理之后才能装入数据库。因此，需要耗费大量的人力、物力，是一种非常单调乏味而又意义重大的工作。

由于应用环境和数据来源的差异，所以不可能存在普遍通用的转换规则，现有的 DBMS 并不提供通用的数据转换软件来完成这一工作。

对于一般的小型系统，装入数据量较少，可以采用人工方法来完成。其步骤如下。

1) 筛选数据

需要装入数据库中的数据通常都分散在各个部门的数据文件或原始凭证中，所以首先必须把需要入库的数据筛选出来。

2) 转换数据格式

筛选出来的需要入库的数据，其格式往往不符合数据库要求，还需要进行转换。这种转换有时可能很复杂。

3) 输入数据

将转换好的数据输入计算机中。

4) 校验数据

检查输入的数据是否有误。

但是，人工方法不仅效率低，而且容易产生差错。对于数据量较大的系统，应该由计算机来完成这一工作。通常是设计一个数据输入子系统，其主要功能是从大量的原始数据文件中筛选、分类、综合和转换数据库所需的数据，把它们加工成数据库所要求的结构形式，最后装入数据库中，同时还要采用多种检验技术检查输入数据的正确性。

为了保证装入数据库中数据的正确无误，必须高度重视数据的校验工作。在输入子系统的设计中应该考虑多种数据检验技术，在数据转换过程中应使用不同的方法进行多次检验，确认正确后方可入库。

如果在数据库设计时，原来的数据库系统仍在使用，则数据的转换工作是将原来老系统中的数据转换成新系统中的数据结构。同时还要转换原来的应用程序，使之能在新系统下有效地运行。

数据的转换、分类和综合常常需要多次才能完成，因而输入子系统的设计和实施是很复杂的，需要编写许多应用程序，由于这一工作需要耗费较多的时间，为了保证数据能够及时入库，应该在数据库物理设计的同时编制数据输入子系统，而不能等物理设计完成后才开始。

3. 编制与调试应用程序

数据库应用程序的设计属于一般的程序设计范畴,但数据库应用程序有自己的一些特点。例如,大量使用屏幕显示控制语句,形式多样的输出报表,重视数据的有效性和完整性检查,有灵活的交互功能。

数据库应用程序如果要将数据库中的数据及各种查询结果显示在应用程序中,首先需要建立应用程序与数据库之间的连接,主要的数据库连接方式有以下几种。

1) ODBC 数据库接口

ODBC 即开放式数据库互连(Open Database Connectivity),是微软公司推出的一种实现应用程序和关系数据库之间通信的接口标准。符合标准的数据库就可以通过 SQL 编写的命令对数据库进行操作,但只针对关系数据库。目前所有的关系数据库都符合该标准(如 SQL Server,Oracle,Access,Excel 等)。ODBC 本质上是一组数据库访问 API(应用程序编程接口),由一组函数调用组成,核心是 SQL 语句,其结构图如图 5-17 所示。

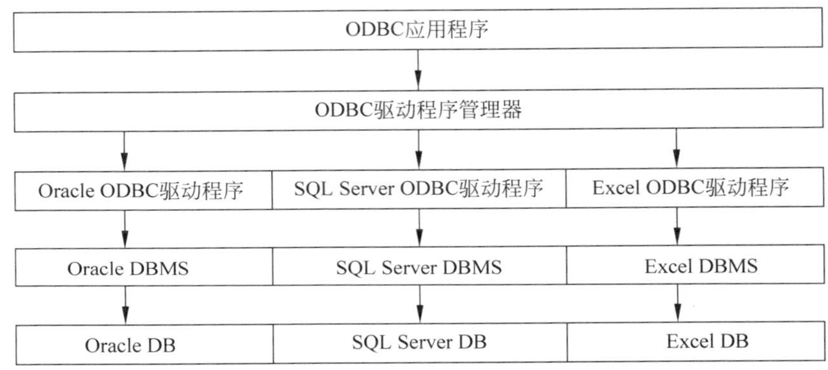

图 5-17　ODBC 访问数据库接口

2) OLE DB 数据库接口

OLE DB 即数据库链接和嵌入对象(Object Linking and Embedding DataBase)。OLE DB 是微软提出的基于 COM 思想且面向对象的一种技术标准,目的是提供一种统一的数据访问接口访问各种数据源。这里所说的“数据”除了标准的关系型数据库中的数据之外,还包括邮件数据、Web 上的文本或图形、目录服务(Directory Services),以及主机系统中的文件和地理数据以及自定义业务对象等。OLE DB 标准的核心内容就是提供一种相同的访问接口,使得数据的使用者(应用程序)可以使用同样的方法访问各种数据,而不用考虑数据的具体存储地点、格式或类型,其结构图如图 5-18 所示。

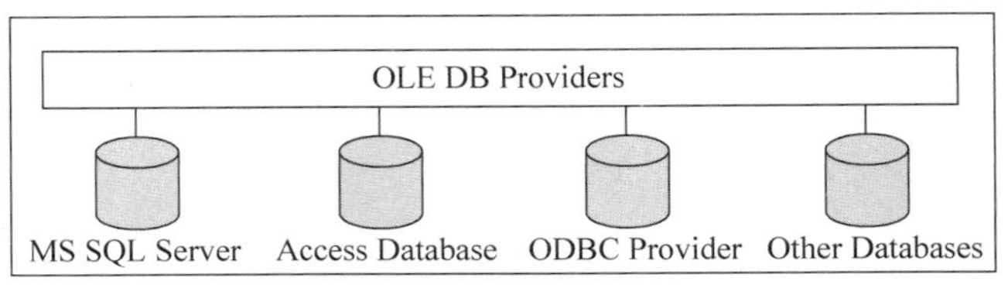

图 5-18　OLE DB 访问数据库接口

3）ADO 数据库接口

ADO(ActiveX Data Objects)是微软公司开发的基于 COM 的数据库应用程序接口，通过 ADO 连接数据库，可以灵活地操作数据库中的数据。

图 5-19 展示了应用程序通过 ADO 访问 SQL Server 数据库接口。从图中可看出，使用 ADO 访问 SQL Server 数据库有两种途径：一种是通过 ODBC 驱动程序，另一种是通过 SQL Server 专用的 OLE DB Provider，后者有更高的访问效率。

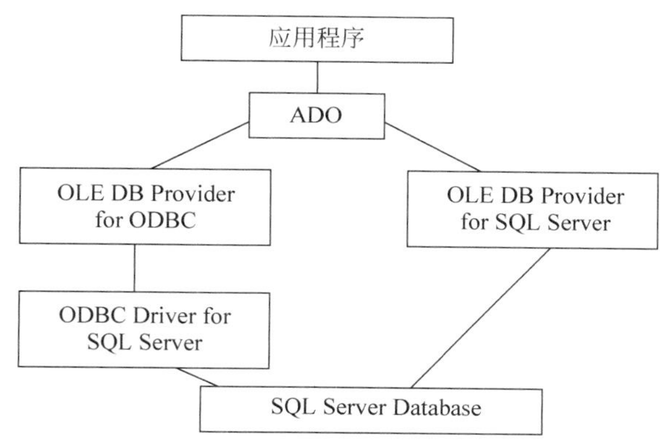

图 5-19　ADO 访问 SQL Server 的接口

4）ADO.NET 数据库接口

ASP.NET 使用 ADO.NET 数据模型。该模型从 ADO 发展而来，但它不只是对 ADO 的改进，而是采用了一种全新的技术。主要表现在以下几个方面。

(1) ADO.NET 不是采用 ActiveX 技术，而是与.NET 框架紧密结合的产物。

(2) ADO.NET 包含对 XML 标准的完全支持，这对于跨平台交换数据具有重要的意义。

(3) ADO.NET 既能在与数据源连接的环境下工作，又能在断开与数据源连接的条件下工作。特别是后者，非常适合于网络应用的需要。因为在网络环境下，保持与数据源连接，不符合网站的要求，不仅效率低，付出的代价高，而且常常会引发由于多个用户同时访问带来的冲突。因此，ADO.NET 系统集中主要精力用于解决在断开与数据源连接的条件下数据处理的问题。

ADO.NET 提供了面向对象的数据库视图，并且在 ADO.NET 对象中封装了许多数据库属性和关系。最重要的是，ADO.NET 通过很多方式封装和隐藏了很多数据库访问的细节。可以完全不知道对象在与 ADO.NET 对象交互，也不用担心数据移动到另外一个数据库或者从另一个数据库获得数据的细节问题。如图 5-20 所示为 ADO.NET 架构。

5）JDBC 数据库接口

JDBC(Java Data Base Connectivity)是由 Java Soft 公司开发的，以一组 Java 语言编写的用于数据库连接和操作的类和接口，可为多种关系数据库提供统一的访问方式。通过 JDBC 完成对数据库的访问包括 4 个主要组件：Java 应用程序，JDBC 驱动器管理器，驱动器和数据源。

在 JDBC 的 API 中有两层接口：应用程序层和驱动程序层。前者使开发人员可以通过

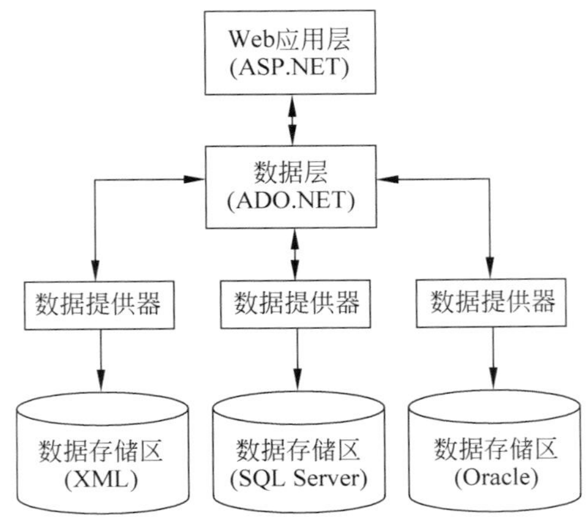

图 5-20 通过 ADO.NET 访问数据库的接口模型

SQL 调用数据库和取得结果,后者处理与具体数据库驱动程序的所有通信。

使用 JDBC 接口对数据库操作具有如下优点。

(1) JDBC 的 API 与 ODBC 十分相似,有利于用户理解;

(2) 使编程人员从复杂的驱动器调用命令和函数中解脱出来,而致力于应用程序功能的实现;

(3) JDBC 支持不同的关系数据库,增强了程序的可移植性。

使用 JDBC 的主要缺点:访问数据记录的速度会受到一定影响,此外,由于 JDBC 结构中包含不同厂家的产品,这给数据源的更改带来了较大麻烦。

4. 数据库试运行

应用程序编写完成,并有了一小部分数据装入后,应该按照系统支持的各种应用分别试验应用程序在数据库上的操作情况,这就是数据库的试运行阶段,或者称为联合调试阶段。在这一阶段要完成两方面的工作:①功能测试,实际运行应用程序,测试它们能否完成各种预定的功能;②性能测试,测量系统的性能指标,分析系统是否符合设计目标。

系统的试运行对于系统设计的性能检验和评价是很重要的,因为有些参数的最佳值只有在试运行后才能找到。如果测试的结果不符合设计目标,则应返回到设计阶段,重新修改设计和编写程序,有时甚至需要返回到逻辑设计阶段,调整逻辑结构。

由于数据装入的工作量很大,所以可分期分批地组织数据装入,先输入小批量数据做调试用,待试运行基本合格后,再大批量输入数据,逐步增加数据量,逐步完成运行评价。

数据库的实施和调试不是几天就能完成的,需要有一定的时间。在此期间由于系统还不稳定,随时可能发生硬件或软件故障,加之数据库刚刚建立,操作人员对系统还不熟悉,对其规律缺乏了解,容易发生操作错误,这些故障和错误很可能破坏数据库中的数据,这种破坏很可能在数据库中引起连锁反应,破坏整个数据库。

因此必须做好数据库的转储和恢复工作,要求设计人员熟悉 DBMS 的转储和恢复功能,并根据调试方式和特点首先加以实施,尽量减少对数据库的破坏,并简化故障恢复。

5.7 数据库的运行和维护

数据库试运行结果符合设计目标后，数据库就可以真正投入运行了。数据库投入运行标志着开发任务的基本完成和维护工作的开始，并不意味着设计过程的终结，由于应用环境在不断变化，数据库运行过程中物理存储也会不断变化，对数据库设计进行评价、调整、修改等维护工作是一个长期的任务，也是设计工作的继续和提高。

在数据库运行阶段，对数据库经常性的维护工作主要是由 DBA 完成的，它包括：

1. 数据库的转储和恢复

定期对数据库和日志文件进行备份，以保证一旦发生故障，能利用数据库备份及日志文件备份，尽快将数据库恢复到某种一致性状态，并尽可能减少对数据库的破坏。

2. 数据库的安全性、完整性控制

DBA 必须对数据库安全性和完整性控制负起责任。根据用户的实际需要授予不同的操作权限。另外，由于应用环境的变化，数据库的完整性约束条件也会变化，也需要 DBA 不断修正，以满足用户要求。

按照设计阶段提供的安全规范和故障恢复规范，DBA 要经常检查系统的安全是否受到侵犯，根据用户的实际需要授予用户不同的操作权限。

数据库在运行过程中，由于应用环境发生变化，对安全性的要求可能发生变化，DBA 要根据实际情况及时调整相应的授权和密码，以保证数据库的安全性。

同样，数据库的完整性约束条件也可能会随应用环境的改变而改变，这时 DBA 也要对其进行调整，以满足用户的要求。

另外，为了确保系统在发生故障时能够及时地进行恢复，DBA 要针对不同的应用要求定制不同的转储计划，定期对数据库和日志文件进行备份，以使数据库在发生故障后恢复到某种一致性状态，保证数据库的完整性。

3. 数据库性能的监督、分析和改进

目前许多 DBMS 产品都提供了监测系统性能参数的工具，DBA 可以利用这些工具方便地得到系统运行过程中一系列性能参数的值。DBA 应该仔细分析这些数据，通过调整某些参数来进一步改进数据库性能。经常对数据库的存储空间状况及响应时间进行分析评价；结合用户的反应情况确定改进措施；及时改正运行中发现的错误；按用户的要求对数据库的现有功能进行适当的扩充。

4. 数据库的重组织和重构造

数据库运行一段时间后，由于记录的不断增加、删除和修改，会改变数据库的物理存储结构，使数据库的物理特性受到破坏，从而降低数据库存储空间的利用率和数据的存取效率，使数据库的性能下降。因此，需要对数据库进行重新组织，即重新安排数据的存储位置，回收垃圾，减少指针链，改进数据库的响应时间和空间利用率，以提高系统性能。这与操作系统对“磁盘碎片”的处理的概念相类似。

数据库的重组只是使数据库的物理存储结构发生变化，而数据库的逻辑结构不变，所以根据数据库的三级模式，可以知道数据库重组对系统功能没有影响，只是为了提高系统的性能。

数据库应用环境的变化可能导致数据库的逻辑结构发生变化，比如要增加新的实体，增加某些实体的属性，这样实体之间的联系发生了变化，使原有的数据库设计不能满足新的要求，必须对原来的数据库重新构造，适当调整数据库的模式和内模式，比如要增加新的数据项，增加或删除索引，修改完整性约束条件等。

DBMS一般都提供了重新组织和构造数据库的应用程序，以帮助DBA完成数据库的重组和重构工作。

只要数据库系统在运行，就需要不断地进行修改、调整和维护。一旦应用变化太大，数据库重新组织也无济于事，这就表明数据库应用系统的生命周期结束，应该建立新系统，重新设计数据库。从头开始进行数据库设计工作，标志着一个新的数据库应用系统生命周期的开始。

5.8 数据库设计实例

为了具体说明数据库的设计方法，本节选取两个实例对数据库的设计过程进行说明。为了突出数据库设计的特点，重点强调了概念结构设计和逻辑结构设计的方法和步骤。当然，要能够熟练掌握数据库设计的技巧，还必须综合软件工程的知识，以及实际应用环境的知识，将理论和实践相结合，才能设计出满足要求的数据库应用系统。

实例1：某公司公开招聘职员管理系统

第一步：需求分析。

假设用户需求情况如下。

某公司准备公开招聘若干个公司部门经理和职员，为了使招聘工作公开化，公司需要进行报名、考试(笔试、面试)、公布考试结果等工作。

要求每个需要报考的人员填写报考人员登记表，登记表主要内容有准考证号、身份证号、姓名、年龄、性别、学历、单位名称、单位负责人、政治面貌；对于每个报考人员要详细填写工作经历，包括时间、地点、职务、证明人；一个人可以报考多个职位，每个职位可以有多个人报名参加考试；一个人报考一个职位就对应一个面试成绩和笔试成绩；描述报考职位的属性有职位代码、职位名称。

第二步：概念结构设计。

从需求分析的结果中，抽象出实体、实体属性和实体之间的联系，见图5-21～图5-24。

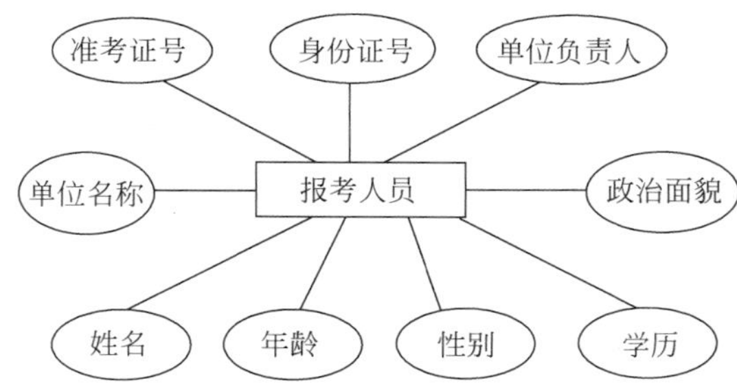

图5-21 “报考人员”实体及属性

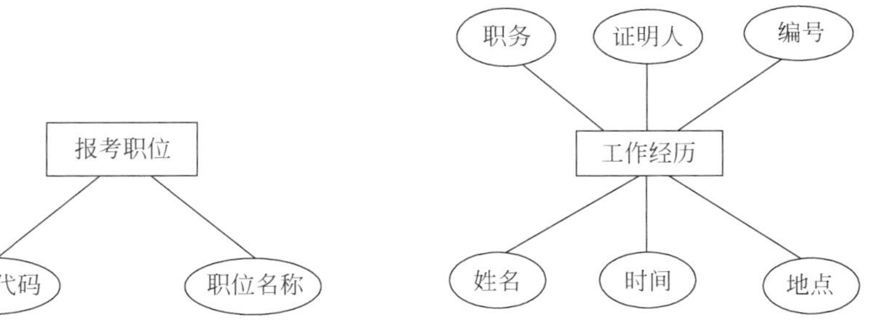

图 5-22 “报考职位”实体及属性　　图 5-23 “工作经历”实体及属性

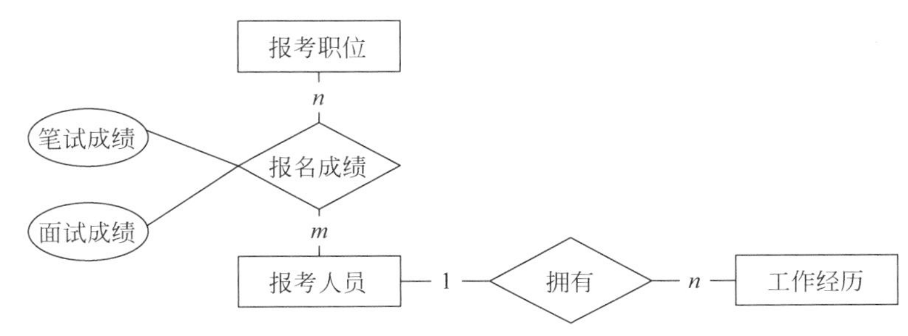

图 5-24 实体之间的联系图

合并 E-R 图后，报考职位和报考人员之间以“报名成绩”作为联系，联系的属性包括“笔试成绩”和“面试成绩”。

第三步：逻辑设计。

(1) 将上一步概念结构设计的结果(图 5-24)转换到关系模型，得到如下结果。

报考职位(职位代码，名称)

报考人员(准考证号，身份证号，姓名，年龄，性别，学历，单位名称，单位负责人，政治面貌)

工作经历(编号，开始时间，结束时间，姓名，地点，职务，证明人，准考证)

报名成绩(职位代码，准考证号，笔试成绩，面试成绩)

在上面的 4 个关系模式中，下画线标明的是关系模式的主码，波浪线标明的是关系模式的外码。特别说明对于报考人员关系模式，有两个候选码：准考证号和身份证号。在该报考管理系统中，从实际操作方面考虑，选择“准考证号”作为报考人员这个关系模式的主码。

(2) 关系模式的优化。

分析上面的关系模式，发现只有在关系模式“报考人员”中，存在着如下的传递函数依赖。

准考证号→单位名称

准考证号→单位负责人

单位名称→单位负责人

因为关系模式“报考人员”不存在部分函数依赖，所以该模式属于 2NF。将该关系模式进行分解得到下面两个子模式。

报考人员(<u>准考证号</u>,身份证号,姓名,年龄,性别,学历,单位名称,政治面貌)

单位(<u>单位名称</u>,单位负责人)

其他的关系模式均属于 3NF。

实例 2:医院管理信息系统

第一步:需求分析。

假设某医院需求情况如下。

医院有若干科室,科室包括科室编号、名称、人数、地点、负责人。医院每一个科室负责若干个病房,有若干名医生,医生包括医生编号、姓名、职务、学历、职称、简历,每个医生的简历包括简历编号、开始时间、终止时间、单位、担任职务、证明人。一个医生要负责几个病房病人的医疗工作,每个病房又可以有多个医生为病人治疗,但一个病人只能由一个医生负责。对于病人,医院关心病人编号、姓名、性别、年龄、住院时间、出院时间、病因等信息,对于病房关心病房号、床位数、床位号、床位是否为空等信息。

第二步:概念结构设计。

通过需求分析,可以得到系统中的实体包括医生、科室、简历、病人和病房,实体及实体的属性如图 5-25～图 5-29 所示,实体之间的联系如图 5-30 所示。

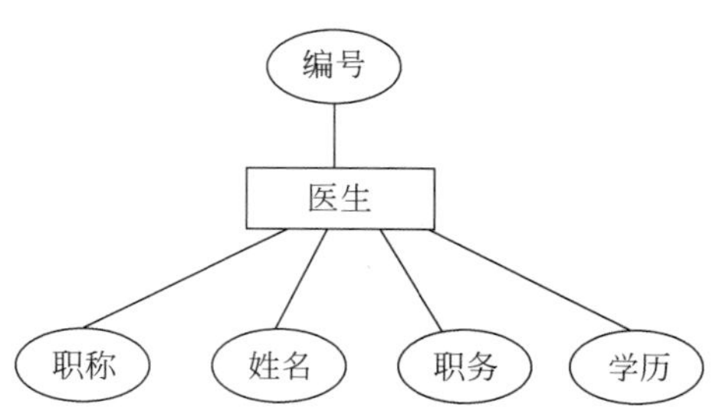

图 5-25 “医生”实体及属性

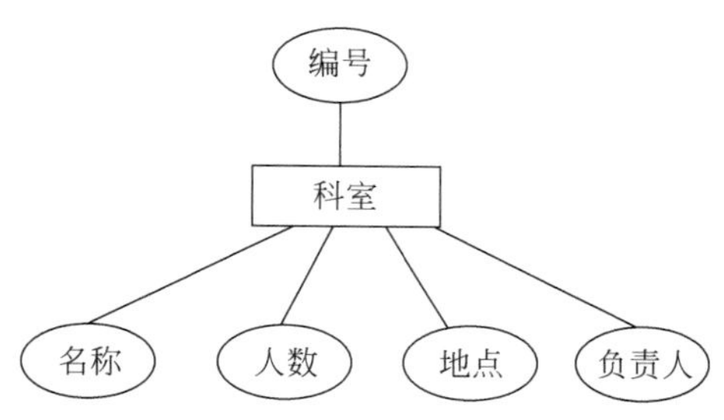

图 5-26 “科室”实体及属性

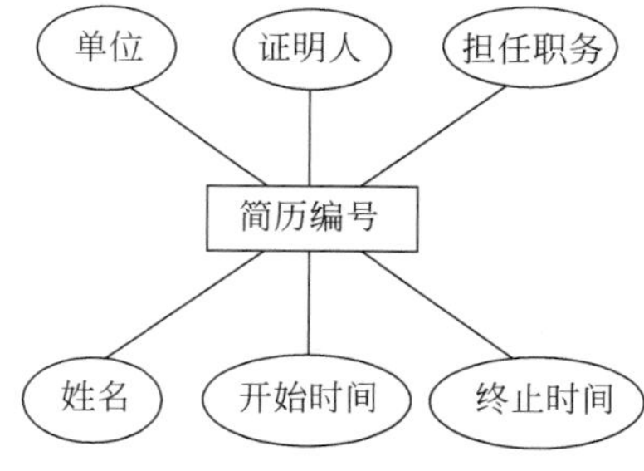

图 5-27 “简历”实体及属性

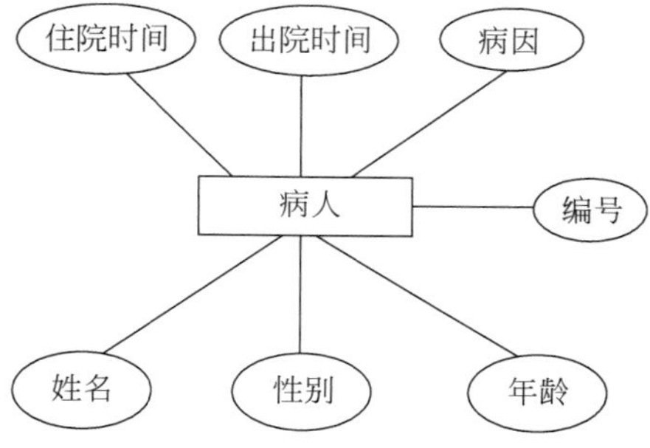

图 5-28 “病人”实体及属性

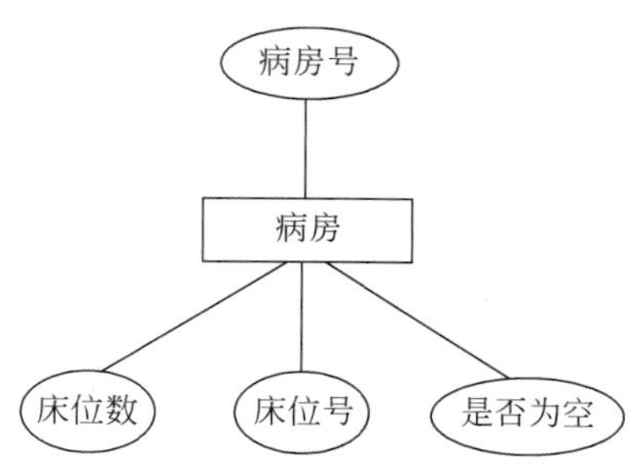

图 5-29 “病房”实体及属性

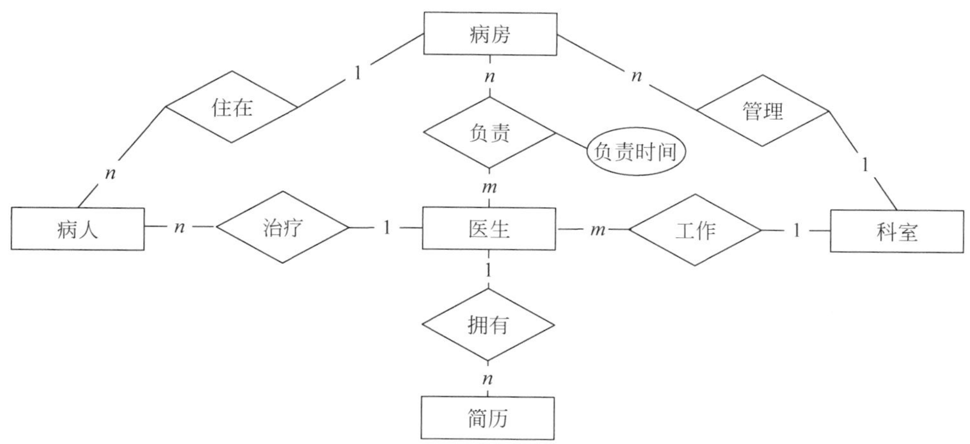

图 5-30　系统总 E-R 图

在合并各关系模式时，注意到病房的属性“床位是否为空”可以由病人的属性“病房号”“床位号”以及“住院时间”“出院时间”确定，即某个病人在住院期间的“病房号”和“床位号”可以确定该病床是否为空，所以“床位是否为空”是冗余属性，应该将其去除。

第三步：逻辑结构设计。

(1) 首先根据图 5-30 的总 E-R 图，将实体转换为对应的关系模式。

医生(医生编号，姓名，职称，职务，学历)

科室(科室编号，科室名称，人数，位置，负责人)

简历(简历编号，医生姓名，单位，职务，开始时间，终止时间，证明人)

病人(病人编号，姓名，性别，出生日期，住院时间，出院时间，病因)

病房(病房号，床位号，病床数)

其次，将联系采用合并的方式进行转换，得到下列表示联系的模式集合。

医生(医生编号，姓名，职称，职务，学历，科室编号)

简历(简历编号，医生编号，医生姓名，单位，担任职务，开始时间，终止时间，证明人)

病人(病人编号，姓名，性别，年龄，住院时间，出院时间，病因，病房编号，床位号，医生编号)

病房(病房号，床位号，病床数，科室编号)

负责(病房号，医生编号，负责时间)

最后，将实体和联系转换的结果合并，得到最终的逻辑模式集合。

医生(医生编号，姓名，职称，职务，学历，科室编号)

科室(科室编号，科室名称，人数，位置，负责人)

简历(简历编号，医生编号，医生姓名，单位，担任职务，开始时间，终止时间，证明人)

病人(病人编号，姓名，性别，年龄，住院时间，出院时间，病因，病房编号，床位号，医生编号)

病房(病房号，床位号，病床数，科室编号)

负责(病房号，医生编号，负责时间)

(2) 关系模式的优化。

在“简历”模式中,存在:“简历编号→医生姓名”的传递依赖,而“简历”模式属于 2NF,为了满足 3NF 的要求,将“医生姓名”属性从“简历”模式中删除。其他关系模式都满足 3NF,不再需要进一步优化。

小　　结

本章从“软件工程”的角度讨论了数据库设计的 6 个阶段。在本章的学习过程中,除了要掌握书中讨论的基本原理和方法外,还要主动地尝试在实际应用中运用这些思想解决具体问题,这样将实践和理论相结合,才能设计出符合应用需求的数据库应用系统。

习　题　5

5.1　名词解释。

数据库设计　基于 3NF 的数据库设计方法　基于 E-R 模型的数据库设计方法

5.2　什么是数据库设计?试述数据库设计的步骤。

5.3　试述数据库设计需求分析阶段的任务和方法。

5.4　数据流图和数据字典的内容和作用分别是什么?

5.5　视图集成时,分 E-R 图之间的冲突有哪些?解决这些冲突的方法是什么?

5.6　试述数据库逻辑结构设计的步骤。

5.7　试述 E-R 图转换成关系模型的转换规则。

5.8　规范化理论对数据库设计有什么指导意义?

5.9　试述数据库逻辑结构设计结果的优化方法。

5.10　试述数据库物理结构设计的内容和步骤。

5.11　数据库实施阶段的主要任务是什么?

5.12　数据库系统投入运行后,有哪些维护工作?

5.13　某商业集团管理系统的数据库信息如下。

该系统中包含三个实体集:一是“仓库”实体集,属性有仓库号、仓库名和地址等;二是“商店”实体集,属性有商店号、商店名、地址等;三是“商品”实体集,属性有商品号、商品名、单价。设仓库与商品之间存在“库存”联系,每个仓库可存储若干种商品,每种商品存储在若干仓库中,每个仓库每存储一种商品有存储日期及存储量;商店与商品之间存在着“销售”联系,每个商店可销售若干种商品,每种商品可在若干商店里销售,每个商店销售一种商品有月份和月销售量两个属性。

请在上述背景介绍的基础上,完成如下数据库设计。

(1) 试画出 E-R 图,并在图上注明联系类型。

(2) 将 E-R 图转换成满足 3NF 的关系模式,并标识主外键(用下画线标识主码,用波浪线标识外键)。

5.14　现针对学生参与教师的科研项目建立“科研项目管理数据库系统”,其中,学生信息包括学号,姓名,性别,所在学院;学院信息包括学院编号,学院名称,办公电话;教师信息包括教师编号，姓名，性别，职称，所在学院；项目信息包括项目编号，项目名称，开始时间，结束时间，项目负责人，职称。各实体之间的关系为：一个学生可以参与教师的多个项目，一个项目可以有多个学生参加，每个学生选定项目后要承担相应的任务；一个教师可以主持多个项目，一个项目只能由一个教师作为项目负责人。

请在上述背景介绍的基础上，完成如下数据库设计。

(1) 画出“科研项目管理数据库系统”的 E-R 图。

(2) 将 E-R 图转换为一组符合 3NF 要求的关系模式，并标出每个关系模式的主外键(用下画线标识主码，用波浪线标识外键)。

5.15 某工厂零件管理系统的需求分析如下。

(1) 一个车间有多个工人，每个工人有职工号、姓名、年龄、性别、工种；

(2) 一个车间生产多种产品，产品有产品号、价格；

(3) 一个车间生产多种零件，一种零件也可能为多个车间制造，零件有零件号、重量、价格；

(4) 一种产品由多种零件组成，一种零件也可装配到多种产品中，产品与零件均存入仓库中；

(5) 厂内有多个仓库，仓库有仓库号、主任姓名、电话。

请在上述背景介绍的基础上，完成如下数据库设计。

(1) 请画出该系统的 E-R 图。

(2) 给出相应的关系模型，并标出每个关系模式的主外键(用下画线标识主码，用波浪线标识外键)。

5.16 设计一个学校的图书管理系统，请给出该系统的需求分析并进行数据库设计，具体要求为：

(1) 实体数不少于 5 个，每个实体有属性 3～6 个，实体之间的关系至少要包含 $1:n$，$m:n$ 两种联系类型。

(2) 给出该系统的 E-R 图。

(3) 将 E-R 图转换为一组符合 3NF 要求的关系模式，并标识主外键(用下画线标识主码，用波浪线标识外键)。

第6章　数据库保护

数据库是按照特定数据模型组织存储在一起的相关联的数据集合，通过数据库管理系统实现多用户数据查询共享。在多用户共享环境下，数据库管理系统必须保证数据库发生故障时能够及时正确地恢复，保证多个用户访问数据库时不会互相干扰，保证数据不会被非法泄漏、更改或者破坏，保证数据库中数据的正确性和相容性。

数据库管理系统，提供了一系列功能用以实施数据库保护，包括以下4个方面。

(1) 备份和恢复：保证数据库发生故障时能够恢复到正确状态。

(2) 并发控制：保证多用户并发访问数据时操作的正确性。

(3) 安全性控制：防止数据泄漏、错误更新和越权使用等问题。

(4) 完整性控制：保证数据的正确性、有效性和一致性。

数据库保护，一方面是在数据库系统正常运行时保护数据对象的安全性和完整性；另一方面是保护每个用户所做的每一项工作任务能够正确完成，即使是数据库系统发生故障或者多用户并发访问数据库。这里，用户所做的每一项工作任务，可以用“事务(Transaction)”的概念来表达，一个事务是一个原子的、不可分割的工作任务单位。

6.1　事　务

6.1.1　事务的概念

事务，是将一组数据库操作打包起来形成一个逻辑独立的工作单元，这个工作单元不可分割，其中包含的数据库操作要么全部都发生，要么全部都不发生。

例如，日常生活中买东西就是一个事务，该事务包含两个操作：付钱和拿东西。这两个操作必须打包在一起才能组成一个买东西事务，不可分割。组成事务的操作要么全发生，要么全不发生，即或者付钱拿走东西，或者没付钱没拿东西，事务执行都没有问题。但是，如果付了钱却没拿东西，或者没付钱就拿走东西，是顾客或商家不可接受的。

在程序中，事务是由开始和结束标记之间的全体操作组成的不可分割的程序执行单元，通常事务开始标记和结束标记类似于 BEGIN TRANSACTION 和 END TRANSACTION。

在 SQL 中，界定事务的语句有以下三条。

```
-- BEGIN TRANSACTION;      //开始一个事务，事务开始标记
-- COMMIT;                 //提交当前事务，成功结束标记
-- ROLLBACK;               //撤销当前事务，失败结束标记
```

BEGIN TRANSACTION 标志事务开始执行，COMMIT 或 ROLLBACK 标志事务

结束。

其中，COMMIT 表示事务提交，事务成功结束，即事务的所有操作都已经成功完成，并且事务对数据库已经形成永久的更新影响，数据库从事务执行前的一致状态进入一个新的一致状态。即使系统发生故障，该状态也会永久保持。

ROLLBACK 表示事务撤销或回滚，事务失败结束，即事务中的某些操作不能顺利完成导致事务中止，一旦事务失败中止就必须撤销事务对数据库所造成的任何改变，回复到事务开始执行前的数据库状态，因此事务撤销又称事务回滚。

注意，“事务的所有操作成功完成”并不等价于“事务成功完成”。事务的所有操作成功完成，只表示事务中最后一个操作成功执行完成，此时操作虽然已经执行完成，但是操作的输出可能还驻留在主存中没有及时写入物理磁盘，如果发生故障，则事务对数据库的更新影响依然可能会丢失，因此不能称之为事务成功完成。

在“事务的所有操作成功完成”之后，只有当数据库系统在物理磁盘上已经记录了足够多的信息，此时即使发生故障(假设故障不引起磁盘数据丢失)，事务对数据库的更新也能够重建并永久保持下去。

6.1.2 事务的特性

一个逻辑独立的工作单元要成为事务，必须满足 4 个特性：原子性(Atomicity)，一致性(Consistency)，隔离性(Isolation)和持久性(Durability)。这 4 个基本特性刻画出了事务的本质，简称事务的 ACID 特性。

1. 原子性

原子性，是指事务的不可分割性，组成事务的所有操作要么全部被执行，要么全部不执行。如果因为故障导致事务没有完成，则该事务中已经完成的操作被认为是无效的，不应该对数据库产生任何影响，在故障恢复时必须撤销它对数据库的影响。

保证原子性是数据库管理系统本身的职责，由 DBMS 的事务子系统来实现。

2. 一致性

一致性，是指在事务执行之前和执行之后数据库都必须处于一致性状态，即事务的执行使得数据库从一个一致性状态转变到另一个一致性状态。所谓数据库的一致性状态，就是数据库中的数据满足完整性约束。例如，某银行一个账户的存款与取款之差应该等于余额，如果存款或取款时不修改余额，就会使数据库处于不一致状态。

事务的一致性，可以由包含事务的应用程序来保证，也可以由 DBMS 通过检查完整性约束来自动完成。

3. 隔离性

隔离性，是指多个事务并发执行时必须相互独立，不能互相干扰。并发执行的事务不必关心其他事务，就如同在单用户环境下事务一个接一个顺序执行一样。

事务的隔离性是由 DBMS 的并发控制子系统实现的。

4. 持久性

持久性也称持续性，是指已经提交的事务对数据库的改变应该是永久的、持续存在的。即便以后系统发生故障，事务的这种影响也不应该丢失。

事务的持久性是由 DBMS 的恢复管理子系统实现的。

事务及其 ACID 特性是数据库保护技术实施的基础概念，企业级数据库管理系统必须提供事务支持并保证其 ACID 特性。DBMS 的恢复和并发控制机制，主要目标就是在事务并发执行时和在系统发生故障时仍然满足事务的 ACID 特性。

6.2 数据库恢复

数据库恢复，是指把数据库从一个错误状态恢复到某一已知的正确状态(即一致状态或完整状态)的功能，DBMS 必须具有此项功能。

根据事务的原子性和持久性，对于提交的事务，DBMS 必须保证以下两者之一。

(1) 或者成功完成事务中的所有操作，并且这些操作所产生的影响永久记录在数据库中；

(2) 或者该事务没有对数据库或者其他事务造成任何影响。

在系统无故障且程序顺利运行的情况下，实现上述目标比较容易。但是，当系统发生故障时，有些事务可能还没有完成就被迫中止，这些未完成的事务所做的操作可能已对数据库造成影响，使数据库处于不一致的状态；还有一些事务虽然已经提交，但是结果还没有完全持久到数据库中。DBMS 的恢复机制必须针对这两种情况分别处理。

(1) 未完成事务：撤销未完成事务对数据库的一切影响，保证事务的原子性。

(2) 已提交事务：恢复事务对数据库的更新影响，保证事务的持久性。

DBMS 所采用的恢复技术是否行之有效，不仅对系统的可靠程度起着决定性的作用，而且对系统的运行效率也有很大影响，是衡量系统性能优劣的重要指标。

6.2.1 数据库系统的故障

数据库系统中可能发生的故障很多，归纳起来大致可以分为 4 类：事务内部故障，系统故障，介质故障和计算机病毒。

1. 事务内部故障

事务内部故障，是指在当前事务内部操作执行过程中可能发生的故障，可以分为预期故障和非预期故障两种。

(1) 预期故障，即在程序中程序员应该预先估计到并加以处理的错误。

例如，在仓库管理中，当库存量比要出库的物品数量小的时候，如果继续操作就会出现问题。这种情况可以事先在程序代码中增加逻辑判断和 ROLLBACK 语句。当事务执行到 ROLLBACK 语句时，由系统对事务进行回滚操作，即撤销事务对数据库的一切影响，保证事务的原子性，或者称为执行 UNDO 操作。

(2) 非预期故障，即在程序运行中发生的无法预估并能预处理的错误。

例如，运算溢出，并发执行事务发生死锁，因系统调度上的需要而选择中止某些事务等。这些故障无法预估并处理，必须由 DBMS 直接执行 UNDO 处理。

2. 系统故障

系统故障，又称软故障，是指造成系统停止运转并要求系统重新启动的事件。造成系统故障的原因很多，比如 CPU 故障、操作系统故障、突然断电等。系统故障影响正在运行的所有事务，但不破坏数据库。发生系统故障后，系统必须重新启动，内存中数据库工作区内的数据可能丢失，但存储在外存储器设备上的数据库数据不会遭到破坏。

系统故障导致所有正在运行的事务都以非正常方式中止，造成数据库处于不一致状态。因此，在恢复系统时，应让所有非正常中止的事务回滚，强行撤销所有未完成的事务，把数据库恢复到正确状态。

此外，在系统故障发生时，有些已完成事务提交的结果可能还有部分驻留在内存工作区，尚未写入数据库中，也会造成数据库不一致。因此，在恢复系统时，为保证已提交事务对数据库的影响永久保持，应让已提交事务重新执行一遍，即进行 REDO 处理。

所以，发生系统故障，系统重新启动之后，DBMS 除需要撤销所有未完成事务外，还需要对所有已提交的事务重做，使数据库真正恢复到一致状态。

3. 介质故障

介质故障，又称硬故障，是指在数据库系统运行过程中，因磁盘损坏、磁头碰撞、强磁场干扰以及其他天灾人祸等导致数据库的数据部分或者全部丢失的一类故障。

在介质故障中数据库会遭受破坏，虽然故障发生的可能性比前两类小，但破坏性最大，属于灾难性故障。处理这类故障的主要技术是数据库备份，周期性地将全部数据库和记录事务操作执行过程的日志备份在廉价存储介质上，形成后备副本，当系统遇到此类故障时可以加载最近的后备副本，重做最近后备副本之后提交的所有事务。

4. 计算机病毒

计算机病毒，是一组能够自我复制传播的计算机指令或者程序代码，它们能够破坏计算机功能或者破坏数据，影响计算机包括数据库系统的使用。

在互联网时代，计算机病毒已经成为计算机系统的主要威胁，为此计算机安全工作者研制了许多预防病毒的“疫苗”，检查、诊断、消灭计算机病毒的软件也在不断发展。但是，迄今为止还没有一种“疫苗”能够使计算机系统终生免疫。因此，数据库系统及数据库文件不可避免会遭受计算机病毒侵袭，一旦破坏仍然需要用恢复技术加以恢复。

6.2.2 数据库恢复的实现技术

数据库恢复技术的基本原理是建立“冗余”，即在数据库正常运行时重复存储一些数据和信息，保证有足够的信息用于故障恢复；当故障发生后，数据库中任何一部分被破坏的或不正确的数据可以根据存储在系统别处的冗余数据来重建。最常用的冗余数据有后备副本和日志文件。尽管恢复的基本原理简单，但实现的细节却相当复杂。

因此，数据库恢复技术涉及的两个关键问题是：第一，如何建立冗余数据；第二，如何利用这些冗余数据实施数据库恢复。

通常在一个数据库系统中利用数据转储(Dump)和日志文件(Logging)两种方法来建立冗余数据。

1. 通过数据转储建立冗余

数据转储就是由 DBA(数据库管理员)定期地将整个数据库复制到磁带或另一个磁盘上的过程，转储到磁带或另一个磁盘上的数据库副本称为后备副本或后援副本。

当数据库发生故障时，就可以将最近的后备副本重新装入，把数据库恢复起来。显然，此时数据库只能恢复到最近转储时的状态，从最近转储点至故障期间所有数据库的更新将会丢失，需要重新运行这期间的全部更新事务才能完全恢复，如图 6-1 所示。

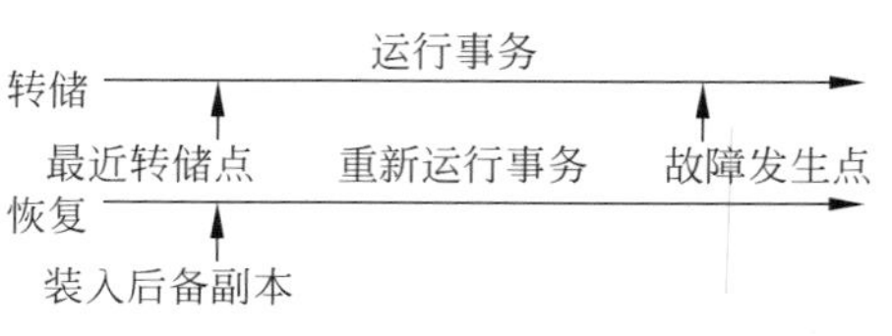

图 6-1 转储和恢复

转储又可以分为静态转储和动态转储。静态转储是在系统中没有事务运行的时候进行的转储操作。即转储操作开始的时候,数据库处于一致性状态,而且转储期间数据库必须保持该一致状态,转储过程中不允许(或不存在)对数据库的任何存取和更新操作。静态转储简单,但转储必须等待正运行的用户事务结束才能进行,同样,新的事务必须等待转储结束才能执行。显然,静态转储能保证副本与数据库的一致性,但是转储效率较低。

由于数据库的数据量一般比较大,静态转储一次形成后备副本很费时间,并且转储期间不允许对数据库的操作,故建立后备副本不能太频繁,应根据数据库的使用情况确定一个适当的转储周期,例如可以在周末或夜间进行。

动态转储是指转储期间允许对数据库进行存取或更新,即转储和用户事务可以并发执行。动态转储克服了静态转储的缺点,效率较高,但它不能保证副本和数据库的一致性。为此必须把转储期间各事务对数据库的更新活动登记下来,建立日志文件,后援副本加上日志文件一起才能把数据库恢复到转储结束时刻的一致性状态。

另外,转储又可以分为海量转储和增量转储方式。转储周期愈长,发生故障丢失的数据的概率也愈多。如果只转储更新过的数据的概率,则转储的数据量显著减少,转储消耗的时间减少,转储周期可以缩短,从而可以减少丢失的数据,这种转储称为增量转储。转储全部数据库内容称为海量转储。一般情况下,需要将海量转储和增量转储结合起来使用,例如,每周进行一次海量转储,每天晚上进行一次增量转储。

数据的增量转储和海量转储也分别可以在动态和静态两种状态下进行,因此数据转储的方法可以分为 4 类:动态海量转储,动态增量转储,静态海量转储和静态增量转储。

2. 通过日志文件建立冗余

日志文件是用来记录事务对数据库所做的每一次更新活动的文件。每一次更新活动的内容作为一条日志记录,写入日志文件,也称为登记日志。一条日志记录的主要内容包括:事务标识、操作类型、对象标识、前像、后像。一般格式如下:

事务标识	操作类型	对象标识	前像	后像

事务标识用于唯一地标识执行更新操作的事务,操作类型有 start、commit、rollback、update、insert、delete,对象标识用于唯一地标识更新操作所针对的数据对象,前像是数据对象在更新操作执行之前的旧值,后像是数据对象在更新操作执行之后的新值。

在事务执行过程中,如果发生如下事件或者操作,就在日志文件中写一个日志记录。

(1) 事务 T 开始,日志记录为(T,start,,,)

(2) 事务 T 修改对象 A,日志记录为(T,update,A,前像,后像)

(3) 事务 T 插入对象 A,日志记录为(T,insert,A,,后像)

(4) 事务 T 删除对象 A,日志记录为(T,delete,A,前像,)

(5) 事务 T 提交,日志记录为(T,commit,,,)

(6) 事务 T 回滚,日志记录为(T,rollback,,,)

为保证数据库恢复的正确性,登记日志时必须遵循如下两条原则。

(1) 登记的次序必须严格按照并发事务执行的时间次序;

(2) 必须先写日志文件,然后写数据库,并且日志文件不能和数据库放在同一物理磁盘上,要经常把日志文件复制到其他稳定存储设备上。

利用日志文件可以执行 UNDO 操作,即撤销或回滚未完成的事务对数据库所造成的改变;还可以执行 REDO 操作,即让已提交事务重新执行一遍,保证已提交事务对数据库的影响在外部存储中永久保持。

日志文件在故障恢复时非常重要。事务故障和系统故障恢复时必须使用日志文件;介质故障恢复需要结合后备副本和日志文件,才能够将数据库恢复到故障发生前的某个一致状态;在动态转储方式中必须建立日志文件,动态转储的后备副本只有结合日志文件才能将数据库恢复到转储结束时的一致状态。

3. 故障恢复

利用数据转储和日志文件建立冗余信息,在故障发生之后就可以利用这些冗余信息实施数据库恢复。根据数据库系统的故障类型,恢复需要采用不同的策略。

1) 事务内部故障的恢复

事务内部故障,必定发生在当前事务提交之前,这时应撤销(UNDO)该事务对数据库的一切更新影响,由 DBMS 自动完成,对用户透明。采取的步骤如下。

(1) 反向扫描日志文件,查找该事务的更新操作。

(2) 若查到是更新操作,则将日志文件"前像"写入数据库;若是插入操作,则将数据对象删去;若是删除操作,则做插入操作,插入数据对象的值为日志记录中的"前像"。

(3) 继续反向扫描日志文件,找出其他的更新操作,并做同样的处理,直至找到该事务的 start 标记为止。

2) 系统故障的恢复

系统故障会使主存中的数据丢失,此时已提交事务对数据库的更新可能还驻留在内存工作区而未写入数据库,为保证已提交事务的更新不会丢失,需要重做(REDO)已提交事务;此外,对未提交的事务还必须撤销所有对数据库的更新。

系统故障恢复在系统重新启动时由 DBMS 自动完成,无须用户干预。步骤如下。

(1) 从头扫描日志文件,找出在故障发生前已提交的事务(即有 start 记录和 commit 记录的事务),将其记入重做(REDO)队列。同时找出尚未完成的事务(即只有 start 记录,而没有 commit 或 rollback 记录的事务),将其记入撤销(UNDO)队列。

(2) 对 REDO 队列中每个事务进行 REDO 操作,即正向扫描日志文件,依据登入日志文件中日志记录次序,重新执行登记的操作。

(3) 对 UNDO 队列中每个事务进行 UNDO 操作,即反向扫描日志文件,依据登入日志文件中相反次序,对每个更新操作执行逆操作。即对已经插入的新记录执行删除操作,对已经删除的记录重新插入,对修改的数据恢复前像(用旧值代替新值)。

实际上,REDO 队列中大部分事务的更新影响都已经写入数据库,只有少数事务的更新未写入数据库而需要重做。如果不加区分地重做全部事务,那么对于很大的日志文件而言,恢复过程会导致系统长时间宕机。为此,引入检查点(CheckPoint)技术,可减少系统故障恢复时扫描日志记录的数目以及重做已提交事务的工作量。

检查点,是数据库的一个内部事件,在系统运行过程中,DBMS 按一定的间隔在日志文件中设置一个检查点。设置检查点时需要执行下列动作。

(1) 暂停事务的执行,在日志文件中写一条检查点开始记录:START_CKPT < T_1, T_2, …, T_n >,其中,T_i 表示当前正在进行还没有 commit 的事务。

(2) 将上一个检查点之后已提交的事务留在内存工作区,所有更新的数据写入数据库(即磁盘上),使数据库进入一个一致的状态。

(3) 在日志文件中写入一个检查点结束记录:END_CKPT。

采用检查点技术,在系统故障恢复时,记入重做队列的事务,只是从最近一个检查点之后到发生故障时已提交的事务,这样可以大大减少事务重做的工作量。

3) 介质故障的恢复

发生介质故障后,磁盘及磁盘上的数据均可能被破坏。这时,恢复的方法是重装数据库,然后重做已经完成的事务。具体措施如下。

(1) 必要时更换磁盘,修复系统(包括操作系统和 DBMS),重新启动系统。

(2) 装入最近的数据库后备副本,使数据库恢复到最近一次转储时的可用状态。

(3) 装入日志文件副本,根据日志文件重做最近一次转储之后提交的所有事务。

经过上述步骤,数据库就恢复到了故障前的一致性状态。

6.3 并发控制

作为共享资源的数据库,可以同时供很多用户使用。在这样的系统中,同一时刻需要运行很多个事务,如何高效一致地执行这些事务是并发控制的工作。

如果多个事务依次顺序执行,一个事务完全结束后,另一个再开始执行,这种执行方式称为串行执行。显然,事务串行执行,可以保证数据库的一致性。

然而,不同的事务要完成的任务各不相同。在同一时间,有的事务需要执行计算,有的事务需要进行输入/输出,有的则需要通信,如果是串行执行,则很多系统资源会闲置浪费,且系统响应事务的性能低下。为了充分利用系统资源,又能改善对事务的响应时间,应该允许多个事务在时间上交叉执行,并发地存取数据库,这种执行方式称为并发存取。

当允许多个事务并发存取数据库时,如果不加以控制就有可能导致并发事务相互干扰,存取到不正确的数据,破坏数据库的一致性。为此,DBMS 必须提供并发控制机制,保证事务的隔离性。并发控制机制是衡量一个数据库管理系统性能的重要标志之一。

6.3.1 并发操作引发的问题

在并发存取环境下,如果不同事务的两个操作均针对同一数据对象,且至少有一个是写操作,则称这两个操作是冲突的。例如,有两个事务 T_1 和 T_2,T_2 读取由 T_1 先前已写的数据对象,则为写-读冲突(Write-Read Conflict),类似地,还有读-写冲突(Read-Write Conflict)和写-写冲突(Write-Write Conflict)。

若对并发事务中的冲突操作不加控制,可能会引发三类问题:丢失修改,不可重复读,读“脏”数据。

1. 丢失修改

当两个事务 T_1 和 T_2 先后对同一数据对象 A 进行修改并写入数据库时，后写入的结果会覆盖掉先写入的结果，导致先写入的事务修改结果丢失了，即丢失修改问题。例如，在图 6-2 中，事务 T_1 和 T_2 分别对数据对象 A 执行读操作 read(A)和写操作 write(A)。假设 A 的初始值为 5，且按图中的次序并发执行，A 终值将为 12，因为 T_2 提交的结果覆盖了 T_1 对 A 的修改，从而使 T_1 对 A 的修改丢失了。可见，并发执行结果与 T_1、T_2 串行执行的结果不一样。若按 $T_1 \rightarrow T_2$ 次序执行，则 A 的终值为 10；若按 $T_2 \rightarrow T_1$ 次序执行，则 A 的终值为 11。丢失修改问题是由写-写冲突引起的。

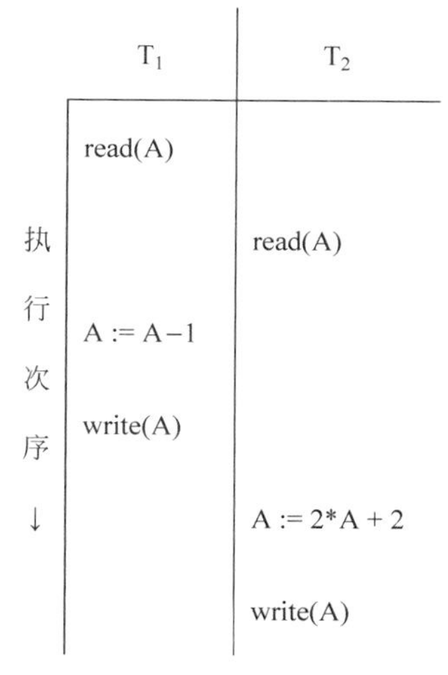

图 6-2 丢失修改

2. 不可重复读

一个事务如果没有执行任何更新数据库数据的操作，则同一个查询操作执行两次或多次，结果应该是一致的；如果不一致，就说明产生了不可重复读的现象。

如图 6-3 所示，事务 T_1 两次读入数据 A，在两次读之间，T_1 对 A 未做修改，照理说 T_1 两次读出的 A 应是一样的，但是另一事务 T_2，在 T_1 两次读出 A 之间，对 A 进行修改，以致 T_1 两次读出 A 不同，即**读不一致现象**。此外，如果 T_1 读出的是满足特定条件的一个元组集合 A，接着 T_2 删除或插入了满足该条件的一些元组，于是在 T_1 再次执行同样一个查询时，发现读取的元组变少或变多了，即导致了**幻影读现象**。

读不一致和幻影读是两种不可重复读现象，均是由读-写冲突引起的。

3. 读"脏"数据

读"脏"数据，简称脏读，是指一个事务读取了另一个未提交的事务中的数据。在图 6-4 中，假设事务 T_1 读入数据 A=6，然后做加 1 修改 A=7，写入数据库，此时事务 T_2 读入数据 A=7。假设因某种原因事务 T_1 中途夭折，对 A 的修改通过 rollback 撤销，于是 A 又恢复成原值 6，这样 T_2 读到的就是不正确的数据。这种不正确(或不一致)的数据，称为"脏"数据。脏读问题是由写-读冲突引起的。

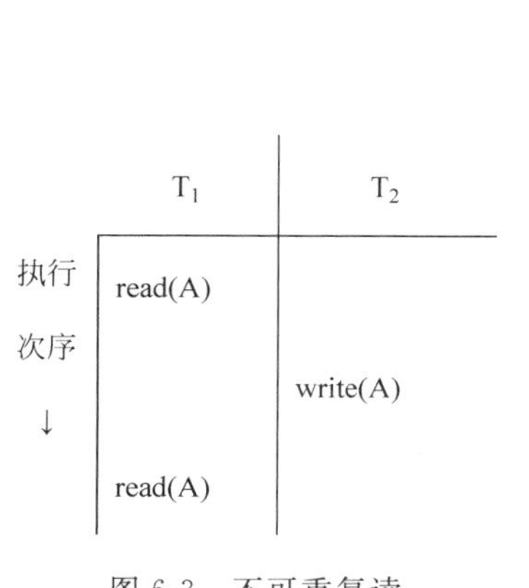

图 6-3 不可重复读

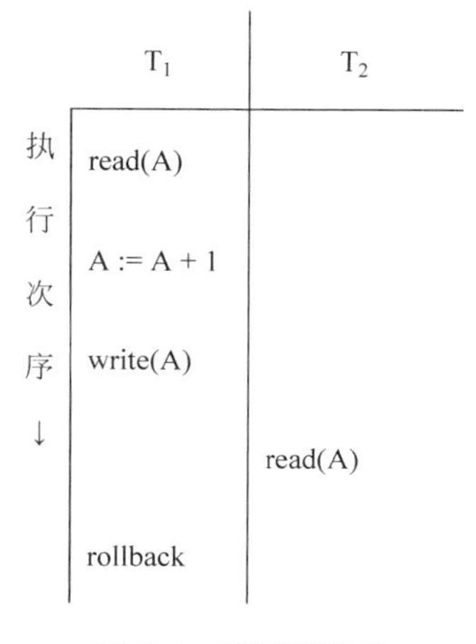

图 6-4 读"脏"数据

并发事务之间的冲突操作破坏了事务的隔离性,造成数据不一致,进而破坏事务的一致性。并发控制的任务就是要通过合理的调度方式来控制并发事务的执行次序,使得多个事务之间互不干扰,从而避免造成数据库中的数据不一致。

6.3.2 调度及其可串行化

在并发访问情况下,当有多个事务并发执行时,其操作交叉执行的次序有很多种可能,而不同的交叉执行次序通常会得到不同的结果。因此,必须要有衡量一个并发调度正确与否的判断准则。

已知 n 个事务 $T_1, T_2, \cdots, T_n$,则这 n 个事务的一个**调度** S 是 n 个事务中所有操作的一个执行次序且该次序满足这样的约束:对于任意事务 T_i 而言,其操作的先后顺序在**调度** S 中得到保持。注意,来自其他事务 T_j 的操作可以同 T_i 的操作交错执行。

如果在一个调度中,各个事务没有交叉执行,而是串行执行,则该调度称为**串行调度**。由于串行调度中,一个事务运行过程中没有其他事务同时运行,它不会受到其他事务的干扰,所以,串行调度的结果总是正确的。虽然以不同的次序串行执行事务的串行调度可能会产生不同的结果,但它们都能够保持数据库的一致性,所以都认为是正确的。

如果在一个调度中各个事务交叉地执行,这个调度称为**并发调度**。

对同一事务集,可能有很多种调度,如果其中两个调度 S_1 和 S_2,在数据库任何状态下,对于相同的初始状态,其执行结果都是一样的,则称 S_1 和 S_2 是**等价**的。

当一个事务集的并发调度与它的某一串行调度是等价的,则称该并发调度是**可串行化的(Serializable)**。显然,可串行化调度的结果保持数据库的一致性,也是正确的。所以,在一般的 DBMS 中,都是以可串行化作为并发调度正确与否的判定准则。

例如,在图 6-5 中给出两个事务 T_1 和 T_2(假设初始值 A=10,B=10)及其 4 种调度方案。其中,图 6-5(a)和图 6-5(b)是两个串行调度,执行结果均为:A=5,B=10;而图 6-5(c)和图 6-5(d)是两个可能的并发调度,其中,图 6-5(c)的执行结果 A=5,B=10,是可串行化调度,而图 6-5(d)的执行结果 A=5,B=15,不等价于任何一个串行调度,是一个不可串行化调度。

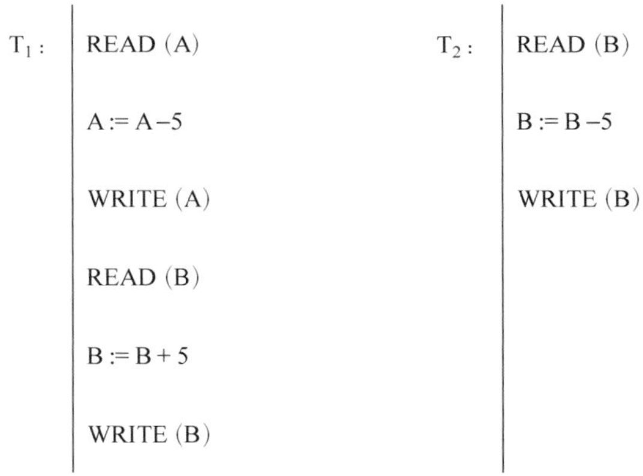

图 6-5 事务 T_1、T_2 及其 4 种调度方案

T_1	T_2
READ (A)	
A := A−5	
WRITE (A)	
READ (B)	
B := B + 5	
WRITE (B)	
	READ (B)
	B := B −5
	WRITE (B)

执行次序↓

(a) 串行调度1

T_1	T_2
	READ (B)
	B := B−5
	WRITE (B)
READ (A)	
A := A−5	
WRITE (A)	
READ (B)	
B := B + 5	
WRITE (B)	

执行次序↓

(b) 串行调度2

T_1	T_2
READ (A)	
	READ (B)
A := A−5	
	B := B−5
WRITE (A)	
	WRITE (B)
READ (B)	
B := B + 5	
WRITE (B)	

执行次序↓

(c) 可串行化调度

T_1	T_2
READ (A)	
A := A−5	
	READ (B)
WRITE (A)	
	B := B−5
READ (B)	
	WRITE (B)
B := B + 5	
WRITE (B)	

执行次序↓

(d) 不可串行化调度

图 6-5 （续）

可以用前趋图(Precedence Graph)来判断一个调度 S 是否可串行化。前趋图是一个有向图 G=(V, E)。其中,V 是由所有参加调度的事务构成的节点集。弧集 E 可以通过分析冲突操作来决定。如果下列条件之一成立,则向集合 E 中加入一条弧 $T_i \rightarrow T_j$:

(1) 事务 T_i 读 x 在事务 T_j 写 x 之前;

(2) 事务 T_i 写 x 在事务 T_j 读 x 之前;

(3) 事务 T_i 写 x 在事务 T_j 写 x 之前。

如此便可构成一个并发调度的前趋图。如果在前趋图中存在回路,则 S 不可能等价于任何串行调度;如果无回路,则可通过拓扑排序获得 S 的等价的串行调度。

拓扑排序方法如下:由于图中无回路,则必有一个节点无入弧,将这个节点及其相连的弧删去,并把该节点存入先进先出的队列中。对所剩的图做同样的处理,直至所有节点移入队列中。按队列中的次序串行安排各事务的执行,即得到等价的串行调度。

例如,图 6-6(a)为 4 个事务 T_1,T_2,T_3,T_4 的一个并发调度 S,图 6-6(b)为调度 S 的前趋图,图 6-6(c)为与调度 S 等价的串行调度。

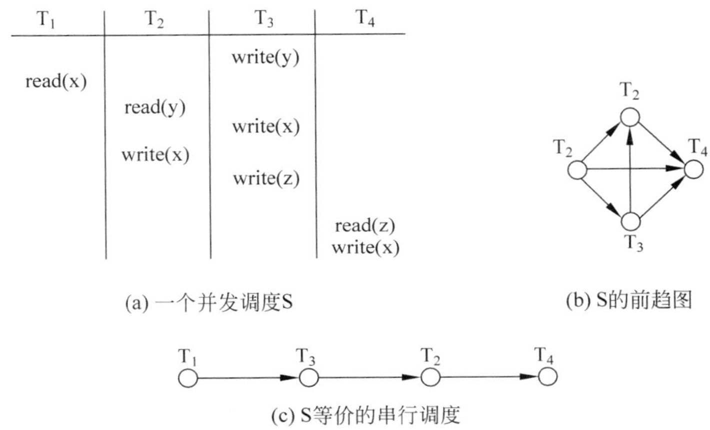

图 6-6 并发调度的前趋图和等价的串行调度

6.3.3 事务的隔离性级别

事务在并发执行时应该相互独立互不干扰,即事务的隔离性。但是,实践中要实现完全的事务隔离,往往会导致系统的事务并发能力显著下降。因此,在一些数据库应用中有时候会放松对隔离性的要求,通过"隔离性级别"来权衡事务的隔离性和并发能力。

事务的隔离性级别,又称为事务的一致性级别,是一个事务必须与其他事务实现隔离的程度,是事务可接受的数据不一致程度。较低的隔离级别可以增加并发,但代价是降低数据的正确性。相反,较高的隔离级别可以确保数据的正确性,但会影响事务并发度。

SQL 92 标准定义了 4 种标准隔离级别,从低到高依次为:读未提交(Read Uncommitted)、读已提交(Read Committed)、可重复读(Repeatable Read)、可串行化(Serializable)。

(1) 读未提交:最低的隔离级别,在这种事务隔离级别下,一个事务可以读到另外一个事务未提交的数据,不允许丢失修改,接受读脏数据和不可重复读现象。

(2) 读已提交:若事务还没提交,其他事务不能读取该事务正在修改的数据。不允许丢失修改和读脏数据，接受不可重复读现象。

(3) 可重复读：事务多次读取同一数据对象的结果一致。不允许丢失修改、读脏数据和读不一致，接受幻影读现象。

(4) 可串行化：最高级别的隔离性，保证可串行化，不允许丢失修改、读脏数据、读不一致以及幻影读现象的发生。

上述 4 种事务隔离级别在隔离程度上越来越高，数据的一致性保证越来越强，但在并发能力上也越来越低。在实践中可以根据业务需要选择合适的隔离级别。

为了实现并发调度的隔离性，目前 DBMS 普遍采取封锁技术。除此之外，还有其他一些方法，如时间戳技术、乐观控制法等。

6.3.4 封锁技术

封锁是实现并发控制的一种机制。所谓封锁就是事务 T 在对某个数据对象操作之前，先对其加锁，加锁后事务 T 就对该数据对象有一定程度的独占控制，在事务 T 释放锁之前，其他事务在操作该数据对象时会受到这种独占控制的影响。

DBMS 通常提供多种类型的封锁。一个事务对数据对象加锁后究竟拥有何种程度的独占控制是由封锁类型决定的。最基本的封锁类型有排他锁和共享锁两种。

1. 排他锁

排他锁(eXclusive Locks)，也称为 X 锁或者写锁。若事务 T 对数据对象 A 加上 X 锁，则在加锁期间只允许 T 对数据对象 A 进行读取和修改，不允许任何其他事务再对数据对象 A 加任何类型的锁，直至 T 释放掉 A 上的锁。

2. 共享锁

共享锁(Sharing Locks)，也称为 S 锁或者读锁。若事务 T 对数据对象 A 加上 S 锁，则事务 T 可以读 A 但不能修改 A，其他事务只能再对 A 加 S 锁，而不能加 X 锁，直到 T 释放 A 上的 S 锁。这就保证了其他事务可以读 A，但在 T 释放 A 上的 S 锁之前不能对 A 做任何修改。同一数据对象允许多个事务并发地读，但对写操作是排他的。

排他锁与共享锁的封锁控制方式可以用如表 6-1 所示的相容矩阵来表示。

表 6-1　基本锁的相容矩阵

T_1 \ T_2	X	S
X	N	N
S	N	Y
NL	Y	Y

在表 6-1，最左边一列是事务 T_1 对某数据对象的加锁情况，X 表示已加 X 锁，S 表示已加 S 锁，NL 表示无锁；最上面一行是事务 T_2 对同一数据对象发出的加锁请求。T_2 的加锁请求能否被满足，用矩阵中的 Y 和 N 表示，Y 表示与 T_1 已持有的锁相容，T_2 的加锁请求可以满足；N 表示与 T_1 已持有的锁冲突，T_2 的加锁请求被拒绝。

3. 封锁协议

在运用 X 锁和 S 锁对数据对象加锁时，还需要约定一些规则，例如，何时申请 X 锁或 S

锁、持锁时间、何时释放等,这些规则称为封锁协议(Locking Protocol)。对封锁方式规定不同的规则,就形成了各种不同的封锁协议。

针对 SQL 92 定义的读未提交、读已提交、可重复读、可串行化 4 种事务隔离级别,可以通过下文的三级封锁协议和两段锁协议来实现,不同程度地解决了并发操作的不正确调度可能带来的丢失修改、不可重复读和读"脏"数据等不一致问题。

1) 一级封锁协议

一级封锁协议:事务 T 在修改数据 R 之前必须先对其加 X 锁,直到事务结束才释放。事务结束包括正常结束(COMMIT)和非正常结束(ROLLBACK)。

一级封锁协议可防止丢失修改,并保证事务 T 是可恢复的,实现读未提交的隔离级别。例如,在表 6-2(a)中使用一级封锁协议解决了丢失修改问题。

在表 6-2(a)中,事务 T_1 在对 A 进行修改之前先对 A 加 X 锁,当 T_2 再请求对 A 加 X 锁时被拒绝,T_2 只能等待 T_1 释放 A 上的锁后,T_2 才能获得对 A 的 X 锁,这时它读到的 A 已经是 T_1 更新过的值 15,再按新的 A 值进行运算,并将结果值 A=14 送回到磁盘。这样就避免了丢失 T_1 的更新。

在一级封锁协议中,如果仅仅是读数据而不对其进行修改,是不需要加锁的,所以它不能保证可重复读和不会读到"脏"数据。

2) 二级封锁协议

二级封锁协议:在一级封锁协议基础上,再加上事务 T 在读取数据 R 之前必须先对其加 S 锁,读完后即可释放 S 锁。

二级封锁协议除防止丢失修改之外,还进一步防止了读"脏"数据,实现读已提交的隔离级别。例如,在表 6-2(c)中使用二级封锁协议解决了读"脏"数据问题。

表 6-2(c)中,事务 T_1 在对 C 进行修改之前,先对 C 加 X 锁,修改其值后写回磁盘。这时 T_2 请求在 C 上加 S 锁,因 T_1 已在 C 上加了 X 锁,T_2 只能等待。T_1 因某种原因被撤销,C 恢复为原值 100,T_1 释放 C 上的 X 锁后 T_2 获得 C 上的 S 锁,读 C=100。这就避免了 T_2 读"脏"数据。

在二级封锁协议中,由于读完数据后即可释放 S 锁,所以它不能保证可重复读。

3) 三级封锁协议

三级封锁协议:在一级封锁协议基础上,再加上事务 T 在读取数据 R 之前必须先对其加 S 锁,直到事务结束才释放。

三级封锁协议除了防止丢失修改和读"脏"数据外,还进一步防止了不可重复读,实现可重复读的隔离级别。例如,在表 6-2(b)中使用三级封锁协议解决了不可重复读问题。

表 6-2(b)中,事务 T_1 在读 A,B 之前,先对 A,B 加 S 锁,这样其他事务只能再对 A,B 加 S 锁,而不能加 X 锁,即其他事务只能读 A,B,而不能修改它们。所以当 T_2 为修改 B 而申请对 B 的 X 锁时被拒绝,只能等待 T_1 释放 B 上的锁。T_1 为验算再读 A,B,这时读出的 B 仍是 100,求和结果仍为 150,即可重复读。T_1 结束才释放 A,B 上的 S 锁,T_2 才获得对 B 的 X 锁。

注意,所谓三级封锁协议可以避免不可重复读,实际上指的是防止了不可重复读问题中的读不一致现象,并不能解决插入和删除的幻影读现象。

上述三级协议的主要区别在于什么操作需要申请封锁,以及何时释放锁(即持续时间)。

三个级别的封锁协议可以总结为表 6-3。从一级封锁协议到三级封锁协议，事务的隔离性级别逐渐增加，数据的一致性不断增强，但事务执行的并发度却逐渐降低。

表 6-2　基于封锁机制解决三种数据不一致问题

T_1	T_2	T_1	T_2	T_1	T_2
Xlock A	等待	Slock A	Xlock B	Xlock C	Slock C
读 A=16	等待	Slock B	等待	读 C=100	等待
A←A−1	等待	读 A=50	等待	C←C * 2	等待
写回 A=15	获得 Xlock A	读 B=100	等待	写回 C=200	等待
Commit	读 A=15	求和=150	等待	ROLLBACK	等待
Unlock A	A←A−1	读 A=50	等待	(C 恢复为 100)	等待
	写回 A=14	读 B =100	等待	Unlock C	获得 Slock C
	Commit	求和=150	获得 Xlock B		读 C=100
	Unlock A	Commit	读 B=100		Commit
		Unlock A	B←B * 2		Unlock C
		Unlock B	写回 B=200		
			Commit		
			Unlock B		

(a) 没有丢失修改　　　　(b) 可重复读　　　　(c) 避免读“脏”数据

表 6-3　三级封锁协议

	X 锁		S 锁		一致性保证		
	操作结束释放	事务结束释放	操作结束释放	事务结束释放	不丢失修改	不读“脏”数据	可重复读
一级封锁协议		√			√		
二级封锁协议		√	√		√	√	
三级封锁协议		√		√	√	√	√

4）两段锁协议

两段锁协议(Two-Phase Locking Protocol,2PL 协议)，是一种能够实现并发调度可串行化的封锁协议。两段锁协议规定：

(1) 在任何数据对象进行读、写操作之前，事务要获得对数据对象的加锁。

(2) 在释放任意一个锁之后，事务不再允许获得任何其他加锁。

例如，下面两个事务 T_1 和 T_2。其中，T_1 遵守两段锁协议，T_2 不遵守两段锁协议。

T_1：lock(A)，lock(B)，lock(C)，unlock(B)，unlock(C)，unlock(A)

T_2：lock(A)，unlock(A)，lock(B)，lock(C)，unlock(C)，unlock(B)

因为 T_2 在释放锁 A 之后又对 B 和 C 加锁，不符合两段锁协议的第二条规定。如果事务所有的加锁操作都在第一个解锁操作之前，那么该事务遵守两段锁协议。

在遵守两段锁协议事务中，明显地可分为两个阶段：第一阶段是锁逐步增加阶段，称为扩展阶段或者成长阶段；第二阶段是锁逐步释放阶段，称为收缩阶段。

定理：若并发执行的所有事务均遵守两段锁协议，则对这些事务的所有调度都是可串行化的。(证明略)

需要说明，2PL 协议是调度可串行化的充分条件，并不是调度可串行化的必要条件。例如，下面三个事务 T_1、T_2 和 T_3，其中的 T_2 不遵守两段锁协议。

T_1：Slock(A)，read(A)，unlock(A)

T_2：Slock(B)，read(B)，unlock(B)，Xlock(A)，write(A)，unlock(A)

T_3：Xlock(B)，write(B)，unlock(B)

但如图 6-7 所示的并发调度却是可串行化的，它等价于串行调度 $T_1 \rightarrow T_2 \rightarrow T_3$。

T_1	T_2	T_3
Slock(A)	Slock(B)	
read(A)	read(B)	
unlock(A)	unlock(B)	
		Xlock(B)
		write(B)
		unlock(B)
	Xlock(A)	
	write(A)	
	unlock(A)	

图 6-7　不遵守 2PL 协议的可串行化的调度

如果遵守 2PL 的调度，将锁释放都放在事务结束，则可避免发生连锁回滚和不可重复读等问题。把所有锁都放在事务结束时释放的两段锁协议称为严格的 2PL 协议(Strict 2PL)。大多数 DBMS 都采用严格的 2PL。

6.3.5　死锁与活锁问题

利用封锁技术，可以避免并发操作引起的各种问题，却可能产生其他问题。

1. 死锁

如果系统中有两个或两个以上的事务都处于等待状态，并且每个事务都在等待其中另一个事务解除封锁，它才能够继续执行下去，结果造成任何一个事务都无法继续执行，这种现象称为系统进入了死锁(Dead Lock)。

例如，事务 T_1 封锁了数据 A，事务 T_2 封锁了数据 B，之后事务 T_1 又申请封锁数据 B，由于 T_2 已经封锁了 B，所以 T_1 等待 T_2 释放 B 上的锁。这时 T_2 又申请封锁数据 A，由于 T_1 已经封锁了 A，所以 T_2 等待 T_1 释放 A 上的锁。因此，就出现了 T_1 和 T_2 互相等待的局面，形成了死锁，如图 6-8 所示。

T_1	T_2
Xlock A	
	Xlock B
Xlock B	
	Xlock A
等待	等待
等待	等待
等待	

图 6-8　死锁

对付死锁有两种方法：一是死锁预防；二是死锁检测，即发现死锁后解除。

在数据库系统中死锁很少发生，即使发生也涉及很少几个事务，所以可以不采用死锁预防策略，当检测发现死锁时，再采用解除死锁的策略。

死锁检测的方法一般有下列两种。

1) 超时法

如果一个事务的等待时间超过某个时限，则认为发生死锁。超时法实现容易，但是时限多长较难确定。如果时限设的太小，死锁的误判会增加，本不是死锁而是由于其他原因(如系统负荷太重，通信受阻等）导致事务等待超时而被误判为死锁；如果时限设得太大，则发现死锁的滞后时间会过长。

2）等待图法

等待图（Wait-for Graph）是一个有向图 G=（V,E），其中，顶点集 V 是当前运行的事务集{T_1,T_2,…,T_n}，如果 T_i 等待 T_j，则从 T_i 到 T_j 有一条弧。锁管理器根据事务加锁和释放锁申请情况，动态地维护此等待图。当且仅当等待图中出现回路，则存在死锁。

发现死锁后，由锁管理器做下列处理：在循环等待事务中，选择一个牺牲代价最小的事务执行回滚，并释放它获得的锁及其他资源。使其他事务得以运行下去。

2. 活锁

系统可能使某个事务永远处于等待状态，得不到封锁的机会，这种现象称为系统进入了活锁（Live Lock）。

例如，事务 T_1 封锁了数据 A，事务 T_2 也申请封锁数据 A，于是 T_2 等待，接着 T_3 也申请封锁数据 A，于是 T_2、T_3 等待。当 T_1 释放 A 上的锁后，系统首先批准了 T_3 的请求，T_2 只能继续等待，接着 T_4 也申请封锁数据 A，于是 T_2、T_4 等待。当 T_3 释放 A 上的锁后，系统又批准了 T_4 的请求……，这时 T_2 有可能就永远等待下去，这就是“活锁”的形成。

避免活锁的简单方法是采用先来先服务的策略。当多个事务请求封锁同一数据对象时，封锁子系统按请求封锁的先后次序对这些事务排队，该数据对象上的锁一旦释放，首先批准申请队列中第一个事务获得锁。

6.3.6 封锁的粒度

在数据库中，封锁的数据对象可以是逻辑单元，例如，属性、属性集、元组、关系、索引项、整个索引、整个数据库等；也可以是物理单元，例如，页、块、存储区域等。封锁的数据对象可以较大，如大到可以是整个数据库、一个存储区域、一个关系；也可以很小，比如小到一个元组甚至某个属性。封锁数据对象的大小称为封锁的粒度（Granularity）。

封锁粒度越大，封锁处理越简单，系统开销也越小，但这样往往把无须加锁的数据也封锁了，从而不必要地排斥了一些事务，降低了系统的并发度；相反，封锁粒度越小，往往需要加很多的锁，系统开销较大，但提高了系统并发度。

6.4 数据库安全性

随着科学技术的不断进步和发展，信息安全问题变得越来越重要了。在数据库领域中，安全问题也是一个非常重要的课题。数据库中所存放的信息可能是各种保密资料，比如国家机密、军事情报、人事档案、银行储蓄数据等，这些信息必须加以保护。数据库的安全性，就是保护数据库以防止不合法的使用所造成的数据泄漏、更改或者破坏。

安全性问题是计算机系统中普遍存在的一个问题。而在数据库系统中显得尤为突出，因为数据库系统中大量数据集中存放，而且为许多最终用户直接共享。数据库系统建立在操作系统之上，而操作系统是计算机系统的核心，因此，数据库系统的安全性与计算机系统的安全性息息相关。

计算机系统的安全性问题涉及很多领域，比如网络、服务器、用户、应用程序与服务和数据等。

(1) 网络安全。它关系到什么人和什么内容具有访问权,查明任何非法访问或偶然访问的入侵者,保证只有授权许可的通信才可以在客户机和服务器之间建立连接,而且正在传输中的数据不能被读取和改变。

(2) 服务器安全。需要控制谁能访问服务器或访问者可以干什么;防止病毒的侵入;检测有意或偶然闯入系统的不速之客等。

(3) 用户安全。每个合法的用户在系统内都建立一个账户;在用户获得访问权限时设置相应的功能,在他们的访问权限不再有效时删除用户账户;以及通过身份验证确保用户的登录是合法的。

(4) 应用程序与服务安全。大多数应用程序和服务都是靠口令保护的,采用授权控制用户访问系统资源的权限。

(5) 数据安全。通过数据加密防止非法阅读它;保证数据的完整性;防止非法和偶然的不正确的数据更新。

总之,安全措施需要采用层层设防的各种技术,这里只介绍数据库系统有关的安全措施。

数据库系统通常采取的安全措施包括:用户标识与鉴别,存取控制,视图机制,数据加密,审计等。

6.4.1 用户标识与鉴别

用户标识与鉴别是系统提供的最外层安全保护措施。在数据库管理系统中,数据库管理员(DBA)可以为数据库用户创建用户账号和口令,这样以后每次需要对数据库进行存取的时候,用户都必须通过输入账号和口令才能登录DBMS。每次用户要求进入系统时,由系统进行核对,通过鉴定账号和口令正确以后才提供数据库使用权。

用户标识与鉴别的方法有很多,在使用中常常是几个方法并用,以求得更强的安全性。最常用的方法是通过用户账号和口令来鉴定用户身份的合法性,这种方法简单易行,但容易被别人窃取或破解。还可以采用更加复杂的方法,比如密码可以与系统时间相联系,使其随时间的变化而变化;或者采用签名、指纹等用户个人特征鉴别等。此外,还可以重复多次进行用户标识和鉴别。

6.4.2 存取控制

存取控制是确保具有授权资格的用户访问数据库,同时使所有未被授权的人员无法访问数据库的机制。数据库用户按照访问权力的大小,可以分为以下三类。

1. 一般数据库用户

通过授权可对数据库进行操作的用户。

2. 数据库的拥有者

数据库的拥有者即数据库的创建者,除了一般数据库用户拥有的权力外,还可以授予或收回其他用户对其所创建的数据库的存取权。

3. 有DBA特权的用户

有DBA特权的用户即拥有支配整个数据库资源的特权,对数据库拥有最大的特权,因而也对数据库负有特别的责任。通常只有数据库管理员才有这种特权。DBA 特权命令包括给各个独立的账户、用户或者用户组授予特权和回收特权，以及把某个适当的安全分类级别指派给某个用户账户。

由于不同的用户对数据库具有不同的存取权，因此为了保证用户只能访问他有权存取的数据，必须对每个用户授予不同的数据库存取权，这称为授权(Authorization)。第一个具有 DBA 特权的用户是由系统设置的，在系统初始化时，系统中至少有一个具有 DBA 特权的用户，例如 SYS 和 SYSTEM，他的口令也由系统规定好。第一个 DBA 用户进入系统后，应立即更换口令，以免别人盗用该口令进入系统，由他就可授权给其他用户。

大型数据库管理系统都支持自主存取控制，目前的 SQL 标准也对自主存取控制提供支持，这主要通过 SQL 的 GRANT 语句和 REVOKE 语句来实现。

在 SQL 中，授权语句有两种：授予权限语句和授予角色语句。

1) 授予权限语句

该语句基本形式为：

```
GRANT <权限> ON <数据对象> TO <授权者>[WITH GRANT OPTION]
<数据对象>::=<基表>|<视图>|<属性>| …
<授权者>::=PUBLIC|<授权 ID>
```

其中，PUBLIC 是所有数据库用户的总称，若有 WITH GRANT OPTION，则授权者可将此特权转授给其他授权者。

例如，下列语句：

(1) GRANT SELECT ON Table_1 TO PUBLIC;

将对表 Table_1 的 SELECT 特权授予所有的用户。

(2) GRANT INSERT(Col_1,Col_5) ON Table_1 TO sam;

将对表 Table_1 中 Col_1 和 Col_5 列的 INSERT 特权授予 sam。

(3) GRANT ALL PRIVILEGES ON Table_1 TO bob,sam;

将对表 Table_1 的所有操作特权授予 bob 和 sam。

(4) GRANT UPDATE(Col_2,Col_4) ON Table_1 TO wang WITH GRANT OPTION;

将对表 Table_1 中 Col_2 和 Col_4 列的 UPDATE 特权授予 wang，并允许他将此特权转授给其他用户。

2) 授予角色语句

该语句基本形式为：

```
GRANT <角色 ID>[{,角色 ID}] TO <授权者>[WITH ADMIN OPTION]
```

该语句将一个或多个角色的使用授予授权者，若有 WITH ADMIN OPTION，则授权者可将此角色转授给其他授权者。

例如下列语句中，假设 assistants_role，bosses_role 都是已建立的角色。

(1) GRANT assistants_role,bosses_role TO PUBLIC;

将角色 assistants_role 和 bosses_role 授予所有的用户。

(2) GRANT assistants_role TO zhang WITH ADMIN OPTION;

将角色 assistants_role 授予用户 zhang，并允许他将此角色转授给其他授权者。

3）收回语句

收回权限的 REVOKE 语句：

```
REVOKE <权限> ON <数据对象> FROM <授权者>[{,<授权者>}]
```

收回角色的 REVOKE 语句：

```
REVOKE <角色 ID> FROM <授权者>[{,<授权者>}]
```

在 DBMS 的数据字典中为每个数据库设置一张授权表(Authorization Table)。此表存放对每个授权 ID 的授权定义，它主要由三部分组成，见表 6-4。

表 6-4　授权表

授权 ID	数 据 对 象	存 取 权 限

其中，授权 ID 表明用户或角色，用户可以是用户个人，也可以是团体、程序或终端。数据对象是用户可以存取的数据名称。在关系数据库中，授权的数据对象可以是基表、视图、属性列、行(记录)等。存取权限指用户或角色可以执行操作的类型，一般包括创建、撤销、修改模式、查找、插入、修改、删除等。

如果一个数据库系统中，用户比较多，数据库又比较大，则授权表将会很大，而且每次对数据库存取时都对这张表进行授权检查，这将会影响数据库的性能，所以在大多数数据库中，大部分数据是公开的，可以一次性地授权给 PUBLIC，只有少数的数据是保密的，需要个别授权。在授权表中，数据对象一般只细分到表，对于修改操作可以细分到属性。有时还需要更细的存取限制，如与数值有关的存取控制。例如，某学校的教务管理信息系统，只允许每个系的教学管理员查询本系的学生的数据。

当用户发出对数据库存取的操作请求时，DBMS 在数据字典中查找授权表，根据其存取操作权限对操作的合法性进行检查，若用户的操作请求超出了定义的权限，系统将拒绝执行此操作。

6.4.3　视图机制

通过为不同的用户定义不同的视图，可以将要保密的数据对无权存取的用户隐藏起来，从而自动地给数据提供一定程度的安全保护。例如，给某用户定义了一个只读视图，并且这个视图的数据来源于关系 R，则此用户只能读 R 中的有关信息，数据库中一切其他信息对它都是隐藏的。

6.4.4　数据加密

加密技术是防止数据库中数据在存储或者传输中失密的有效手段。加密的基本思想是根据一定的算法将原始数据(明文)变换成不可直接识别的格式(密文)，从而使得不知道解密算法的人无法获知数据的内容。

对于高度敏感性数据，比如财务数据、军事数据、国家机密，除以上安全性措施以外还可以采用数据加密技术。如今加密技术已经比较成熟了，有关密钥加密以及密钥管理等问题请参考有关书籍。

由于数据加密和解密是比较费时的操作，而且数据加密与解密程序会占用大量的系统资源，增加了系统的开销，降低了数据库的性能。因此，在一般数据库系统中，数据加密作为可选的功能，允许用户自由选择，只有对那些保密要求特别高的数据，才值得采用此方法。

6.4.5 审计

前面讲到的安全性措施不可能是完美无缺的，蓄意盗窃、破坏数据的人总是想方设法企图打破这些控制。审计功能把用户对数据库的操作自动记录下来放入审计日志(Audit Log)中，有时也被称作审计跟踪(Audit Trial)。系统能利用这些审计跟踪的信息，重现导致数据库现状的一系列事件，以找出非法存取数据的人。

审计通常是很费时间和空间的，所以 DBMS 往往将其作为可选的，允许 DBA 和数据的拥有者选择。数据库审计对于被多个事务和用户更新的敏感性数据库是非常重要的。一般用于安全性要求较高的部门。

最后应指明一点，尽管数据库系统提供了上面提到的很多保护措施，但事实上，没有哪一种措施是绝对可靠的。安全性保护措施越复杂、越全面，系统的开销就会越大，用户的使用也会变得越困难，因此，在设计数据库系统安全性保护时，应权衡使用方法。例如，Oracle 数据库系统的安全性措施主要有三种：用户标识和鉴别、存取控制和审计。

6.5 数据库完整性

数据库的完整性是指数据库中数据的正确性和相容性，即为了防止数据库中存在不符合语义的数据，防止错误信息的输入和输出。例如，学生的学号应该是唯一的，学生的姓名是 4～8 个字符；学生的年龄是整数，取值范围为 14～30；学生所在的系必须是学校开设的系等。于是，当一个用户向数据库插入一个新的学生记录或修改一个学生的数据时必须满足这些条件。这些条件称为完整性约束条件，这些约束条件被存入数据字典中。

为了实现数据库完整性，DBMS 必须提供表达完整性约束的方法，以及实现完整性的控制机制。本节将以关系数据库为例，讨论完整性控制的实现。

6.5.1 完整性约束条件的类型

完整性约束条件作用的对象可以是列、元组、关系三种。完整性约束条件的类型可以分为两大类型：静态约束和动态约束。

1. 静态约束

静态约束是指数据库每一确定状态时的数据对象所应满足的约束条件，它是反映数据库状态合理性的约束，这是最重要的一类完整性约束。根据约束作用的对象不同，又可分为下面三种。

1) 静态列约束

静态列约束是对一个列的取值域等的说明或限制，它包括：

(1) 对数据类型的约束，例如，数据的类型、长度、单位、精度等。

(2) 对数据格式的约束，例如，学生的学号的格式中前两位表示入学年份，中间两位为系号，后三位为顺序编号。

(3) 对取值范围或取值集合的约束,例如,大学本科学生年龄范围的取值范围为14～29。

(4) 对空值的约束,空值表示未定义或未知的值,与零值和空格不同。有的列允许空值,有的不允许,例如,规定学号成绩可以为空值。

(5) 其他约束,例如,关于列的排序说明、组合列等。

2) 静态元组约束

一个元组是由若干列值组成的,静态元组约束规定组成一个元组的各个列之间的约束关系。例如,一个工厂的产品库存关系中包括库存数量和出库数量等列,其出库数量不能大于库存数量。

3) 静态关系约束

静态关系约束反映了一个关系中各个元组之间或者若干关系之间存在的联系或约束。它包括:

(1) 实体完整性约束,即关键字段的值不为空。

(2) 参照完整性约束,即一个关系的外码取值与另一个关系的关键字的值有关。

(3) 函数依赖约束,大部分函数依赖约束都在关系模式中定义。

(4) 统计约束,即某个字段值与一个关系多个元组的统计值之间的约束关系。例如,对学生平均成绩的约束等,这里的平均成绩就是统计值。

2. 动态约束

动态约束是指数据库从一种状态转变为另一种状态时,新、旧值之间所满足的约束条件,它反映了数据库状态改变时应遵守的约束。按照约束的对象不同,它又分为下面三种。

1) 动态列约束

动态列约束规定修改列定义或列值时应满足的约束条件,它包括:

(1) 修改列定义时的约束。例如,将允许空值的列改为不允许空值时,如果该列目前已存在空值,则拒绝这种修改。

(2) 修改列值时的约束。修改列值时需要参照其旧值,并且新旧值之间需要满足某种约束条件。例如,学生的年龄只能增长。

2) 动态元组约束

动态元组约束是指修改某个元组的值时元组中的各个字段之间要满足某种约束条件。例如,退休职工工资不得低于原基本工资(元)的80%+工龄×1.5(元)等。

3) 动态关系约束

动态关系约束是加在关系变化时的限制条件,例如,事务一致性、原子性等约束条件。

6.5.2 完整性控制机制的功能

DBMS的完整性控制机制应该具有如下三个方面的功能。

1. 定义功能

提供定义完整性约束条件的机制。完整性约束条件有的比较简单,有的比较复杂,一个完整的完整性控制机制应该允许用户定义所有的完整性约束条件。

2. 检查功能

检查用户发出的操作请求是否违反了完整性约束条件。检查是否违背完整性约束条件通常是在一条语句执行后立即检查,这类约束称为立即执行的约束(Immediate

Constraints)。而在某些情况下,完整性检查需要延迟到整个事务结束后再进行,这类约束称为延迟执行的约束(Deferred Constraints)。例如,财务管理中,一张记账凭证中"借贷总金额应相等"的约束就应该是延迟执行的约束。只有当一张记账凭证输入完后才能达到借贷总金额相等,这时才能进行完整性检查。

3. 保护功能

如果发现用户的操作请求违背了完整性约束条件,则采取一定的保护动作来保证数据的完整性。最简单的保护数据完整性的动作就是拒绝该操作,但也可以采取其他处理方法。如果发现用户操作请求违背了延迟执行的约束,由于不知道是哪个或哪些操作破坏了完整性,所以只能拒绝整个事务,把数据库恢复到该事务执行前的状态。

目前许多关系数据库管理系统都提供了定义和检查实体完整性,参照完整性和用户定义的完整性的功能。对于违反实体完整性约束和用户定义的完整性约束的操作一般都以拒绝执行的方式进行处理。而对于违反参照完整性的操作,并不都是简单地拒绝执行,有时接受这个操作,但同时执行一些附加的操作,以保证数据库的状态仍是正确的。

6.5.3 完整性约束的表达方式

通常有下面几种方法表达完整性约束条件。

1. 在创建和修改基表模式时说明约束

在 SQL 中,使用 CREATE TABLE 创建基表时,通过定义列的类型说明列的约束;如定义主键(PRIMARY KEY)说明实体完整性约束;定义外键(FOREIGN KEY)以及执行删除操作时限定动作说明参照完整性约束。此外,还可以利用 CHECK 子句表示单表中的约束,尤其是说明各列的值应满足的约束条件。在使用 ALTER TABLE 修改基表模式时,也可以修改约束说明。下面主要介绍创建基表时的约束说明。

1) SQL 中的关键字

在 CREATE TABLE 中声明某个属性或属性集作为某个关系的关键字,是数据库中最为重要的约束,其方法有两种:一是使用保留字 PRIMARY KEY(主关键字),二是使用保留字 UNIQUE。在一个表中只有一个 PRIMARY KEY,但可能有几个 UNIQUE。

一个关系的主关键字由一个或几个属性构成,在 CREATE TABLE 中声明主关键字的方法如下。

(1) 在列出关系模式的属性时,在属性及其类型后加上保留字 PRIMARY KEY,表示该属性是主关键字。

(2) 在列出关系模式的所有属性后,再附加一个声明:

```
PRIMARY KEY (<属性 1>[,<属性 2>, … ])
```

如果关键字由多个属性构成,则必须使用第二种方法。下面的例 6-1 和例 6-2 是对同一个关系模式的两种不同描述。

【例 6-1】

```
CREATE TABLE MovieStar
(name CHAR(30) PRIMARY KEY,
 address VARCHAR(255),
 gender CHAR(1),
 birthdate DATE);
```

【例 6-2】

```
CREATE TABLE MovieStar
(name CHAR(30),
 address VARCHAR(255),
 gender CHAR(1),
 birthdate DATE
 PRIMARY KEY (name));
```

如果使用保留字 UNIQUE 来说明关键字,则它可以出现在 PRIMARY KEY 出现的任何地方,不同的是,它可以在同一个关系模式中出现多次。例如,可以将例 6-1 改写为:

```
CREATE TABLE MovieStar
           (name CHAR(30) UNIQUE,
            address VARCHAR(255),
            gender CHAR(1),
            birthdate DATE);
```

2) 参照完整性和外部关键字

参照完整性是关系模式的另一种重要约束。根据参照完整性的概念,当一个关系的某个或某几个属性被说明为外部关键字的时候,要引用或参照第二个关系的某个或某几个属性。这意味着:

(1) 被参照的第二个关系的属性必须是该关系的主关键字。

(2) 对于第一个关系中外关键字的任何值,也必须出现在第二个关系的相应属性上,即参照完整性约束把这两个属性或属性集联系起来了。

在 SQL 中,有以下两种方法用于说明一个外部关键字。

第一种方法,如果外部关键字只有一个属性,可以在它的属性名和类型后面直接用"REFERENCES"说明它参照了某个被参照表的某些属性(必须是主关键字),其格式为:

```
REFERENCES <表名>(<属性>)
```

另一种方法是,在 CREATE TABLE 语句的属性列表后面增加一个或几个外部关键字说明,其格式为:

```
FOREIGN KEY <属性> REFERENCES <表名>(<属性>)
```

其中,第一个"属性"是外部关键字,第二个"属性"是被参照的属性。

【例 6-3】 设有一个关系模式

```
employee(eno,ename,esex,dno)
```

其中,eno 是主关键字,dno 是外部关键字,它参照了关系模式

```
department(deptno,dname,address)
```

中的 deptno,这时可以直接说明 dno 参照了 deptno:

```
CREATE TABLE employee
     (eno CHAR(6) PRIMARY KEY,
      ename VARCHAR(8),
```

```
    gender CHAR(1),
    dno CHAR(2) REFERENCES department(deptno));
```

或者这样说明：

```
CREATE TABLE employee
   (eno CHAR(6) PRIMARY KEY,
    ename VARCHAR(8),
    gender CHAR(1),
    dno CHAR(2)
    FOREIGN KEY dno REFERENCES department(deptno));
```

值得注意的是，因为关系 department 中的 deptno 是关系 employee 中的外部关键字，所以，在 department 中必须把属性 deptno 说明为主关键字。

维护参照完整性约束的策略有以下几种。

(1) 默认策略：拒绝违规的更新。

对于任何违反了参照完整性约束的数据更新(INSERT、DELETE、UPDATE)，系统一概拒绝执行。

(2) 级联策略(Cascade Policy)。

以例 6-3 的删除操作为例，当从被参照关系 department 中删除一个元组的时候，为了维护参照完整性，系统将自动地从关系 employee 中删除那些参照元组。而当执行修改操作时，例如，把 department 中 deptno 某个元组的值 d1 改为 d2，则在 employee 关系中，对于属性 dno，凡是以 d1 作为其值的那些元组上的 dno 值，也将改为 d2。

(3) 置空(NULL)策略。

有时候，对于被参照关系的删除和修改操作是独立进行的，这时可以采用置 NULL 策略。方法是，在用 CREATE TABLE 语句建立带有外部关键字的关系模式时，在模式后面加上 ON DELETE SET NULL 或 ON UPDATE CASCADE。例如，对例 6-3：

```
CREATE TABLE employee
   (eno CHAR(6) PROMARY KEY,
    ename VARCHAR(8),
    gender CHAR(1),
    dno CHAR(2) REFERENCES department(deptno)
    ON DELETE SET NULL
    ON UPDATE CASCADE);
```

ON DELETE SET NULL 子句表示：当删除被参照关系 department 的某些元组时，在参照关系 employee 中，对于取被删除的 department. deptno 值的那些元组上的 dno 值，将置为 NULL。ON UPDATE CASCADE 子句表示：如果修改了某些 department. deptno 的值，对于 employee 中取这些值的元组，也将做同样的修改。

3) 关于属性值的约束

对属性值的约束是关系模型中的第三类重要约束。这些约束的表达方式是：①在关系模式的定义中对属性进行约束；②首先约束某个域，然后再说明它是某个属性的域。

(1) 非空(NULL)约束。

对于属性值的约束，最简单的方法是限制属性值不为空。其表示约束的方法是，在建立关系模式时，在属性说明后面再加上保留字“NOT NULL”。在把一个属性约束为“NOT NULL”后，就不能将该属性的值修改为空，或者插入一个空值，也不能对它使用置空策略。

(2) 基于属性值检查(CHECK)的约束。

这种方式下对于属性值的约束条件表示为

```
CHECK (<条件>)
```

意思是，该属性上的每一个值都要满足 CHECK 后面的条件。这个条件可能是指正在被约束的属性，也可能是指 FROM 子句引出的其他关系或关系的属性。当被约束的属性获得一个新值的时候，就按 CHECK 后面的条件对新值进行检查，如果新值违反约束条件，系统拒绝更新属性值。当然，如果数据库修改不改变被约束属性的原值，则不进行约束检查。

【例 6-4】 在例 6-3 中，如果只允许属性 gender 的值是字符“F”(女)或“M”(男)，则对属性 gender 的描述修改为：

```
gender CHAR(1) CHECK (gender IN ('F','M')),
```

表示属性 gender 每次只能取集合{'F','M'}中的一个元素作为其值。

(3) 域约束。

通过声明一个域来约束某个属性的取值。SQL2 通过保留字 VALUE 指示域中的值。例如：

```
CREATE DOMAIN GenderDomain CHAR(1)
    CHECK (VALUE IN ('F','M'));
```

如果要通过域 GenderDomain 来限制属性 gender 的取值，则定义如下：

```
gender GenderDomain
```

保留字 VALUE 后面还可以是比较运算符。例如，如果要求部门编号 dno 为三位数字，首先建立一个域：

```
CREATE DOMAIN DnoDomain INT
    CHECK (VALUE >= 100);
```

然后用于定义属性 dno：

```
dno DnoDomain REFERENCES department(deptno)
```

这也可以达到限制一个属性值域的目的。

4) 全局约束

有时候，一个复杂的约束条件可能涉及几个属性甚至几个不同关系之间的联系，称为全局约束。这类约束又分为两种：第一种是基于元组检查(CHECK)的约束，它用于限制单个关系的元组；另一种是断言(ASSERTION)，它可能涉及整个关系或以同一关系作为值域的几个元组变量。下面讨论基于元组检查的约束，关于断言见下文。

为了说明对单个关系 R 上元组的约束，可以在定义关系模式的时候，在对各个属性描述以后，增加一个 CHECK 子句，指出关系 R 中所有元组应该满足的条件。其格式为：

```
CHECK (<条件>)
```

其中的条件可以是 WHERE 子句中出现的任何条件，但可能涉及子查询、其他关系或同一关系的其他元组。

每当往关系 R 中插入元组，或修改 R 中的元组时，系统就检测 CHECK 子句后面的条件是否满足。注意，条件求值是相对于插入的新元组或修改的元组进行的。如果条件不满足，系统将拒绝执行元组插入或修改。然而，如果条件涉及子查询中某个关系，甚至是 R 本身，并且对该关系的改变使得条件在 R 的某个元组上不成立，这时，约束检测就失去作用，即不能阻止这个改变。

虽然基于元组检查的约束可以包含非常复杂的条件，但最好是使用下面的 SQL 断言，原因正如上面所讨论的，在某些情况下，基于元组检测的约束可能失效。一般来说，如果基于元组检测的约束只涉及正在被检查的元组的属性，并且没有子查询，则这种约束总是有效的。

【例 6-5】 将例 6-3 改为：

```
CREATE TABLE employee
    (eno CHAR(6) PROMARY KEY,
     ename VARCHAR(8),
     gender CHAR(1),
     dno CHAR(2) REFERENCES department(deptno),
    CHECK (gender = 'F' OR dno <>'d1'));
```

该约束条件表示，对于所有的女性或不在 d1 部门工作的人，该约束条件均为真。

2. 用断言说明约束

一个断言就是一个谓词，用以说明数据库状态必须满足的一个条件。为了用断言说明约束，在数据库语言中须提供表述断言的语句。在 SQL2 语言标准中可用 CREATE ASSERTION 语句来说明断言。该语句的形式为：

```
CREATE ASSERTION <约束名> CHECK (<条件>)
```

一个断言中的条件必须保持为真，并且，不管什么样的数据库操作，只要它破坏了断言中的条件(使条件为假)，系统就拒绝执行。可见，与属性值约束或元组值约束相比，大大加强了约束力度。

【例 6-6】 设有关系模式：

```
student(sno, sname, sex, age, status)
course(cno, cname, credit)
s_c(sno, cno, grade)
```

其中，student 中的 status 属性依据 s_c 中的 grade 值取优秀、良好。这时，可以建立下面的断言约束：

```
CREATE ASSERTION Stat_Ass CHECK
    (EXISTS
     (SELECT sno, sname
      FROM student, course, s_c
      WHERE (status = '优秀' OR status = '良好') AND student.sno = s_c.sno AND course.cno = s_c.
cno AND s_c.grade>85));
```

表示一个学生的成绩如果是优秀或良好，则他必须选修了有关课程，并且考试成绩在 85 分以上。

断言约束也可以用于一个关系。例如,在关系模式

```
test(sno,sname,cname,score)
```

中,如果要求每个考生的总分不大于 750 分,可以建立下面的断言约束:

```
CREATE ASSERTION SumScore CHECK
    (750 >= ALL
      (SELECT SUM(score)
      FROM test
      GROUP BY sno));
```

在 SQL3 语言标准中说明断言的语句的形式为:

```
CREATE  ASSERTION  <约束名>
CHECK  (<搜索条件>)  [<约束属性>]
```

其中,搜索条件是任何合法的条件表达式。SQL3 在以下两个主要方面扩充了 SQL2 中的断言。

(1) SQL3 中的触发断言的事件由数据库程序员指定,而不是由系统确定的违反约束条件的事件。

(2) SQL3 中的断言的检验,不一定指整个表,也可以像元组级检查那样,表示某个表的每个元组。

【例 6-7】 对于例 6-6,按 SQL3 标准写出断言如下。

```
(1)     CREATE ASSERTION Stat_Ass CHECK
(2)       AFTER
(3)           INSERT ON s_c,
(4)           UPDATE OF sno ON s_c,
(5)           UPDATE OF cno ON s_c,
(6)           UPDATE OF grade ON s_c
(7)           DELETE ON s_c
(8)       CHECK (NOT EXISTS
(9)           (SELECT *
(10)            FROM student,course,s_c
(11)            WHERE (status = '优秀' OR status = '良好')AND student.sno = s_c.sno AND
                      course.cno = s_c.cno AND s_c.grade > 85));
```

本例中,行(2)～(7)列出了一系列能够触发断言检查的事件,行(8)～(11)表示约束条件,凡是对关系 s_c 的插入、修改或删除操作,都受到这个条件的限制。

SQL3 断言与 SQL2 断言的主要区别,正如例 6-7 所示的那样,在 SQL3 断言中,何时需要执行检查,是非常明显的,从而使得系统更容易实现,但对用户来说要找出所有可能触发断言的事件就较为困难了。

删除一个断言的语句格式是:

```
DROP ASSERTION <断言名>;
```

【**例 6-8**】 删除断言 Stat_Ass 的语句为：

```
DROP ASSERTION Stat_Ass;
```

断言创建之后，系统会检测其有效性。若断言有效，则将它存放在约束库中，以后只有不违背断言的数据库修改才允许。由于检测和维护断言的开销较高，特别是对较复杂的断言，因此，使用断言时应小心。

3. 用触发器表示约束

触发器是一条语句，当对数据库修改时，它自动被系统执行。一个触发器应包括下面两个功能。

(1) 指明什么条件下触发器被执行。

(2) 指明触发器执行什么动作。

利用触发器表示约束，以违背约束作为条件，以违背约束的处理作为动作。该动作可以是回滚事务，也可以发给用户一个消息或执行一个过程。为了利用触发器表示约束，相应的数据库语言或系统应有触发器机制。在 SQL2 中没有触发器机制，而在 SQL3 中，可用 CREATE TRIGGER 语句来定义触发器。SQL3 触发器定义如下。

```
<触发器>:: = CREATE TRIGGER <触发器>
                {BEFORE|AFTER} <触发事件> ON <表名>
                [REFERENCING <引用名列表>]
                [FOR EACH {ROW|STATEMENT}]
                [WHEN(<条件>)]
                <动作>
<触发事件>:: = INSERT|DELETE|UPDATE[ OF <属性名>[{,<属性名>} … ]
<引用名>:: = OLD [ROW] [AS]<旧元组名>|
               NEW [ROW] [AS] <新元组名>|
               OLD TABLE [AS] <旧表名>|
               NEW TABLE [AS] <新表名>
<动作>:: = SQL 语句|BEGIN ATOMIC {SQL 语句;} … END
```

上述定义中，方括号是可选项目，CREATE TRIGGER 语句建立一个新的触发器，触发事件仅限于基表的更新操作，即插入、删除和修改。修改时可指明对哪些属性修改，若不指明则对元组修改。ON 子句指明触发事件是对哪个基表。对每个表名可建立多个触发器，但一个表名中各个触发器名必须唯一。{BEFORE | AFTER}表示可以在 BEFORE 和 AFTER 两者之中任选一项，分别表示在事件前触发和事件后触发。条件可以是任意的 SQL 谓词，即可用于 WHERE 子句的任何谓词。动作是一个 SQL 语句或多个 SQL 语句。多个 SQL 语句需要用 BEGIN ATOMIC…END 子句界定，每个 SQL 语句用分号隔开。但动作中不能含有宿主变量和参数引用。

如果触发事件是对表的更新操作，且更新操作的对象是元组集，这时存在触发的动作是对每个元组(行)分别执行呢？还是只发生一次(对于这个语句)？为此要在语句中用 FOR EACH ROW 或 FOR EACH STATEMENT 加以指明。例如，Employees 表建立了一个触发器：

```
CREATE TRIGGER TE
```

```
AFTER UPDATE OF CL_1 ON EMPLOYEES
    …
```

当执行 UPDATE EMPLOYEES SET CL_1=5 语句时，假设 EMPLOYEES 表有 1000 行，如果触发器 TE 中指明为 FOR EACH STATEMENT，则触发动作只发生一次；如果为 FOR EACH ROW，则触发器动作发生 1000 次(每一行一次)；如果没有指明，默认为 FOR EACH STATEMENT。

更新操作势必引起数据库中某些值的改变。将旧值变为新值。在触发器的条件和动作中可能引用旧值或新值。为了引用它，必须把它定义为一个引用名(即变量名)，在 REFERENCE 子句中定义它们。在引用名定义中，可定义单个元组(行)的旧、新值的旧元组名和新元组名，用于对每个元组执行和触发动作；也可定义一个表的旧、新值的旧表名和新表名，用于对语句执行触发动作。例如，设新的元组值的引用名定义为 NROW，则可写成：

```
REFERENCING NEW AS NROW
```

或

```
REFERENCING NEW NROW
```

设旧的表的引用名为 OTABLE，则可写成：

```
REFERENCING OLD TABLE AS OTABLE
```

或

```
REFERENCING OLD TABLE OTABLE
```

【例 6-9】 设有模式

```
emp(eno,ename,gender,age,address,salary)
```

下面的 SQL3 触发器，当被修改元组的 salary 值小于原来的 salary 值时被触发，并将它恢复到原值。

```
(1)     CREATE TRIGGER TriggerOfSalary
(2)       AFTER UPDATE OF salary ON emp
(3)       REFERENCING
(4)           OLD AS OldTuple
(5)           NEW AS NewTuple
(6)       WHEN (OldTuple.salary > NewTuple.salary)
(7)           UPDATE emp
(8)           SET salary = OldTuple.salary
(9)           WHERE eno = NewTuple.eno
(10)       FOR EACH ROW
```

其中，行(1)用保留字 CREATE TRIGGER 引入触发器的名；行(2)给出触发事件，本例中是修改关系 emp 中属性 salary 的值；行(3)～(5)为触发器的条件和动作设置一种方法，即把修改以前的元组指定为 OldTuple，把修改以后的元组指定为 NewTuple；行(6)是触发器的条件部分，表示当增加以后的工资值小于原有工资时，就立即触发执行相应的动作；行

(7)～(9)是触发器的动作部分，它实际上就是 SQL 的修改语句，其作用是恢复被修改元组的 salary 值，被恢复的元组由行(9)保证。最后一行表达了对于每个被修改的元组，就进行一次触发检查。如果省去第(10)行，那么，对于任何一个 SQL 修改语句，就要触发执行一次，而不管修改了多少个元组。

在 SQL3 中可用 DROP TRIGGER 语句撤销一个触发器，其语法如下：

```
DROP TRIGGER <触发器名>
```

只有该触发器拥有者或授权者才能撤销。

在触发器中表示的条件是违背约束的条件，而断言中表示的是数据库状态应满足的条件，两者恰好相反。

4. 用过程说明约束

除了上面介绍的用数据库语言提供的语句说明约束外，还可以在应用程序中插入一些过程，以检验数据库更新是否违背给定的约束。如果违背约束，则回滚事务。检验约束的过程一般用通用高级程序设计语言编写，可以表达各种约束，比较灵活。但由于检验约束的过程是分散在应用程序中，增加了程序员的负担，也容易出错或被忽略；维护的工作量也比较大，约束一旦改变，对应用程序要做相应的修改。

总之，在创建基表时说明约束是最基本的，也比较容易；而用断言或触发器说明约束较为灵活，但开销稍大；而用过程说明约束更为一般，但容易出错和增加应用程序维护工作量。

小　　结

数据库系统的正常运行是通过数据库的保护实现的，即数据库恢复、并发控制、数据库安全性和完整性。本章主要介绍了数据库恢复、并发控制、数据库安全性和完整性 4 个方面的概念和实现的基本方法。包括事务的基本概念、事务的特性、故障的种类、数据库恢复的基本原则和实现方法；并发操作带来的问题、调度-串行调度-并发调度以及可串行化的概念、基于封锁的并发控制技术，三级封锁协议和两段锁协议，死锁的检测和处理；数据库安全性的定义、数据库安全性控制采取的一些措施；数据库完整性的定义、完整性约束条件的类型、完整性控制机制的功能、完整性约束的表达方式，并用 SQL 语句给出了如何描述授权、角色、建立视图以及约束的方式等。

学习这些概念，目的是帮助读者在使用数据库产品时，能够很快掌握和运用系统提供的数据库管理方法和保护功能。

习　题　6

6.1　什么是事务？它与一般的程序有什么不同？为什么一般程序不提 ACID 特性？

6.2　什么是日志文件？为什么要使用日志文件？登记日志文件时为什么必须先写日志文件，后写数据库？日志文件能否和数据库存储在一起？为什么？

6.3　数据库运行过程中常见的故障有哪几类？试述对各类故障的恢复策略。

6.4　什么是检查点？设置检查点有什么作用？设置检查点时系统将做什么动作？

6.5　给予下述问题的简要回答。

(1) 什么是并发？

(2) 并发操作会引起什么问题？

(3) 什么是丢失更新？

(4) 什么是读脏数据？

(5) 什么是读值不可复现或者不可重复读？

(6) 什么样的并发操作是正确的？

(7) 串行调度和可串行化调度有什么区别？

6.6　在事务处理中，一个合法调度要求保持各事务内部操作的先后次序，且满足封锁的约束。有两个事务：

T_1：xlock(A)，xlock(B)，unlock(A)，unlock(B)

T_2：xlock(B)，unlock(B)，xlock(A)，unlock(A)

它们有多少种合法调度？其中有多少种是可串行化的？

6.7　什么是两段锁协议？什么是严格的 2PL 协议？如何实现 2PL 协议？

6.8　什么叫活锁？如何防止活锁？

6.9　什么叫死锁？如何预防和处理死锁？

6.10　设有两个事务的一个调度 S：

T_1：Write(A)，T_2：Write(B)，T_1：Write(B)，T_2：Write(A)

T_1——时间标记为 20，T_2——时间标记为 30。

请说明 T_1，T_2 在 2PL 协议下的执行过程，及其等效的串行执行次序。

6.11　什么是数据库的安全性和完整性？两者之间有什么联系和区别？

6.12　假设有如下两个关系模式：

```
Emp(Eno, Ename, Eage, Salary, Deptno)
Dept(Deptno, Dname, Phone, Loc)
```

现在有三个用户 U_1，U_2 和 U_3。使用 SQL 的授权语句实现下列要求。

(1) U_1 只能读 Emp 关系中除了 Salary 以外的所有属性。

(2) U_2 可以读、增、删 Dept 关系，并可以修改此关系的 Phone 属性。

(3) U_3 可以读、增 Dept 关系，并可将这些权限转授给其他用户。

(4) 所有用户可以读 Dept 关系。

6.13　什么是角色？请针对 6.2 题目对 Dept 可以读、增、删权限建立一个角色，并将这些权限授予用户 U_1、U_2 和 U_3。

6.14　在 6.2 题目的 Emp 和 Dept 关系上建立一个视图：

```
SeniorEmp(Sname, Sage, Salary, Dname)
```

其中，Sage>50。并授予 U_4 用户可以读该视图的权限。请用 SQL 实现上述要求。

6.15　请用 SQL 语句创建题目 6.2 中 Emp 和 Dept 的关系，并有以下约束。

(1) Emp 的主键是 Deptno，Emp 的主键是 Eno。

(2) Emp 的外键是 Deptno，被参考的关系是 Dept。

(3) Emp 的 Eage 取值在 20～60 之间。

(4) Dept 的 Dname 是唯一的并且非空。

(5) Emp 的 Salary >1000。

6.16 在题目 6.2 中定义的 Emp 和 Emp 关系中，试用触发器表示下列完整性约束。

(1) 20≤Eage≤60;

(2) 1000≤Salary≤10000;

(3) 当插入或者修改一个职工记录的时候，如果工资低于 1000 元则自动改为 1000 元。

第7章 MySQL 数据库操作

7.1 MySQL 简介

MySQL 是目前最流行的关系型数据库管理系统之一，由瑞典 MySQL AB 公司开发，目前属于 Oracle 旗下产品。在 Web 应用方面，MySQL 是最好的 RDBMS（Relational Database Management System，关系数据库管理系统）应用软件之一。MySQL 也是一种关联数据库管理系统，关联数据库将数据保存在不同的表中，而不是将所有数据放在一个大仓库内，表之间通过外键建立关联，这样就增加了速度并提高了灵活性。MySQL 使用最常用的标准化 SQL 访问数据库。由于其社区版的性能卓越，搭配 PHP 和 Apache 即可组建良好的开发环境。MySQL 软件体积小、运行速度快、总体拥有成本低，特别是开放源码这一特点，一般中小型 Web 应用程序的开发都选择 MySQL 作为支撑数据库。

7.2 MySQL 的体系结构

MySQL 采用的是客户端/服务器(Client/Server)体系结构，因此，在使用 MySQL 存取数据时，必须至少使用如下两个或者两类程序。

(1) 一个是在数据服务器上的数据库服务程序(对应 Server)。数据库服务程序监听从网络上传过来的客户端请求并根据这些请求访问数据库，将其结果返回给客户端以响应它们的请求。

(2) 连接到数据库服务器的客户端程序(对应 Client)，这些程序是用户和服务器交互的工具，负责将用户需求进行加工并传递到服务器以及将服务器返回的信息告知用户。

MySQL 的分发包由服务器和几个客户端程序组成。程序员可以根据具体的需求来选择使用客户端。最常用的客户端程序为 mysql，这是一个交互式的客户端程序，它能发布查询并看到结果。此外，其他的客户端程序还有 mysqldump 和 mysqlimport，分别导出表的内容到某个文件或将文件的内容导入某个表；mysqladmin 用来查看服务器的状态并完成管理任务，如告诉服务器关闭、重启服务器、刷新缓存等。如果现有的客户端程序不满足需要，MySQL 还提供了一个客户端开发库，可以编写自己的程序。开发人员可以直接调用开发库中的 C 程序，如果希望使用其他语言，还有几种其他的接口可用。

MySQL 的客户端/服务器体系结构具有如下优点。

(1) 服务器提供并发控制，使两个用户不能同时修改相同的记录。所有客户机的请求都通过服务器处理，服务器分类辨别谁准备做什么，何时做。如果多个客户端希望同时访问相同的表，它们不必经过裁决和协商，只要发送自己的请求给服务器并让它仔细确定完成这些请求的顺序即可。

(2) 不必在数据库所在的机器上注册。MySQL可以非常出色地在互联网上工作，因此用户可以在任何位置运行一个客户端程序，只要此客户端程序能够连接到网络上的服务器即可。当然不是任何人都可以通过网络访问你的MySQL服务器。MySQL含有一个灵活而又有高效的安全系统，只允许有权限的人访问数据，而且可以保证用户只能够做允许的事情。

7.3 MySQL的查询语言

MySQL使用结构化查询语言(Structured Query Language，SQL)与服务器通信。MySQL系统使用的SQL基本上符合SQL92的标准，但其对SQL92标准既有扩展，又有未实现的地方。

7.3.1 表、列和数据类型

表是数据在一个MySQL数据库中的存储机制，如表7-1所示，它是一张二维表，包含一组固定的列。表中的列描述该表所表示的实体的属性，每个列都有一个名字及各自的特性。列由两部分组成：数据类型和长度。

表7-1 MySQL中的表结构

Id	Name	Tel	Sex
1	Tom	62763218	M
2	Marry	21532777	F
3	Mike	45769021	M
4	Jerry	3245012	M
…	…	…	…

MySQL常用的数据类型有数值类型、字符串类型及日期类型等，表7-2中给出了MySQL的基本数据类型及其描述。

表7-2 常用的数据类型

数据类型	描　　述	字　　节
SMALLINT	整数，从−32 000到+32 000	2
INT	整数，从−2 000 000 000到+2 000 000 000	4
BIGINT	不能用SMALLINT或INT描述的超大整数	8
FLOAT	单精度浮点型数据	4
DOUBLE	双精度浮点型数据	8
DECIMAL	用户自定义精度的浮点型数据	取决于精度与长度
CHAR	固定长度的字符串	特定字符串长度
VARCHAR	具有最大限制的可变长度的字符串	长度高达255字符
TEXT	没有最大长度限制的可变长度的字符串	

续表

数据类型	描　　述	字　　节
BLOB	二进制字符串	
DATE	yyyy-mm-dd 格式的日期	3
TIME	hh:mm:ss 格式的时间	3
DATETIME	以 yyyy-mm-ddhh:mm:ss 格式结合日期和时间	8
TIMESTAMP	以 yyyy-mm-ddhh:mm:ss 格式结合日期和时间	4
YEAR	yyyy 格式的年份	1
ENUM	一组数据,用户可从中选择其中一个	1 或 2 个字节

7.3.2 函数

函数(Function)是存储在数据库中的代码块。程序员可以根据需要创建不同的函数,并直接在 SQL 语句中调用。函数可以把计算结果直接返回给调用的 SQL。例如,MySQL 提供一个 SUBSTRING 函数来执行字符串上的"取子串"操作,如果创建一个叫作 MYSUB 的函数来执行一个自定义的取子串操作,就可以在一个 SQL 命令中调用它。例如:

```
select mysub("This is a test", 6, 2)
```

7.3.3 SQL 语句

SQL 是一种典型的非过程化程序设计语言。这种语言的特点是:只指定哪些数据被操作,至于对这些数据要执行哪些操作,以及这些操作是如何执行的,则未被指定。非过程化程序设计语言的优点在于它的简单易学,因此 SQL 已经成为关系数据库访问和操作数据的标准语言。

与 SQL 对应的是过程化程序设计语言,各种高级程序设计语言都属于这一范畴。该语言的特点是:一条语句的执行是与其前后的语句和控制结构(如条件语句、循环语句等)相关的。与 SQL 相比,这些语言显得比较复杂,但优点是使用灵活,数据操作能力非常强大。

这些过程化的设计语言不允许按照某种特定的顺序来读取记录,因为这样做会降低 DBMS 读取记录的效率。而使用 SQL 只能按查询条件来读取记录。当考虑如何从表中取出记录时,自然会想到按记录的位置读取它们。例如,也可以通过循环逐个记录地扫描,来选出特定的记录。但在使用 SQL 读取记录时,要尽量避免这种思路。

假如想选出所有名字是"Tom"的记录,如果使用传统的编程语言,可能会构造一个循环,逐个查找表中的记录,看名字字段内容是否匹配"Tom"。这种选择记录的方法是可行的,但是效率非常低。而使用 SQL 时,只要说:"选择所有名字域等于 Tom 的记录",SQL 就会筛选出所有符合条件的记录。SQL 会确定实现查询的最佳方法。

例如,从表 teachers 中取出 id 为 1 的数据:

```
select * from teachers where id = 1
```

实现相同的功能,如果用普通的高级语言,也许需要一个复杂的循环。

7.4 MySQL 数据库的安装

(1) MySQL 数据库的安装文件可以从其官方网站下载(https://www.mysql.com/),如图 7-1 所示。

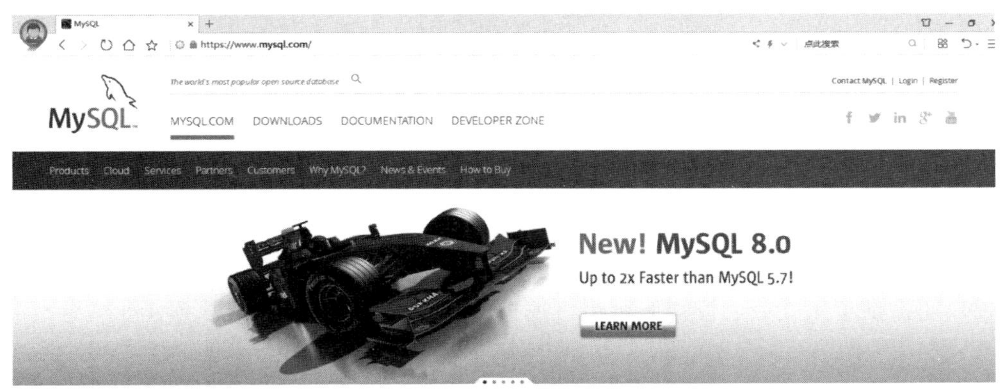

图 7-1 MySQL 数据官方网站

(2) 在 MySQL 主页的界面中,单击 DOWNLOADS 模块,可以看到在下载页面中 MySQL 主要有 4 种授权类型: Oracle MySQL Cloud Service、MySQL Enterprise Edition、MySQL Cluster CGE 以及 MySQL Community Edition。其中前面三种为商业版,需要购买才能获得授权。而 Community Edition 为免费版,需要用户在 GPL(GNU General Public License,通用公共授权许可)的协议下使用。在本章中,推荐读者下载 MySQL 社区版服务器,即 MySQL Community Server(截至 2018 年 8 月,最新版本为 8.0.12 版),值得注意的是,最新版 8.0 版需要 Python 3.6 的支持。MySQL 的下载链接如图 7-2 所示。

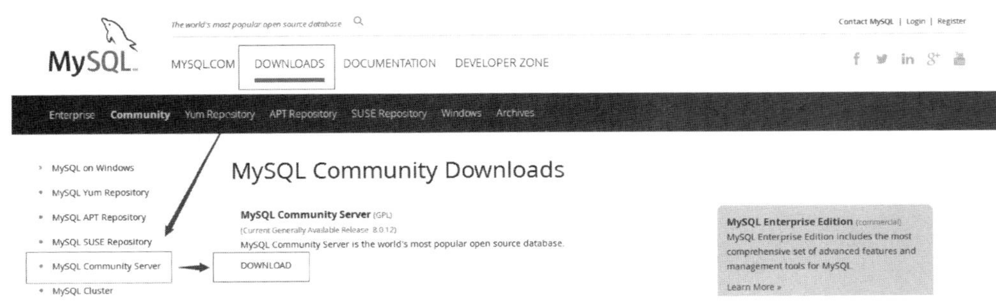

图 7-2 MySQL 社区版下载链接

用户下载 MySQL,既可选择当前最新版本,也可以选择历史版本。选择最新版本的优点是能体验最新的技术带来的用户体验,但也可能存在稳定性不佳,对历史版本的兼容性差,新技术掌握难度高,对环境配置要求高等弊端。而选择历史版本恰恰相反。历史版的下载链接如图 7-3 所示。

MySQL Community Edition 为 Windows 平台下的安装提供了 MSI 的安装包和 ZIP 格式解压包,用户可根据需要自行选择。用户在下载前要确认 MySQL 运行的操作系统以及

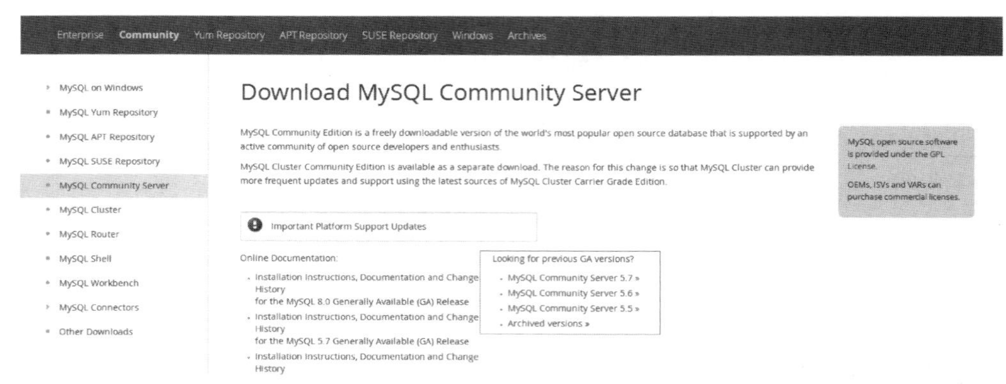

图 7-3　MySQL 社区版的历史版本下载链接

操作系统的位数,以便选择最匹配的 MySQL 软件。在 ZIP 格式的自解压安装包中,MySQL 还提供了正式版和调试版供用户选择下载。下载界面如图 7-4 所示。

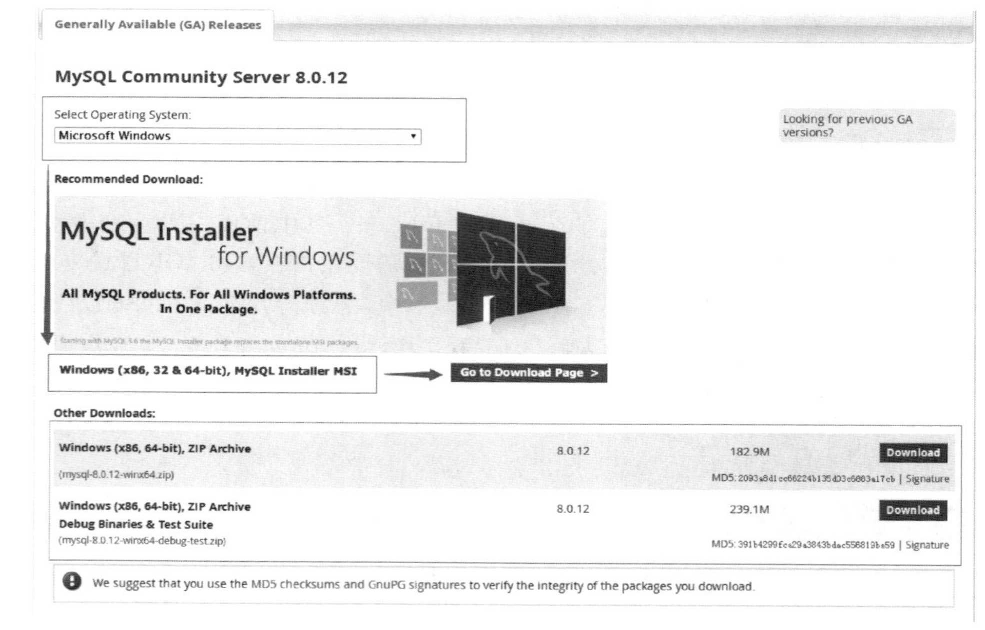

图 7-4　MySQL 社区版的历史版本下载链接

需要提醒的是,在下载页面中,用户可以选择注册或登录系统进行下载,也可以直接下载,只需要单击页面最下方的 No thanks, just start my download 即可。

MySQL 的 MSI 安装文件运行后,按照提示一步一步安装即可,在安装的第二步选择安装类型时保持默认,选择第一个 Developer Default 即可,这里包含开发者所需要的必备组件。

在第三步,MySQL 安装需要 Python 3.6 版本的支持(仅依赖 Python 3.6 版本,非其他版本)。如果安装依赖环境齐全,则可以进入安装阶段。图 7-5 给出 MySQL 社区版的安装界面。这个过程需要持续一段时间(提示:安装过程中最好暂时中止或关闭相关病毒查杀软件,以免存在误判或误杀而导致安装不成功)。

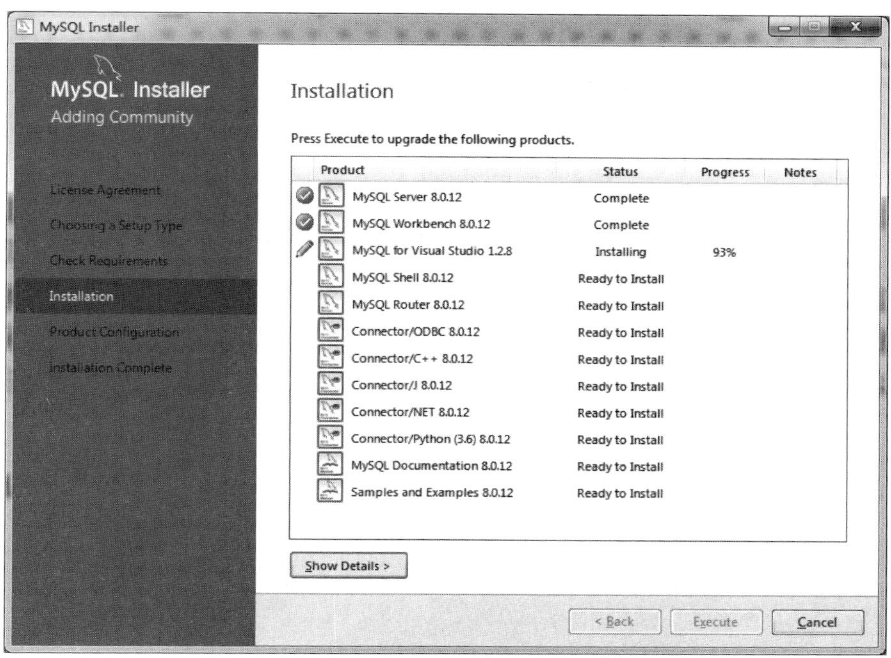

图 7-5　MySQL 社区版安装进程

安装完成后，就进入 MySQL 的配置界面，如图 7-6 所示。相关配置工作，包括 Group Replication，Type and Networking，Authentication Method，Account and Roles，Windows Service 等配置项均在该配置页进行配置。

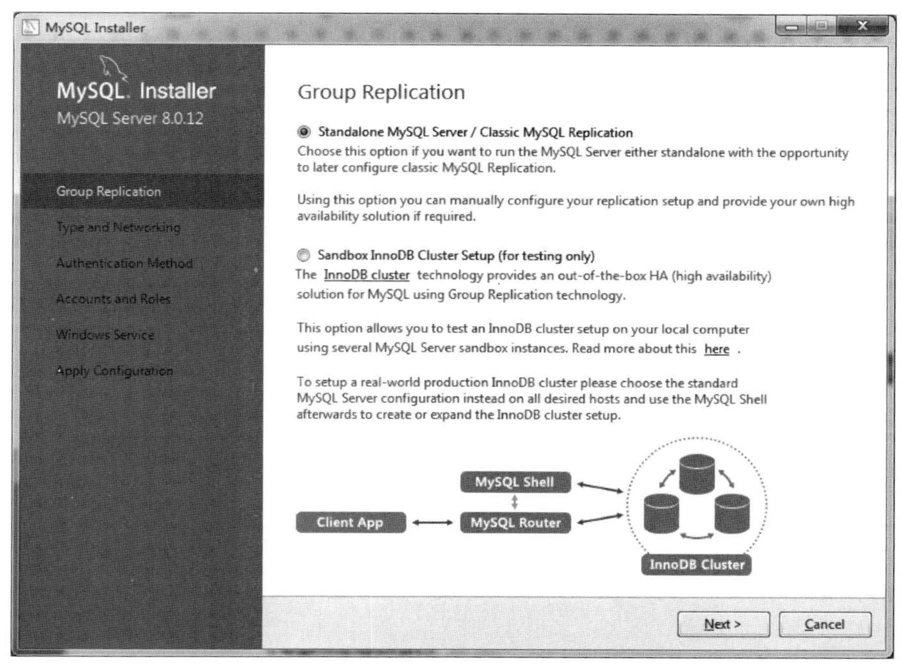

图 7-6　MySQL 配置界面

相关的配置工作非常重要,直接关系到 MySQL 是否能够高效运行。因此,在配置之前一定要仔细阅读相关配置项及其含义。但 MySQL 安装文件保留了开发者必备的基本配置,因此,读者只需按照步骤一步一步配置即可。安装完成后,系统会自动运行 mysqlsh.exe 供用户进行测试使用,如图 7-7 所示。

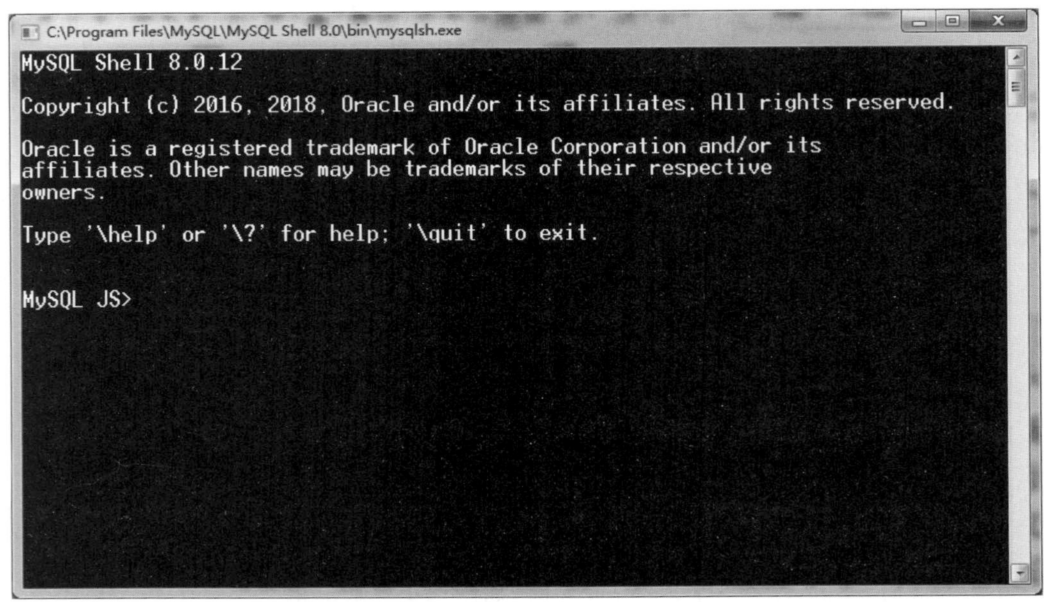

图 7-7　MySQL Shell 脚本执行工具

安装完成之后,用户可以通过 MySQL 8.0 Command Line Client-Unicode.exe 来执行相关的命令。接下来,就带领读者一起用 MySQL 8.0 Command Line Client 来操作 MySQL 数据库。

7.5　MySQL 数据库的基本操作

7.5.1　数据库操作

(1) 登录 MySQL 数据库:**mysql -h 127.0.0.1 -u root -p**。其中,127.0.0.1 为数据库所在的主机地址。

(2) 创建数据库:**create database** 数据库名;。

(3) 显示已经存在的数据库:**show databases;**。

(4) 删除数据库:**drop database** 数据库名;。

(5) 查看 MySQL 数据库支持的存储引擎类型:**show engines;**。

(6) 查询 MySQL 数据库支持的存储引擎:**show variables like 'have%';**。

(7) 查询默认存储引擎:**show variables like 'storage_engine';**。

7.5.2 数据库表的操作

1. 创建表

创建表之前需要用“use 数据库名”来选择当前操作的数据库。

```
create table 表名(属性名 数据类型[完整性约束条件],
         属性名 数据类型[完整性约束条件],
         …
         属性名 数据类型[完整性约束条件]);
```

创建表的时候创建索引：

```
create table 表名(属性名 数据类型[完整性约束条件],
         属性名 数据类型[完整性约束条件],
         …
         属性名 数据类型[完整性约束条件],
        [unique|fulltext|spatial] index|key
            [别名](属性名 1 [(长度)] [asc|desc])
    );
```

其中，

unique：表示索引为唯一性索引。

fulltext：表示索引为全文索引。

spatial：表示索引为空间索引。

index 和 key 用来指定字段为索引。

别名：用来创建索引取的新名称。

属性名 1：指定索引对应的字段的名称，该字段必须是前面定义好的字段。

长度：指索引的长度，必须是字符串类型才可以使用。

asc：表示升序排列。

desc：表示降序排列。

【例 7-1】 假定需要在学生数据库(StudentDB)中创建一张学生表，要求包括学生的标识信息(id，自增)，学号(code，varchar(10)，主键)，姓名(name，varchar(20)，非空)，性别(sex，varchar(2))，出生日期(birth，date)，所在学院(school，varchar(20)，非空)，所在班级(class，varchar(10)，非空)，户籍所在地(location，varchar(16)，非空)，入学成绩(score，float，非空，默认值为 0)。

```
create table student(id int not null auto_increment primary key,
                code varchar(10) not null,
                name varchar(20) not null,
                sex varchar(2),
                birth date,
                school varchar(20) not null,
                class varchar(10) not null,
                location varchar(16) not null,
                score float not null default 0.0,
                unique index codeidx (code asc)
);
```

查看索引是否被使用：

```
explain  select  *  from 表名 where 索引名;
```

创建空间索引：

```
spatial index 索引名(属性名);
```

在已经存在的表上创建索引：

```
create [unique|fulltext|sratial] index 索引名 on 表名 (属性名 [(长度)][asc|desc]);
```

在已经存在的表上，用 alter table 语句来创建索引：

```
alter table 表名 add [unique|fulltext|spatial] index 索引名(属性名[(长度)] [asc|desc]);
```

删除索引：

```
drop index 索引名 on 表名;
```

2. 查看表的基本定义

describe 表名;(describe 可以缩写成 desc，请注意与降序排列的关键字 desc 相区别)

【例 7-2】 通过 **describe student;** 指令，可以返回 student 的表结构。

```
mysql> describe student;
+----------+-------------+------+-----+---------+----------------+
| Field    | Type        | Null | Key | Default | Extra          |
+----------+-------------+------+-----+---------+----------------+
| id       | int(11)     | NO   | PRI | NULL    | auto_increment |
| code     | varchar(10) | NO   | UNI | NULL    |                |
| name     | varchar(20) | NO   |     | NULL    |                |
| sex      | varchar(2)  | YES  |     | NULL    |                |
| birth    | date        | YES  |     | NULL    |                |
| school   | varchar(20) | NO   |     | NULL    |                |
| class    | varchar(10) | NO   |     | NULL    |                |
| location | varchar(16) | NO   |     | NULL    |                |
| score    | float       | NO   |     | 0       |                |
+----------+-------------+------+-----+---------+----------------+
9 rows in set (0.00 sec)
```

3. 查看表默认的存储引擎和字符编码

```
show create table 表名;
```

【例 7-3】 用户可以自行通过 **show create table student;** 指令，查看创建的表结构，并与 **describe** 指令结果进行对比。

4. 修改表名

```
alter table 旧表名 rename [to]新表名;
```

5. 修改字段的数据类型

```
alter table 表名 modify 属性名 数据类型;
```

修改字段名(也可以同时修改字段名和字段数据类型)：

```
alter table 表名 change 旧属性名 新属性名 新数据类型;
```

6. 增加字段

alter table 表名 **add** 属性名 1 数据类型 [完整性约束条件] [first|after 属性名 2](first

的作用是将新增加字段设置为表的第一个字段，after 属性名 2 的作用是将新增的字段添加到属性名 2 所指的字段之后，如果没有上面两个参数，则新增的字段默认为表的最后一个字段。）

【例 7-4】 如果需要为 student 表增加一列电话号码（TelephoneNum，varchar(11)），则可以执行语句：

```
alter table student add TelephoneNum varchar(11);
```

执行完成后，可以通过 **describe** 指令查看表结构的变化。

7. 删除字段

```
alter table 表名 drop 属性名;
```

8. 修改字段的排列位置

```
alter table 表名 modify 属性名 1 数据类型 first|after 属性名 2;
```

9. 更改表的存储引擎

```
alter table 表名 engine = 存储引擎名;
```

10. 删除表的外键约束

```
alter table 表名 drop foreign key 外键别名;
```

11. 删除没有被关联的普通表

```
drop table 表名;
```

7.5.3 数据库视图操作

1. 创建视图

在 MySQL 中，创建视图的完整语法如下。

```
CREATE [OR REPLACE] [ALGORITHM  =  {UNDEFINED|MERGE|TEMPTABLE}]
VIEW view_name [(column_list)]
AS select_statement
[WITH [CASCADED|LOCAL] CHECK OPTION]
```

其对应的语法变量信息如下。

[**OR REPLACE**]中括号内的 OR REPLACE 关键字是可选的。如果当前数据库中已经存在指定名称的视图时，没有该关键字，将会提示错误信息；如果使用了 OR REPLACE 关键字，则当前正在创建的视图会覆盖原来同名的视图。

[**ALGORITHM** ＝ {**UNDEFINED**|**MERGE**|**TEMPTABLE**}]：ALGORITHM 子句是可选的，它表示使用何种算法来处理视图。此外，它并不属于标准 SQL 的一部分，而是 MySQL 对标准 SQL 进行的功能扩展。ALGORITHM 可以设置三个值：MERGE、TEMPTABLE 或 UNDEFINED。如果没有 ALGORITHM 子句，则默认值为 UNDEFINED（未定义的）。对于 MERGE，会将引用视图的语句的文本与视图定义合并起来，使得视图定义的某一部分取代语句的对应部分。

TEMPTABLE：视图的结果将被置于临时表中，然后使用它执行语句。

UNDEFINED：MySQL 将选择所要使用的算法。如果可能，它倾向于 MERGE 而不是 TEMPTABLE，这是因为 MERGE 通常更有效，而且如果使用了临时表，视图是不可更新的。之所以提供 TEMPTABLE 选项，是因为 TEMPTABLE 在创建临时表之后并在完成语句处理之前，能够释放基表上的锁定。与 MERGE 算法相比，锁定释放的速度更快，这样，使用视图的其他客户端不会被屏蔽过长时间。此外，MERGE 算法要求视图中的行和基表中的行具有一对一的关系。如果视图包含聚合函数(SUM()，MIN()，MAX()，COUNT()等)、DISTINCT、GROUP BY、HAVING、UNION 或 UNION ALL、没有基表的引用文字值(例如：SELECT 'hello';)等结构中的任何一种，将失去一对一的关系，此时必须使用临时表取而代之。

[**(column_list)**]：(column_list)用于自定义视图中各个字段的名称。如果没有该命令选项，那么通过视图查询到的各个字段的名称和视图所使用到的数据表的字段名称保持一致。下面是一个常见的用于创建视图的 SQL 语句：

```
CREATE OR REPLACE VIEW v_user
AS
SELECT id, username FROM user;
```

由于 user 表中的字段名称为 id 和 username，因此视图 v_user 中的两个字段名称也分别默认为 id 和 username。现在，将视图 v_user 中的字段名称分别自定义为 uid 和 uname。

```
CREATE OR REPLACE VIEW v_user (uid, name)
AS
SELECT id, username FROM user;
select_statement
```

select_statement 用于指定视图的内容定义。简而言之，这里就是用户自定义的一个 SELECT 语句。

[**WITH** [**CASCADED**|**LOCAL**] **CHECK OPTION**]：该选项中的 CASCADED 为默认值，LOCAL CHECK OPTION 用于在可更新视图中防止插入或更新行。

2. 删除视图

在 MySQL 中删除视图的方法非常简单，其详细语法如下：

```
DROP VIEW [IF EXISTS] view_name [, view_name2]…
```

其中，关键字 IF EXISTS 用于防止因视图不存在而提示出错，此时，只有存在该视图才会执行删除操作。DROP VIEW 语句可以一次性删除多个视图，只需要在多个视图名称之间以英文逗号隔开即可。如果多个视图存在于不同的数据库中，不同数据当前数据库的视图名称之前还必须加上 db_name. 前缀。

3. 修改视图

请参考创建视图语法中的 OR REPLACE 关键字，只要具备该关键字的视图创建语句就是修改视图的 SQL 语句。

4. 查看视图

在 MySQL 中，show tables 不仅可以用于查看当前数据库中存在哪些数据表，同时也可以查看到当前数据库中存在哪些视图。

不过，仅使用 show tables 语句，在输出结果中根本无法区分到底哪些才是视图，哪些才是真实的数据表（当然，视图的命名可以统一约定以“v_”开头）。此时，需要使用命令 show full tables，该命令可以列出额外的 table_type 列，如果对应输出行上该列的值为“VIEW”，则表示这是一个视图。

当通过上述命令找到所需要的视图之后，可以使用如下命令查看创建该视图的详细语句：

```
show create view view_name
```

【例 7-5】 如果需要一个视图仅查看 student 表的标识、学号、姓名、电话这 4 列，则可以创建一个视图。假设定义该视图名称为 v_student，则可以通过下列 SQL 语句实现视图创建操作。

```
CREATE VIEW v_student
AS
SELECT id, code, name, TelephoneNum FROM student;
```

执行完以后可以通过 **show create view v_student;** 来查看创建该视图的详细语句。也可以通过 **describe v_student;** 来查看视图的结构，例如：

```
mysql> describe v_student;
+--------------+-------------+------+-----+---------+-------+
| Field        | Type        | Null | Key | Default | Extra |
+--------------+-------------+------+-----+---------+-------+
| id           | int(11)     | NO   |     | 0       |       |
| code         | varchar(10) | NO   |     | NULL    |       |
| name         | varchar(20) | NO   |     | NULL    |       |
| TelephoneNum | varchar(11) | YES  |     | NULL    |       |
+--------------+-------------+------+-----+---------+-------+
4 rows in set (0.00 sec)
```

7.5.4 数据操作语言

SELECT 是 SQL 中最常用的语句，而且怎样使用它也最为讲究；用它来选择记录可能相当复杂，可能会涉及许多表中列之间的比较。本节介绍 Select 语句关于查询的最基本功能。

SELECT 语句的语法如下。

```
SELECT selection_list
```

selection_list 为要选择的列，多个列名之间用英文逗号隔开。

```
FROM table_list
```

table_list 为表名列表，多个表之间用英文逗号隔开。如果不同表的相同列名需要加以区分。

```
WHERE primary_constraint
```

primary_constraint 为条件表达语句，表明查询的记录必须满足什么条件。

```
GROUP BY grouping_columns
```

grouping_columns 表示分组列，多个分组列之间用英文逗号隔开。

```
HAVING secondary_constraint
```

secondary_constraint 表示查询记录必须满足的第二条件

```
ORDER BY sorting_columns
```

sorting_columns 表示排序列,多个排序列中间需要用英文逗号隔开。

```
LIMIT count
```

LIMIT 子句可以被用于强制 SELECT 语句返回指定的记录数。count 可以为一个或两个数字参数。参数必须是一个整数常量。如果给定两个参数,第一个参数指定第一个返回记录行的偏移量,第二个参数指定返回记录行的最大数目。

注意:*所有使用的关键词必须精确地按照上面的顺序给出。例如,一个 HAVING 子句必须跟在 GROUP BY 子句之后和 ORDER BY 子句之前。*

下面的实例通过对 student(学生信息表)和 class_table(学生课程成绩信息表)的实际操作来介绍。其中,student 表的记录如下。

```
mysql> select * from student;
```

id	code	name	sex	birth	school	class	location	score
23	08133192	李飞	男	1985-10-01	计算机学院	2013-1	山西太原	526
24	08133193	李大伟	男	1986-10-01	计算机学院	2013-2	山西交口	568
25	08133194	李霞	女	1986-09-01	计算机学院	2013-3	江苏徐州	525
26	08133195	王霞	女	1986-08-01	计算机学院	2013-4	江苏南京	528
27	08133196	王俊	男	1985-08-01	计算机学院	2013-5	北京	548
28	08133197	王飞	男	1985-11-01	计算机学院	2013-4	陕西西安	558
29	08133198	宋小倩	女	1985-12-12	计算机学院	2013-1	江苏扬州	598
30	08133199	宋小俊	男	1985-01-12	计算机学院	2013-2	江苏南通	578
31	081331910	王静	女	1985-08-12	计算机学院	2013-3	江苏南通	508

class_table 表的记录如下。

```
mysql> select * from class_table;
```

id	code	name	school	class	classname	score
23	08133192	李飞	计算机学院	2013-1	数据结构	88
24	08133192	李飞	计算机学院	2013-1	数据库原理	98
25	08133192	李飞	计算机学院	2013-1	微机原理	98
26	081331910	王静	计算机学院	2013-3	微机原理	98
27	081331910	王静	计算机学院	2013-3	数据库原理	98
28	081331910	王静	计算机学院	2013-3	数据结构	78
29	08133193	李大伟	计算机学院	2013-2	数据结构	82
30	08133193	李大伟	计算机学院	2013-2	数据库原理	86
31	08133193	李大伟	计算机学院	2013-2	微机原理	80
32	08133198	宋小倩	计算机学院	2013-1	微机原理	81
33	08133198	宋小倩	计算机学院	2013-1	数据库原理	87
34	08133198	宋小倩	计算机学院	2013-1	数据结构	68
35	081331910	王静	计算机学院	2013-3	web设计	98
36	081331910	王静	计算机学院	2013-3	C#程序设计	98
37	081331910	王静	计算机学院	2013-3	ASP.net程序设计	98
38	081331910	王静	计算机学院	2013-3	马克思主义	98
39	081331910	王静	计算机学院	2013-3	英语1	98
40	081331910	王静	计算机学院	2013-3	高等数学	98
41	081331910	王静	计算机学院	2013-3	概率论	98
42	081331910	王静	计算机学院	2013-3	线性代数	98

1. 普通查询

Select 最简单的用途是找出某张表中的所有数据。

【例 7-6】 查询学生表中的所有信息。

```
mysql > select * from student;
```

其中,“*”也可以为表中的所有字段。

```
mysql> select * from student;
+----+-----------+---------+-----+------------+------------+--------+----------+-------+
| id | code      | name    | sex | birth      | school     | class  | location | score |
+----+-----------+---------+-----+------------+------------+--------+----------+-------+
| 23 | 08133192  | 李飞    | 男  | 1985-10-01 | 计算机学院 | 2013-1 | 山西太原 |   526 |
| 24 | 08133193  | 李大伟  | 男  | 1986-10-01 | 计算机学院 | 2013-2 | 山西交口 |   568 |
| 25 | 08133194  | 李霞    | 女  | 1986-09-01 | 计算机学院 | 2013-3 | 江苏徐州 |   525 |
| 26 | 08133195  | 王霞    | 女  | 1986-08-01 | 计算机学院 | 2013-4 | 江苏南京 |   528 |
| 27 | 08133196  | 王俊    | 男  | 1985-08-01 | 计算机学院 | 2013-5 | 北京     |   548 |
| 28 | 08133197  | 王飞    | 男  | 1985-11-01 | 计算机学院 | 2013-4 | 陕西西安 |   558 |
| 29 | 08133198  | 宋小倩  | 女  | 1985-12-12 | 计算机学院 | 2013-1 | 江苏扬州 |   598 |
| 30 | 08133199  | 宋小俊  | 男  | 1985-01-12 | 计算机学院 | 2013-2 | 江苏南通 |   578 |
| 31 | 081331910 | 王静    | 女  | 1985-08-12 | 计算机学院 | 2013-3 | 江苏南通 |   508 |
+----+-----------+---------+-----+------------+------------+--------+----------+-------+
```

【例 7-7】 查询所有学生的姓名和班级。

```
mysql> select name,class from student;
+-----------+--------+
| name      | class  |
+-----------+--------+
| 李飞      | 2013-1 |
| 李大伟    | 2013-2 |
| 李霞      | 2013-3 |
| 王霞      | 2013-4 |
| 王俊      | 2013-5 |
| 王飞      | 2013-4 |
| 宋小倩    | 2013-1 |
| 宋小俊    | 2013-2 |
| 王静      | 2013-3 |
+-----------+--------+
```

2. 查询特定行

从表中只选择特定的行。

【例 7-8】 查找姓名为王静的学生情况。

```
mysql> select * from student where name='王静';
+----+-----------+---------+-----+------------+------------+--------+----------+-------+
| id | code      | name    | sex | birth      | school     | class  | location | score |
+----+-----------+---------+-----+------------+------------+--------+----------+-------+
| 31 | 081331910 | 王静    | 女  | 1985-08-12 | 计算机学院 | 2013-3 | 江苏南通 |   508 |
+----+-----------+---------+-----+------------+------------+--------+----------+-------+
1 row in set (0.00 sec)
```

3. 查询特定列

从表中只选择特定的列。

【例 7-9】 查询学生姓名为王静的性别(查询结果同时显示姓名)。

```
mysql> SELECT name,sex FROM student WHERE name='王静';
+--------+-----+
| name   | sex |
+--------+-----+
| 王静   | 女  |
+--------+-----+
```

4. 条件查询

不必每次查询都返回所有的行记录,可以从表中只选择特定的行。为此需要使用 WHERE 或者 HAVING 从句。HAVING 从句与 WHERE 从句的区别是,HAVING 表达的是第二条件,需要与 GROUP BY 从句配合使用,不能在 WHERE 子句中的项目使用 HAVING。因此本节仅介绍 WHERE 从句的使用,HAVING 从句的使用方法类似。另外,WHERE 从句也可以实现 HAVING 从句的绝大部分功能。

为了限制 SELECT 语句检索出来的记录集,可使用 WHERE 子句,它给出选择行的条件。可通过查找满足各种条件的列值来选择行。常用的运算符包括算术运算符(如表 7-3

所示),比较运算符(如表 7-4 所示),逻辑运算符(如表 7-5 所示)。

表 7-3　算术运算符

运　算　符	说　　明	运　算　符	说　　明
+	加	*	乘
-	减	/	除

表 7-4　比较运算符

运　算　符	说　　明	运　算　符	说　　明
<	小于	!=或<>	不等于
<=	小于等于	>=	大于等于
=	等于	>	大于

表 7-5　逻辑运算符

运　算　符	说　　明
NOT 或!	逻辑非
OR 或 ‖	逻辑或
AND 或 &&	逻辑与

【例 7-10】　查找性别为男并且分数大于 528 分的学生情况。

```
mysql> select * from student where sex='男' and score>528;
+----+----------+--------+-----+------------+------------+--------+----------+-------+
| id | code     | name   | sex | birth      | school     | class  | location | score |
+----+----------+--------+-----+------------+------------+--------+----------+-------+
| 24 | 08133193 | 李大伟 | 男  | 1986-10-01 | 计算机学院 | 2013-2 | 山西交口 |   568 |
| 27 | 08133196 | 王俊   | 男  | 1985-08-01 | 计算机学院 | 2013-5 | 北京     |   548 |
| 28 | 08133197 | 王飞   | 男  | 1985-11-01 | 计算机学院 | 2013-4 | 陕西西安 |   558 |
| 30 | 08133199 | 宋小俊 | 男  | 1985-01-12 | 计算机学院 | 2013-2 | 江苏南通 |   578 |
+----+----------+--------+-----+------------+------------+--------+----------+-------+
```

【例 7-11】　查找姓名不是王静的学生情况。

```
mysql> select * from student where name<>'王静';
+----+----------+--------+-----+------------+------------+--------+----------+-------+
| id | code     | name   | sex | birth      | school     | class  | location | score |
+----+----------+--------+-----+------------+------------+--------+----------+-------+
| 23 | 08133192 | 李飞   | 男  | 1985-10-01 | 计算机学院 | 2013-1 | 山西太原 |   526 |
| 24 | 08133193 | 李大伟 | 男  | 1986-10-01 | 计算机学院 | 2013-2 | 山西交口 |   568 |
| 25 | 08133194 | 李霞   | 女  | 1986-09-01 | 计算机学院 | 2013-3 | 江苏徐州 |   525 |
| 26 | 08133195 | 王霞   | 女  | 1986-08-01 | 计算机学院 | 2013-4 | 江苏南京 |   528 |
| 27 | 08133196 | 王俊   | 男  | 1985-08-01 | 计算机学院 | 2013-5 | 北京     |   548 |
| 28 | 08133197 | 王飞   | 男  | 1985-11-01 | 计算机学院 | 2013-4 | 陕西西安 |   558 |
| 29 | 08133198 | 宋小倩 | 女  | 1985-12-12 | 计算机学院 | 2013-1 | 江苏扬州 |   598 |
| 30 | 08133199 | 宋小俊 | 男  | 1985-01-12 | 计算机学院 | 2013-2 | 江苏南通 |   578 |
+----+----------+--------+-----+------------+------------+--------+----------+-------+
```

【例 7-12】　查找分数大于等于 545 分的学生情况。

```
mysql> select * from student where score>545;
+----+----------+--------+-----+------------+------------+--------+----------+-------+
| id | code     | name   | sex | birth      | school     | class  | location | score |
+----+----------+--------+-----+------------+------------+--------+----------+-------+
| 24 | 08133193 | 李大伟 | 男  | 1986-10-01 | 计算机学院 | 2013-2 | 山西交口 |   568 |
| 27 | 08133196 | 王俊   | 男  | 1985-08-01 | 计算机学院 | 2013-5 | 北京     |   548 |
| 28 | 08133197 | 王飞   | 男  | 1985-11-01 | 计算机学院 | 2013-4 | 陕西西安 |   558 |
| 29 | 08133198 | 宋小倩 | 女  | 1985-12-12 | 计算机学院 | 2013-1 | 江苏扬州 |   598 |
| 30 | 08133199 | 宋小俊 | 男  | 1985-01-12 | 计算机学院 | 2013-2 | 江苏南通 |   578 |
+----+----------+--------+-----+------------+------------+--------+----------+-------+
```

【例 7-13】 查找姓名为王静或者姓名为李霞的学生情况。

```
mysql> select * from student where name='王静' or name='李霞';
+----+-----------+------+-----+------------+------------+--------+----------+-------+
| id | code      | name | sex | birth      | school     | class  | location | score |
+----+-----------+------+-----+------------+------------+--------+----------+-------+
| 25 | 08133194  | 李霞 | 女  | 1986-09-01 | 计算机学院 | 2013-3 | 江苏徐州 |   525 |
| 31 | 081331910 | 王静 | 女  | 1985-08-12 | 计算机学院 | 2013-3 | 江苏南通 |   508 |
+----+-----------+------+-----+------------+------------+--------+----------+-------+
```

5. 模糊查询

对于查询条件不明确的情况下，可以使用 like 关键字对带有通配符的条件进行查询。常用的通配符如表 7-6 所示。

表 7-6 常用的通配符

通　配　符	说　　明
%	包含零个或多个字符组成的任意字符串
_（下画线）	任意一个字符

【例 7-14】 查询姓名中带有“李”字的学生情况。

```
mysql> select * from student where name like '%李%';
+----+----------+--------+-----+------------+------------+--------+----------+-------+
| id | code     | name   | sex | birth      | school     | class  | location | score |
+----+----------+--------+-----+------------+------------+--------+----------+-------+
| 23 | 08133192 | 李飞   | 男  | 1985-10-01 | 计算机学院 | 2013-1 | 山西太原 |   526 |
| 24 | 08133193 | 李大伟 | 男  | 1986-10-01 | 计算机学院 | 2013-2 | 山西交口 |   568 |
| 25 | 08133194 | 李霞   | 女  | 1986-09-01 | 计算机学院 | 2013-3 | 江苏徐州 |   525 |
+----+----------+--------+-----+------------+------------+--------+----------+-------+
```

【例 7-15】 查询姓“李”且姓名为两个字的学生情况。

```
mysql> select * from student where name like '李_';
+----+----------+------+-----+------------+------------+--------+----------+-------+
| id | code     | name | sex | birth      | school     | class  | location | score |
+----+----------+------+-----+------------+------------+--------+----------+-------+
| 23 | 08133192 | 李飞 | 男  | 1985-10-01 | 计算机学院 | 2013-1 | 山西太原 |   526 |
| 25 | 08133194 | 李霞 | 女  | 1986-09-01 | 计算机学院 | 2013-3 | 江苏徐州 |   525 |
+----+----------+------+-----+------------+------------+--------+----------+-------+
```

6. 查询排序

使用 order by 子句对查询返回的结果按一列或多列排序。order by 子句的语法格式为：

```
ORDER BY column_name [ASC|DESC] [, … ]
```

其中，ASC 表示升序，为默认值，DESC 为降序。ORDER BY 不能按 text 和 image 数据类型进行排序。另外，可以根据表达式进行排序。

【例 7-16】 按分数升序排序。

```
mysql> select * from student order by score asc;
+----+-----------+--------+-----+------------+------------+--------+----------+-------+
| id | code      | name   | sex | birth      | school     | class  | location | score |
+----+-----------+--------+-----+------------+------------+--------+----------+-------+
| 31 | 081331910 | 王静   | 女  | 1985-08-12 | 计算机学院 | 2013-3 | 江苏南通 |   508 |
| 25 | 08133194  | 李霞   | 女  | 1986-09-01 | 计算机学院 | 2013-3 | 江苏徐州 |   525 |
| 23 | 08133192  | 李飞   | 男  | 1985-10-01 | 计算机学院 | 2013-1 | 山西太原 |   526 |
| 26 | 08133195  | 王霞   | 女  | 1986-08-01 | 计算机学院 | 2013-4 | 江苏南京 |   528 |
| 27 | 08133196  | 王俊   | 男  | 1985-08-01 | 计算机学院 | 2013-5 | 北京     |   548 |
| 28 | 08133197  | 王飞   | 男  | 1985-11-01 | 计算机学院 | 2013-4 | 陕西西安 |   558 |
| 24 | 08133193  | 李大伟 | 男  | 1986-10-01 | 计算机学院 | 2013-2 | 山西交口 |   568 |
| 30 | 08133199  | 宋小俊 | 男  | 1985-01-12 | 计算机学院 | 2013-2 | 江苏南通 |   578 |
| 29 | 08133198  | 宋小倩 | 女  | 1985-12-12 | 计算机学院 | 2013-1 | 江苏扬州 |   598 |
+----+-----------+--------+-----+------------+------------+--------+----------+-------+
```

【例 7-17】 按分数降序排序。

```
mysql> select * from student order by score desc;
+----+-----------+--------+-----+------------+------------+--------+----------+-------+
| id | code      | name   | sex | birth      | school     | class  | location | score |
+----+-----------+--------+-----+------------+------------+--------+----------+-------+
| 29 | 08133198  | 宋小倩 | 女  | 1985-12-12 | 计算机学院 | 2013-1 | 江苏扬州 |   598 |
| 30 | 08133199  | 宋小俊 | 男  | 1985-01-12 | 计算机学院 | 2013-2 | 江苏南通 |   578 |
| 24 | 08133193  | 李大伟 | 男  | 1986-10-01 | 计算机学院 | 2013-2 | 山西交口 |   568 |
| 28 | 08133197  | 王飞   | 男  | 1985-11-01 | 计算机学院 | 2013-4 | 陕西西安 |   558 |
| 27 | 08133196  | 王俊   | 男  | 1985-08-01 | 计算机学院 | 2013-5 | 北京     |   548 |
| 26 | 08133195  | 王霞   | 女  | 1986-08-01 | 计算机学院 | 2013-4 | 江苏南京 |   528 |
| 23 | 08133192  | 李飞   | 男  | 1985-10-01 | 计算机学院 | 2013-1 | 山西太原 |   526 |
| 25 | 08133194  | 李霞   | 女  | 1986-09-01 | 计算机学院 | 2013-3 | 江苏徐州 |   525 |
| 31 | 081331910 | 王静   | 女  | 1985-08-12 | 计算机学院 | 2013-3 | 江苏南通 |   508 |
+----+-----------+--------+-----+------------+------------+--------+----------+-------+
```

7. 查询分组与统计

group by 关键字可以将查询结果按照某个字段或多个字段进行分组。字段取值相等的为一组。基本的语法格式如下。

```
GROUP BY 属性名 [HAVING 条件表达式] [WITH ROLLUP]
```

属性名：是指按照该字段的值进行分组。

HAVING 条件表达式：用来对分组后的结果进行筛选显示，符合条件表达式的分组将被保留。

WITH ROLLUP：将会在所有记录的最后加上一条记录。加上的这一条记录是上面所有记录的总和。

GROUP BY 关键字可以和 GROUP_CONCAT ()函数一起使用。GROUP_CONCAT ()函数会把每个分组中指定的字段值都显示出来。

同时，GROUP BY 关键字通常与集合函数一起使用。集合函数包括 COUNT()函数、SUM()函数、AVG()函数、MAX()函数和 MIN()函数等，具体说明如表 7-7 所示。

表 7-7 集合函数

函　数	说　明
COUNT()	用于统计记录的条数
SUM()	用于计算字段的值的总和
AVG()	用于计算字段的值的平均值
MAX()	用于查询字段的最大值
MIN()	用于查询字段的最小值

如果 GROUP BY 不与上述函数一起使用，那么查询结果就是字段取值的分组情况。字段中取值相同的记录为一组，但是只显示该组的第一条记录。

【例 7-18】 对学生表按班级分组。

```
mysql> select * from student group by class;
+----+----------+--------+-----+------------+------------+--------+----------+-------+
| id | code     | name   | sex | birth      | school     | class  | location | score |
+----+----------+--------+-----+------------+------------+--------+----------+-------+
| 23 | 08133192 | 李飞   | 男  | 1985-10-01 | 计算机学院 | 2013-1 | 山西太原 |   526 |
| 24 | 08133193 | 李大伟 | 男  | 1986-10-01 | 计算机学院 | 2013-2 | 山西交口 |   568 |
| 25 | 08133194 | 李霞   | 女  | 1986-09-01 | 计算机学院 | 2013-3 | 江苏徐州 |   525 |
| 26 | 08133195 | 王霞   | 女  | 1986-08-01 | 计算机学院 | 2013-4 | 江苏南京 |   528 |
| 27 | 08133196 | 王俊   | 男  | 1985-08-01 | 计算机学院 | 2013-5 | 北京     |   548 |
+----+----------+--------+-----+------------+------------+--------+----------+-------+
```

【例 7-19】 统计每班的学生姓名。

```
mysql> select class,GROUP_CONCAT(name) from student group by class;
---------+---------------------+
| class  | GROUP_CONCAT(name)  |
---------+---------------------+
| 2013-1 | 李飞,宋小倩         |
| 2013-2 | 李大伟,宋小俊       |
| 2013-3 | 李霞,王静           |
| 2013-4 | 王霞,王飞           |
| 2013-5 | 王俊                |
---------+---------------------+
```

【例 7-20】 统计每班的人数。

```
mysql> select class,count(*) from student group by class;
+--------+----------+
| class  | count(*) |
+--------+----------+
| 2013-1 |        2 |
| 2013-2 |        2 |
| 2013-3 |        2 |
| 2013-4 |        2 |
| 2013-5 |        1 |
+--------+----------+
```

【例 7-21】 统计每班的总分。

```
mysql> select class,sum(score) from student group by class
+--------+------------+
| class  | sum(score) |
+--------+------------+
| 2013-1 |       1124 |
| 2013-2 |       1146 |
| 2013-3 |       1033 |
| 2013-4 |       1086 |
| 2013-5 |        548 |
+--------+------------+
```

【例 7-22】 统计每班的最高分。

```
mysql> select class,max(score) from student group by class;
+--------+------------+
| class  | max(score) |
+--------+------------+
| 2013-1 |        598 |
| 2013-2 |        578 |
| 2013-3 |        525 |
| 2013-4 |        558 |
| 2013-5 |        548 |
+--------+------------+
```

【例 7-23】 统计每班的总分,列出总分超过 1100 分的班级及其总分。

```
mysql> select class,sum(score) as sum from student group by class having sum(score)>1100
+--------+------+
| class  | sum  |
+--------+------+
| 2013-1 | 1124 |
| 2013-2 | 1146 |
+--------+------+
```

【例 7-24】 统计每班的总分,并汇总求和。

```
mysql> select class,sum(score) as sum from student group by class with rollup;
+--------+------+
| class  | sum  |
+--------+------+
| 2013-1 | 1124 |
| 2013-2 | 1146 |
| 2013-3 | 1033 |
| 2013-4 | 1086 |
| 2013-5 |  548 |
| NULL   | 4937 |
+--------+------+
```

8. 多表查询

1) 内连接

内连接(inner join)将两个表中满足指定连接条件的记录连接成新的结果集,舍弃所有不满足连接条件的记录。内连接是最常用的连接类型,也是默认的连接类型,可以在 from 子句中使用 inner join(inner 关键字可以省略)实现内连接,语法格式如下。

```
select * from 表 1 [inner] join 表 2 on 表 1 和表 2 之间的连接条件
```

【例 7-25】 在 student 表和 class_table 表中查询姓名为王静的学生情况。

```
mysql> select student.*,class_table.classname,class_table.score from student join class_table on student.name=class_table.name where student.name='王静';
```

id	code	name	sex	birth	school	class	location	score	classname	score
31	081331910	王静	女	1985-08-12	计算机学院	2013-3	江苏南通	508	微机原理	98
31	081331910	王静	女	1985-08-12	计算机学院	2013-3	江苏南通	508	数据库原理	98
31	081331910	王静	女	1985-08-12	计算机学院	2013-3	江苏南通	508	数据结构	78
31	081331910	王静	女	1985-08-12	计算机学院	2013-3	江苏南通	508	web设计	98
31	081331910	王静	女	1985-08-12	计算机学院	2013-3	江苏南通	508	C#程序设计	98
31	081331910	王静	女	1985-08-12	计算机学院	2013-3	江苏南通	508	ASP.net程序设计	98
31	081331910	王静	女	1985-08-12	计算机学院	2013-3	江苏南通	508	马克思主义	98
31	081331910	王静	女	1985-08-12	计算机学院	2013-3	江苏南通	508	英语1	98
31	081331910	王静	女	1985-08-12	计算机学院	2013-3	江苏南通	508	高等数学	98
31	081331910	王静	女	1985-08-12	计算机学院	2013-3	江苏南通	508	概率论	98
31	081331910	王静	女	1985-08-12	计算机学院	2013-3	江苏南通	508	线性代数	98

2) 外连接

外连接又分为左连接(left join)、右连接(right join)和完全连接(full join)。与内连接不同,外连接(左连接或右连接)的连接条件只过滤一个表,对另一个表不进行过滤(该表的所有记录出现在结果集中)。(注意:MySQL 暂不支持完全连接。)

(1) 左连接的语法格式。

```
select * from 表 1 left join 表 2 on 表 1 和表 2 之间的连接条件
```

说明:语法格式中表 1 左连接表 2,意味着查询结果集中须包含表 1 的全部记录,然后表 1 按指定的连接条件与表 2 进行连接,若表 2 中没有满足连接条件的记录,则结果集中表 2 相应的字段填入 NULL。

【例 7-26】 在 student 表和 class_table 表中查询姓名相同的所有记录。

```
mysql> select student.*,class_table.classname,class_table.score from student left join class_table on student.name=class_table.name;
```

id	code	name	sex	birth	school	class	location	score	classname	score
23	08133192	李飞	男	1985-10-01	计算机学院	2013-1	山西太原	526	数据结构	88
23	08133192	李飞	男	1985-10-01	计算机学院	2013-1	山西太原	526	数据库原理	98
23	08133192	李飞	男	1985-10-01	计算机学院	2013-1	山西太原	526	微机原理	98
24	08133193	李大伟	男	1986-10-01	计算机学院	2013-2	山西交口	568	数据结构	82
24	08133193	李大伟	男	1986-10-01	计算机学院	2013-2	山西交口	568	数据库原理	86
24	08133193	李大伟	男	1986-10-01	计算机学院	2013-2	山西交口	568	微机原理	80
25	08133194	李霞	女	1986-09-01	计算机学院	2013-3	江苏徐州	525	NULL	NULL
26	08133195	王霞	女	1986-08-01	计算机学院	2013-4	江苏南京	528	NULL	NULL
27	08133196	王俊	男	1985-08-01	计算机学院	2013-5	北京	548	NULL	NULL
28	08133197	王飞	男	1985-11-01	计算机学院	2013-4	陕西西安	558	NULL	NULL
29	08133198	宋小倩	女	1985-12-12	计算机学院	2013-1	江苏扬州	598	微机原理	81
29	08133198	宋小倩	女	1985-12-12	计算机学院	2013-1	江苏扬州	598	数据库原理	87
29	08133198	宋小倩	女	1985-12-12	计算机学院	2013-1	江苏扬州	598	数据结构	68
30	08133199	宋小俊	男	1985-01-12	计算机学院	2013-2	江苏南通	578	NULL	NULL
31	081331910	王静	女	1985-08-12	计算机学院	2013-3	江苏南通	508	微机原理	98
31	081331910	王静	女	1985-08-12	计算机学院	2013-3	江苏南通	508	数据库原理	98
31	081331910	王静	女	1985-08-12	计算机学院	2013-3	江苏南通	508	数据结构	78
31	081331910	王静	女	1985-08-12	计算机学院	2013-3	江苏南通	508	web设计	98
31	081331910	王静	女	1985-08-12	计算机学院	2013-3	江苏南通	508	C#程序设计	98
31	081331910	王静	女	1985-08-12	计算机学院	2013-3	江苏南通	508	ASP.net程序设计	98
31	081331910	王静	女	1985-08-12	计算机学院	2013-3	江苏南通	508	马克思主义	98
31	081331910	王静	女	1985-08-12	计算机学院	2013-3	江苏南通	508	英语1	98
31	081331910	王静	女	1985-08-12	计算机学院	2013-3	江苏南通	508	高等数学	98
31	081331910	王静	女	1985-08-12	计算机学院	2013-3	江苏南通	508	概率论	98
31	081331910	王静	女	1985-08-12	计算机学院	2013-3	江苏南通	508	线性代数	98

（2）右连接的语法格式。

```
select * from 表 1 right join 表 2 on 表 1 和表 2 之间的连接条件
```

说明：语法格式中表 1 右连接表 2，意味着查询结果集中须包含表 2 的全部记录，然后表 2 按指定的连接条件与表 1 进行连接，若表 1 中没有满足连接条件的记录，则结果集中表 1 相应的字段填入 NULL。

【例 7-27】 在 student 表和 class_table 表中查询姓名相同的所有记录。

```
mysql> select class_table.*,student.name,student.sex from class_table right join student  on student.name=class_table.name;
```

id	code	name	school	class	classname	score	name	sex
23	08133192	李飞	计算机学院	2013-1	数据结构	88	李飞	男
24	08133192	李飞	计算机学院	2013-1	数据库原理	98	李飞	男
25	08133192	李飞	计算机学院	2013-1	微机原理	98	李飞	男
29	08133193	李大伟	计算机学院	2013-2	数据结构	82	李大伟	男
30	08133193	李大伟	计算机学院	2013-2	数据库原理	86	李大伟	男
31	08133193	李大伟	计算机学院	2013-2	微机原理	80	李大伟	男
NULL	NULL	NULL	NULL	NULL	NULL	NULL	李霞	女
NULL	NULL	NULL	NULL	NULL	NULL	NULL	王霞	女
NULL	NULL	NULL	NULL	NULL	NULL	NULL	王俊	男
NULL	NULL	NULL	NULL	NULL	NULL	NULL	王飞	男
32	08133198	宋小倩	计算机学院	2013-1	微机原理	81	宋小倩	女
33	08133198	宋小倩	计算机学院	2013-1	数据库原理	87	宋小倩	女
34	08133198	宋小倩	计算机学院	2013-1	数据结构	68	宋小倩	女
NULL	NULL	NULL	NULL	NULL	NULL	NULL	宋小俊	男
26	081331910	王静	计算机学院	2013-3	微机原理	98	王静	女
27	081331910	王静	计算机学院	2013-3	数据库原理	98	王静	女
28	081331910	王静	计算机学院	2013-3	数据结构	78	王静	女
35	081331910	王静	计算机学院	2013-3	web设计	98	王静	女
36	081331910	王静	计算机学院	2013-3	C#程序设计	98	王静	女
37	081331910	王静	计算机学院	2013-3	ASP.net程序设计	98	王静	女
38	081331910	王静	计算机学院	2013-3	马克思主义	98	王静	女
39	081331910	王静	计算机学院	2013-3	英语1	98	王静	女
40	081331910	王静	计算机学院	2013-3	高等数学	98	王静	女
41	081331910	王静	计算机学院	2013-3	概率论	98	王静	女
42	081331910	王静	计算机学院	2013-3	线性代数	98	王静	女

7.6 常用开发平台与 MySQL 数据的连接

MySQL 通过连接器（Connector）和 API（Application Program Interface）为 Java、C++、.NET、PHP、Python、C 等语言开发的客户端提供访问数据库的驱动程序和访问接口。同时，MySQL 提供了 ODBC、Java（JDBC）、Perl、Ruby 等语言（连接驱动）的数据库访问实例程序。本节重点介绍 Java、C#语言访问 MySQL 数据库的过程。

1. Java 语言访问 MySQL

使用 Java 语言对 MySQL 进行访问之前，首先要获取 MySQL 为 Java 语言提供的连接器 Connector for Java 8.0。MySQL 连接器（MySQL Connector）是由.zip 或.tar.gz 组成的压缩包。压缩包内包含实例代码和 JAR 文件 mysql-connector-java-***version***.jar。其中，version 是版本号，截至本书出版，最新版本号为 8.0.13。

以 Eclipse 为例，程序员首先需要在项目工程的目录下建立一个 lib 文件夹，然后将连接的 JAR 文件复制到 lib 目录下。第二步，在 Eclipse 上右键单击工程项目名称，在菜单中选择 Java build path 项目。第三步，在弹出的界面中选择 Libraries，单击 Add JARs 按钮，将复制进去的 JAR 文件加入到项目中。第四步，在需要访问数据库的代码中引入 MySQL for Java Connector 的类库，如 import java.sql.Connection;，import java.sql.DriverManager;，import java.sql.ResultSet;，import java.sql.SQLException;，import java.sql.Statement;。最后就可以在代码里声明数据库操作的相关变量，并对数据库进行操作了。

```
//声明 Connection 对象
Connection con;
//驱动程序名
String driver = "com.mysql.jdbc.Driver";
//URL 指向要访问的数据库名,用户在访问自己数据库时需要更换下画线部分的内容
String url = "jdbc:mysql://192.168.0.5:3306/MyDb";
//MySQL 设置的用户名
String user = "root";
//MySQL 设置的密码
String password = " ****** ";
//进行数据库操作
try {
        //加载驱动程序
        Class.forName(driver);
        //通过 DriverManager.getConnection()方法,对 MySQL 数据库进行连接
        con = DriverManager.getConnection(url,user,password);
        if(!con.isClosed())
            System.out.println("成功连接到数据库!");
            //创建 statement 类对象,执行 SQL 语句
            Statement statement = con.createStatement();
            //要执行的 SQL 语句
            String sql = "select * from UserTable";
            //利用 ResultSet 类存放结果集
            ResultSet rs = statement.executeQuery(sql);
            //对 ResultSet 进行遍历
            while(rs.next()){
                //获取 XX 列的数据,并输出
                System.out.println(rs.getString("XX"));
            }
        } catch(ClassNotFoundException e) {
            //数据库驱动类异常处理
            System.out.println("数据库连接错误");
            e.printStackTrace();
        } catch(SQLException e) {
            //数据库连接失败异常处理
            e.printStackTrace();
        }catch (Exception e) {
            //处理其他异常
            e.printStackTrace();
        }finally{
            //为了节约数据库服务器资源,使用完毕后,务必关闭下面两个对象
            rs.close();
            con.close();
        }
    }
```

2. .NET 平台访问 MySQL

使用 C#或 VB.NET 语言对 MySQL 进行访问之前,同样要获取 MySQL 为这两种语

言提供的连接器 Connector for NET 8.0。MySQL 为.NET 提供的连接器有三种安装方式：MySQL Installer,Standalone Installer,NuGet。以 Standalone Installer 为例,可以直接通过 Windows Installer(.msi)进行安装,MSI 文件名为 mysql-connector-net-***version***.zip。其中,version 是版本号,截至目前,最新版本号为 8.0.13。

下面以 Microsoft Visual .NET 2015 为例,介绍如何使用.NET 平台(以 C# 语言和 VB.NET 语言为主)进行 MySQL 数据库访问。

第一步：创建相关工程项目。

第二步：添加对 MySQL Connector 的引用。右键单击工程项目名称,选择"添加"菜单项目下的"引用"子项目。

第三步：在弹出对话框中,选择"浏览",找到 MySQL Connector for Net 组件的安装位置,打开 Assemblies 文件夹下的 v4.0 或 v4.5 文件夹,选择 MySql.Data.dll 动态链接库,选择完成之后单击"确定"按钮。

第四步：在需要访问 MySQL 数据库的页面中使用"using MySql.Data.MySqlClient;"对 MySQL 数据库进行操作。

```
string url = "server = 192.168.0.5:3306; user id = root; password = ****** ; database = 
MyDb;";
MySqlConnection con = new MySqlConnection(url);
string statement = "select * from UserTable ";
MySqlCommand com = new MySqlCommand(statement, con);
MySqlDataReader reader = null;
try {
    con.Open();
    reader = com.ExecuteReader();
    while (reader.Read()) {
          Console.Writeln(reader["XX"].ToString());
    }
}
catch (Exception ex) {
    Console.WriteLine ("数据库访问异常");
}
finally{
    if(reader != null)
        reader.Close();
    con.Close();
}
```

7.7 MySQL 数据库的备份与恢复

本节介绍最常用的 MySQL 数据库备份与恢复方式：mysqldump。

1. mysqldump 备份

mysqldump 是采用 SQL 级别的备份机制,它将数据表导出成 SQL 脚本文件,在不同的 MySQL 版本之间升级时比较合适,这也是最常用的备份方法。

备份方式如下：

```
mysqldump  -h hostname -P 端口 -u 用户名 -p 密码 (-database) 数据库名 > 文件名.sql
```

备份 MySQL 数据库的命令：

```
mysqldump -h hostname -u username -p password databasename >文件名.sql
```

备份 MySQL 数据库为带删除表的格式,能够让该备份覆盖已有数据库而不需要手动删除原有数据库。

```
mysqldump --add-drop-table -u username -p password databasename >文件名.sql
```

直接将 MySQL 数据库压缩备份：

```
mysqldump -h hostname -u username -p password databasename | gzip >文件名.sql.gz
```

备份 MySQL 数据库某个(些)表：

```
mysqldump -h hostname -u username -p password databasename specific_table1 specific_table2 >文件名.sql
```

同时备份多个 MySQL 数据库：

```
mysqldump -h hostname -u username -p password -databases databasename1 databasename2 databasename3 >文件名.sql
```

仅备份数据库结构：

```
mysqldump -no-data -databases databasename1 databasename2 databasename3 >文件名.sql
```

备份服务器上所有数据库：

```
mysqldump -all-databases > 文件名.sql
```

2. 还原数据库

还原 MySQL 数据库的方式如下。

```
mysql -h hostname -u username -p password databasename <文件名.sql
```

还原压缩的 MySQL 数据库：

```
gunzip < backupfile.sql.gz | mysql -u username -p password databasename
```

将数据库转移到新服务器：

```
mysqldump -u username -p password databasename | mysql -host = IP 地址  -C  databasename
```

3. 导入数据库

在登录 MySQL 并设置访问的数据库后,使用 source 命令进行数据导入,后面参数为脚本文件(如这里用到的.sql 文件)

```
mysql> source /home/sa/文件名.sql
```

7.8 MySQL 数据库的安全

数据库作为数据管理的平台，它的安全性主要由系统的内部安全和网络安全两部分来决定。对于系统管理员来说，首先要保证系统本身的安全，在安装 MySQL 数据库时，需要对基础环境进行较为完善的配置。通常，保障 MySQL 数据库的安全性需要以下配置。

(1) 修改 root 用户口令，删除空口令。

安装 MySQL 时，root 用户默认的密码为空。为了安全起见，必须修改为强密码，所谓强密码，是指至少 8 位，由大小写字母、数字和符号组成的不规律密码。使用 MySQL 自带的命令 mysqladmin 修改 root 密码，同时也可以登录数据库，修改数据库 mysql 下的 user 表的字段内容，修改方法如下所示。

方法 1：使用 SET PASSWORD 命令。

```
mysql -u root
mysql> SET PASSWORD FOR 'root'@'localhost' = PASSWORD('newpass');
```

方法 2：使用 mysqladmin。

```
mysqladmin -u root Password 'newpass'; /* 适用 root 密码为空 */
```

或

```
mysqladmin -u root Password 'oldpass' 'newpass'; /* 适用 root 密码已经设置 */
```

方法 3：使用 UPDATE 直接编辑 user 表。

```
mysql -u root
mysql> use mysql;
mysql> UPDATE user SET Password = PASSWORD('newpass') WHERE user = 'root';
mysql> FLUSH PRIVILEGES;
```

如果 root 密码丢失，可以采用如下方法恢复密码。

```
mysqld_safe --skip-grant-tables&
mysql -u root mysql;
mysql> UPDATE user SET Password = PASSWORD('newpass') WHERE user = 'root';
mysql> FLUSH PRIVILEGES;
```

(2) 删除默认数据库和数据库用户。

一般情况下，MySQL 数据库安装在本地，并且也仅由本地的 PHP 脚本对 MySQL 进行读取，所以系统会自动创建很多在实际应用中并不需要的用户。尤其是默认安装的用户，MySQL 初始化后会自动生成空用户和 test 库进行安装测试，这会对数据库的安全构成威胁，有必要全部删除，最后的用户只保留单个 root 即可，当然以后可以根据需要增加用户和数据库。

(3) 改变默认 MySQL 管理员账号。

MySQL 的管理员名称是 root，而一般情况下，数据库管理员都没进行修改，这在一定程度上对系统用户穷举的恶意行为提供了便利，此时应修改为复杂的用户名，请不要在设定为 admin 或者 administrator 的形式，因为它们也在易猜的用户字典中。

(4) 关于密码的管理。

密码是数据库安全管理的重要因素之一，不要将纯文本密码保存到数据库中。如果你的计算机有安全危险，入侵者可以获得所有的密码并使用它们。相反，应该使用 MD5、SHA1 或单向哈希函数等对密码进行加密。另外，也不要从词典中选择密码，因为有专门的程序可以破解它们。密码的设置规则是应该至少包括 8 位由大小写字母、数字和符号组成的强密码。在存取密码时，使用 MySQL 的内置函数 Password()的 sql 语句对密码进行加密后存储。例如，以下语句用于在 users 表中加入新用户：

```
mysql > INSERT INTO user (User, Password) VALUES ('user name', PASSWORD('userpass'));
```

(5) 使用独立用户运行 MySQL。

绝对不要使用 root 用户运行 MySQL 服务器。这样做非常危险，因为任何具有 FILE 权限的用户都能够用 root 创建文件。可以在 DBMS 内创建新的数据库用户，并根据需要为这些用户赋予不同的权限。然后使用这些新建的用户运行和访问 MySQL。

(6) 禁止远程连接数据库。

默认情况下 MySQL 是允许远程连接数据的，在命令行 netstat -ant 下看到，默认的 3306 端口是打开的，此时打开了 mysqld 的网络监听，允许用户远程通过账号密码连接本地数据库。为了禁止该功能，启动 skip-networking，禁止 MySQL 监听的任何 TCP/IP 的连接，切断远程访问的权利，保证安全性。假如需要远程管理数据库，可通过安装 PhpMyAdmin 来实现。假如确实需要远程连接数据库，至少应修改默认的监听端口，同时添加防火墙规则，只允许可信任的网络的 MySQL 监听端口的数据通过。

(7) 限制连接用户的数量。

数据库的某用户多次远程连接，会导致 DBMS 性能下降，并且影响其他用户的操作，有必要对其进行限制。可以通过限制单个账户允许的连接数量来实现，设置 my.cnf 文件的 mysqld 中的 max_user_connections 变量来完成。GRANT 语句也可以支持资源控制选项来限制服务器对一个账户允许的使用范围。

(8) 用户目录权限限制。

默认的 MySQL 是安装在/usr/local/mysql，而对应的数据库文件在/usr/local/mysql/var 目录下，因此，必须保证该目录不能被未经授权的用户访问，防止数据库文件被打包复制，所以需要限制用户对该目录的访问。确保 mysqld 运行时，只使用对数据库目录具有读或写权限的用户来运行。

(9) 命令历史记录保护。

数据库相关的 shell 操作命令都会分别记录在.bash_history 文件中，如果这些文件不慎被读取，会导致数据库密码和数据库结构等信息泄漏。登录数据库后的操作记录被保存在.mysql_history 文件中。例如，如果使用 update 表信息来修改数据库用户密码的话，用户密码也存在被非法读取的可能。因此，需要删除这两个文件，同时在进行登录或备份数据库等与密码相关的操作时，应该使用-p 参数加入提示输入密码后，隐式输入密码。同时建议将上述文件置空。

(10) 禁止 MySQL 对本地文件存取。

在 MySQL 中，提供对本地文件的读取，使用的是 load data local infile 命令。在 5.0 版本中，该选项是默认打开的，该操作会利用 MySQL 把本地文件读到数据库中，然后用户就可以非法获取敏感信息了，如果不需要读取本地文件，请务必关闭该选项。

(11) MySQL 服务器权限控制。

MySQL 权限系统的主要功能是验证连接到该主机的用户，并根据预先设置的权限，赋予该用户在数据库上的 SELECT、INSERT、UPDATE 和 DELETE 等操作(详见 user 超级用户表)。它的附加功能还包括允许匿名用户对 MySQL 特定功能，例如，LOAD DATA INFILE 等进行授权及管理操作的能力。

(12) 使用 Chroot 方式来控制 MySQL 的运行目录。

Chroot 是 Linux 系统中的一种高级保护手段，它会建立起与主系统几乎完全隔离的"防火墙"。也就是说，一旦遭到什么问题，也不会危及正在运行的主系统。这是一个非常有效的办法，特别是在配置网络服务程序的时候。

(13) 客户程序的安全性保障。

一般情况下，客户程序是用户访问数据库的重要接口。如果不能在客户端对用户输入内容进行安全验证，有可能带来重大的安全问题。例如，黑客会故意在 Web 表单或 URL 中输入一些特殊字符来验证 Web 系统的安全性。一个常见的场景就是程序员需要在客户程序的输入部分验证输入的字符串。例如，当用户输入 234 时，应用程序可能会执行下列查询，SELECT * FROM table WHERE ID=234，但是用户也可能输入 234 OR 1=1，这样就会产生如下的查询 SELECT * FROM table WHERE ID=234 OR 1=1。请读者仔细分析一下两者之前的差异。这种情况对于数据库来说是极其危险的。因此，在开发客户程序时，用户需要尽可能地用多种形式的非法请求访问 DBMS，如果得到任何形式的 MySQL 错误，立即深入分析原因，及时修正客户程序，堵住漏洞，防止 MySQL 暴露在客户程序面前。

第8章 数据库应用实例

8.1 引　　言

本章以三个工程项目：楼盘销售系统、数据库精品课程学习系统以及煤矿采掘衔接计划管理系统为应用实例，向读者尤其是初学者分别展示基于C/S结构和基于B/S结构的数据库应用系统开发过程。本章所涉及的三个实例均是基于Microsoft Visual Studio.NET 2015平台，采用C#语言开发，使用MySQL作为数据库服务器对数据进行管理和存储。三个项目的讲解主要从项目需求概要、数据流图、数据库设计、系统流程、功能设计等角度展开，立足于工程项目的具体业务需求，向读者介绍基于数据库的信息管理系统开发过程。

8.2 楼盘销售系统

8.2.1 开发背景

为减轻售楼人员的劳动强度，提高工作效率，节省办公费用，使楼盘销售更加规范化、科学化、快捷化，开发一套高效实用的楼盘销售系统势在必行。

本系统主要针对房地产销售业务处理过程中的楼盘信息、客户信息、销售信息、合同信息进行有效的管理，实现对楼盘销售等相关信息的统计分析，还能够对包括管理层和售楼人员在内的销售团队的个人及绩效信息进行有效管理。通过售楼系统的开发，楼盘销售业务流程更加清晰、高效，明确了各岗位职责，提高了工作效率，最大限度地减少了管理漏洞，提高了企业管理水平。

8.2.2 需求分析

1. 功能需求

楼盘销售系统应该具有以下功能。

(1) 楼盘信息展示。客户能够快速查看全部楼盘、已售楼盘、未售楼盘的相关信息，以数据、平面图或虚拟现实等手段对楼盘信息进行展示。

(2) 客户信息管理。来访客户的信息应该及时登记保存，能够根据来访次数或者意向支付方式挖掘潜在客户。

(3) 销售管理。记录楼盘销售情况，对销售信息进行有效的管理。

(4) 合同管理。对合同信息进行有效管理和跟踪。

(5) 统计报表。对楼盘销售信息进行报表统计，根据实际需要的不同，可以按楼盘进行统计，也可以按员工进行统计。

(6) 销售团队管理。楼盘销售团队包括管理层和售楼人员。系统应能对销售团队的佣金和薪金进行有效管理。

(7) 辅助工具。系统应提供对相关法律的查询以及楼盘周边环境的查询，支持按揭及税率的查询与计算。

2. 数据流图

1) 顶层数据流图

顶层数据流图如图 8-1 所示。

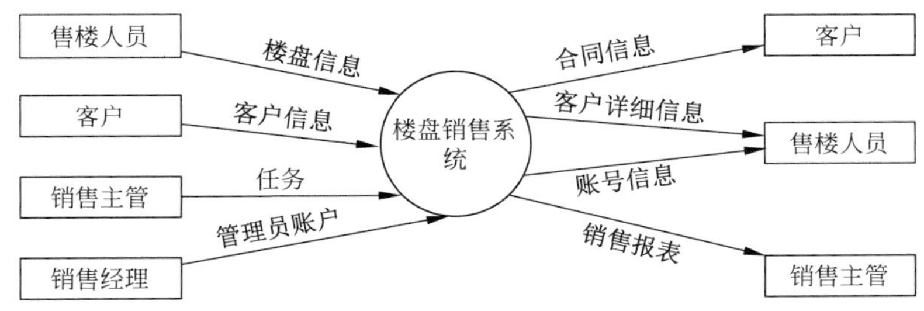

图 8-1 顶层数据流图

2) 一层数据流图

一层数据流图如图 8-2 所示。

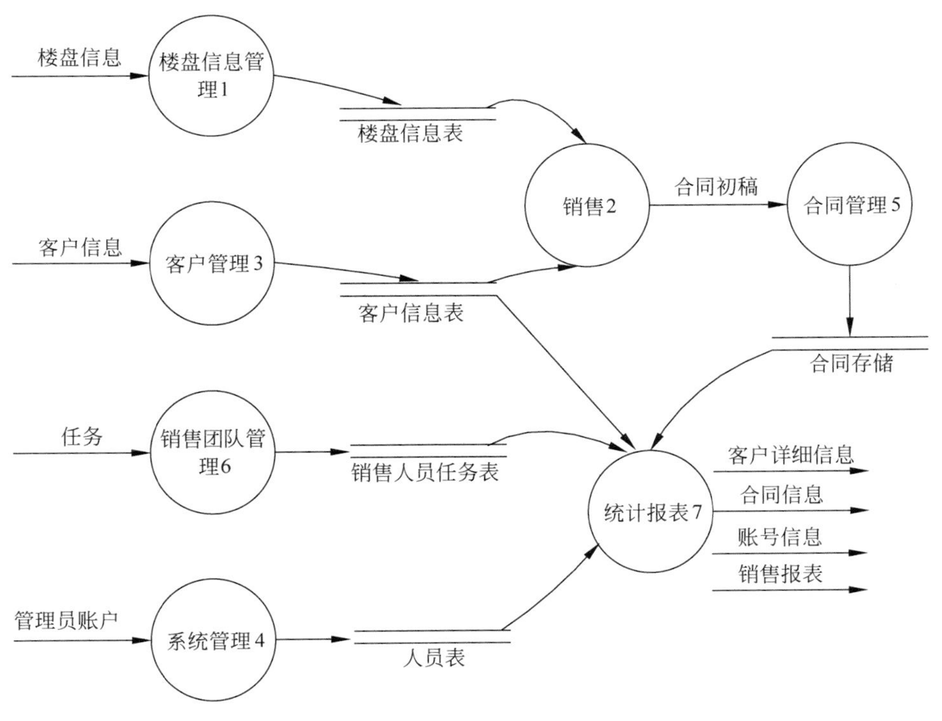

图 8-2 一层数据流图

3）二层数据流图

楼盘信息细化如图 8-3 所示。

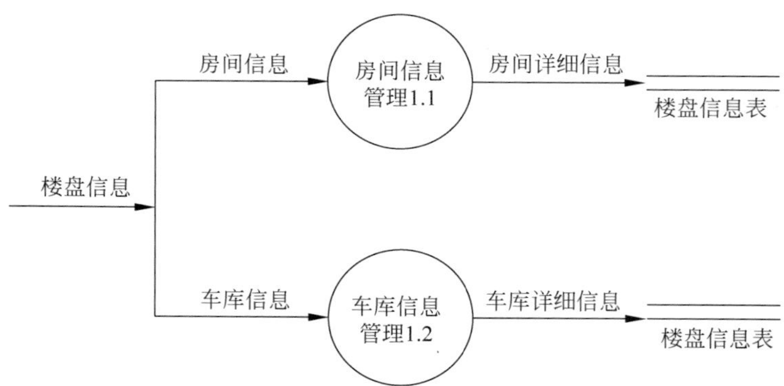

图 8-3　二层数据流图——楼盘信息

销售管理细化如图 8-4 所示。

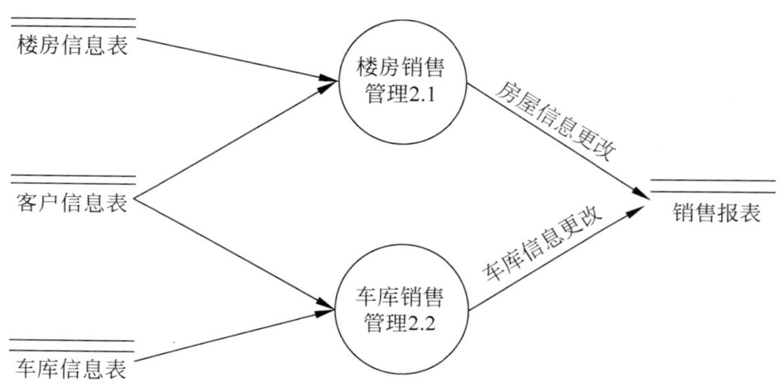

图 8-4　二层数据流图——销售管理

客户管理细化如图 8-5 所示。

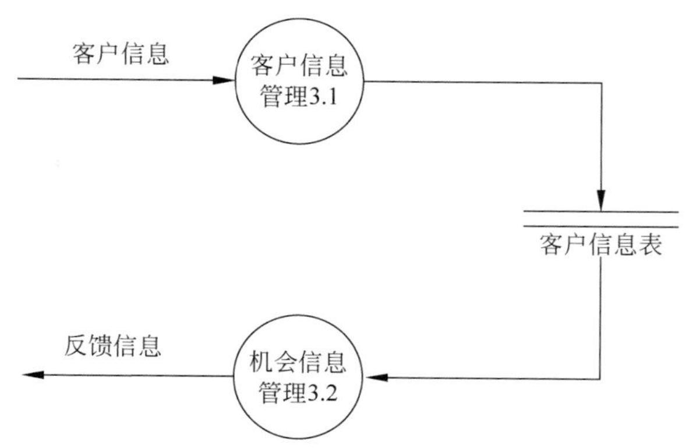

图 8-5　二层数据流图——客户管理

系统管理细化如图 8-6 所示。

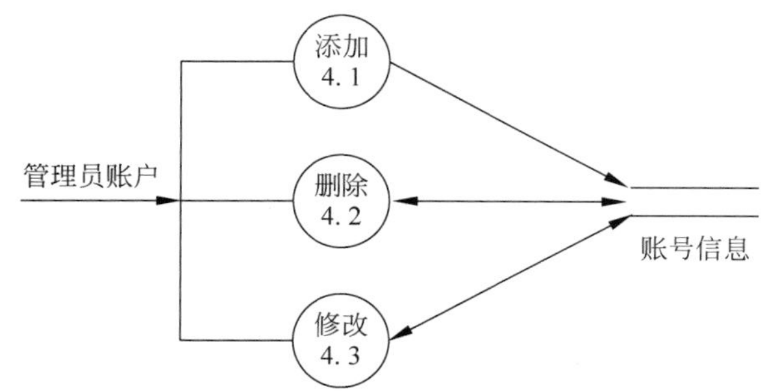

图 8-6　二层数据流图——系统管理

合同管理细化如图 8-7 所示。

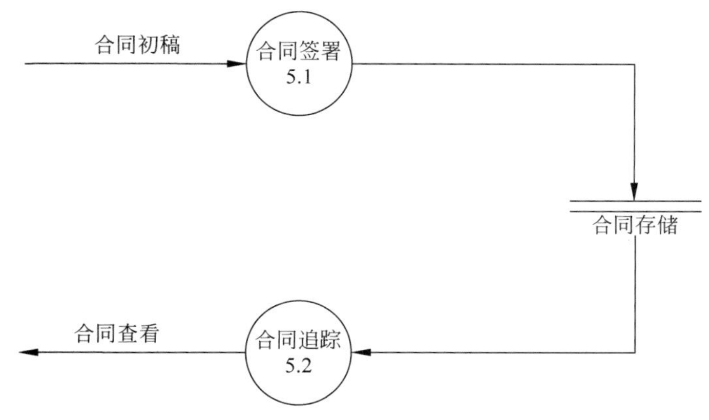

图 8-7　二层数据流图——合同管理

销售团队管理细化如图 8-8 所示。

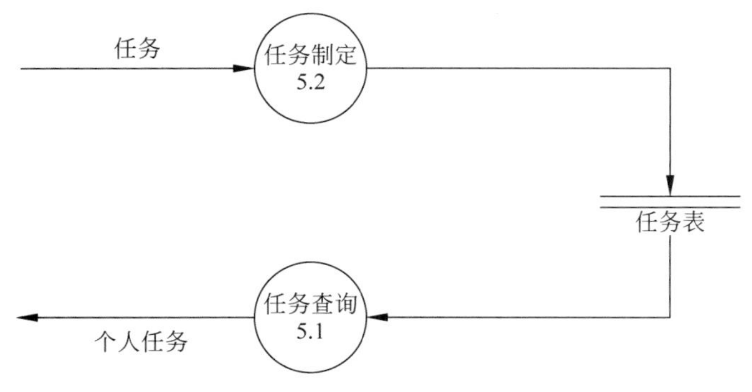

图 8-8　二层数据流图——销售团队管理

3. 数据字典

此处给出部分数据字典。

名字：楼盘信息
描述：提供楼盘的详细信息
来源：原始数据
去处：楼盘信息表
组成：期号＋楼座号＋房间号＋房间式样＋面积＋是否出售＋装修状况＋每平方售价＋总价格
位置：楼盘信息模块

名字：车库信息
描述：提供车库的详细信息
来源：原始数据
去处：车库信息表
组成：车库编号＋位置＋是否出售＋价格
位置：楼盘信息模块

名字：售楼人员信息
描述：提供售楼人员的详细信息
来源：初始由管理层设定，后续根据业绩自动更改
去处：售楼人员信息表
组成：售楼人员 ID＋售楼任务＋基本工资＋已售出楼盘数＋工资总和
位置：销售团队模块

名字：楼盘销售信息
描述：提供销售的详细信息
来源：售楼过程中自动记录
去处：楼盘销售信息表
组成：期号＋楼座号＋房间号＋买者姓名＋购楼方式＋经手者姓名
位置：数据管理模块

名字：车库销售信息
描述：提供销售的详细信息
来源：售楼过程中自动记录
去处：车库销售信息表
组成：期号＋车库编号＋位置＋买者姓名＋经手者姓名
位置：数据管理模块

8.2.3 系统设计

1. 功能设计

根据数据流图，把系统功能进一步分解为功能模块层次图，如图 8-9 所示。

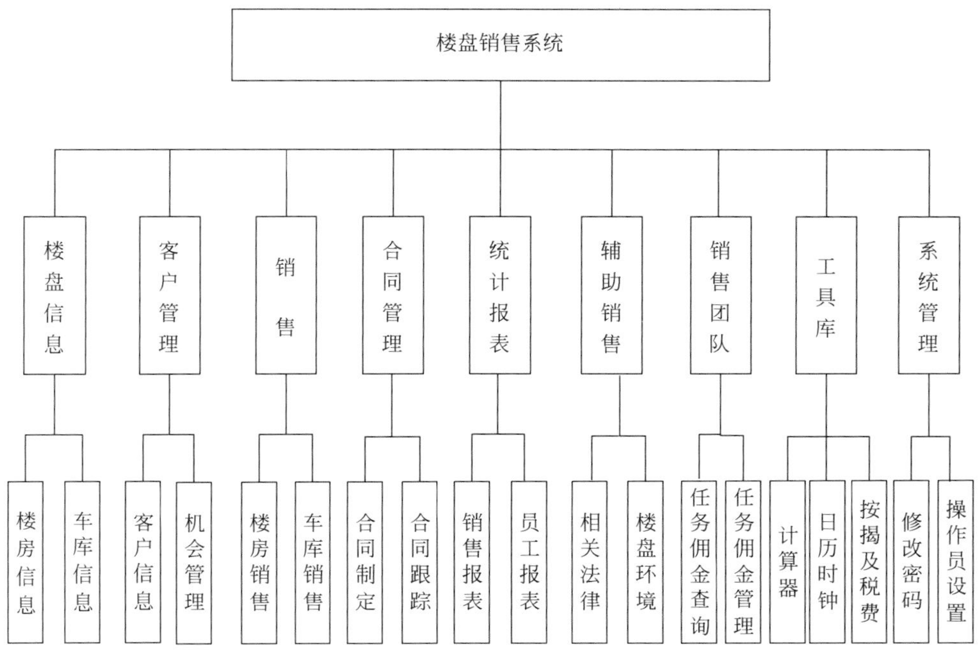

图 8-9 功能模块层次图

2. 系统流程图

此处给出部分功能模块的流程图。

1）楼盘信息模块

楼盘信息模块流程图如图 8-10 所示。

2）客户管理模块

客户管理模块流程图如图 8-11 所示。

3）销售模块流程图

销售模块流程图如图 8-12 所示。

3. 数据库设计

1）概念结构设计

系统 E-R 图如图 8-13 所示。

2）逻辑结构设计

根据系统 E-R 图，可以进行数据库逻辑结构设计，得到楼房信息表、车库信息表、客户信息表、楼房销售表、车库销售表、员工任务表、账号密码管理表、合同管理表等数据管理表格。下面给出部分系统表格，如表 8-1～表 8-7 所示。

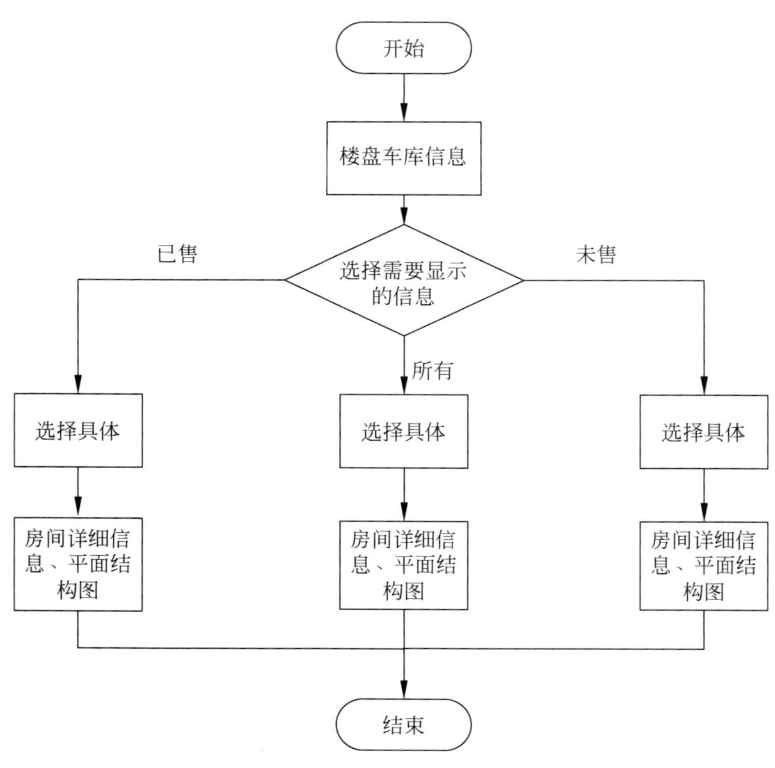

图 8-10　楼盘信息模块流程图

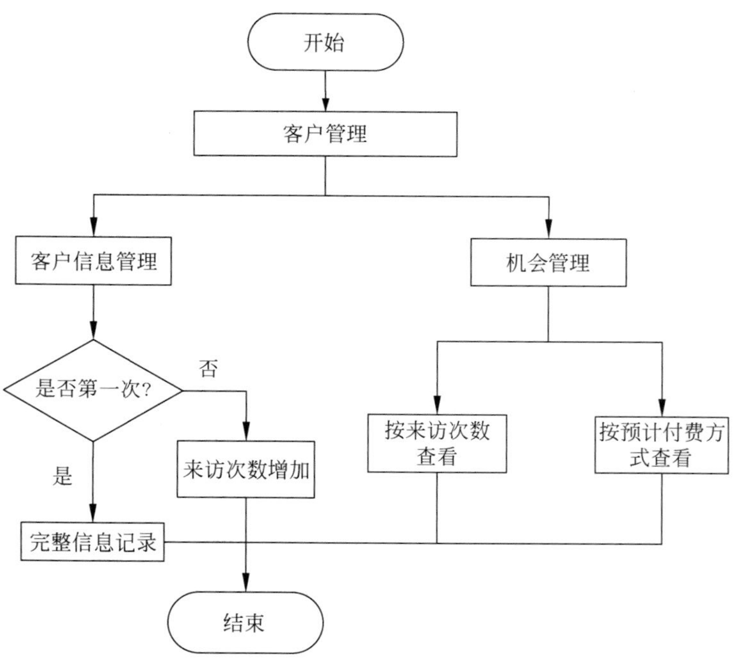

图 8-11　客户管理模块流程图

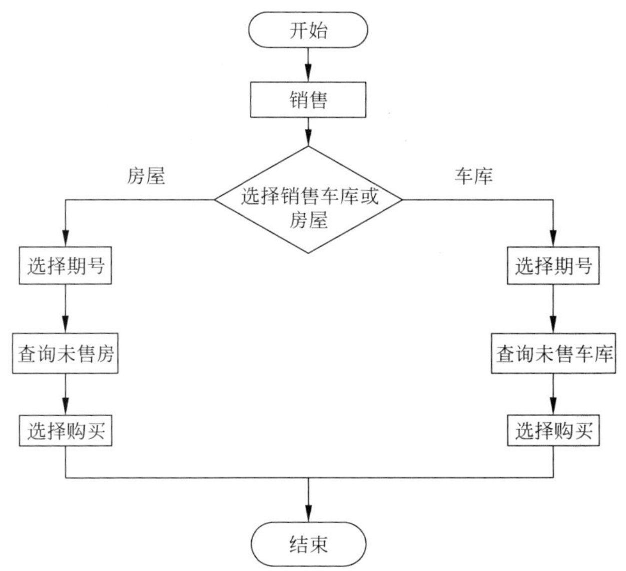

图 8-12　销售模块流程图

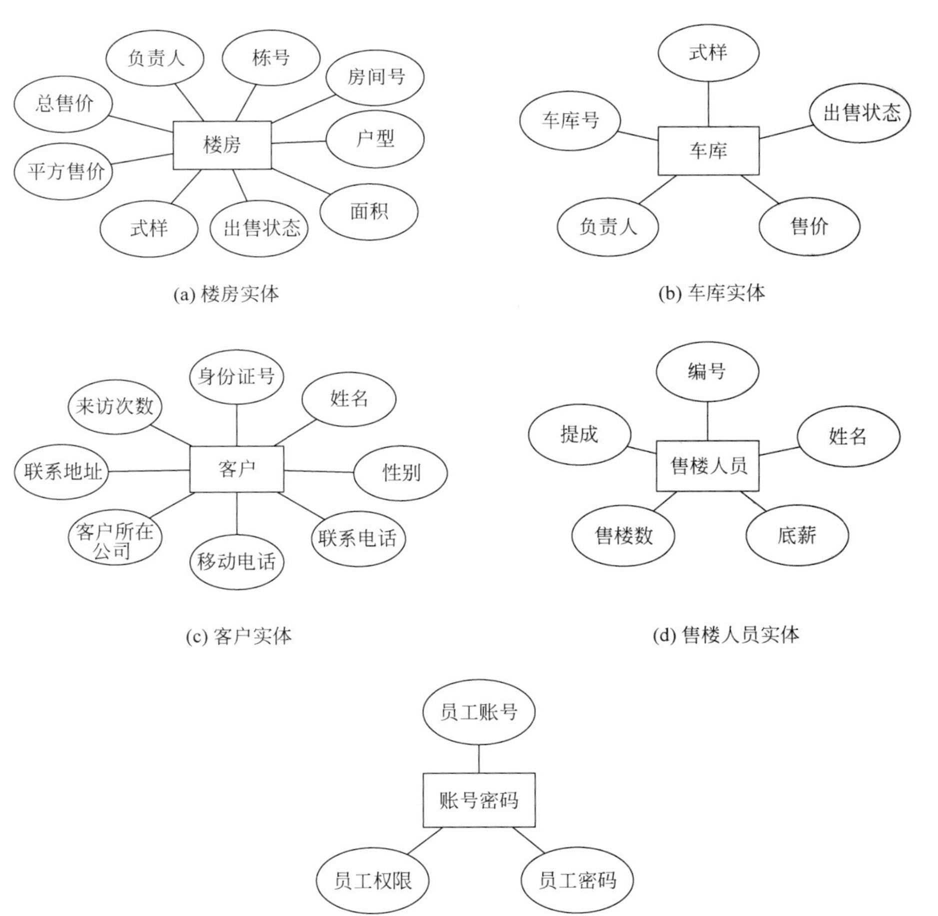

图 8-13　系统 E-R 图

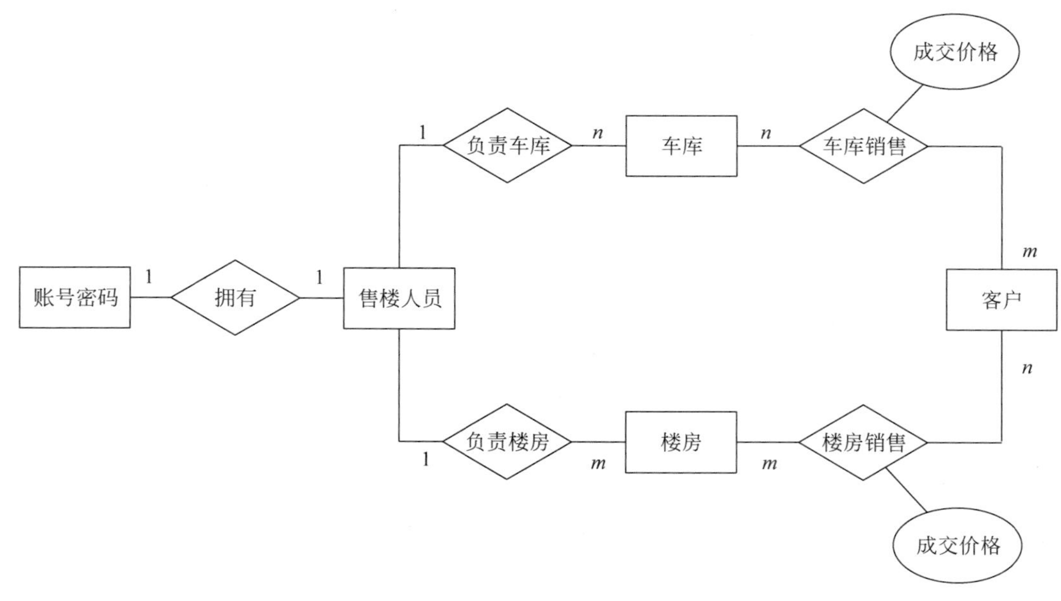

(f) 总体E-R图

图 8-13 (续)

表 8-1 楼房信息表

字段名称	数据类型	字段大小	是否允许空
栋号	varchar	4	
房间号	varchar	8	
户型	varchar	8	
面积	float	4	
出售状态	int	4	
式样	int	4	
平方售价	float	4	√
总售价	float	4	√
负责人	varchar	5	

表 8-2 车库信息表

字段名称	数据类型	字段大小	是否允许空
车库号	varchar	4	
式样	int	4	
出售状态	int	4	
售价	float	4	
负责人	varchar	5	

表 8-3　客户信息表

字段名称	数据类型	字段大小	是否允许空
身份证号	varchar	50	
姓名	varchar	20	
性别	boolean	1	
联系电话	varchar	15	√
移动电话	varchar	11	√
客户所在公司	varchar	20	
联系地址	varchar	50	
来访次数	int	4	

表 8-4　售楼人员表

字段名称	数据类型	字段大小	是否允许空
编号	varchar	5	
姓名	varchar	10	
底薪	float	4	
售楼数	int	2	√
提成	float	4	√

表 8-5　账户密码表

字段名称	数据类型	字段大小	是否允许空
个人账号	varchar	10	
个人密码	varchar	10	
员工编号	varchar	5	
权限	varchar	2	

表 8-6　楼房销售表

字段名称	数据类型	字段大小	是否允许空
栋号	varchar	4	
房间号	varchar	8	
买主姓名	varchar	20	
经手人	varchar	20	
成交价格	varchar	8	

表 8-7　车库销售表

字段名称	数据类型	字段大小	是否允许空
车库号	varchar	4	
式样	int	4	
买主姓名	varchar	20	
经手人	varchar	20	
成交价格	varchar	8	

8.2.4 系统实现

1. 开发环境

在系统设计的基础上进行编码、测试等工作,就可以完成系统实现。在系统实现过程中,前台采用.NET 应用程序开发技术,后台使用 MySQL 数据库管理系统。此处介绍部分功能模块的实现。

2. 数据库连接

连接数据库的代码如下。

```
namespace DBConnection
{
    public class DBOperator
    {
         public static string sconnect = string.Format("Data Source = (local);Database =
BuildingSale; uid = sa; pwd = sa123;");
        public string Judgement(string text)
        {
            Z.SqlConnection conn;
            conn = new Z.SqlConnection(sconnect);
            conn.Open();
            Z.SqlCommand comm = new Z.SqlCommand(Sql(text), conn);
            string s = Convert.ToString(comm.ExecuteScalar());
            conn.Close();
            return s;
        }
        public string Sql(string x)
        {
            string sql;
            sql = string.Format("select PersonPwd from personnel where PersonId = '{0}'", x);
            return sql;
        }
        public string Judgement(string text)
        {
            Z.SqlConnection conn;
            conn = new Z.SqlConnection(sconnect);
            conn.Open();
            Z.SqlCommand comm = new Z.SqlCommand(Sql1(text), conn);
            string s = System.Convert.ToString(comm.ExecuteScalar());
            conn.Close();
            return s;
        }
        public string Sql(string x)
        {
            string sql = string.Format("select * from personnel where id = '{0}'", x);
            return sql;
        }
    }
}
```

3. 主界面

主界面的实现如图 8-14 所示。

图 8-14　主界面模块实现界面

4. 楼盘信息模块

楼盘信息模块的实现如图 8-15 所示。

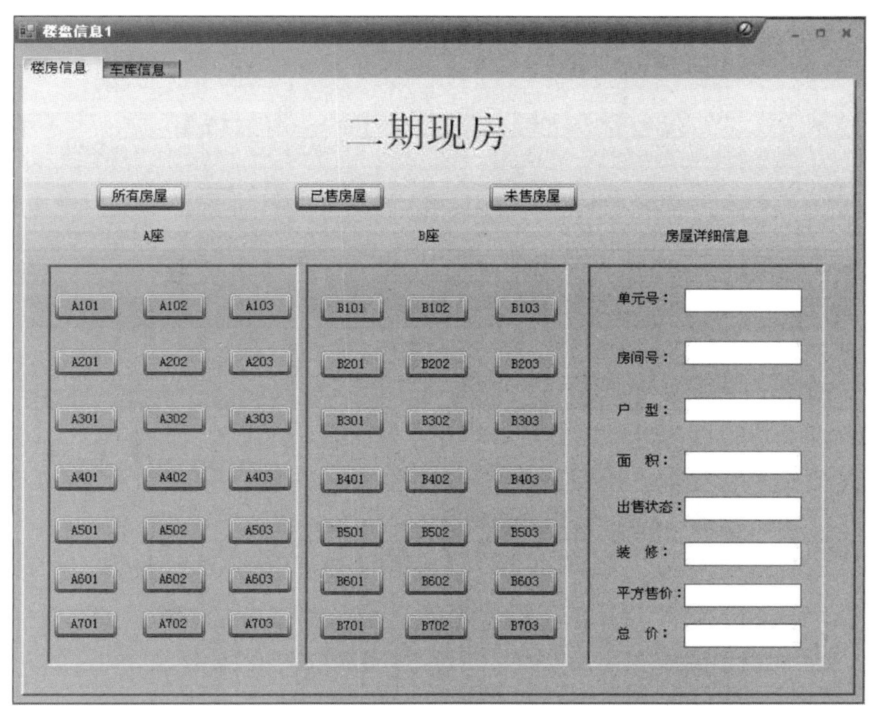

图 8-15　楼盘信息模块实现界面

5. 客户管理模块

客户管理模块的实现如图 8-16 所示。

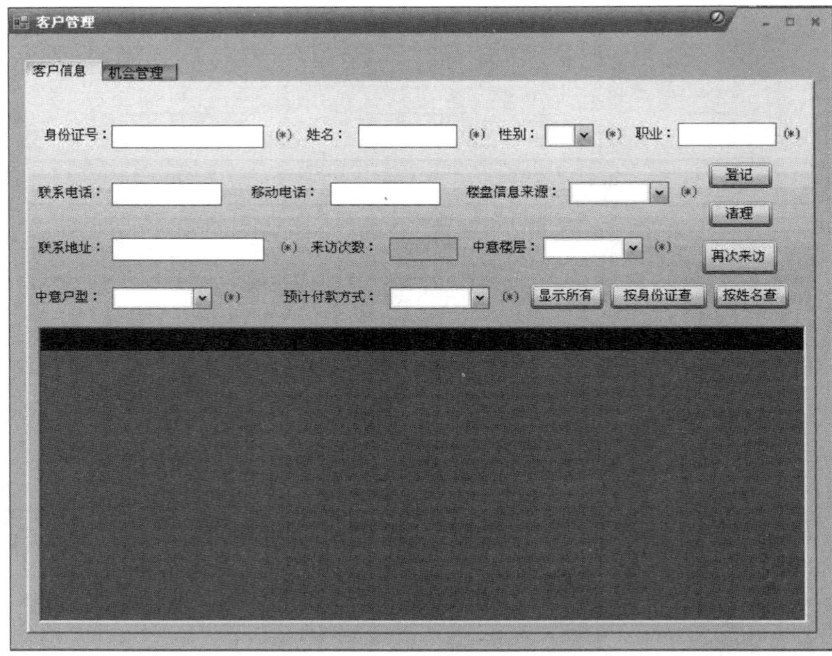

图 8-16　客户管理模块实现界面

6. 销售模块

销售模块的实现如图 8-17 所示。

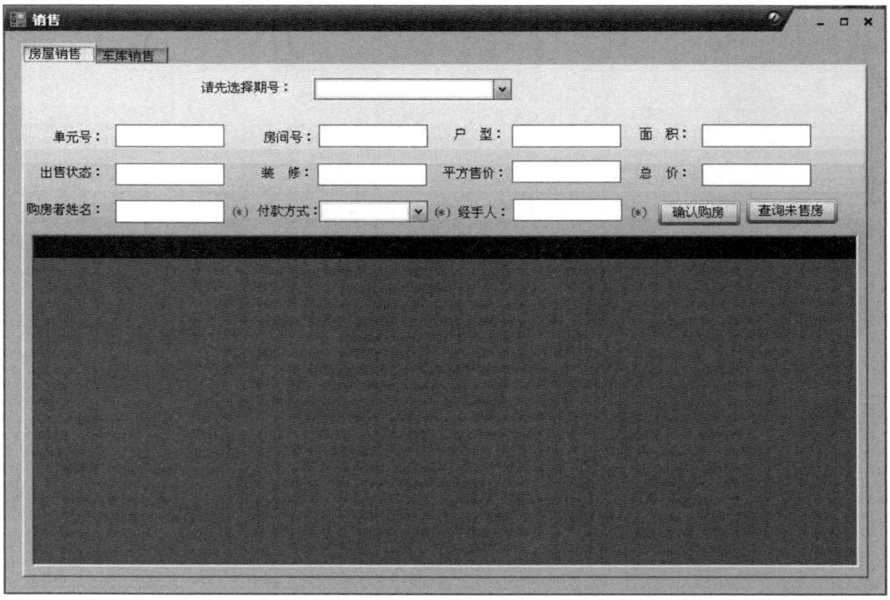

图 8-17　销售模块实现界面

7. 房产法规模块

房产法规模块的实现如图 8-18 所示。

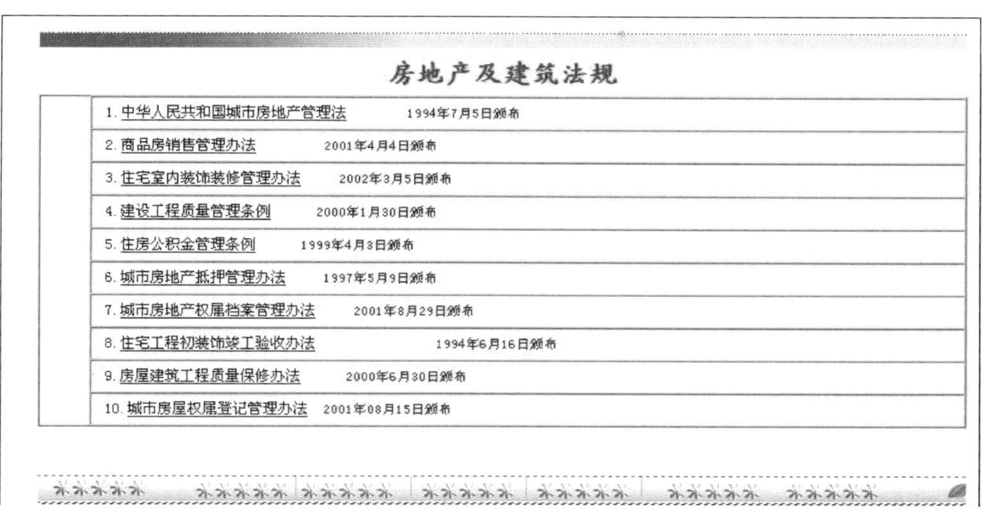

图 8-18 房产法规模块实现界面

8. 合同管理模块

合同管理模块的实现如图 8-19 所示。

合同管理

合同制定

房产买卖合同

出卖方(甲方): Z@B房地产公司 地 址: 中矿南湖 法定代表人: sos_peter

购买方(乙方): 地 址: 电 话:

根据国家有关房产的规定，甲乙双方经协商一致，签订本合同，以资共同信守执行。第一条 乙方购买甲方座落在徐州市泉山区Z·B楼盘的 号房，建筑面积为 方米。第二条 上述房产的交易价格： 元，第三条 付款办法： 第四条 税费分担 1. 甲方承担房产交易中房产局应征收甲方的交易额的 %的交易费；承担公证费、协议公证费。2. 乙方承担房产交易中房产局应征收乙方的交易额的 %的交易费，承担房产交易中国家征收的一切其他税费。第五条 违约责任1. 乙方必须按期向甲方付款，如逾期，每逾期一天，应向甲方偿付违约部分房产款 %的违约金。2. 甲方必须按期将房产交付乙方使用，否则，每逾期一天，应向乙方偿付违约部分房产款 %的违约金。第六条 本合同一式 份。甲方乙方各一份，房产管理局、公证处各一份。

生成合同

图 8-19 合同管理模块实现界面

在合同管理中，输入的相关信息要存入 Word 文档中。因此在.NET 平台中需要导入 Microsoft Word 11.0 Object Library，成功导入后，相关实现的代码如下。

```
Object Nothing = System.Reflection.Missing.Value;
String dir = Application.StartupPath + "\\合同管理";
            Directory.CreateDirectory(dir);  //创建文件所在目录
                string name = txtName.Text.ToString() + ".doc";
                string filename = @ dir + "\\" + name;  //文件保存路径
                // 创建 Word 文档
                Word.Application WordApp = new Word.ApplicationClass();
                Word.Document WordDoc = WordApp.Documents.Add(ref Nothing, ref Nothing, ref
   Nothing, ref Nothing);
                WordApp.Selection.Font.Size = 18;
                //WordApp.Selection.Font.Bold = (int)WdConstants.wdToggle;  //黑体
                WordDoc.Paragraphs.Last.Range.Text = string;              //文件保存
                  WordDoc.SaveAs(ref filename, ref Nothing, ref Nothing, ref Nothing, ref
Nothing, ref Nothing, ref Nothing, ref Nothing, ref Nothing, ref Nothing, ref Nothing, ref
Nothing, ref Nothing, ref Nothing, ref Nothing, ref Nothing);
            WordDoc.Close(ref Nothing, ref Nothing, ref Nothing);
```

9. 佣金查询模块

任务佣金查询模块的实现如图 8-20 所示。

图 8-20　任务佣金查询模块实现界面

10. 工具库模块

工具库模块中按揭计算的实现如图 8-21 所示。

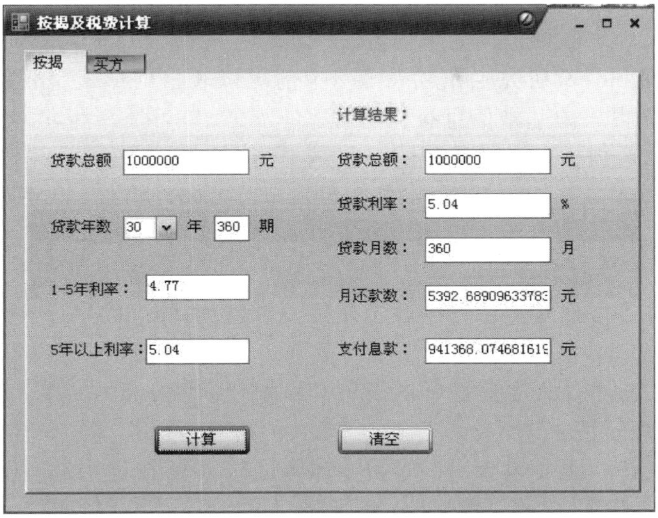

图 8-21　按揭计算实现界面

8.3　数据库精品课程学习系统

8.3.1　开发背景

近年来，随着教学内容和课程体系改革的不断深入以及多媒体技术的发展，多媒体技术与 Web 技术的结合，逐渐成为网络教学的主要形式。

应当前数据库教学的要求，其教学环境和教学内容也必须适应新形势和新技术的发展，这样才能更好地配合教学，使学生快速准确地了解和掌握现代数据库技术的原理、方法和编程技术。鉴于此，在目前的“数据库原理”教学中，迫切需要更新和补充实践、实验内容，因此，设计与开发基于 Web 的“数据库原理”学习系统是十分必要的。

在 Web 应用技术的支持下，利用微软公司推出的用于 Web 应用开发的全新编程框架 ASP.NET，加上 C# 语言的可视化编程功能，可以设计出一个界面美观、内容丰富、功能齐全的教学系统，使其能真正对课堂教学起到补充作用，能够提高学生学习的效率。总之，该系统要能充分满足学生的学习需求。

8.3.2　需求分析

1. 功能需求

根据多次交流探讨，将该系统的功能需求整体划分为前台显示和后台维护两个部分，具体功能需求如下。

1）前台显示

主要设置以下栏目：课程负责人、课程描述、教学队伍、课程学习资源、教学规划、教学评价、参考资料、实验教学、多媒体教学、双语教学、下载专区和留言区。前台显示子系统分为 4 个区，分别是信息展示区、教学内容展示区、实例展示区和意见留言区。

(1) 信息展示区。

① 课程负责人。该区域包括如下内容：将本课程的课程负责人的简历、主要教学工作经历、主要教学研究和科学研究工作成果等基本情况以表格的形式呈现在页面中供用户浏览，使用户对课程负责人的基本信息有所了解。

② 课程描述。对数据库这门课程的一些基本情况进行介绍，主要有以下几个方面：课程历史发展沿革、课程主要特色、课程定位与目标、理论课教学内容、实践课教学内容。

③ 教学规划。将有关教学的相关内容在此介绍。主要有教学大纲文本(课程性质、教学目的、教学内容、教学时数和教学方式)、教学方法以及教学效果等几个方面。

④ 教学评价。各方面对本课程的教学评价，包括校内同事的举证评价和近三年的学生评价。

⑤ 教学队伍。对本课程主讲教师的简历和所担任的教学工作予以介绍。

(2) 教学内容展示区。

① 课程学习资源。主要包含一些学习本课程的相关资源，包括电子课件、参考书目、作业习题及解答、考核方法、课程录像、综合练习等。

② 网上答疑精选。将学生所提出的问题和老师的解答在此列举出来，供学生们在学习过程中进行参考。

③ 双语教学。主要提供双语的教学大纲、外教视频录像等学习资源。

④ 实验教学。关于本课程实验课的内容，以及相关实践项目的案例下载。

(3) 实例展示区。

① 多媒体教学。主要提供课程相关的多媒体课件、视频、学习教程等资料的下载。

② 下载专区。将本系统的相关学习资源集中在该下载区，供读者进行查看和下载。

(4) 意见留言区。

为用户提供的学习交流平台，具有用户注册、登录、填写留言、显示留言以及查看、回复留言的功能；同时管理员还有管理用户留言的功能。

2) 后台维护

(1) 教学资源的管理。

包括下载专区、多媒体教学和课程学习资源中的各种教学资源，比如电子课件、实验报告、期末试卷、项目设计案例等的上传和删除功能。

(2) 用户信息和留言的管理。

对用户的个人信息的管理，管理员可以添加、删除用户，对用户的留言也可以进行删除等管理。

(3) 页面的维护。

可对各页面内容进行维护、修改。

2. 系统流程图

系统流程图如图8-22所示。

3. 数据流图

1) 顶层数据流图

顶层数据流图如图8-23所示。

2) 一层数据流图

一层数据流图如图8-24所示。

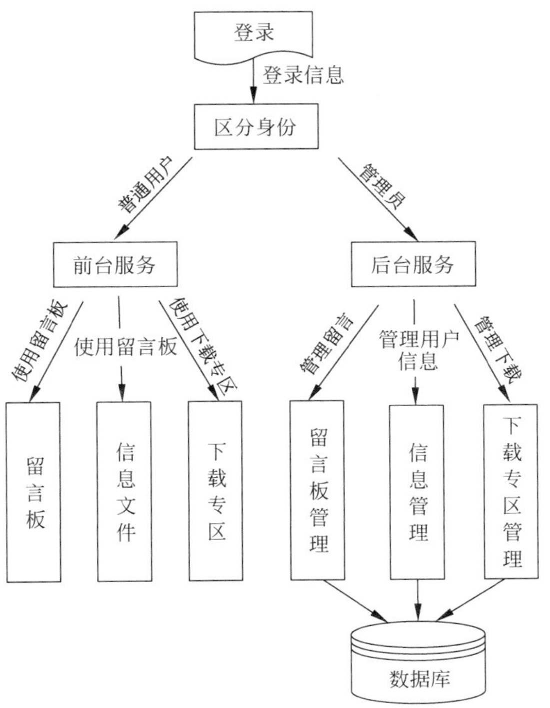

图 8-22　系统流程图

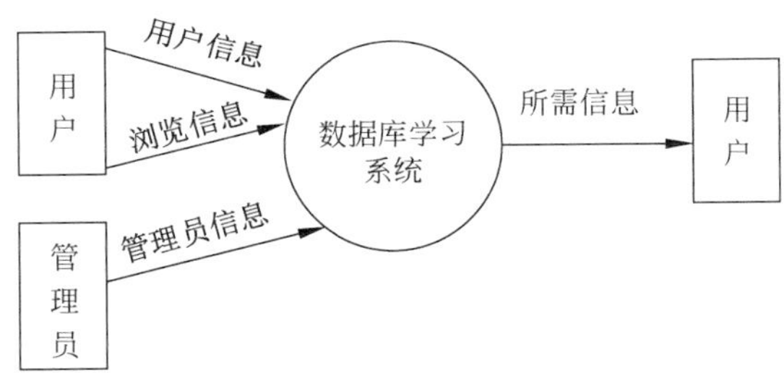

图 8-23　顶层数据流图

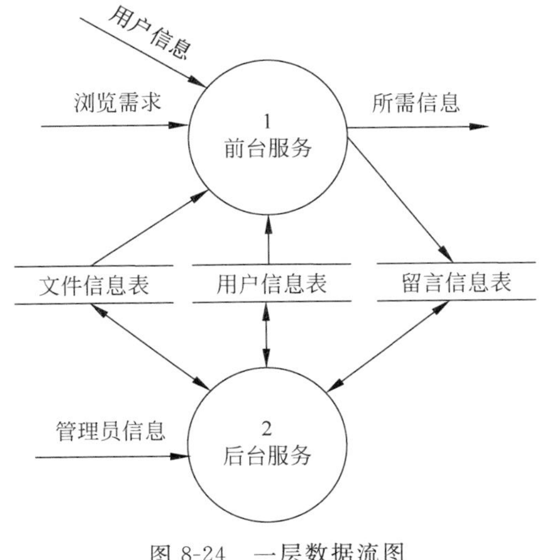

图 8-24　一层数据流图

3) 二层数据流图

对 1 加工分解的数据流图分别如图 8-24 和图 8-26 所示。

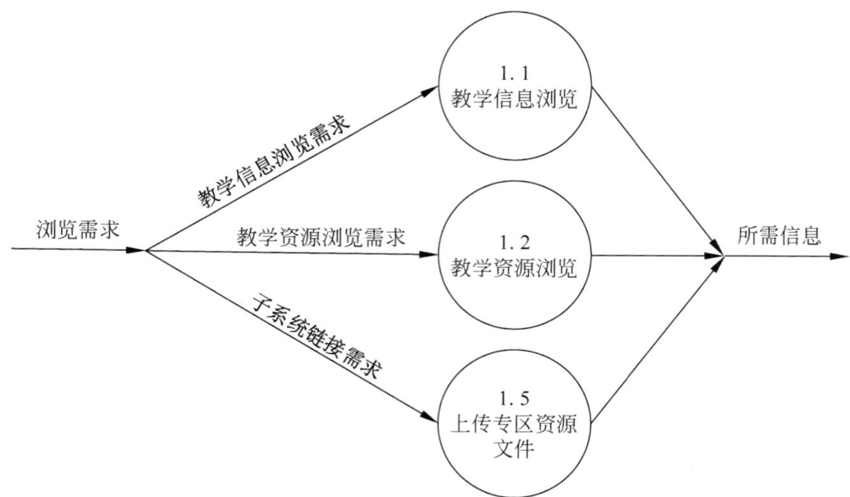

图 8-25　浏览需求部分二层数据流图

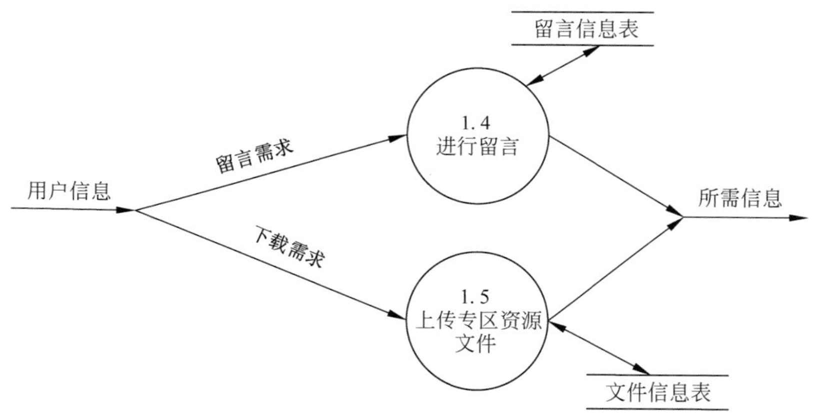

图 8-26　用户信息部分二层数据流图

对 2 加工分解的数据流图如图 8-27 所示。

4. 数据字典

名字：用户信息 描述：记录登录用户的基本资料 定义：用户信息表＝用户 ID＋姓名＋性别＋密码＋电子邮件＋个人主页＋注册时间 位置：用户信息表

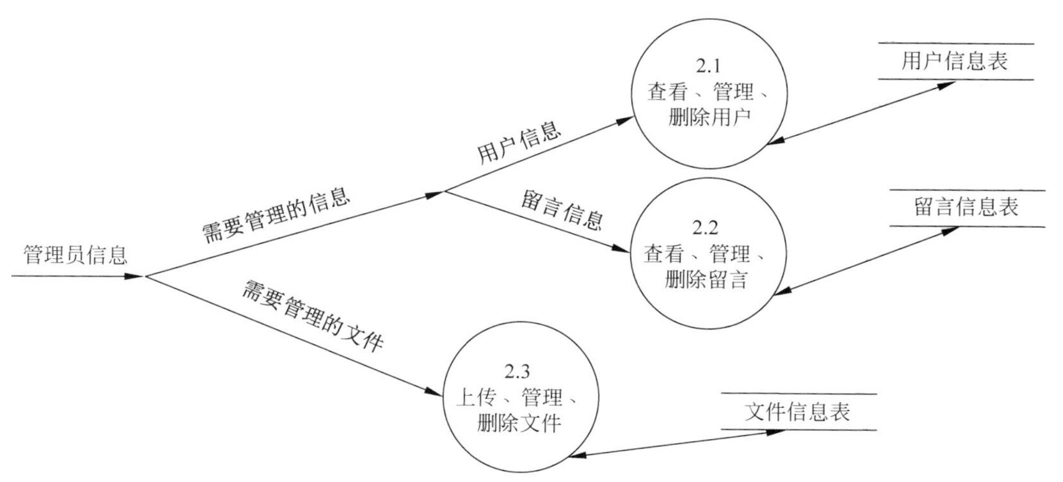

图 8-27　管理员信息部分二层数据流图

名字：所需信息
描述：用户利用网站前台获取的信息
定义：所需信息＝教学信息＋教学资源信息＋子系统链接信息位置：留言信息表

名字：浏览需求
描述：用户对系统前台信息的浏览需求
定义：所需信息＝浏览教学信息需求＋浏览教学资源需求＋子系统链接需求

名字：文件信息
描述：记录可下载文件的相关信息
定义：文件信息＝文件 ID＋文件名
位置：文件信息表

名字：留言信息
描述：记录留言板的用户留言的详细信息
定义：留言信息＝信息 ID＋用户名＋留言主题＋留言时间＋留言内容
位置：留言信息表

8.3.3　系统设计

1. 软件结构设计

1）系统功能的层次模块

根据系统的需求分析和总体设计，将系统功能分成相应的层次模块，如图 8-28 所示。

2）系统前台功能模块

系统前台功能模块中主要分为信息展示模块、教学内容展示模块、资源下载模块和用户

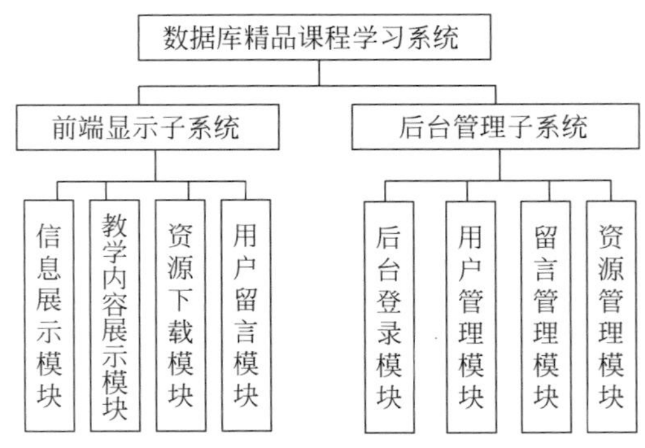

图 8-28　系统模块层次图

留言模块 4 个子模块。

（1）信息展示模块。主要列出了本课程教学的相关信息供用户浏览，主要包括课程负责人、课程描述、教学规划、教学评价、教学队伍等内容。

（2）教学内容展示模块。在此模块中主要展示了一些教学的相关资源，主要包括课程学习资源、网上答疑精选、双语教学和实验教学等内容。

（3）资源下载模块。本系统中有很多可供用户下载的学习资源，在下载模块中可以方便地让用户查看和下载所需的资源，包括电子课件、项目案例、实验指导书、期末试题等。

（4）留言模块。已注册的用户经过登录后，可以在留言模块进行留言，也可以查看、回复别人的留言。

3）系统后台管理模块

（1）后台登录模块。在前台首页的底部提供了后台管理员入口，管理人员通过输入正确的用户名和密码即可登录到系统后台。在登录时，如果用户名或密码为空，系统将给予提示信息。

（2）资源管理模块。资源管理模块主要实现对资源信息管理，包括分页显示资源信息、添加资源信息、删除资源信息等功能。

（3）用户管理模块。对于用户的管理主要是查看用户基本信息和对于经常失信的用户予以删除。

（4）留言管理模块。对于留言的管理主要是对留言信息的查看，对过期留言的删除。

2. 数据库设计

1）概念结构设计

系统中的实体：管理员、用户、留言信息、下载专区文件及实体的属性分别如图 8-29～图 8-32 所示。系统 E-R 图如图 8-33 所示。

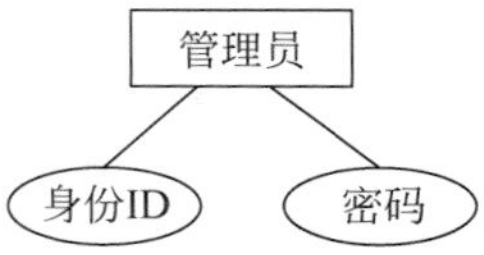

管理员
身份ID
密码

图 8-29　“管理员”实体及属性

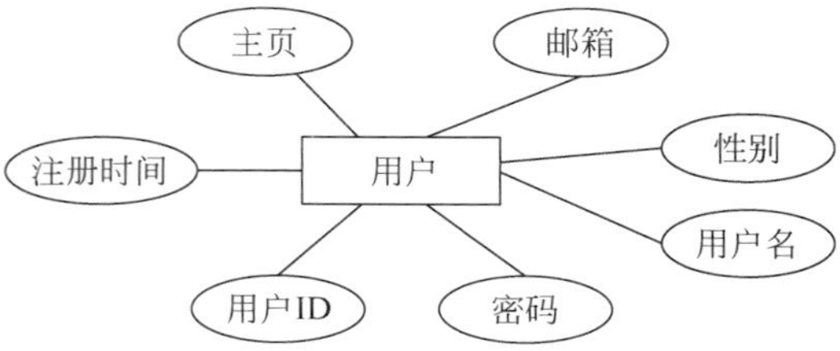

主页
邮箱
注册时间
用户
性别
用户名
用户ID
密码

图 8-30　“用户”实体及属性

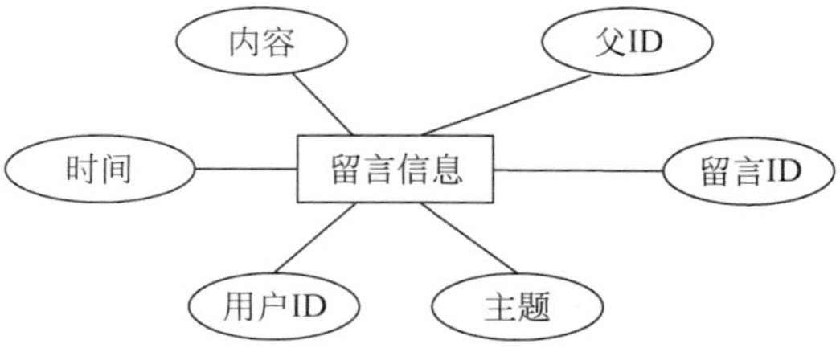

内容
父ID
时间
留言信息
留言ID
用户ID
主题

图 8-31　“留言信息”实体及属性

文件ID
文件名
文件下载
大小
类型

图 8-32 “下载专区文件”实体及属性

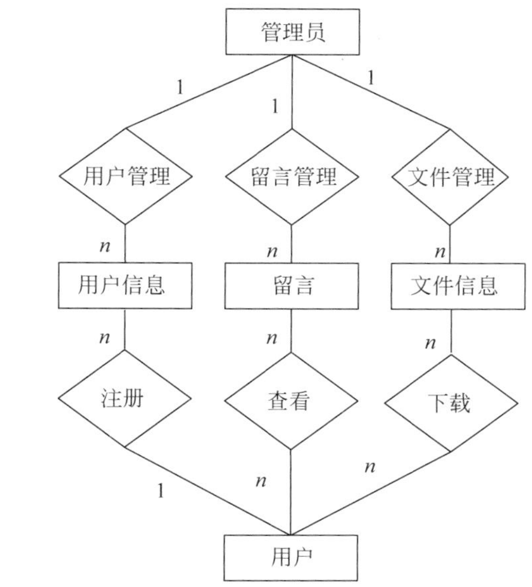

图 8-33 系统 E-R 图

2）逻辑结构设计

数据表的具体设计如下。

(1) 用户信息表，包括用户 ID、用户名、登录密码、性别、电子邮箱、主页及注册时间等，如表 8-8 所示。

表 8-8 用户信息表

字段名称	数据类型	字段大小	允许空	说明
UserID	int	4		用户 ID
UserName	varchar	25		用户名
Pwd	varchar	32		密码
Sex	bit	1	√	性别
Email	varchar	50	√	电子邮箱
Website	varchar	150	√	主页
RegTime	datetime	8		注册时间

(2) 管理员信息表，包括管理员编号和密码，如表 8-9 所示。

表 8-9 管理员信息表

字段名称	数据类型	字段大小	允许空	说明
AdminID	varchar	50		管理员编号
AdminPwd	varchar	32		密码

(3) 留言信息表，包括用户 ID、用户名、留言主题、留言时间和留言内容等，如表 8-10 所示。

表 8-10　留言信息表

字段名称	数据类型	字段大小	允许空	说明
PostID	int	4		留言 ID
ParentID	int	4	√	父级留言 ID
UserID	int	4		用户 ID
Subject	varchar	50		留言主题
RegTime	datetime	8		留言时间
Message	varchar	1000		留言内容

(4) 文件信息表,主要用来存放管理员上传的各种学习资源文件,包括文件的 ID、文件名、文件类型和文件内容,如表 8-11 所示。

表 8-11　文件信息表

字段名称	数据类型	字段大小	允许空	说明
ID	int	4		文件 ID
FileName	varchar	50		文件名
FileType	varchar	10		文件类型
FileContent	varchar	100	√	文件内容

3. 主要模块流程图

这一部分将对目标系统做出精确描述,以便在编码阶段可以把这个描述直接翻译成用某种程序设计语言书写的程序。由于篇幅限制,这里只对两个主要模块进行具体描述。

1) 管理员后台登录流程图

管理员登录流程图如图 8-34 所示。

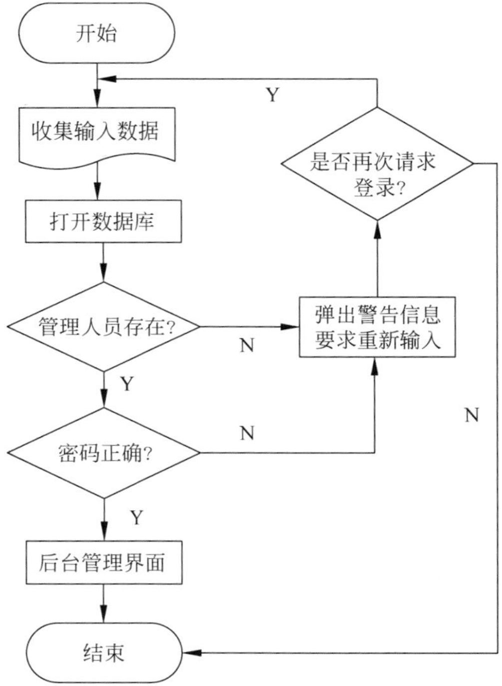

图 8-34　管理员登录流程图

2）下载专区文件管理流程图

管理员管理下载专区文件的流程图如图 8-35 所示。

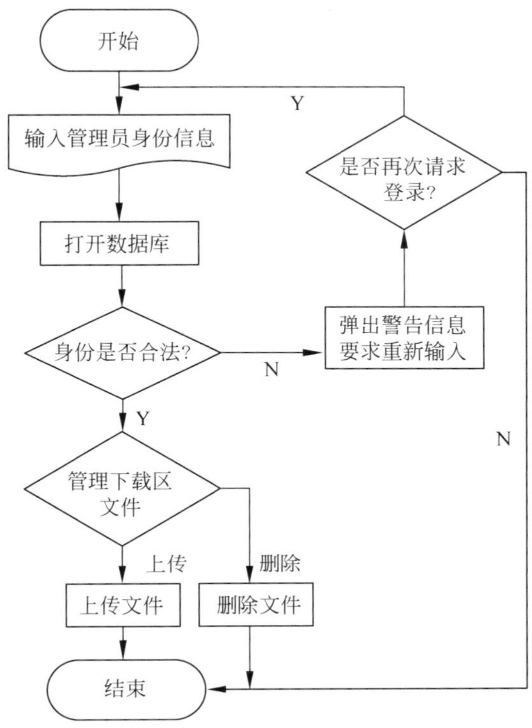

图 8-35　下载专区文件管理流程图

8.3.4　系统实现

1. 教学信息模块

在前台左侧部分，该模块介绍了本课程教学的相关信息。主要包括课程负责人、课程描述、教学评价、教学规划和教学队伍。

2. 资源下载模块

资源下载模块主要是将本系统中的可提供给用户查看、下载的学习资源集中起来供用户选择。该模块中主要集中的学习资源有电子教案、相关学习教程资料、期末试题、项目设计案例、实验指导书、教育技术研究论文和多媒体教学中的一些多媒体下载资源。

在此模块中首先由管理员上传最新的各种学习资源，然后将文件信息保存在数据库中并在用户浏览的界面查看到这些文件的相关信息，最后经用户选择可进行文件的查看和下载。该模块实现上传下载文件功能的过程和对应的代码如下。

1）文件上传和删除

文件上传部分对普通用户是不可见的，只有管理员有权限对这部分进行操作管理。在用户实现下载功能之前，首先管理员要将各种学习资源以文件的形式上传服务器，将文件的信息保存在数据库中。当更换信息时，管理员可以删除无用的文件。

2）文件查看下载

管理员将文件上传到服务器，同时将文件信息保存到数据库后，用户就可以在页面查看下载文件的信息了。此时，用户可以使用列表组件或普通表格，并增加超链接来实现对文件列表的浏览和下载。

3. 教学内容展示模块

本模块在系统前台的中间部分，主要展示了本课程的相关教学资源，包括课程学习资源、双语教学、实验教学和网上答疑精选。

4. 留言区模块

留言区模块主要为用户提供了互相交流的平台，在此可以浏览留言板上的留言，新用户需注册，已注册的用户可以在登录后进行留言、查看留言具体的内容和回复留言。

1）用户留言页面

该页面供登录用户进行留言，留言页面如图 8-36 所示。

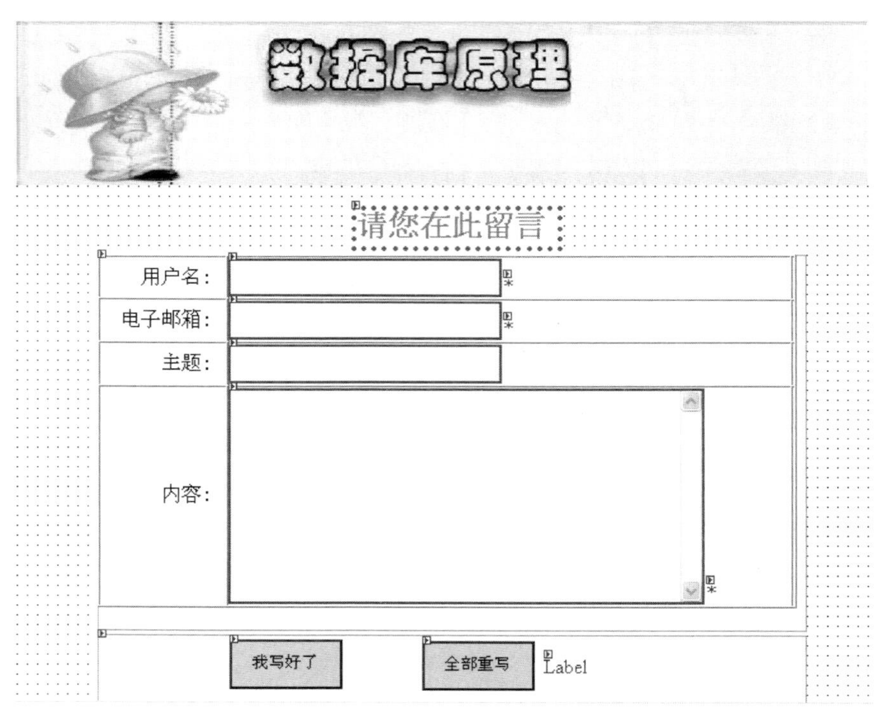

图 8-36　留言页面

2）查看和回复留言页面

在此页面用户可以查看留言，也可以对某条留言进行回复。查看留言页面如图 8-37 所示。

5. 管理员后台登录模块

管理员登录系统需要进行密码的确认，这一过程其实就是和数据库交换数据，验证数据是否一致的过程。在这个过程中，首先要做的工作就是确认所输入的账号是否存在，首先验证这一信息的好处就是防止账号密码的泄漏，如果这一验证过程不能通过，系统就直接弹出

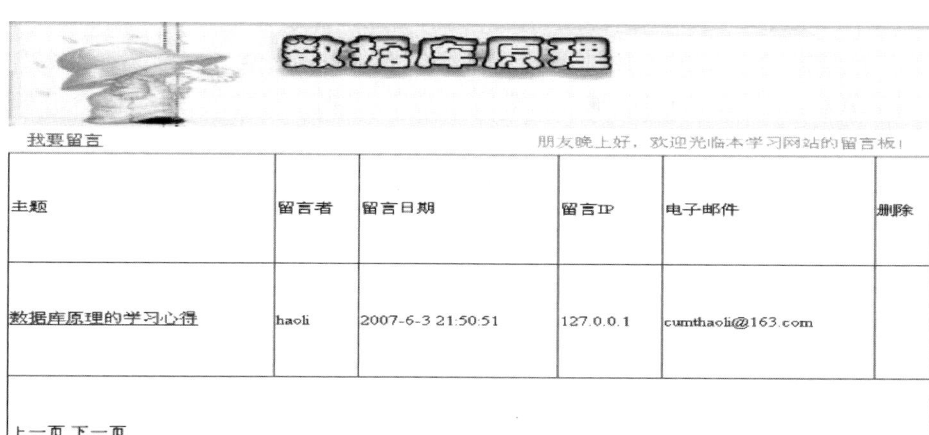

图 8-37　查看留言页面

警告信息，需要重新输入账号。

待输入的账号在数据库中存在后，系统开始验证密码，如果正确，系统将转入另一个页面。在判断账号是否存在的编码中，首先同样是连接数据库，读取 UserName 字段，如果能够读到符合条件的字段信息，那就说明这个账号存在，关键判断语句如下。

```
dr = cmd.ExecuteReader(CommandBehavior.CloseConnection);
if(dr.Read())//如果为真,则说明账号信息存在
```

如果两轮密码判断都通过，则通过以下语句进入系统后台管理首页。

```
Response.Redirect("Admin_Manage_Main.aspx");
```

8.4　煤矿采掘衔接计划管理系统

8.4.1　需求概要

矿井生产计划由长期规划和中短期计划两部分组成，其中，长期规划以矿井长期均衡生产为目标，以四量（开拓煤量、准备煤量、回采煤量、抽采达标煤量）管理为手段，实现抽放、开拓、准备、回采的有序衔接；中短期计划是以生产组织的安全性、高效性和衔接性为目标，实现以原煤回采为龙头，有效拉动瓦斯抽放、巷道掘进、综机配套等相关工程，合理配置生产区队、综采设备等生产资源，实现生产组织的有序与高效。

煤矿衔接计划既是矿井各专业、各区队的工作依据，也是各专业、各环节的衔接与协作的集中体现，因此，保证矿井生产衔接计划的合理性和可行性是本项目的建设重点。

根据煤矿企业的安全生产组织方式以及管理特点，煤矿采掘衔接管理系统是以工程项目管理理论为支撑，以信息技术为手段，将煤矿生产划分为瓦斯抽放、综机配套、巷道掘进、原煤开采（回采）等工程项目，依据各专业、各环节的生产特点和支撑要求，使各工程项目之间建立起相互关联、互为支撑的制约关系，实现以回采为龙头的各专业的高效组织和有序衔

接,以及对生产区队、生产设备等资源的合理配置,有效保障矿井生产的均衡与稳定。

基于以上需求,煤矿采掘衔接计划管理系统主要由:盘区规划信息管理、生产区队管理、生产设备管理、工程信息管理、地质构造信息管理、采掘衔接计划管理、计划跟踪与分析等业务模块组成。此外,系统还包括人员管理、部门管理、角色管理、权限管理、自动更新模块等基础管理模块。通过煤矿采掘衔接计划管理系统的开发,煤矿生产计划的流程更加清晰、高效。同时,明确了各岗位职责,将计划员从繁复的工作中解放出来,提高生产计划编制的效率,最大限度减少管理漏洞,提高煤矿企业的生产和管理水平。

8.4.2 数据流图

由于煤矿采掘衔接计划管理系统组成模块较多,业务较为复杂,下面分别从整体和局部两个角度介绍其数据流图。

1. 顶层数据流图

通过顶层数据流图,对煤矿采掘衔接计划管理系统的作用范围进行描述,同时也对系统的总体功能、输入和输出进行了抽象描述。煤矿采掘衔接计划管理系统的顶层数据流图如图 8-38 所示。从顶层数据流图中可以看出,系统包含 8 个输入数据流,分别来自生产科员、区队管理人员、机电科员、采煤施工人员、掘进施工人员、通风科员、地测科员和管理员的操作数据。经过系统处理后,5 类施工规划衔接信息从系统输出,流向不同职能的人员。

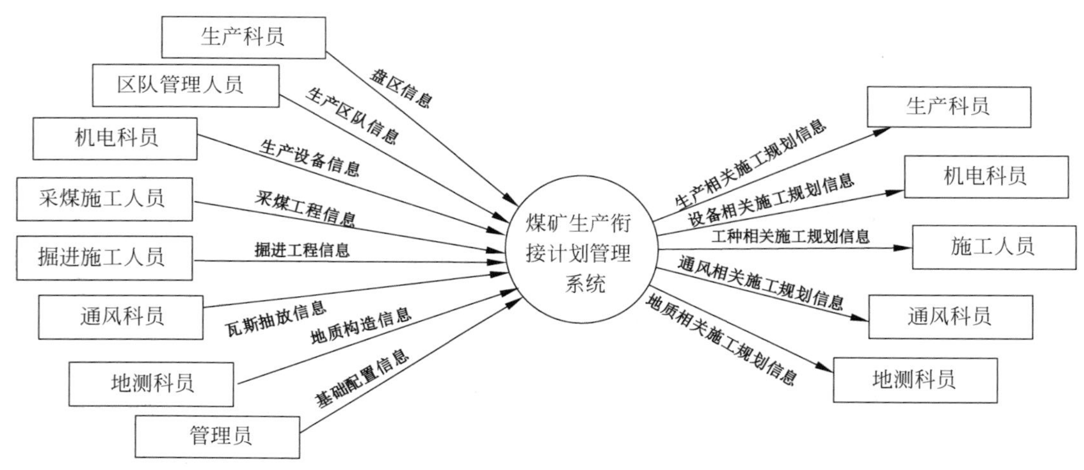

图 8-38 顶层数据流图

2. 一层数据流图

以煤矿采掘衔接计划管理系统的顶层数据流图为基础,对业务功能进行分解和细化,并编号。明确各业务数据的来源、加工、存储和流向。经分解后的一层数据流图如图 8-39 所示。从图中可以看出,顶层的 8 个输入数据流,分别经过 8 个针对性的管理子系统,得到对应的管理信息,之后经由衔接计划管理系统的处理,得到衔接计划,并通过各类图形或者报表功能的处理,输出 5 种衔接施工规划信息。

3. 二层数据流图

从图 8-39 可以看出,经过分解和细化的业务仍然处于非常粗的粒度,对数据流的描述

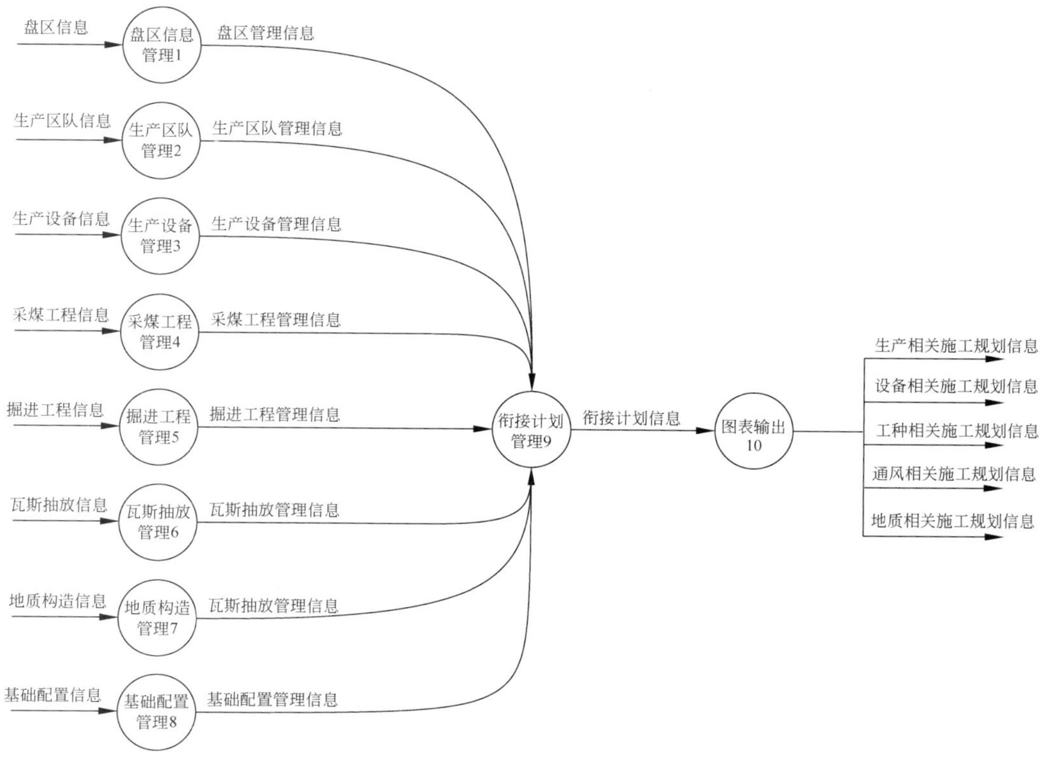

图 8-39　一层数据流图

仍然过于笼统。因此，需要对一层数据流图进一步分解，生成二层数据流图。由于煤矿采掘衔接计划管理系统涉及的业务模块较多，本部分主要选择生产区队管理、生产设备管理、采煤工程管理、掘进工程管理、瓦斯抽放管理等模块的数据流图进行细化展示。重点向读者展示层次型数据流图的分解过程。

生产区队管理的二层数据流图如图 8-40 所示，共计包括 4 个子功能：生产区队信息维护（生产区队信息录入、修改、删除等操作）、生产区队信息查询、生产区队任务衔接、生产区队完成情况分析等。

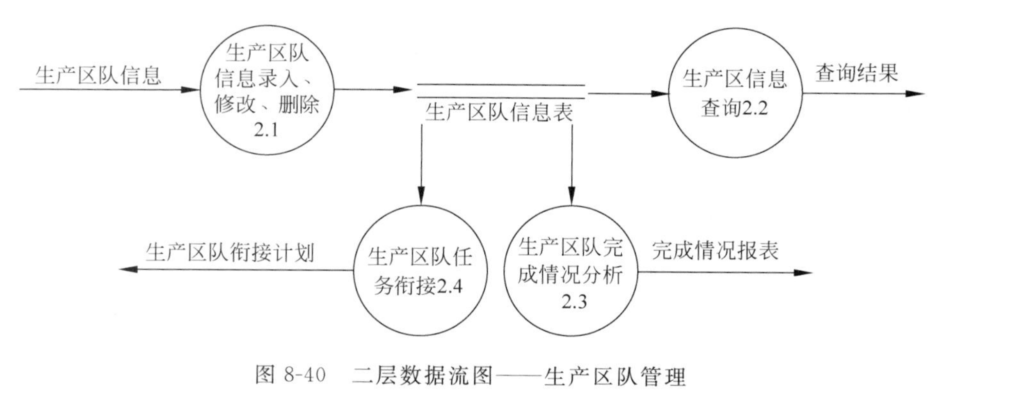

图 8-40　二层数据流图——生产区队管理

生产设备管理的二层数据流图如图 8-41 所示。生产设备被分解为综采设备、综掘设备、钻机设备、通风设备，由于这些设备的参数不一致，因此，在生产设备管理的二层数据流图中对这些数据表分别进行描述。

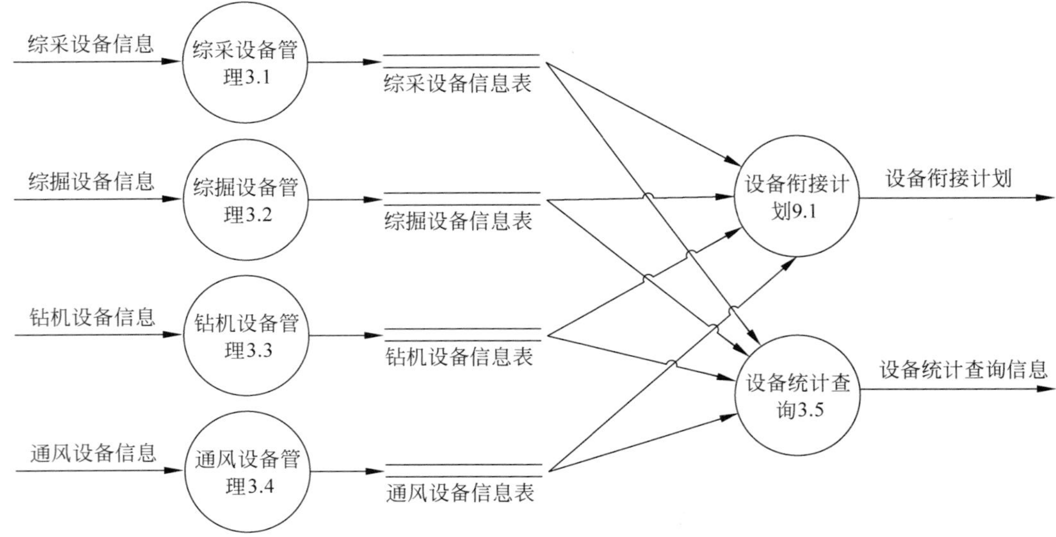

图 8-41　二层数据流图——生产设备管理

经过细化的采煤工程管理二层数据流图如图 8-42 所示，共计包括 6 子功能，其中，地质构造综合查询主要依赖地质构造管理中与工作面相关的数据，巷道信息综合查询主要依赖掘进管理中与工作面绑定的巷道信息。在采煤工程管理的二层数据流图(如图 8-42 所示)，采煤工程信息被进一步分解为工作面信息、施工规划信息以及依赖的巷道信息和地质构造信息。

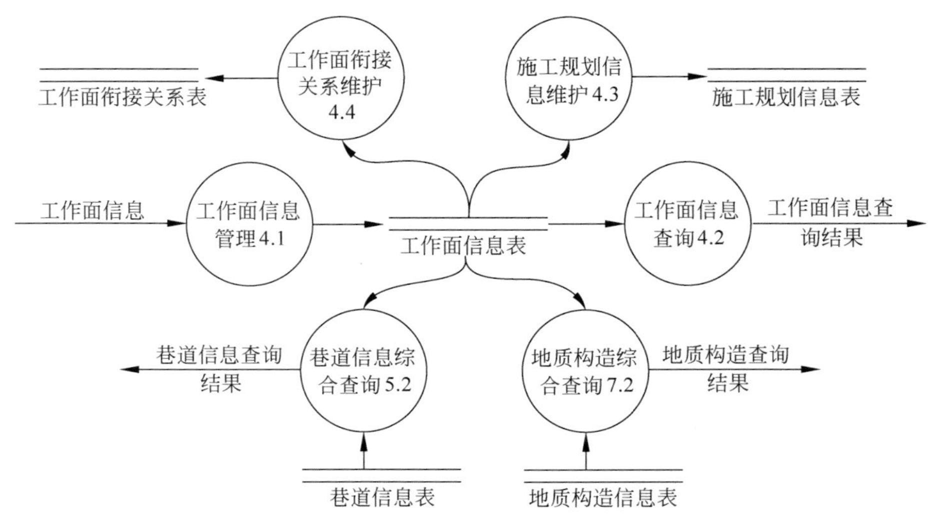

图 8-42　二层数据流图——采煤工程管理

掘进工程管理的二层数据流图如图 8-43 所示，其功能主要依据掘进业务进行进一步分解，分解为 5 个子功能。掘进工程管理的二层数据流图（如图 8-43 所示）对掘进工程信息进行进一步分解为巷道信息、施工规划信息以及依赖的地质构造信息。

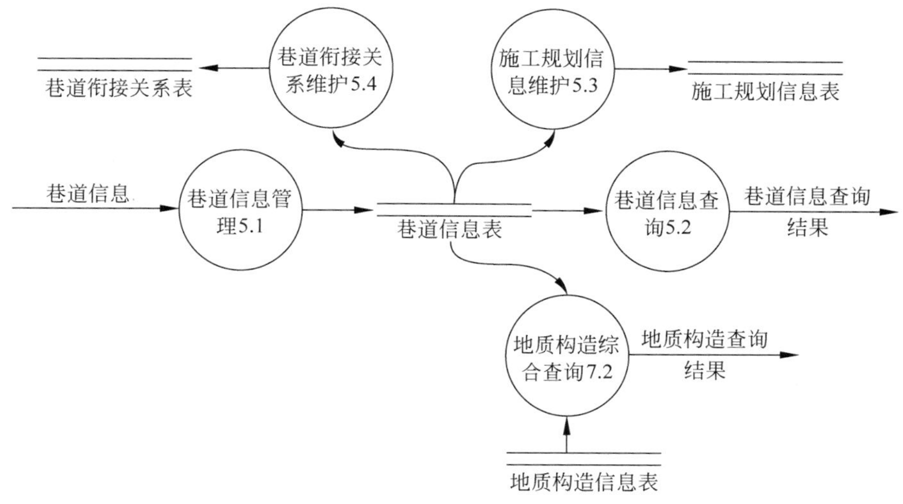

图 8-43　二层数据流图——掘进工程管理

瓦斯抽放管理的二层数据流图如图 8-44 所示，共计包括 5 个子功能。其中，瓦斯抽放的施工班组需要具有特殊的资质。因此，施工班组信息区别于生产区队信息，作为单独子模块进行管理。在图 8-43 中，瓦斯抽放信息在二层数据流图中被分解为瓦斯信息、施工规划信息以及依赖的施工班组信息和地质构造信息。

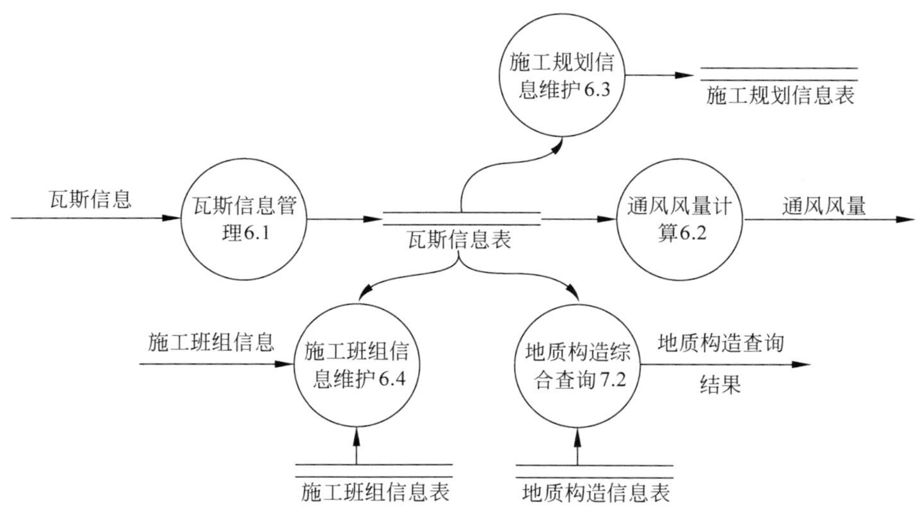

图 8-44　二层数据流图——瓦斯抽放管理

4. 数据字典

数据字典是描述数据的信息集合，是对系统中使用的所有数据元素的定义的集合。此处给出煤矿采掘衔接计划系统的部分基础数据的数据字典描述。数据字典的名称均以二层数据流图中的约定名称为依据。

名字：工作面信息
描述：煤矿采煤工作面的基本内容
来源：原始数据
去处：掘进工程管理、采煤施工规划信息等
组成：名称＋采煤工艺＋长度＋走向长度＋每层厚度＋煤容重＋瓦斯含量
位置：基础数据管理系统的采煤工程管理模块

名字：巷道信息
描述：提供煤矿巷道的基本内容
来源：原始数据
去处：巷道施工规划信息、地质构造信息等
组成：名称＋工作面/盘区＋煤岩性质＋巷道断面＋支护方式＋设计长度
位置：基础数据管理系统的掘进工程管理模块

名字：瓦斯信息
描述：提供瓦斯抽放的详细信息
来源：原始数据
去处：瓦斯抽放施工规划信息、瓦斯抽放衔接计划等
组成：区域名称＋总计划进尺＋区域长度＋区域宽度＋区域高度＋煤容重＋钻孔类型＋吨煤钻孔进尺
位置：基础数据管理系统的瓦斯抽放管理模块

名字：地质构造信息
描述：提供地质构造的详细信息
来源：原始数据
去处：掘进工程管理、采煤工程管理、瓦斯抽放管理
组成：构造类型＋巷道/工作面＋编号＋位置＋参数＋说明＋构造长度
位置：基础数据管理系统的地质构造管理模块

名字：生产区队信息
描述：提供生产区队的详细信息
来源：原始数据
去处：掘进工程管理、采煤工程管理、瓦斯抽放管理
组成：队组编号＋队组名称＋专业＋队长＋队组人数＋最大生产能力＋说明
位置：基础数据管理系统的生产区队管理模块

8.4.3 系统设计

1. 功能设计

根据二层数据流图，对煤矿采掘衔接计划系统的业务进一步分解为功能模块图，如图 8-45 所示。煤矿采掘衔接计划系统的业务功能主要由两大模块组成：基础数据管理系统和计划编制管理系统。两个系统相互依赖，相互协作，共同实现煤矿采掘衔接计划的编制与管理。

生产衔接计划管理	甘特图管理	CAD上图
设备衔接计划	开拓计划甘特图	图形分发
瓦斯抽放衔接计划		
开拓准备衔接计划	掘进计划甘特图	图形浏览
掘进衔接计划		
采煤衔接计划	采煤计划甘特图	AutoCAD上图

计划编制管理系统

数据交互 ↓ 采掘衔接计划管理软件平台 ↑ 数据交互

基础数据管理系统

盘区规划管理	生产区队管理	生产设备管理	采煤工程管理	掘进工程管理	瓦斯抽放管理	地质构造管理	基础配置管理
盘区信息维护	生产区队信息维护	采掘设备信息维护	工作面信息维护	巷道信息维护	施工队组维护	地质构造信息维护	数据字典项目维护
	生产区队任务衔接	采掘设备衔接计划	工作面信息查询	巷道信息查询	瓦斯信息维护	地质构造信息查询	数据字典维护
	生产完成情况分析	采掘设备信息统计	地质构造信息查询	地质构造信息查询	地质构造信息维护		Web地址配置
		钻机设备信息维护	施工规划信息维护	施工规划信息维护	施工规划信息维护		服务器版本设置
		通风设备信息维护	工作面衔接关系维护	巷道衔接关系查询	通风风量信息计算		自动更新地址设置
			巷道信息查询				

图 8-45 功能模块图

2. 系统程序流程图

系统程序流程图，是用统一规定的标准符号描述程序运行具体步骤的图形表示。通过对输入输出数据和处理过程的详细分析，将计算机的主要运行步骤和内容标识出来。为了合理设计程序执行流程，依据煤矿采掘衔接计划系统的具体业务流程，此处给出部分系统模块的程序流程图。

1）采煤工程管理

新建工作面程序流程图如图 8-46 所示。

2）采煤计划编制

采煤计划编制程序流程图如图 8-47 所示。

3）采煤衔接计划导出

采煤衔接计划导出程序流程如图 8-48 所示。

3. 数据库设计

1）概念结构设计

根据需求分析，抽象出煤矿采掘衔接计划系统的主要实体及其属性如表 8-12 所示。

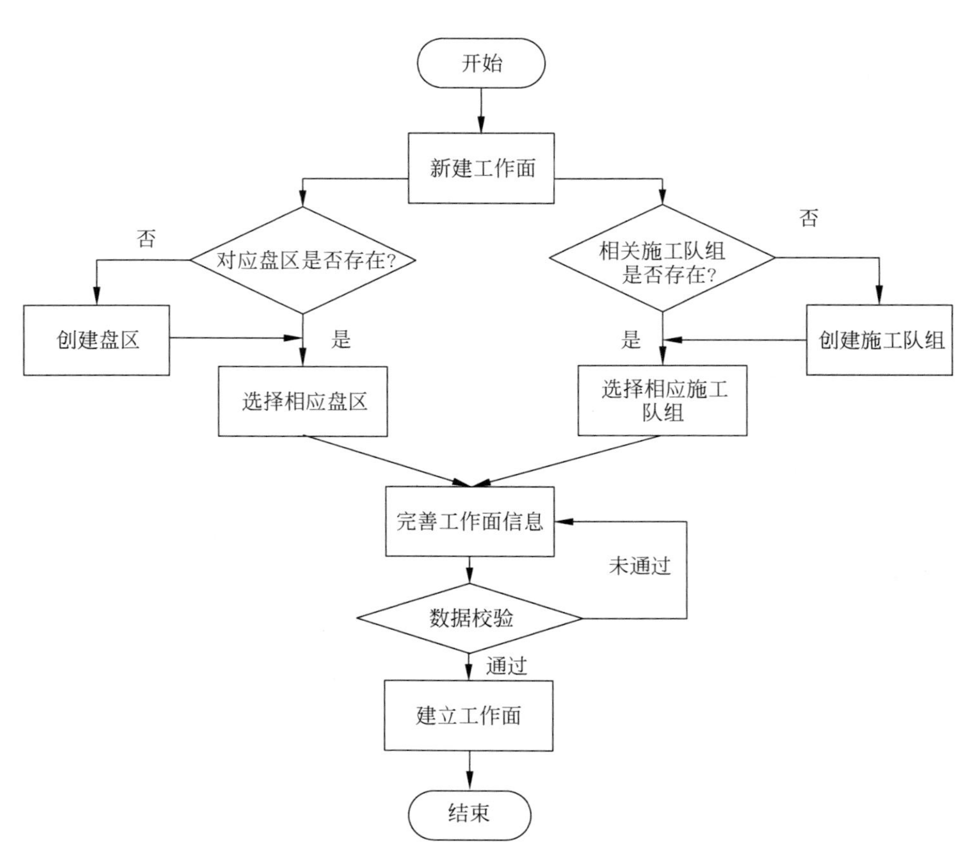

图 8-46 新建工作面程序流程图

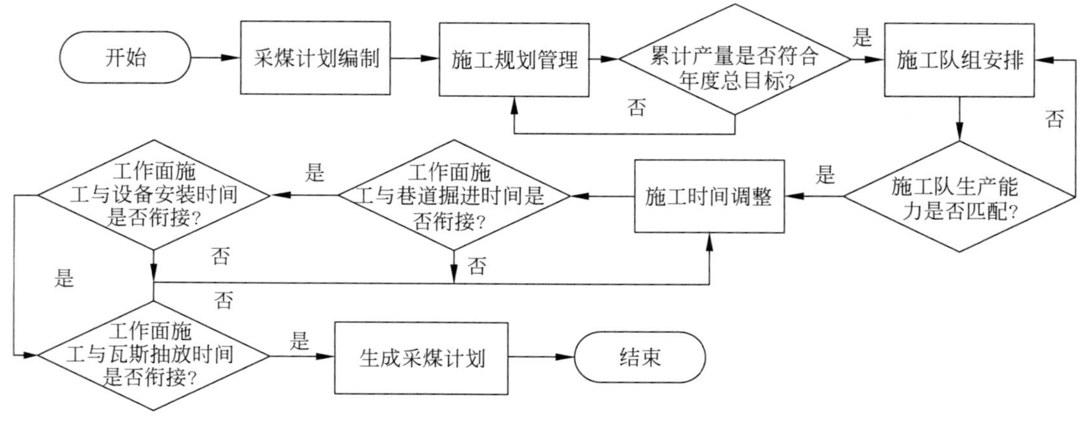

图 8-47 采煤计划编制程序流程图

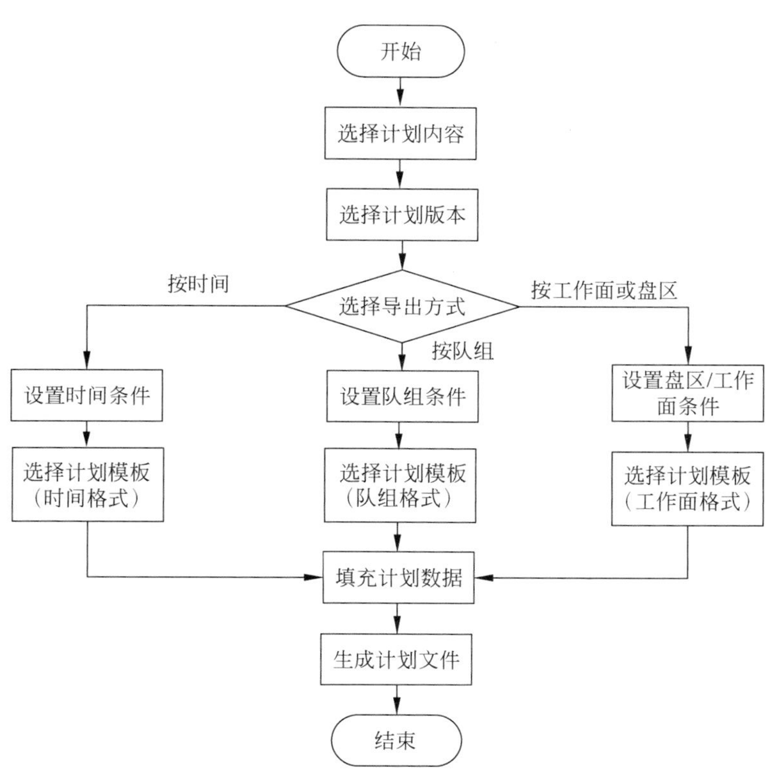

图 8-48　采煤衔接计划导出程序流程图

表 8-12　数据库的概念设计

实　体	属　性	约束条件
盘区信息	盘区 ID,盘区名称,地质储量,可采储量,平均月产量,开拓煤量,开拓煤可采周期,准备煤量,准备煤可采周期,已抽煤量,回采煤量,回采周期	开拓煤可采周期,准备煤可采周期、回采周期的单位为“年”
生产区队信息	队组 ID,队组名称,专业编号,队组人数,日最大生产能力,生产能力说明,施工位置,队长姓名	生产能力说明为文本型,供生产区队进行参考
工作面信息	工作面 ID,队伍 ID,工艺 ID,工作面长度,走向长度,剩余走向长度,煤层厚度,容量,可采储量,剩余储量,日刀数,吨/刀,每米产量,有效开采天数,原始瓦斯含量,回采前瓦斯含量,开始时间,结束时间,盘区 ID,工作面名称,构造状态,回采率	盘区 ID 对应盘区信息中的盘区 ID 信息
综采设备信息	设备 ID,设备名称,规格型号,采购日期,生产厂家,吨/刀,米/刀,主要技术参数,当前状态,目前所在工作面	
地质构造信息	构造 ID,位置类型,位置 ID,发育位置,构造参数,对生产影响,构造长度,影响天数,备注,构造位置	位置 ID 为专门维护的位置表示信息

续表

实　体	属　性	约束条件
巷道信息	巷道ID,盘区或工作面ID,巷道名称,岩石类型ID,巷道断面,掘进方式,支护方式,掘进计划长度,剩余长度,开工时间,结束时间,单头月进,关键设备,队组ID,类型	盘区或工作面ID对应盘区信息或工作面信息的ID 队组ID对应生产区队信息的队组ID
施工规划信息	施工规划ID,所属类型,所属类型ID,所属队伍ID,日产量,总进尺,开始时间,结束时间,工作内容,备注信息	

2）实体间联系

根据项目的需求分析,施工规划信息(包括采煤施工规划,掘进施工规划)很大程度上受所在作业区间、生产设备、生产区队等信息的约束。以掘进施工信息为例,掘进施工规划首先依托具体的作业巷道进行,同时,需要生产设备(这里主要指掘进设备)安装到位,生产区队的工期安排合理,才能够进行。此外,巷道掘进还受到地质构造的影响,巷道在掘进过程中,遇到地质构造,有可能需要减缓、暂停或停止施工。因此,在掘进施工规划生成过程中,需要多种因素同时考虑。采煤施工规划与掘进施工规划实体关系类似,也需要考虑多种情况的影响。

3）系统E-R图

综合上述分析,由于系统整体业务比较复杂,本节以较粗的粒度向读者展示E-R图的

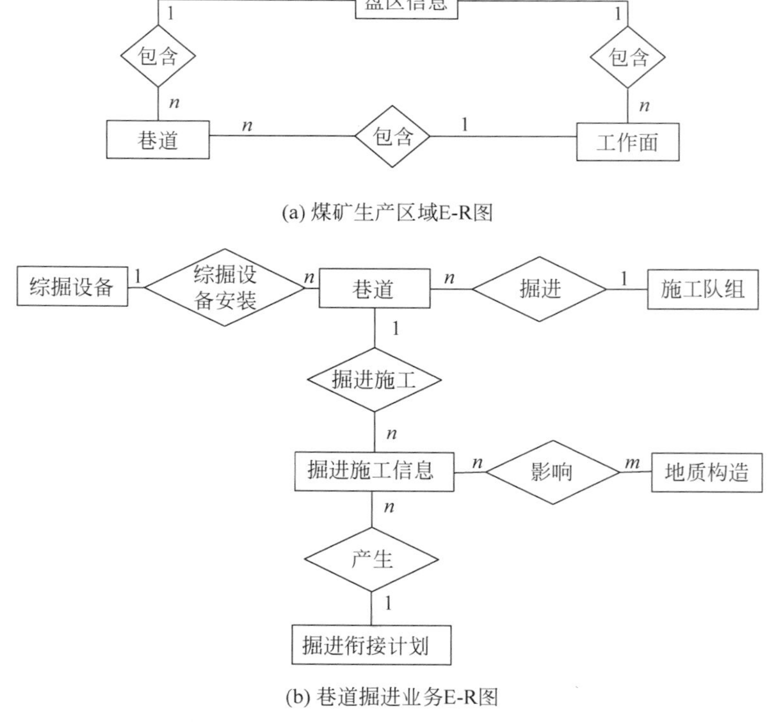

图8-49　系统分E-R图

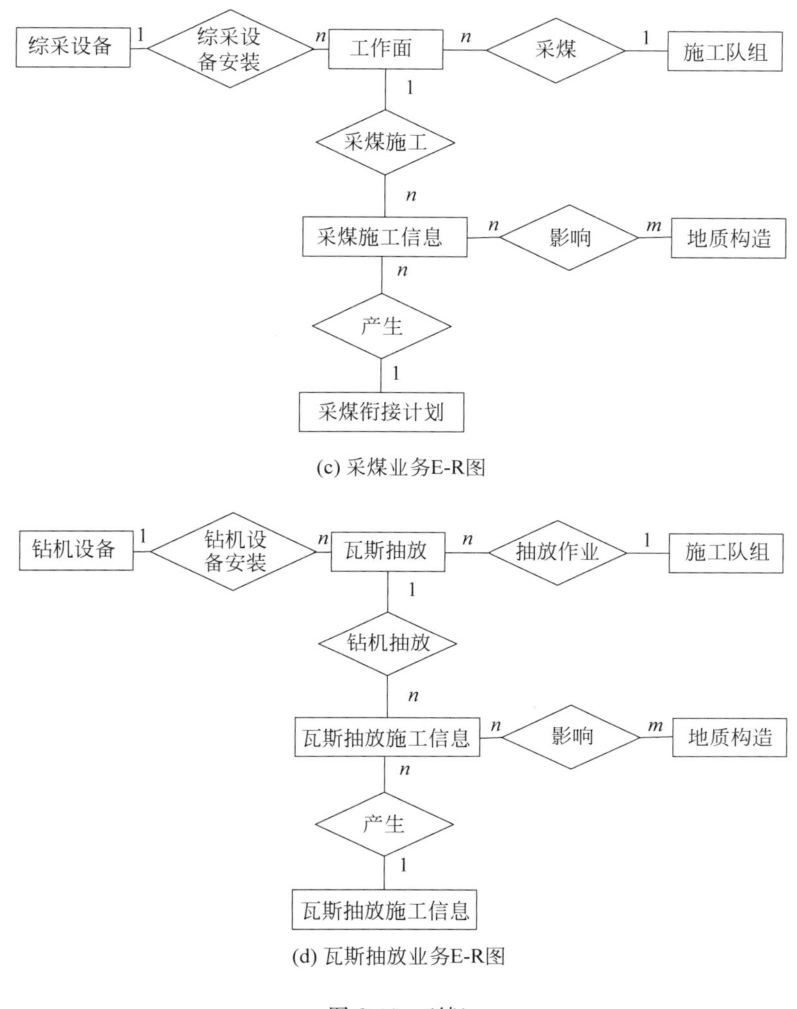

(c) 采煤业务E-R图

(d) 瓦斯抽放业务E-R图

图 8-49 （续）

表示，如图 8-49 和图 8-50 所示。在图 8-49(a)中，是煤矿生产区域基本组成单位及其之间的联系(包括：盘区、巷道工作面)。图 8-49(b)～图 8-49(d)分别表示掘进业务 E-R 图、采煤业务 E-R 图、瓦斯抽放业务 E-R 图。图 8-50 为 4 个系统合并后的总 E-R 图。

3）逻辑结构设计

以图 8-49 的系统 E-R 图为基础，对煤矿采掘衔接软件系统的数据库进行逻辑结构设计。根据图 8-50，共有 13 个实体和 3 个多对多联系，总计获得 16 张实体表及关系表，但是由于系统还包含其他功能，最终总计获得 52 张表。表 8-13～表 8-19 分别给出煤矿采掘衔接软件系统的部分实体表进行描述：盘区信息表、生产区队信息表、综采设备信息表、工作面信息表、地质构造信息表、巷道信息表、施工规划信息表。

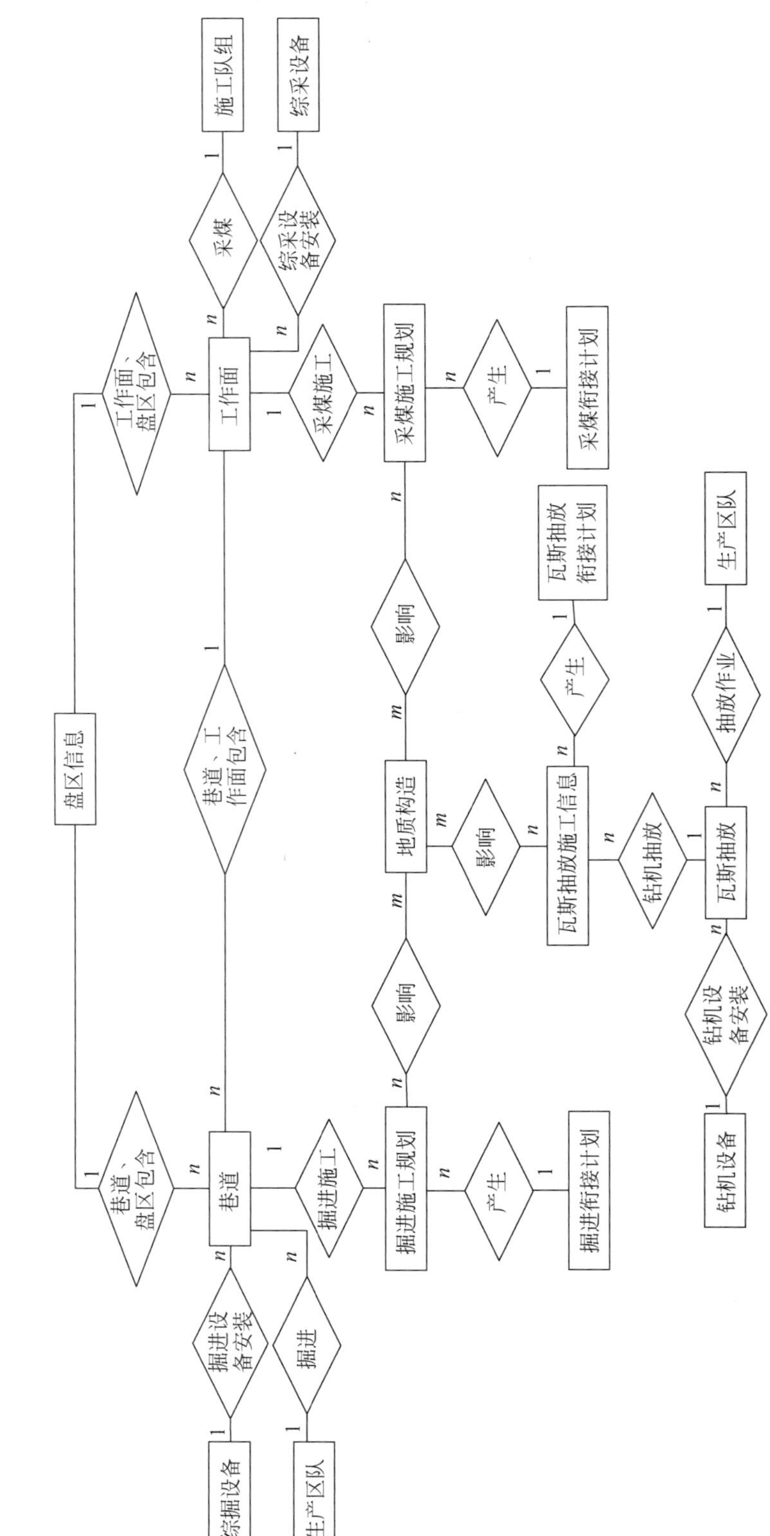
施工队组
综采设备
采煤
综采设备安装
工作面、盘区包含
工作面
采煤施工
采煤施工规划
产生
采煤衔接计划
瓦斯抽放衔接计划
生产区队
影响
产生
抽放作业
盘区信息
巷道、工作面包含
地质构造
影响
瓦斯抽放施工信息
钻机抽放
瓦斯抽放
影响
钻机设备安装
巷道、盘区包含
巷道
掘进施工
掘进施工规划
产生
掘进衔接计划
钻机设备
掘进设备安装
掘进
综掘设备
生产区队

图 8-50 系统总 E-R 图

表 8-13　盘区信息表

序号	字段名称	类型大小	允许空	含　义	备　注
1	PanelID	int		主键列,标识列	自增
2	PanelName	varchar(50)		盘区名称	
3	GeologicalReserves	float(8)		地质储量	
4	WorkableReserve	float(8)		可采储量	
5	AverageOutputMon	float(8)		平均月产量	
6	DevelopedReserve	float(8)		开拓煤量	
7	DevelopedPeriod	float(8)		开拓煤可采周期(年)	
8	PreparedReserve	float(8)		准备煤量	
9	PreparedPeriod	float(8)		准备煤可采周期(年)	
10	SuctionReserve	float(8)		已抽煤量	
11	CoalReserve	float(8)		回采煤量	
12	MiningPeriod	float(8)		回采周期(年)	

表 8-14　生产区队信息表

序号	字段名称	类型大小	允许空	含　义	备　注
1	TeamID	varchar(20)		主键列,队组编号	
2	TeamName	varchar(50)		队组名称	
3	TradesID	int(4)	√	专业编号	
4	TeamMember	int(4)	√	队组人数	
5	MaxDailyProduct	float(8)	√	日最大生产能力	
6	ProductCapDescription	varchar(200)	√	生产能力说明	
7	ConstructionPosition	varchar(50)	√	施工位置	
8	TeamLeader	varchar(20)	√	队长姓名	

表 8-15　综采设备信息表

序号	字段名称	类型大小	允许空	含　义	备　注
1	EquipmentID	varchar(20)		主键列,设备编号	
2	EquipmeName	varchar(200)		设备名称	
3	EquipmeModelCode	varchar(200)		规格型号	
4	PurchaseDate	datetime(8)	√	采购日期	
5	Manufacturer	varchar(200)	√	生产厂家	
6	TonPerKnife	float(8)		吨/刀	
7	MetersPerKnife	float(8)		米/刀	
8	MainParameters	varchar(200)	√	主要技术参数	
9	EquipmentState	int(4)		当前状态	
10	CurrentlyFace	varchar(20)		目前所在工作面	

表 8-16　工作面信息表

序号	字段名称	类型大小	允许空	含　义	备　注
1	FaceID	int(4)		主键列,标识列	自增
2	TeamID	varchar(50)	√	队伍 ID	
3	ProcessID	int(4)	√	工艺 ID	
4	ProjectFaceLength	float(8)		工作面长度	
5	StrikeLength	float(8)		走向长度	
6	RemainStrikeLength	float(8)	√	剩余走向长度	
7	SeamThickness	float(8)		煤层厚度	
8	Capacity	float(8)		容量	
9	RecoverableReserves	float(8)		可采储量	
10	RemainReserves	float(8)	√	剩余储量	
11	DayCutter	int(4)		日刀数	
12	TEachCutter	float(8)		吨/刀	
13	YieldPerMeter	float(8)	√	每米产量	
14	EffectiveDay	int(4)	√	有效开采天数	
15	OriginalGasContent	float(8)		原始瓦斯含量	
16	GasConBefRecovery	float(8)		回采前瓦斯含量	
17	StartTime	datetime(8)	√	开始时间	
18	EndTime	datetime(8)	√	结束时间	
19	PanelID	int(4)		盘区 ID	
20	FaceName	varchar(50)		工作面名称	
21	ConstructPlanState	int(4)		构造状态	
22	reRate	float(8)		回采率	

表 8-17　地质构造信息表

序号	字段名称	类型大小	允许空	含　义	备　注
1	StructureID	int(4)		主键列,标识列	自增
2	LocationType	varchar(30)		位置类型	
3	LocationID	int(4)		位置 ID	
4	DevelopmentPosition	varchar(50)	√	发育位置	
5	StructureParameter	varchar(50)	√	构造参数	
6	ProductivityInfluence	varchar(20)	√	对生产影响	
7	StructureLength	float(8)	√	构造长度	
8	InfluenceDays	int(4)	√	影响天数	
9	Mark	varchar(30)	√	备注	
10	CoalRatio	float(8)	√	构造位置	

表 8-18　巷道信息表

序号	字段名称	类型大小	可为空	含　义	备　注
1	LanewayID	int(4)		主键列,标识列	自增
2	FacePanelID	int(4)		盘区或工作面 ID	
3	LanewayName	varchar(50)		巷道名称	

续表

序号	字段名称	类型大小	可为空	含义	备注
4	RockTypeID	int(4)		岩石类型 ID	
5	SectionSize	float(8)	√	巷道断面	
6	TunnellingStyle	varchar(30)	√	掘进方式	
7	SupportPattern	varchar(30)	√	支护方式	
8	LanewayPlanLength	float(8)		掘进计划长度	
9	RemainingLength	float(8)	√	剩余长度	
10	StartDate	datetime(8)		开工时间	
11	EndDate	datetime(8)		结束时间	
12	DanTouYueJin	float(8)		单头月进	保留
13	KeyDevice	varchar(50)		关键设备	保留
14	TeamID	varchar(20)		队组 ID	
15	TypeName	varchar(10)		类型	

表 8-19 施工规划信息表

序号	字段名称	类型大小	允许空	含义	备注
1	PlanId	int(4)		主键列,标识列	自增
2	PType	int(4)	√	所属类型	
3	TypeId	int(4)	√	所属类型 ID	
4	TeamId	varchar(20)	√	所属队伍 ID	
5	DayCount	float(8)	√	日产量	
6	Golength	float(8)	√	总进尺	
7	StartTime	datetime(8)	√	开始时间	
8	EndTime	datetime(8)	√	结束时间	
9	WorkContent	varchar(100)	√	工作内容	
10	WorkNote	varchar(100)	√	备注信息	
11	NeedDays	int(4)	√	保留字段	
12	PlanCount	int(4)	√	保留字段	

表 8-20 以巷道掘进业务中的掘进设备与巷道信息关联为例,描述实体之间的关系。巷道掘进业务中的其他关系,以及其他业务中的实体联系与此相同。

表 8-20 综掘设备安装表

序号	字段名称	类型大小	允许空	含义	备注
1	EquipmentID	varchar(20)		设备 ID	
2	LanewayID	int(4)		巷道 ID	
3	StartTime	datetime(8)	√	开始时间	
4	EndTime	datetime(8)	√	结束时间	

8.4.4 系统实现

1. 开发流程及系统实现

在系统设计的基础上进行编码、测试等工作,进而完成系统的实现。此处介绍部分功能模块的实现界面。

2. 主功能界面

主功能界面如图 8-51 所示,采用 Docking 组件的布局方式对功能导航区、业务操作区, Logo 展示区等进行合理安排和展示。图 8-50 业务区展示盘区信息维护功能。

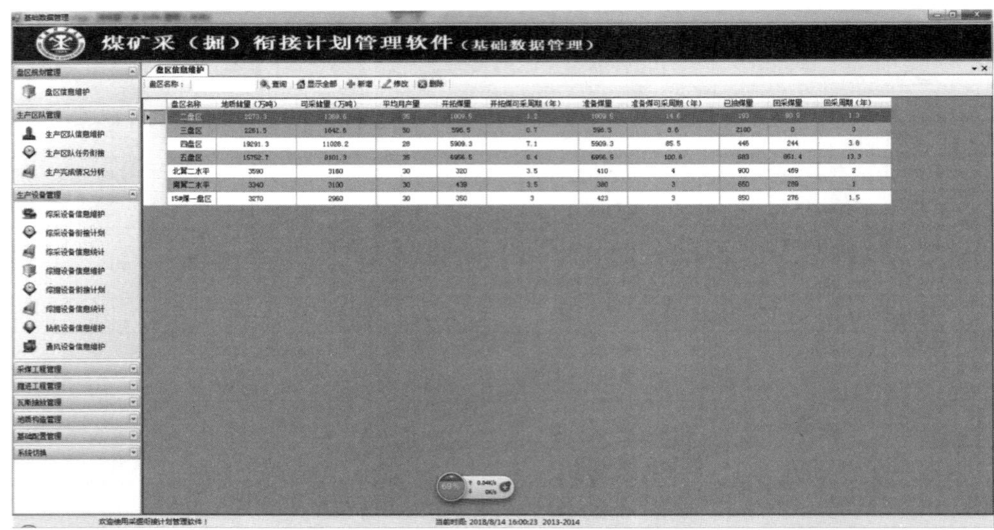

图 8-51　主功能界面

3. 生产区队管理模块

生产区队管理模块的生产完成情况分析实现如图 8-52 所示。

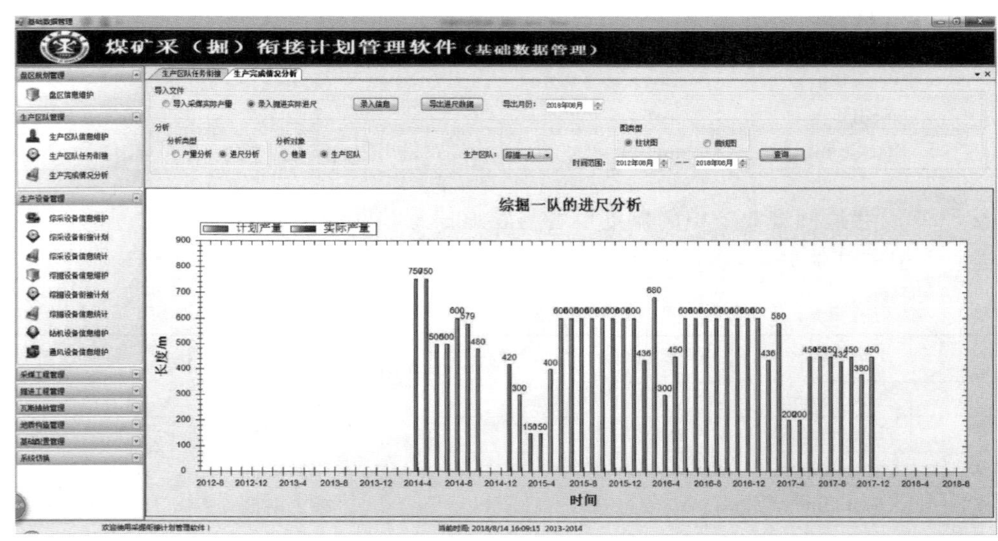

图 8-52　生产完成情况分析实现界面

4. 采煤工程管理模块

采煤工程管理中的施工规划信息维护模块的实现如图 8-53 所示。

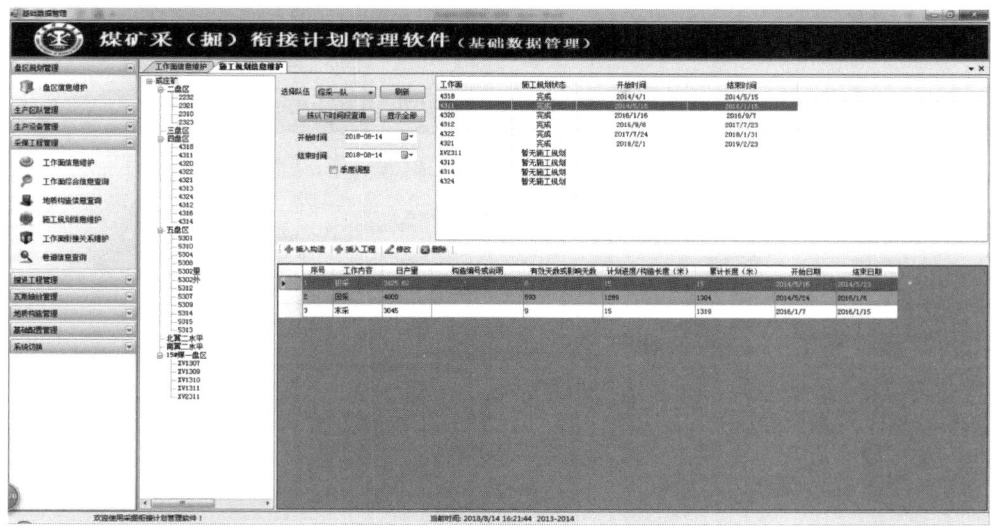

图 8-53　施工规划信息维护实现界面

5. 瓦斯抽放管理模块

瓦斯抽放管理模块中采煤工作面风量计算的实现如图 8-54 所示。

采煤工作面风量计算

按气候条件计算

公式：Q采 = Q基本 × K采高 × K采面长 × K温

Q基本：　K采高：

K采面长：　K温：

按照瓦斯(二氧化碳)涌出量计算

瓦斯

公式：Q采 = 100 × qCH4 × kCH4

qCH4：　kCH4：

二氧化碳

公式：Q采 = 67 × qCO2 × kCO2

qCO2：　kCO2：

工作面布置有专用排瓦斯巷的采煤工作面风量计算

公式：Q采 = Q采回 + Q采尾

Q采回 = 100 × q采 × kCH4　Q采尾 = 40 × qCH4尾 × kCH4

q采回

q采：　kCH4：

q采尾

qCH4尾：　kCH4：

按炸药量计算

一级煤矿　二、三级煤矿

一级煤矿许用炸药

公式：Q采 > 25 × A　A：

二、三级煤矿许用炸药

公式：Q采 > 10 × A　A：

按采煤工作面同时作业人数计算需要风量

公式：Q采 > 4 × N采　N采：

	计算类型	风量值

计算　清空　验算

图 8-54　采煤工作面风量计算实现界面

6. 甘特图管理模块

甘特图管理模块中采煤计划甘特图展示功能的实现如图 8-55 所示。

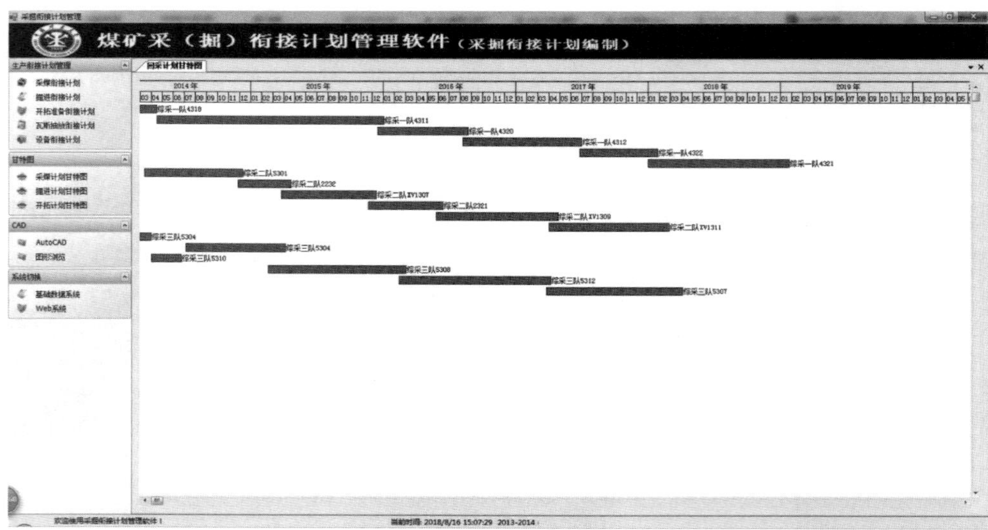

图 8-55　采煤计划甘特图功能展示

7. CAD 图形操作模块

CAD 图形操作模块中 AutoCAD 上图功能的实现如图 8-56 所示。

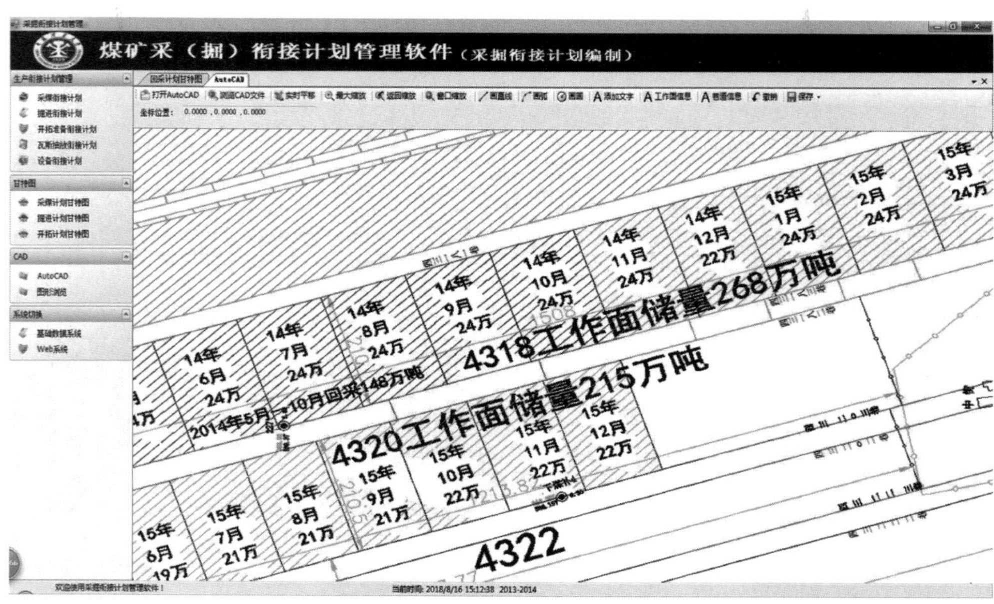

图 8-56　AutoCAD 上图功能实现

8. 用户管理子系统

用户管理子系统的用户组管理及组权限设置实现如图 8-57 所示。

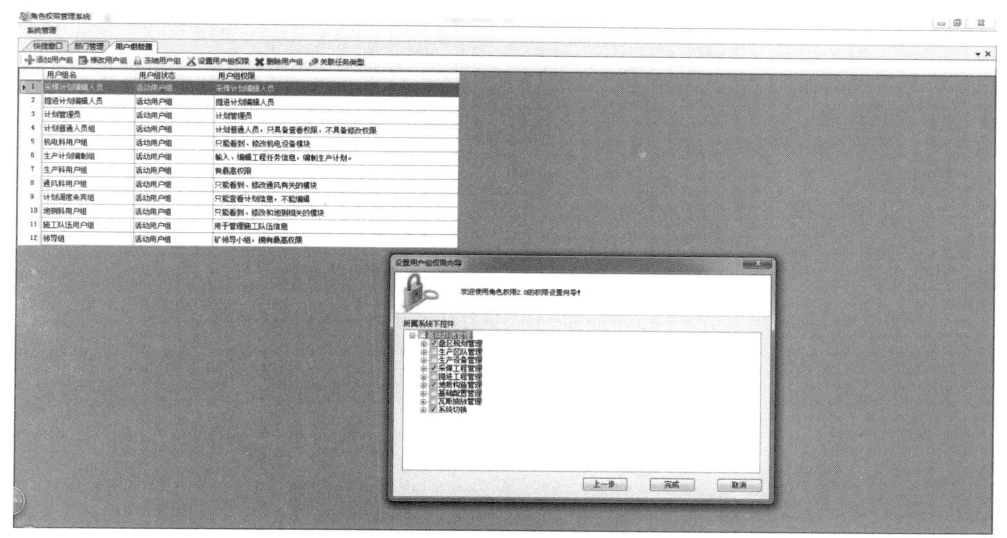

图 8-57　用户组管理及组权限设置实现界面

9．自动更新模块

自动更新模块中新版本检测与获取的实现如图 8-58 所示。

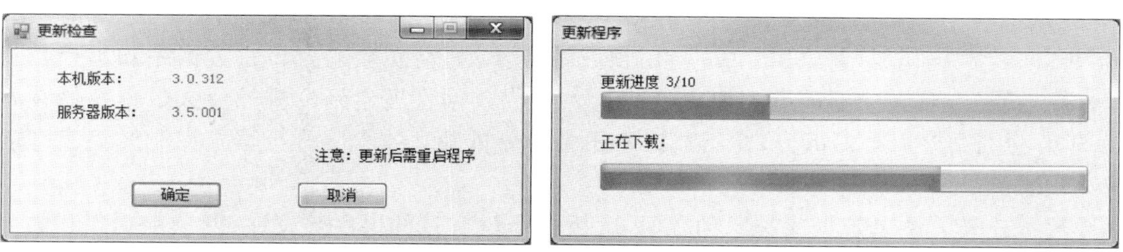

图 8-58　新版本检测与获取的实现界面

小　　结

本章给出了三个数据库应用实例：楼盘销售系统、数据库精品课程学习系统和煤矿采掘衔接计划管理系统。每个应用实例先介绍开发背景；之后分析功能需求，给出数据流图和数据字典，完成需求分析；然后进行系统设计，包括功能设计和数据库逻辑结构、数据库物理结构设计；最后进行编码、测试等工作，完成系统实现。限于篇幅，本章只给出了部分重要的内容，没有给出系统开发过程的全部资料。如果读者对上述应用系统感兴趣，可以通过邮件和著者联系。

第9章 数据库新技术

数据库是计算机科学技术中发展最快、应用最广泛的分支之一，它已经成为计算机信息系统和计算机应用系统的重要基础和支柱。其发展涉及两种动力，一种是方法论的发展，另一种是数据库技术与计算机相关技术的有机结合，利用数据库技术实现对特定技术领域数据对象的计算机管理。

进入21世纪，随着互联网时代的到来，数据获取方式发生了质的变化，互联网的普及使行业应用系统产生的数据呈现出爆炸式增长的趋势。同时，硬件技术也飞速发展。数据需求、数据获取方式以及硬件技术的变革，推动了大数据时代的到来。以数据为中心的大数据时代，对数据管理技术提出了前所未有的挑战，也迎来了新时代的发展机遇。

本章将从4个方面介绍数据库技术最新的发展趋势及相应成果：第一部分，介绍数据库技术结合方法论的发展成果，重点列举了面向对象数据库和XML数据库；第二部分，介绍数据库技术与其他计算机技术或应用领域的结合，重点列举了分布式数据库和工程数据库；第三部分，对大数据的基本概念、性质、大时代数据管理遇到的挑战及大数据存储技术NoSQL进行概述；第四部分，介绍数据库相关的分析处理技术——数据仓库和知识发现的基本概念。

数据建模方法是数据库技术的核心，大家已经学习过的层次数据库、网状数据库和关系数据库，都是以相应的数据模型为存储结构的，不同的数据建模方法会产生不同的数据存储及数据操作，也即催生出不同的数据库技术。

随着数据库应用领域的逐渐丰富，数据的格式日趋多样化，如文本、声音、图像、视频等，传统关系数据库对这些复杂对象的表示能力较差，缺乏灵活有效的数据抽象及建模能力，因此，人们提出并发展了一些新的数据模型，下面以面向对象数据模型、XML数据模型为例进行重点介绍。

9.1 面向对象数据模型

9.1.1 面向对象数据模型的定义

面向对象技术是计算机软件中发展非常迅速的一项技术。面向对象技术能够很好地模拟现实世界中的实体及实体间的复杂关系，使得来自现实世界的应用需求与软件实现能够很容易地映射。因此，面向对象技术得到了越来越多的应用。

面向对象数据模型是依据面向对象方法所建立的数据模型，其中包括数据模式（数据结构）、建立在模式上的数据操作和数据约束。

1. 数据模式

由对象结构以及类间继承和组合关系建立起来的数据间的组织结构关系，这种模式结构的语义表示能力远比 E-R 方法要强。

2. 数据操作

由对象与类中方法构建对象数据模式上的数据操作，这种操作语义强于传统数据模型，如可以构造一个圆形类，它的操作除查询、修改外，还可以有图形的放大/缩小、图形的移动、图形的拼接等。面向对象数据操作分为两个部分：一部分封装在类之中，称为方法；另一部分是类之间相互沟通的操作，称为消息。

3. 数据约束

数据约束也是一种方法，即是一种逻辑表示式，可以用类中的方法表示模式约束。面向对象数据一般使用方法或消息表示完整性约束条件，称为完整性约束方法或完整性约束消息，并在其之前标有特殊标识。

面向对象数据模型的直观描述就是面向对象方法中的类层次结构图。面向对象数据模型中的对象由一组变量、一组方法和一组消息组成。其中，描述对象自身特性的"属性"和描述对象间相互关联的"联系"也常常统称为"状态"，方法就是施加到对象的操作。一个对象的属性可以是另一个对象、另一个对象的属性，还可以用其他对象描述，以此模拟实现世界中的复杂实体。在面向对象数据模型中，对象的操作通过调用其自身包含的方法实现。

与传统数据模型比较，面向对象数据模型具有以下几个特点。

(1) 面向对象模型是一种层次式的结构模型，以类为基本单元，以继承和组合为结构方法，从而组成图结构形式，具有丰富语义，能够表达客观世界复杂的结构形式。

(2) 面向对象数据模型是将数据与操作封装于一体的结构方式，使得面向对象数据模型中的类是具有独立运作能力的实体，扩大了传统数据模型中实体集仅仅是单一数据集的不足。

(3) 面向对象数据模型具有构造多种复杂抽象数据类型的能力。可以用构造类的方法构造数据类型，从而可以构造多种复杂数据类型。例如，可以用类的方法构造元组(Tuple)、数组(Array)、队列(List)、包(Bag)和集合(Set)等，也可以用类方法构造向量空间等多种数据类型，使得数据类型得到扩充。

(4) 面向对象数据模型中的类层次结构是一种结构化形式，它可以根据需要随时改变结构，从而使面向对象数据模型具有不断更新结构的能力，这种能力称为模式演化(Schema Evaluation)能力。

9.1.2 面向对象数据库管理系统

以面向对象数据模型为基础所构造的数据库就是面向对象数据库；以面向对象数据库为核心构造的数据库管理系统就是面向对象数据库管理系统(Object-Oriented Database Management System，OODBMS)。OODBMS 由三个主要部分组成，它们是类管理、对象管理和对象控制。

1. 类管理

类管理主要对类的定义和类的操作进行管理，具体内容如下。

(1) 类定义：包括定义类的属性集、类的方法、类的继承性以及完整性约束条件等，通过类定义可以建立一个类层次结构。

(2) 类层次结构的查询：包括对类的数据结构、类的方法、类间关系的查询等。

(3) 类模型演进：面向对象数据库模式是类的集合，类模式为适应需求变化而随时间变化称为类模式演进。它包括创建新类、删除或修改已有类属性和方法等。

(4) 类管理中的其他功能：如类权限建立与删除、显示、打印等。

2. 对象管理

对象管理主要完成对类中对象的操作管理，主要内容如下。

(1) 对象的查询：在类层次结构图中，通过查询路径查找所需对象。查询路径由类、属性、继承路径等部分组成，一个查询可用一个路径表达式表示。

(2) 对象的增加、删除和修改操作。

(3) 索引与簇集：为提高对象的查询效率，按类中属性及路径建立索引以及对类及路径建立簇集。

3. 对象控制

(1) 通过方法与消息实现完整性约束条件的表示及检验。

(2) 引入授权机制等实现安全性功能。

(3) 并发控制与事务处理的具体实现更为复杂，事务处理还需要增加长事务及嵌套事务处理的功能。

(4) 故障恢复。

9.1.3 面向对象数据库系统的概念与特征

以面向对象数据库管理系统为核心构造的数据库系统就是面向对象数据库系统(Object-Oriented Database System，OODBS)。Francois Bancilho 把 OODBS 定义为：“一个面向对象的数据库系统应该满足两条准则：它应该是一个数据库管理系统，而且还是一个面向对象的系统。第一条准则是说它应该具备 6 个特征：永久性、外存管理、数据共享(并发)、数据可靠性(事务管理和恢复)、即席查询工具和模式修改。第二条准则是说它应具备 8 个特征：类/类型、封装性/数据抽象、继承性、多态性/滞后联编、计算完备性、对象标识、复杂对象和可扩充性。”

9.1.4 面向对象数据库系统的查询

20 世纪 80 年代成立的 ODMG(Object Data Management Group)，在 1993 年形成工业化的 OODB 标准——ODMG 1.0，完成了对面向对象程序设计语言 C++ 的数据库功能扩充。1997 年推出的 ODMG 2.0，内容涉及对象模型和对象查询语言，与 C++、Smalltalk 以及 Java 之间绑定。2000 年再次推出 ODMG 3.0，对先前版本做了一些修改和补充，基本框架和基本概念未变。

ODMG 工业标准对 C++ 的扩展主要包括 C++ 对象定义语言(Object Definition Language，ODL)和 C++ 对象操作语言(Object Manipulate Language，OML)。其中，OML 又分为对象查询语言(OQL)和对象控制语言(OCL)。

9.1.5 面向对象数据库系统的并发控制

OODBS 中操作对象不是单一的表而是具有复杂类层次结构的对象，类可以从它的超类中继承属性和方法，如果在一个类中增加和删除属性或方法，其子类的这些属性和方法也要增加或被删除，这就意味着当一个事务访问某个类的实例时其他事务不能对这个类的任何超类进行修改。因此，OODBS 中的锁机制比传统数据库系统要复杂得多，给一个对象类上锁比给一个表上锁需要更多的语义信息。

OODBS 中锁的粒度有数据库、类、对象、属性、物理页等，为了减少访问数据库过程中设置锁的数目，应尽量使同一数据库享用的"对象"为多个并行事务共享。在 OODBS 中采用了多粒度加锁，锁类型除了共享锁(S 锁)和排他锁(X 锁)以外，还引入了一种意向锁(Intent Lock)。意向锁有意向共享锁、意向排他锁和共享意向排他锁之分。下面以类上的锁为例介绍这几种锁。

意向共享锁(IS)：事务 T 在类上加 IS 锁表示该事务可能对类中的实例显式请求 S 锁。

意向排他锁(IX)：事务 T 在类上加 IX 锁表示该事务可能对类中的实例显式请求 X 锁或者 S 锁。

共享锁(S)：事务 T 在类上加 S 锁表示该事务不更新类中的实例。

共享意向排他锁(SIX)：事务 T 在类上加 SIX 锁表示对类中所有的实例都隐式地加了 S 锁，因此，允许其他事务并行地读该类中的实例但不允许并行地更新类中的实例。另外，该事务还可能对类中的一些实例请求加 X 锁。

排他锁(X)：事务 T 在类上加 X 锁表示不允许其他事务对该类的任何存取，该事务可能对类中的实例显式请求 X 锁。

上述几种锁类型的相容矩阵如表 9-1 所示。

表 9-1 锁类型的相容性矩阵

	S	X	IS	IX	SIX
S	Y	N	Y	N	N
X	N	N	N	N	N
IS	Y	N	Y	Y	Y
IX	N	N	Y	Y	N
SIX	N	N	Y	N	N

9.2 XML 数据库

XML 数据库是一个能够在应用中管理 XML 数据和文档的数据库系统，一个 XML 数据库是 XML 文档及其部件的集合，通过一个具有管理和控制这个文档集合本身及其所表示信息的系统来维护。

9.2.1 XML 技术

1. 什么是 XML

XML(eXtensible Markup Language，可扩展标记语言)是一种基于 SGML(Standard

Generalized Markup Language,标准通用标记语言)的简单灵活的语言。它与 HTML 一样,都是 SGML 的一个简化子集,融合了 SGML 的丰富功能及 HTML 的易用性等优点。

XML 是一种跨平台语言,可运行在任何平台和操作系统上。从本质上看,XML 和 HTML 都是由 SGML 派生出来的,但 XML 是一种元语言,即为一种描述语言的语言,而 HTML 是一种实例化的标记语言。XML 将 SGML 的丰富功能与 HTML 的易用性结合到 Web 的应用中,并保留了 SGML 的可扩展功能,这使 XML 从根本上有别于 HTML。XML 要比 HTML 强大得多,它对标记不再做限定,而是允许自定义数量不限的标记来描述文档中的内容,允许采用嵌套的信息结构。XML 继承了 SGML 的强大功能,但没有其庞大与繁杂,拥有了 HTML 的简单特点,却弥补了其诸多不足。

2. XML 文档

XML 文档就是指由 XML 标记语言所定义的符合 XML 规范的文本文档。XML 文档由标记和文本数据组成,其中,文本数据就是原始的文本。具体来看,一个 XML 文档最基本的构成是 XML 声明、处理指令和 XML 元素。

一个 XML 文档一般以一个 XML 声明开始。XML 声明是处理指令的一种,用于为"version"属性(指明所采用的 XML 版本号)、"standalone"属性(表明 XML 文档是否与一个外部文档类型定义相关联)和"encoding"属性(指明 XML 文档所采用的编码标准)赋值。

处理指令为处理 XML 文档的应用程序提供信息。XML 解析器不处理这些指令,而将它们原样传给应用程序。应用程序解释这些指令,按照它们提供的信息进行处理。

元素是 XML 文档的基本单元。一个元素代表文档中的一个逻辑组件。元素可以互相嵌套,形成树状结构。包含所有其他元素的元素称为根元素,包含在根元素中的元素称为根元素的子元素,子元素还可以包含自己的子元素。

9.2.2 XML 数据库

XML 数据库是一种 Web 数据库,它是可以对 XML 文档进行存取管理和数据查询的数据库,是一个能够在应用中管理 XML 数据和文档的数据库系统。简单地说,XML 数据库就是一个 XML 文档的集合,这些文档是持久的,并且是可以操作的。

XML 数据库可以这样定义:一个 XML 数据库是 XML 文档集及其部件的集合,这些文档是持久的和可操作的;它们由一个具有能力管理和控制这个文档集合本身及其所表示信息的软件系统(XMLDBMS)管理。XML 数据库不仅是结构化数据和半结构化数据的存储库,像管理其他数据一样,持久的 MXL 数据管理包括数据的独立性、集成性、访问权限、视图、完备性、冗余性、一致性以及数据恢复等。

XML 数据库提供了传统数据库所具有的特点,如存储(以 XML 文档形式)、数据库的模式(DTD 或 MXL Schema)、查询语言(XQuery、XPath、XQL、XML-QL 等)、编程接口(如 SAX、DMO)等。但与传统数据库相比,它在存储、索引、安全、多用户访问、事务管理等方面还存在不足之处。在一定的环境下,例如,在数据量和操作用户较少并且性能要求不高的情况下,XML 文档能够作为数据库在应用程序中使用;如果应用程序有许多操作用户,并且要求严格的数据完整性和性能要求,则不宜于采用 XML 文档。

XML 数据库具有以下几个特点。

(1) XML 数据库是一组 XML 文档的集合,并且是持久的和可操作的;

(2) 有专门的 DBMS 管理(不是 XML 文件系统);

(3) 文档都是有效的(即符合某一模式);

(4) 文档的集合可能基于多个模式文件(即文件扩展名为.xsd),多个模式文件之间可能有语法和语义上的相互联系。

9.2.3 XML 数据库分类

XML 数据库包括三种:原生 XML 数据库(Native XML Database,NXDB),支持 XML 的数据库(XML Enable Database,XEDB)和混合 XML 数据库(Hybrid XML Database,HXDB)。

1. 原生 XML 数据库

NXDB 以一些新兴的数据库厂商(如 Software AG)为代表通过采用符合 XML 文档特征的数据库模型(一般为层次数据存储模型),能对 XML 文档进行"Native"存储和在文档节点级进行查询与操作。

NXDB 是专门设计用于存储和管理 XML 文档的数据库,它以 XML 文档作为数据库的存储单元进行操作和管理,不关心数据的底层存储格式,只能通过 XML 特有的相关技术对数据进行存储。一般采用层次数据存储模型,保持 XML 文档的树状结构,省掉了 XML 文档和传统数据库的数据转换过程。

2. 支持 XML 的数据库

XEDB 以传统的(关系)数据库厂商(Oracle、IBM、Microsoft 等)为代表。其主要思想是在原有数据库基础上扩展了 XML 支持模块,完成 XML 数据和数据库之间的格式转换和传输。从存储粒度上,可以把整个 XML 文档作为关系数据库(RDB)表中的一行,或把 XML 文档进行解析后,存储到相应的表格中。

XEDB 的基本存储单元是 XML 数据(XML 文档所提供的数据),主要是通过增加一个映射层来管理 XML 数据的存储。数据首先要与一个明确的格式相匹配,符合要求的才能根据预先定义好的规则映射到数据库(如对象关系型数据库)中,但可能会损失一部分元数据和最初的结构。同时可从现有的数据库中生成 XML 页面,但不能保证与当初存入的原始页面完全符合。

3. 混合 XML 数据库

HXDB 则是通过 XML 和其他的访问接口对 XML 进行管理和操作。HXDB 主要是一种系统集成技术,其目的是综合 XEDB 和 NXDB 的优点,但其底层并没有一种统一的数据库模型。Oracle 10g 中引入的 XML DB 技术是 HXDB 的典型代表。

9.2.4 XML 数据库管理系统

根据数据库的三层管理系统结构理论,可以构建 XML 数据库管理系统的基本框架,如图 9-1 所示。

外层主要提供了一个可以给用户和应用程序查询、修改的接口,DOM(Document Object Model,文档对象模型)是一种与浏览器、平台、语言的接口,用来访问页面其他部分的标准组件。DOM 解决了 Netscape 的 JavaScript 和 Microsoft 的 JScript 之间的冲突,给予 Web 设计师和开发者一个标准的方法来访问其站点中的数据、脚本和表现层对象。可以

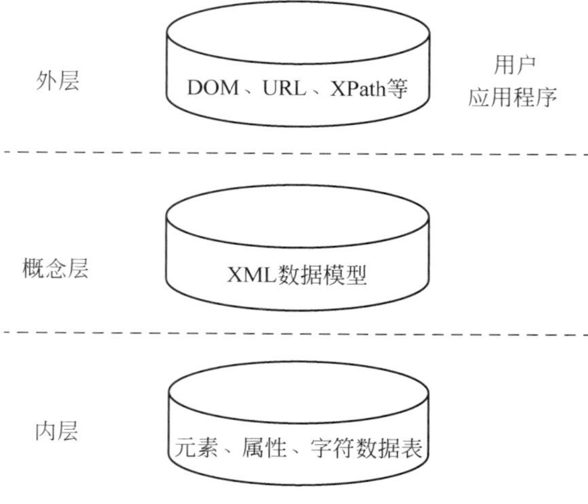

图 9-1　XML 数据库管理系统

在 XML 结构内引用、检索和更改 XML 结构中的各项内容。

概念层涉及 XML 数据的组织、存储粒度的设计等，然后在数据模型中提供操作来存储、查询和操作数据。

内层主要是提供 XML 文档的数据结构，包括元素、属性、字符数据表等最基本的组成单元，XML 数据库的灵活性也主要表现在这一级。

从图 9-1 可以看出，XML 数据库模型与对象数据模型十分相似，因为它同样也是由节点组成的，并且每个节点都可以包含异类数据。而 XML 数据库节点异类的程度大部分取决于用于定义 XML 文档结构的特定 DTD 或模式。

9.3　分布式数据库系统

分布式数据库是数据库技术与分布处理技术相结合的产物，其始于 20 世纪 70 年代中期。在实际应用中，由于各个单位(例如一些大型企业或连锁企业等)自身经常就是分布式的，在逻辑上分成公司、部门和工作组，在物理上也被分成诸如车间和实验室等，这就意味着各种数据是分布式的。单位中各个部门都维护着自身的数据，单位的整个信息就被分解成了“信息孤岛”，分布式数据库正是针对这种情形建立起来的“信息桥梁”。20 世纪 90 年代以来，分布式数据库进入到商品化应用阶段，传统关系数据库产品逐渐发展成以计算机网络和多任务操作系统为核心的分布式数据库产品。

9.3.1　分布式数据库及其分类

1. 分布式数据库

分布式数据库(Distributed Data Base，DDB)是计算机网络环境中各场地(Site)或节点(Node)上数据库的逻辑集合。它是一组结构化的数据集合，逻辑上属于同一系统，而物理上分布在计算机网络的不同节点上，具有分布性和逻辑协调性的特点。分布性指数据没有存放在单一节点的存储设备上，而是按全局需要分散地存储在各个节点上。逻辑协调性是指各节点上的数据子集之间由严密的约束规则加以限定，在逻辑上是一个整体。

2. 分布式数据库的分类

分布式数据库的类型很多，根据不同的准则，有不同的分类方法。

(1) 按数据冗余分类：完全复制型、完全分割型、子集复制型，子集分布型。

(2) 按全局数据库的构成分类：同构型分布数据库、异构型分布数据库。

(3) 按本地数据库的配置方式分类：可分布访问的集中数据库、中心数据库加专用数据库、多级分布数据库、水平分布数据库。

(4) 按本地数据库的数据是否全部集成到全局数据库中分类：对等型分布数据库(Peer-to-Peer DBS)、多数据库系统(Multi-DBS)。

9.3.2 分布式数据库的特点

1. 数据独立性与位置透明性

数据独立性是数据库方法追求的主要目标之一，位置透明性指用户不必关心数据物理位置分布的细节，也不必关心重复副本(冗余数据)的一致性问题。有了位置透明性，用户的应用程序书写起来就如同数据没有分布一样，当数据从一个节点移到另一个节点时不必改写应用程序，当增加某些数据的重复副本时也不必改写应用程序。数据分布的信息由系统存储在数据字典中。

2. 集中和自治相结合

在集中式数据库中，为了保证数据库的安全性和完整性，对共享数据库的控制是集中的，并设有 DBA 负责监督和维护系统的正常运行。在分布式数据库中，数据的共享有两个层次：一是局部共享，局部数据库中存储局部节点的共享数据，这些数据是本节点用户共享的；二是全局共享，各个节点也存储可供其他节点用户共享的数据，支持系统的全局应用。因此，相应的控制结构也有两个层次：集中和自治。各局部的 DBMS 可以独立地管理局部数据库，具有自治的功能，同时，系统又设有集中控制机制，协调各局部 DBMS 的工作，执行全局应用。当然，不同系统集中和自治的程度不尽相同。有些系统高度自治，有些系统则集中控制程度较高，节点自治功能较弱。

3. 支持全局数据库的一致性和可恢复性

分布式数据库中各局部数据库应满足集中式数据库的一致性、可串行性和可恢复性。此外，还应保证数据库的全局一致性、并行操作的可串行性和系统的全局可恢复性。这是因为全局应用要涉及不同节点上的多个操作。例如，银行转账业务包括两个节点的更新操作。这样，当其中某一个节点出现故障，操作失败后如何使全局业务回滚呢？如何使另一个节点撤销已执行的操作(若操作已完成或完成一部分)或者不必再执行业务的其他操作(若操作尚没执行)？这些技术要比集中式数据库复杂和困难得多，分布式数据库系统必须解决这些问题。

4. 复制透明性

用户不用关心数据库在网络中各个节点的复制情况，被复制数据的更新都由系统自动完成。在分布式数据库系统中，可以把一个节点的数据复制到其他节点存放，应用程序可以使用复制到本地的数据在本地完成分布式操作，避免通过网络传输数据，提高了系统的运行和查询效率。但是对于复制数据的更新操作，就要涉及对所有复制数据的更新。

5. 易于扩展性

支持透明的水平扩展,可以增加多个节点来进一步分布数据和分担处理任务。

9.3.3 分布式数据库的分级结构

按照ANSI/SPARC的描述,集中数据库的分级结构是包含外模式、概念模式、内模式的三级结构。分布式数据库的分级结构较为复杂,具体描述如下。

1. 对等型分布数据库的分级结构

对等型的分级结构如图9-2所示,它的全局概念模式是所有节点本地概念模式的并集。

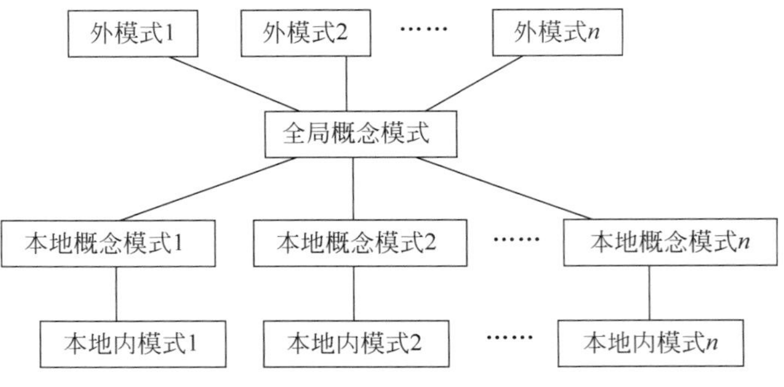

图9-2 ANSI/SPARC分布DB参考结构

对等型分布数据库的全局概念模式较为简单,它可以是本地概念模式的简单并集。在使用关系模型时则是若干关系框架的集合,描述分布数据库的所有全局关系;本地概念模式则描述局部关系(也称段),是全局关系的子集,每个子集由单个全局关系经关系运算导出;本地内模式给出存储在本地节点上的所有局部关系的物理表示,它与集中数据库时的情况相同;全局外模式定义导出关系和与之相联系的访问控制规则。

2. 多数据库系统的分级结构

多数据库系统放宽了分布数据库中所有数据从逻辑上看必须都在一个全局数据库中的要求,允许部分数据只供本地用户使用。这里有如下两种参考结构。

(1)带有全局概念模式的参考结构,如图9-3所示。在此种结构中,全局概念模式是本地概念模式的集成。本地用户的外模式定义在本地概念模式上,不改变本地用户原来使用本地数据库的方式。全局用户的外模式定义在全局概念模式上,用统一的语言访问多数据库。

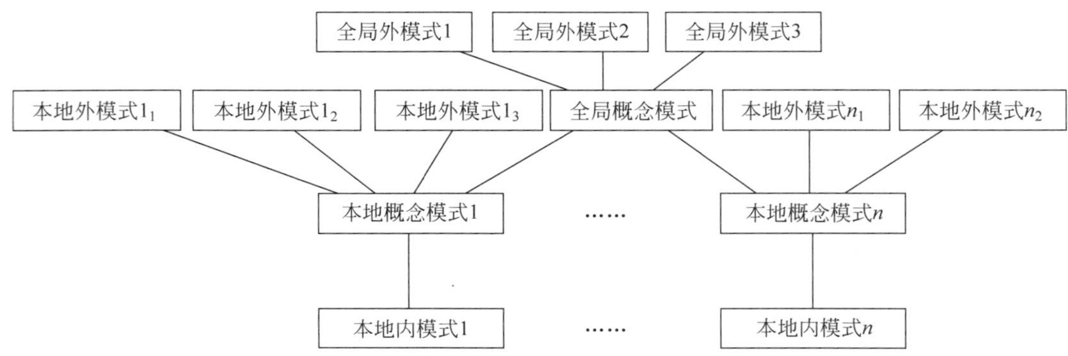

图9-3 有全局概念模式的MDBS结构

(2) 无全局概念模式的参考结构，如图 9-4 所示。在此种结构中，将 MDBS 分布为两层：本地系统层和多数据库层。本地系统层由各本地数据库组成；多数据库层由多数据库用户的外模式组成。这些外模式可以定义在一个或多个本地概念模式上。用户用编程通过外模式访问 MDBS，而将对各本地数据库访问的责任交给了多数据库层与本地系统层之间的映射。

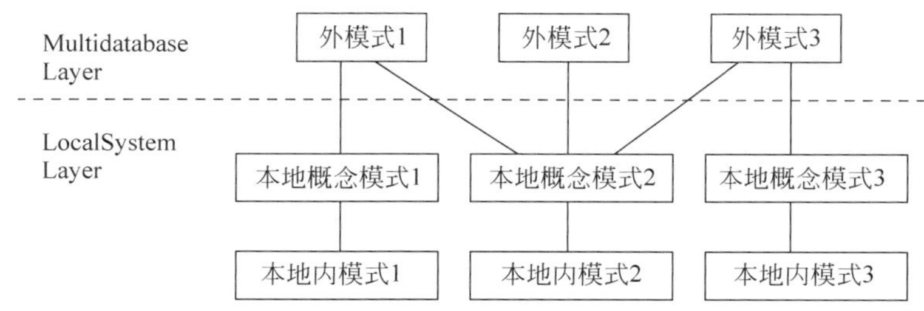

图 9-4　无全局概念模式的 MDBS 结构

3. 联邦式结构

联邦数据库系统由一组既协同工作又独立自治的部件数据库系统组成，如图 9-5 所示，联邦数据库结构包含如下几个部分。

(1) 本地模式：它是部件 DBS 的概念模式。

(2) 部件模式：它是本地模式经转换器处理后变成 FDBS 公共数据模型的形式。

(3) 输出模式：它给出了部件模式可被 FDBS 使用的一个子集和一些访问控制信息。

(4) 联邦模式：它是各输出模式的并集，由各输出模式经构造器生成。

(5) 外部模式：外模式由联邦模式经过滤器导出，其数据模型可以不同。

(6) 转换器：把一种数据模型(格式)转换为另一种数据模型(格式)。把一种数据语言转换为另一种数据语言。

(7) 过滤器：限制从一层处理器传送到另一层处理器的命令和相应的数据。

(8) 构造器：把单个处理器的操作，分解、复制成多个操作(查询分解)。把多个处理器产生的数据合并成单个数据集合(模式集成)。

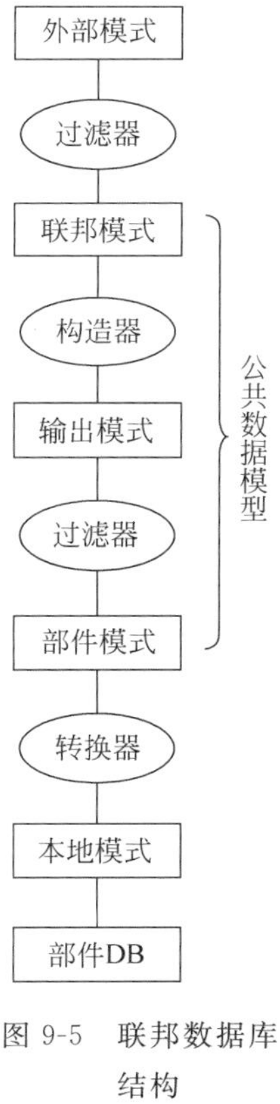

图 9-5　联邦数据库结构

9.3.4 分布式数据库的数据分布

数据分布的主要目的是提高访问的局部性。即通过数据的合理分布，使更多的数据尽可能就地存放，减少远距离数据访问。

数据分布包括分割和分配两个方面，可以描述为以下两个步骤：先从逻辑上将全局概念模式，即全局关系模式，划分成若干逻辑片断(子关系)——分割；再按一定的冗余度将片断分配到各个节点上，这时逻辑片断就成为具体的物理片断——分配。

分布式数据库分割后仍应保持原有特质,分割后的各逻辑关系之间应遵循下列原则。

(1) 完整性原则。全局关系的所有数据项必须包括在任何一个片断中。不允许出现某个数据项属于全局关系,但却不属于任何片断。

(2) 重构性原则。所有片断必须能重构(逆操作)成全局关系。

(3) 不相交原则。不相交原则不是必需的,但有这条原则可以使分割不致引起太复杂的情况。分割时不相交,则分配时的冗余可以得到控制。

分割后的工作便是分配。分配的目标是将已分割好的片断分配到不同的节点中去,使得某节点对某片断的访问尽量为本地访问。数据分配一般有以下几种方式。

(1) 集中型。数据虽经划分,但所有逻辑片断完全集中在一个节点上,仍然像一个集中数据库一样。

(2) 分割型。数据被划分后,所有逻辑片断各自分配在一个节点上,所有节点上分配的只是全局关系的一个子关系。

(3) 混合型。数据被划分后的逻辑片断根据需要分配,共享的片断在需要共享的节点上重复设置,高度私用的片断只设置在所需要的节点上。

9.4 工程数据库

9.4.1 工程数据库基本概念

早在计算机出现之前,就有了对工程应用领域数据进行组织和管理的需求,工程师们通过系统地使用组表(Set Tables)、图表(Picture Tables)和工程图等方法来描述系统的流程和结构。其中,组表、图表实际上就是二维表。随着计算机和数据库技术的飞速发展,20世纪70年代末,数据库技术在商业数据管理上取得明显进展,特别是计算机辅助设计(CAD)的出现,产生了对大量工程数据管理的迫切要求。

1975年,美国洛克希德公司的Eastman首先描述了一个可用于CAD的数据库,随后各研究机构、大学及有关公司也开展了有关将数据库技术应用到工程数据管理上的研究。1985年,在伦敦召开的第四届国际工程软件会议上,详细讨论了工程数据库在工程设计和工程数据管理中的作用、工程数据库管理系统(EDBMS)的特点、类型及术语等,这些讨论为工程数据库理论的建立起到了巨大的推动作用。

目前,工程数据库还没有一个统一的定义,普遍认可的定义是:工程数据库(Engineering Database)是存储、管理和使用工程设计所需数据的数据库,是将工程设计方法、人工智能技术与数据库技术相结合发展起来的智能化的CAD/CAM集成系统,适合于CAD/CAM、计算机集成制造(CIM)等工程应用领域。

9.4.2 工程数据库体系结构

工程应用领域数据处理量是非常大的。例如,为了存储一张机械图或描述一个零件的形状,其数据容量为几千或几兆字节数量级,而现用的工程图或零件图的件数是成千上万个。所以,工程数据库的规模也许要几千兆字节至几万兆字节。对于设计者来说,希望有高速的响应时间。设计过程是一个不断摸索的过程,有时要利用前面设计步骤的中间设计数据，再次尝试改进。

为了较好地满足工程设计中的特殊要求，工程数据库可采用多层结构。多层结构就是把工程数据库从逻辑上分为全局数据库和局部数据库，如图9-6所示。

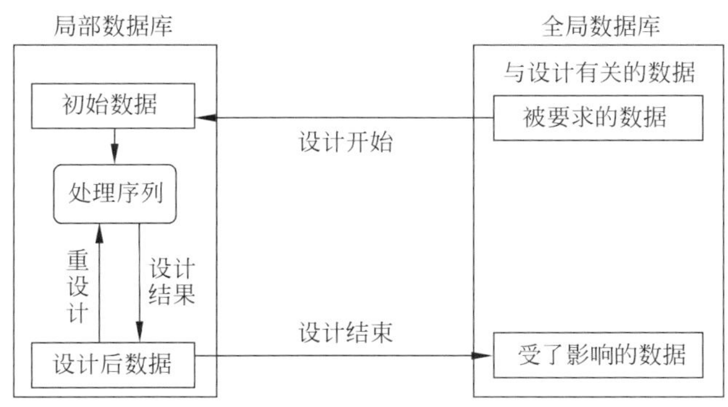

图9-6　局部数据库和全局数据库

全局数据库存储公用数据、产品和零部件数据、材料特性和机械数据等。这些数据在企业内为标准数据，提供给产品设计，并可在逻辑上和物理上按工程应用细分。

局部数据库是设计者独有的临时性的数据库，仅存储与当前设计任务有关的数据，当设计任务结束后，库中的数据不再保留。但是，在数据清除之前，将设计结果的数据送回全局数据库，以便下次操作时能利用本次设计的结果。

当一个设计者开始设计时，要初始化他的局部数据库。根据设计者要求，将用到的数据从全局数据库中取出，存到局部数据库。为了支持反复摸索的过程，诸如设计处理顺序和设计处理的中间结果数据，均被保存在局部数据库，使得设计者能把当前的设计结果与以往的设计结果进行比较，做出评价，也可以从以前的设计步骤开始再次尝试改进。

工程数据库管理系统的体系结构可采用集中式的结构、客户端/服务器结构以及分布式结构。在客户端/服务器结构中，全局数据库存于服务器端，局部数据库存于客户端。而在分布式结构中可在某一场地存放全局数据库，其他场地存放各自的局部数据库。

9.4.3　长事务管理

工程设计与传统数据库的处理不同，其设计过程是交互完成的，一个事务将可能会持续很长时间，工程设计需要长事务管理。长事务指的是那些持续事件长的事务，典型的长事务其持续时间从几个小时到几天不等。

传统事务模型在处理长事务时会遇到两个主要问题：如发生冲突则用户对数据库的访问将处于长时间等待状态；若系统故障或事务异常中止时将撤销事务期间所做的所有操作。为了解决这两个问题，需要对长事务采用不同于一般事务的管理策略。一般的方法是将长事务划分为由一组短事务组成，短事务作为并发控制和恢复的基本单元。对短事务的处理可以放宽可串行性限制，而对长事务的恢复必要时也可以做部分撤销。

目前，在解决长事务等待方面可采用的方法有版本化法、成组事务、软锁等几种技术。

1. 对象版本化

当一个对象更新时从共享数据库中读出，更新后再送回共享数据库。如果对象是不可版本化的,更新后的对象将取代原来的对象,这将使其他以冲突方式请求访问这个对象的事务长时间等待。如果一个对象是可版本化的,更新后的对象将作为一个新的版本送回到共享数据库,这将意味着对版本化对象的读写不需要长时间等待。版本化机制允许用户在设计过程中使用对象的不同版本,管理对象的状态和创建历史。但为了减少管理和存储开销,应控制对象版本数。

2. 模式版本化

不但对象可以有多个版本,模式也有多个版本。这主要是由于一次要建立复杂的工程数据实体的模型几乎是不可能的,必须不断地接受用户的反馈信息改进设计方案,因而要对模式加以修改。但修改前的版本对模式间的比较、优化是很有用的,因此工程数据库必须支持模式的版本化。模式的版本化可以使用户以不同的角度看待数据库,同时版本化的多个模式使得用户对模式的竞争分散到了模式的不同版本上,减少了对模式的操作等待时间。

3. 成组事务

成组事务管理中将一组事务作为一个事务对待,这组事务可以是由不同用户事务组成的,组内事务间不会发生冲突。因此,紧密协作的一组用户可以不受并发控制的影响而进行操作。当与其他组事务发生冲突或故障时成组事务的任一用户都可以随时终止成组事务。

4. 非一致性约束

传统数据库中的事务具有一致性,但工程数据库的长事务中允许子事务处理的对象是不一致的。因长事务中处理的数据可能是用户未提交的,在这期间事务可能中止;而多个用户的合作也可能在事务提交前交换数据。但当数据送回到共享数据库中时将进行一致性检查。这种不一致性使得用户能够读取被其他用户更新的对象而减少等待时间。

5. 软锁

软锁是一种可以通过用户的谈判打开的锁。长事务管理中有长锁和短锁,短锁是系统自动设置的,锁要持续到读写操作结束或事务结束才能释放。长锁是由用户显式设置的,直到长事务结束前一直有效,但长锁可在短事务中被显式释放。在含有软锁的封锁协议中,短锁可以转换为长锁,一种方法是通过用户显式转换,另一种方法是当短锁在所声明的时间外仍然有效时系统自动进行转换。长锁也可以通过显式说明转换为短锁,但不能够由系统自动进行转换。

9.5 其他数据库

9.5.1 模糊数据库

模糊数据库指能够处理模糊数据的数据库。传统的数据库仅允许对精确的数据进行存储和处理,不能表示许多模糊不清的事情,而客观世界中有许多事物是不精确的,模糊数据库的研究与实践就是为了解决模糊数据的表达和处理问题,使得数据库描述的模型能更自然、更贴切地反映客观世界。

因此,随着模糊数学理论体系的建立,人们可以用数量来描述模糊事件并能进行模糊运算。这样就可以把不完全性、不确定性、模糊性引入数据库系统中,从而形成模糊数据库。模糊数据库研究主要有两方面,首先是如何在数据库中存放模糊数据;其次是定义各种运算建立模糊数据上的函数。模糊数的表示主要有模糊区间数、模糊中心数、模糊集合数和隶属函数等。

在一般数据库系统中引入“模糊”概念产生了模糊数据库系统。它对模糊数据、数据间的模糊关系和模糊约束,实施模糊查询和模糊数据操作。客观世界的不完全性、不确定性和概念外延的模糊性,强烈要求寻找处理有关模糊问题的数学工具。1965 年,L. A. Zadeh 先生的模糊集合理论应运而生。该理论的提出,几乎对所有的数学分支都产生了重要影响,应用遍及各个领域,在数据库理论与技术中使用模糊理论。1979 年,Buckles 等人建立了模糊关系数据库(FROB)理论,而国际上对模糊数据库的研究主要是从 20 世纪 80 年代开始的,旨在克服传统数据库难以表达和处理模糊信息的特点,进而扩展数据库的功能,Zemankova 以及 Raju 和 Majumdar(1988)进行了大量有关 FROB 的规范化工作,其中主要涉及模糊数据模型与查询技术。近年来,也有许多工作是对关系之外的其他数据模型进行模糊扩展,如模糊 E-R(实体-关系)、模糊 OODB(面向对象数据库)、模糊多媒体数据库等。中国、日本、加拿大、法国、俄国的科研人员在模糊数据库的研究、开发与应用系统的建立方面都做了不少工作。但是,摆在人们面前的任务是,如何进一步研究、开发大型适用的商业性模糊数据库系统。

当前模糊数据库系统的主要研究内容包括:模糊数据库的形式定义;模糊数据库的数据模型(如属性值模糊的 FVRDM,元组值模糊的 FTRDM);模糊数据库语言设计;模糊数据库设计方法及模糊数据库管理系统的实现等。

9.5.2 空间数据库

空间数据库系统是支持空间数据管理,面向地理信息系统、制图、遥感、摄影测量、测绘和计算机图形学等学科的数据库系统。目前,空间数据的结构基本上可分为两类:型矢量和栅格形式。矢量表示与图形要素的常规表示一致,具有数据量小、精度高、图形操作处理复杂的特点;而栅格形式的数据是电子设备获取数据和显示数据的原始形式,基于栅格的图形处理操作较易实现,图形精度与像元分辨率有关,分辨率高则数据量增大。为解决精度和数据量的矛盾,已提出并研究了多种数据结构,如四分树(Quad Tree)及其变种,以及各种压缩方法。空间数据库系统不仅要支持传统的数据查询,而且要支持基于空间关系的查询。为此要解决好空间数据的存储和组织,建立合适的索引结构(如 R 树)等。

空间数据具有以下特性。

(1) 复杂性。一个空间对象可以由一个点或几千个多边形组成,并任意分布在空间中。通常不太可能用一个关系表,以定长元组存储这类对象的集合。这样空间操作(如相交、合并)就比标准的关系数据库操作复杂得多。

(2) 动态性。删除和插入是以更新操作交叉存储的,这就要求有一个强壮的数据结构完成对象频繁的插入、更新和删除等操作。

(3) 海量化。空间数据往往需要上千兆甚至上万兆字节的存储量,要想进行高效的空间操作,二级和三级存储的集成是必不可少的。

(4) 算法不标准。尽管提出了许多空间数据算法,但至今没有一个标准的算法,空间算子严重依赖于特定空间数据库的应用程序。

(5) 运算符不闭合。例如,两个空间实体的相交,可能返回一个点集、线集或面集。

空间数据的查询主要有以下三种。

(1) 临近查询。临近查询是指为找出特定位置附近的对象所做的查询,如找出最近的餐馆。

(2) 区域查询。区域查询是指为找出部分或全部位于指定区域内的对象所做的查询,如找出城市中某个区的所有医院。

(3) 针对区域的交和并的查询。例如,给出区域信息,如年降雨量和人口密度,要求查询所有年降雨量低且人口密度高的区域。

9.5.3 统计与科学数据库

统计与科学数据库系统是指面向统计分析与科学研究而建立的数据库系统。统计数据库要求能对其中的数据进行统计分析,如求数据的平均值、最大值、最小值、总和等。统计数据库中的数据可分为两类,即微观数据和宏观数据。前者是个体或具体事件的描述信息,而后者则是综合统计数据,它可以直接来源于应用领域,也可以是微观数据的分析结果。统计数据库不仅数据量大,而且数据具有稀疏性、重复性和分布不均衡、内容复杂、术语繁多等特点。在安全性方面,它还须注意防止各种导出数据的泄密,即防止有人在合法的统计数据查询的基础上,推导出无权查看的某个个体的具体数据等。

用于存储科技人员在基础理论研究、应用技术研究和新方法的开发或研究中积累的科学实验数据或模拟结果的科学数据库,同样具有数据量大、数据稳定、结构复杂等特点,根据其不同的内容和用途,科学数据库可分为文献数据库、数值数据库和管理数据库等。由于统计数据库和科学数据库在结构、特性和应用等方面的某些相似性,有时将它们统称为统计与科学数据库(Statistical/Scientific Data Base,SSDB)。它与面向事务处理的数据库系统相比,在数据模型、数据操作、存储结构、存取方法和用户接口等许多方面,都有一些新的要求,它的研究与开发,将对统计分析与科学研究产生重要影响。

9.5.4 实时数据库

实时数据库是数据库技术结合实时处理技术产生的。它适用于处理不断更新的快速变化的数据及具有时间限制的事务处理。实时数据库系统是开发实时控制系统、数据采集系统、CIMS 等的支撑软件。在现代化企业中,大量使用实时数据库系统进行控制系统监控、系统先进控制和优化控制,并为企业的生产管理和调度、数据分析、决策支持及远程在线浏览提供实时数据服务和多种数据管理功能。实时数据库已经成为企业信息化的基础数据平台。

研究人员希望利用数据库技术来解决实时系统中的数据管理问题,同时利用实时技术为实时数据库提供时间驱动调度和资源分配算法。然而,实时数据库并非是两者在概念、结构和方法上的简单集成,需要针对不同的应用需求和应用特点,对实时数据模型、实时事务调度与资源分配策略、实时数据查询语言、实时数据通信等大量问题做深入的理论研究。实时数据库系统的主要研究内容包括:实时数据库模型、实时事务调度(并发控制、冲突解决、死锁等)、容错性与错误恢复、访问准入控制、内存组织与管理、I/O 与磁盘调度、主内存数据库系统、不精确计算问题、放松的可串行化问题、实时 SQL 事务的可预测性。

实时数据库(Real-Time Data Base,RTDB)是数据和事务都有定时特性或显式的定时限制的数据库。RTDB的本质特征就是定时限制。定时限制可以归纳为两类：一类是与事务相关联的定时限制，典型的就是“截止时间”；另一类为与数据相关联的“时间一致性”。时间一致性则是作为过去的限制的一个时间窗口，它是由于要求数据库中数据的状态与外部环境中对应实体的实际状态要随时一致，以及由事务存取的各数据状态在时间上要一致而引起的。实时数据库是一个新的数据库研究领域，它在概念、方法和技术上都与传统的数据库有很大的不同，其核心问题是事物处理既要确保数据的一致性，又要保证事物的正确性，而它们都与定时限制相关联。

实时数据库的一个重要特性就是实时性，包括数据实时性和事务实时性。数据实时性是现场IO数据的更新周期，作为实时数据库，不能不考虑数据实时性。一般数据的实时性主要受现场设备的制约，特别是对于一些比较老的系统而言，情况更是这样。事务实时性是指数据库对其事务处理的速度。它可以是事件触发方式或定时触发方式。事件触发是该事件一旦发生可以立刻获得调度，这类事件可以得到立即处理，但是比较消耗系统资源；而定时触发是在一定时间范围内获得调度权。作为一个完整的实时数据库，从系统的稳定性和实时性而言，必须同时提供两种调度方式。

针对不同行业不同类型的企业，实时数据库的数据来源方式也各不相同。总的来说，数据的主要来源有DCS控制系统、由组态软件＋PLC建立的控制系统、数据采集系统(SCADA)、关系数据库系统、直接连接硬件设备和通过人机界面人工录入的数据。根据采集的方式方法可以分为：支持OPC协议的标准OPC方式、支持DDE协议的标准DDE通信方式、支持MODBUS协议的标准MODBUS通信方式、通过ODBC协议的ODBC通信方式、通过API编写的专有通信方式、通过编写设备的专有协议驱动方式等。

实时数据库系统就是针对实时应用的特点和要求，使其事务和数据都可以有定时特性或显示定时限制的数据库系统。实时应用的特点表现在：活动时间性强，要求在一定的时间或时刻内接收存取和处理信息，并及时做出响应，二是要处理“临时”数据，这种数据在一定时间内有效，过时则无意义。雷达跟踪、指挥与控制等军事应用就是实时应用的典型例子。

近年来，实时数据库系统得到了数据库和实时系统两个领域的研究人员的关注，数据库工作者存在利用数据库技术来解决实时系统中的时间管理问题，实时系统研究者则致力为实时数据库系统提供时间驱动调度和资源分配算法，实时数据库系统要对数据库的结构与组织、事务模型的结构与时限特征、事务的优先级分配、调度与并发控制、数据的时间一致性等一系列问题进行深入的研究与分析，利用实时系统和传统数据库系统中的有效技术和方法。目前，主动式实时数据库和分布式实时数据库技术也成为新的数据库研究方向，预示着实时数据库系统有很好的应用前景。

9.5.5 内存数据库

内存数据库(Main Memory Database，MMD)是指一种将全部内容存放在内存中，而非像传统数据库那样存放在外部存储器中的数据库。内存数据库与磁盘数据库相比，磁盘数据库虽然也有一定的缓存机制，但是不能避免从外部设备到内存的交换，而这种交换过程造成磁盘数据库存储效率的下降。由于内存的读写速度极快，随机访问时间可以以纳秒计，所以，这种数据库的读写性能很高，主要针对性能要求极高的环境。

内存数据库抛弃了磁盘数据管理的传统方式，基于全部数据都在内存中重新设计了体系结构，并且在数据缓存、快速算法、并行操作方面也进行了相应的改进，所以数据处理速度比传统数据库的数据处理速度要快很多，一般都在 10 倍以上。内存数据库的最大特点是其"主拷贝"或"工作版本"常驻内存，即活动事务只与实时内存数据库的内存拷贝打交道。

内存数据库的历史可以追溯到 20 世纪 60 年代末。1969 年，IBM 公式研制的层次管理系统 IMS 提供了两种数据管理方法，一种支持磁盘存储，另一种就是基于内存存储。这是内存数据库的最早形式。但这一时期的内存容量小，硬件成本高，因此内存数据库主要作为嵌入式系统或者磁盘数据库辅助存储设备。1984 年，D. J. De Witt 等人第一次提出了内存数据库的概念。之后内存数据库经历了研究发展期和产品成长期，不断得到丰富和完善，概括来说，内存数据库技术可以概括为以下三个层次。

(1) 第一代：用户定制的内存数据库。通过应用程序来管理内存和数据；不支持 SQL 语句，不提供本地存储，没有数据库恢复技术；性能好但很难维护和在别的应用中不能使用；应用在实时领域，比如工厂自动化生产。

(2) 第二代：简单功能的内存数据库。能够快速处理简单的查询；支持部分 SQL 语句和简单的恢复技术；主要目的是能够快速处理大量事务；针对简单事务处理领域，尤其是交换机、移动通信等。

(3) 第三代：通用的内存数据库。针对传统的商业关系型数据库领域，能够提供更高的性能、通用性以及稳定性；提供不同的接口来处理复杂的 SQL 语句和满足不同的应用领域；可以应用在计费、电子商务、在线安全领域，几乎包括磁盘数据库的所有应用领域。

伴随着互联网的普及和飞速发展，高性能、高并发的应用需求成为推动内存数据库技术发展的巨大动力，同时内存设备性能的提升及价格的降低，也为内存数据库的实现提供了硬件支撑。发展针对大数据实时分析处理任务的分析型内存数据库，以列存储与混合存储、多核并行处理、复杂分析查询处理为特点，为用户提供秒级分析处理能力，成为当前大数据环境下对内存数据库应用的新要求。目前，业界主流的内存数据库有 eXtremeDB、Apache Ignite、FastDB、SQLite、Redis&Memcached 等。

9.6 大数据管理技术

9.6.1 什么是大数据

2008 年 9 月，*Science* 发表了一篇文章 *Big Data: Science in the Petabyte Era*，"大数据"这个词开始广泛传播。当前，人们从不同的角度对大数据进行了定义。例如，一般意义上，大数据是指无法在可容忍的时间内用现有 IT 技术和软硬件工具对其进行感知、获取、管理、处理和服务的数据集合。又例如，大数据通常是 PB(10^3 TB)或 EB(10^6 TB)或更高数量级的数据，包括结构化的、半结构化的和非结构化的数据。其规模或复杂程度超出了传统数据库和软件技术所能够管理和处理的数据集范围。再例如，大数据指无法在一定时间范围内用常规软件工具进行捕捉、管理和处理的数据集合，是需要新处理模式才能具有更强的决策力、洞察发现力和流程优化能力的海量、高增长率和多样化的信息资产。

9.6.2 大数据的特点

通常认为大数据具有 5V 特点，即 Volume（容量）、Velocity（速度）、Variety（多样性）、Veracity（真实性）、Value（价值）。

（1）容量。容量指被大数据解决方案所处理的数据量大，并且在持续增长。数据容量大会影响数据的独立存储和处理需求，同时还会对数据准备、数据恢复、数据管理等操作产生影响。

（2）速度。在大数据环境中，数据产生得很快，在极短的时间内就能聚集起大量的数据。处理快速的数据输入流，需要设计出弹性的数据处理方案，同时也需要强大的数据存储能力。典型的高速大数据产生示例如一分钟可以生成下列数据：35 万条推文、300 小时的 YouTube 视频、1.71 亿份电子邮件，以及 330GB 飞机引擎的传感器数据。

（3）多样性。数据多样性是指大数据解决方案需要支持不同格式、不同类型的数据。不同的数据格式包括：文本数据、图像数据、视频数据、音频数据、传感器数据等。主要的数据类型包括：结构化数据、半结构化数据、非结构化数据及元数据。

（4）真实性。数据真实性指数据的质量和保真性。进入大数据环境的数据需要确保质量，这样可以使数据处理消除掉不真实的数据和噪声。噪声数据是无法转换为信息与知识的，因此它们没有价值。信噪比越高的数据，真实性越高。

（5）价值。数据的价值是指数据的有用程度。价值特征直观地与真实性特征相关联，真实性越高，价值越高。同时，价值也依赖于数据处理时间，因为分析结果具有时效性。

针对大数据所具有的上述 5 个典型特征，传统关系数据库技术无法有效解决其存储、管理及查询处理等需求，因而催生了大量的大数据平台及相关技术，9.6.3 节将具体解释这个问题。

9.6.3 传统关系型数据库面临的问题

传统关系型数据库在计算机数据管理的发展史上是一个重要的里程碑，这种数据库具有数据结构化、冗余度低、较高的独立性以及易于扩充及编写应用程序等优点，目前较为成熟的信息系统都是建立在关系数据库设计之上的。

传统关系型数据库在数据存储上主要面向结构化数据，聚焦于便捷的数据查询分析能力、按照严格规则快速处理事务的能力、多用户并发访问能力及数据安全性的保证。但是面向结构化数据存储的关系型数据库已经不能满足当今互联网数据快速访问、大规模数据分析挖掘的需求。具体体现在下述方面。

（1）关系模型束缚对海量数据的快速访问能力。关系模型是一种按照内容访问的模型，即在传统关系数据库中，根据列的值来定位相应的行。这种访问模型，会在数据访问过程中引入耗时的输入/输出，从而影响快速访问的能力。虽然传统的数据库系统可以通过分区技术（水平分区和垂直分区）来减少查询过程中数据输入/输出的次数以减少相应时间，提高数据处理能力，但是在海量数据的规模下，这种分区所带来的性能改善并不显著。

（2）缺乏海量数据访问灵活性。在现实情况中，用户在查询时希望具有极大的灵活性。用户可以提任何问题，可以针对任何数据提问题，可以在任何时间提问题。无论提的是什么问题，都能快速得到回答。传统数据库不能提供灵活的解决方法，不能随机性地查询并做出快速响应,因为它需要等待系统管理人员对特殊查询进行调优,这导致很多公司不具备这种快速反映能力。

(3) 对非结构化数据处理能力薄弱。传统的关系型数据库对数据类型的处理只局限于数字、字符等,对多媒体信息的处理只是停留在简单的二进制代码文件的存储。然而,随着用户应用需求的提高、硬件技术的发展和 Internet 提供的丰富的多媒体交流方式,用户对多媒体处理的要求从简单的存储上升为识别、检索和深入加工,因此,如何处理占信息总量85%的声音、图像、时间序列信号、视频、E-mail 等复杂数据类型,是很多数据库厂家面临的难题。

9.6.4 NoSQL 数据库

针对关系数据库技术在存储、管理及分析处理大数据时存在的不适用性,NoSQL 数据库技术应运而生。NoSQL 指的是用于研发下一代具有高扩展性和容错性的非关系型数据库技术。

NoSQL(Not-only SQL)数据库是一个非关系型数据库,具有高度的可扩展性、容错性,并且专门设计用来存储半结构化和非结构化数据。NoSQL 数据库通常会提供一个能被应用程序调用的基于 API 的查询接口。NoSQL 数据库也支持 SQL 以外的查询语言,因为 SQL 是为了查询存储在关系型数据库中的结构化数据而设计的。例如,优化一个 NoSQL 数据库用来存储 XML 文件通常会使用 XQuery 作为查询语言。同样,设计一个 NoSQL 数据库用来存储 RDF 数据将使用 SPARQL 来查询它包含的关系。

根据不同存储数据的方式,NoSQL 存储可以分为 4 种类型,分别是:列式数据库、键-值数据库、文档数据库和图数据库。

1. 列式数据库

列式数据库将数据存储在列族中,一个列族存储经常是被一起查询的相关数据,例如人类,经常会查询某个人的姓名和出生年份,而不是家庭住址。这种情况下,姓名和年龄会放到一个列族中,家庭住址会被放到另一个列族中,见图 9-7。这种数据库通常用来应对分布式存储海量数据。典型的列式数据库是 HBase。

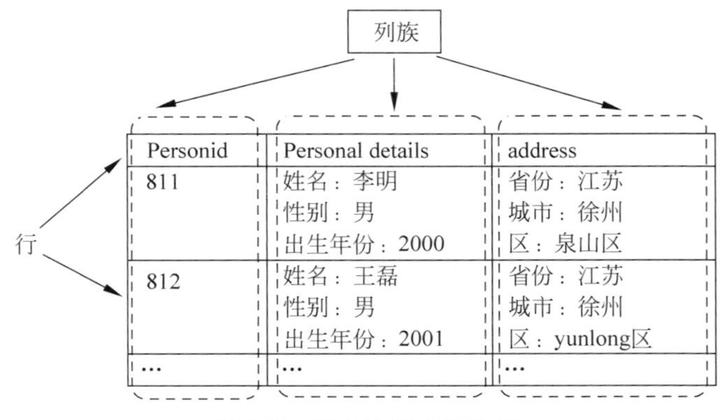

图 9-7　列式数据存储举例

列存储提供快速数据访问,并带有随机读写能力。它们把列簇存储在不同的物理文件中,这将会提高查询响应速度,因为只有被查询的列簇才会被搜索到。

2. 键-值(Key-Value)数据库

键-值数据库类似于传统语言中使用的哈希表。可以通过键值来添加、查询或者删除数据库,因为使用键值访问,会获得很高的性能及扩展性。键值数据存储中的表是一个值列表,其中每个值由一个键来标识。值对数据库不透明且通常以 BLOB 形式存储,存储的值可以是任何从传感器数据到视频数据的集合。

键-值存储通过键值查找,因为数据库对存储的数据集合的细节是未知的。同时,更新操作只能是删除或者插入。键-值存储通常不含有任何索引,所以写入非常快,且高度可扩展。一个键-值存储的例子见图 9-8。典型的键-值数据库包括 Mencached、Redis。

Key	Value
631	Mary ,10.1.23.12,Good customer service
365	100011111000011100000111000000111
198	<CustomerID>12345</CustomerID>

图 9-8　键-值数据存储举例

3. 文档数据库

文档数据库的灵感是来自于 Lotus Notes 办公软件,而且它同第一种键-值存储相类似。文档导向的数据库是键-值数据库的子类,可以看作键-值数据库的升级版,允许嵌套键值。它们的差别在于处理数据的方式:在键-值数据库中,数据是对数据库不透明的;而面向文档的数据库系统依赖于文件的内部结构,它获取元数据以用于数据库引擎进行更深层次的优化。虽然这一差别由于系统工具而不甚明显,但在设计概念上,这种文档存储方式利用了现代程序技术来提供更丰富的体验。

"文档"其实是一个数据记录,这个记录能够对包含的数据类型和内容进行"自我描述"。XML 文档、HTML 文档和 JSON 文档就属于这一类。SequoiaDB 就是使用 JSON 格式的文档数据库,它存储的数据如图 9-9 所示。

```
{
"ID" :1,
"NAME" : "SequoiaDB",
"Tel" : {
      "Office" : "123123", "Mobile" : "132132132"
    }
"Addr" : "China,GZ"
}
```

图 9-9　文档数据存储举例

1) 文档数据库与关系型数据库的区别

文档数据库不同于关系型数据库,关系型数据库是高度结构化的,而 Notes 的文档数据库允许创建许多不同类型的非结构化的或任意格式的字段,与关系型数据库的主要不同在于,它不提供对参数完整性和分布事务的支持,但和关系型数据库也不是相互排斥的,它们之间可以相互交换数据,从而相互补充、扩展。

2）文档数据库与文件系统的区别

文档数据库与20世纪50、60年代管理数据的文件系统不同，仍属于数据库范畴。首先，文件系统中的文件基本上对应于某个应用程序，当不同的应用程序所需要的数据有部分相同时，也必须建立各自的文件，而不能共享数据，而文档数据库可以共享相同的数据。因此，文件系统比文档数据库数据冗余度更大，更浪费存储空间，且更难于管理维护。其次，文件系统中的文件是为某一特定应用服务的，所以，要想对现有的数据再增加一些新的应用是很困难的，系统不容易扩充。数据和程序缺乏独立性。而文档数据库具有数据的物理独立性和逻辑独立性，数据和程序分离。

典型的文档数据库包括CouchDB、MongoDB，国内也有文档型数据库SequoiaDB。

4. 图数据库

图模型记为G(V,E)，V为节点(Node)集合，每个节点具有若干属性，E为边(Edge)集合，也可以具有若干属性。该模型支持图结构的各种基本算法，可以直观地表达和展示数据之间的联系。

日常生活中应用关系数据模型需要表示多对多关系时，常常需要创建一个关联表来记录不同实体的多对多关系，而且这些关联表常常不用来记录信息。如果两个实体之间拥有多种关系，那么就需要在它们之间创建多个关联表。当实体之间的联系类型多样且复杂，且管理及处理的对象以关系为主时，关系模型会因为变得异常烦琐而不适用。产生这一现象的原因在于关系型数据库是为实体建模这一基础理念设计的。该设计理念并没有提供对这些实体间关系的直接支持。在需要描述这些实体之间的关系时，常常需要创建一个关联表以记录这些数据之间的关联关系，而且这些关联表常常不用来记录除外键之外的其他数据。也就是说，这些关联表也仅仅是通过关系型数据库所拥有的功能来模拟实体之间的关系。这种模拟导致了两个非常糟糕的结果：数据库需要通过关联表间接地维护实体间的关系，导致数据库的执行效能低下；同时关联表的数量急剧上升。

相对于关系数据库中的各种关联表，图数据库中的关系可以通过关系能够包含属性这一功能来提供更为丰富的关系展现方式。因此相较于关系型数据库，图数据库的用户在对事物进行抽象时将拥有一个额外的武器，那就是丰富的关系。

图数据库技术在社交网络、知识图谱、个性化推荐等领域得到了广泛的应用。典型的图数据库包括Neo4j、AllegroGrap、FlockDB和GraphDB。

9.7 数据仓库

随着Internet的兴起与飞速发展，大量的信息和数据迎面而来。用科学的方法去整理数据，从而从不同视角对企业经营各方面信息进行精确分析、准确判断，比以往更为迫切。传统数据库系统已经无法满足数据处理多样化的要求，人们尝试对DB中的数据进行再加工，形成一个综合的、面向分析的环境，以更好地支持决策分析，从而形成了数据仓库技术(Data Warehousing，DW)。

数据仓库技术就是基于数学及统计学严谨逻辑思维并达成“科学的判断、有效的行为”的一个工具。数据仓库技术也是一种达成“数据整合、知识管理”的有效手段。

9.7.1 什么是数据仓库

目前，“数据仓库”一词尚没有一个统一的定义，著名的数据仓库专家W. H. Inmon在其

著作 *Building the Data Warehouse* 一书中给予如下描述：数据仓库(Data Warehouse)是一个面向主题的(Subject Oriented)、集成的(Integrate)、相对稳定的(Non-Volatile)、反映历史变化(Time Variant)的数据集合，用于支持管理决策。对于数据仓库的概念可以从两个层次予以理解。首先，数据仓库用于支持决策，面向分析型数据处理，它不同于企业现有的操作型数据库；其次，数据仓库是对多个异构的数据源有效集成，集成后按照主题进行了重组，并包含历史数据，而且存放在数据仓库中的数据一般不再修改。

根据数据仓库概念的含义，数据仓库拥有以下 4 个特点。

(1) 面向主题。主题是一个抽象的概念，是指用户使用数据仓库进行决策时所关心的重点方面，一个主题通常与多个操作型信息系统相关。

(2) 集成的。数据仓库中的数据是在对原有分散的数据库数据抽取、清理的基础上经过系统加工、汇总和整理得到的，必须消除源数据中的不一致性，以保证数据仓库内的信息是关于整个企业的一致的全局信息。

(3) 相对稳定。数据仓库的数据主要供企业决策分析之用，所涉及的数据操作主要是数据查询，一旦某个数据进入数据仓库以后，一般情况下将被长期保留，也就是数据仓库中一般有大量的查询操作，但修改和删除操作很少，通常只需要定期的加载、刷新。

(4) 反映历史变化。数据仓库中的数据通常包含历史信息，系统记录了企业从过去某一时点(如开始应用数据仓库的时点)到目前的各个阶段的信息，通过这些信息，可以对企业的发展历程和未来趋势做出定量分析和预测。

9.7.2 数据仓库的体系结构

数据仓库系统是一个包含 4 个层次的体系结构，如图 9-10 所示。

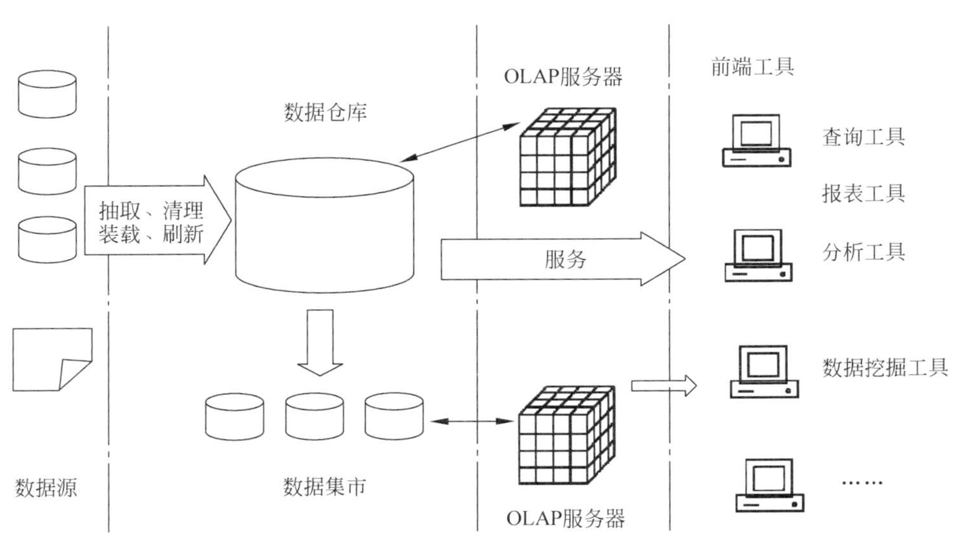

图 9-10 数据仓库系统体系结构

1. 数据源

数据源是数据仓库系统的基础，是整个系统的数据源泉。通常包括企业内部信息和外部信息。内部信息包括存放于 RDBMS 中的各种业务处理数据和各类文档数据。外部信息包括各类法律法规、市场信息和竞争对手的信息等。

2. 数据仓库

数据仓库是整个数据仓库系统的核心。数据仓库的真正关键是数据的存储和管理。数据仓库的组织管理方式决定了它有别于传统数据库,同时也决定了其对外部数据的表现形式。要决定采用什么产品和技术来建立数据仓库的核心,则需要从数据仓库的技术特点着手分析。针对现有各业务系统的数据,进行抽取、清理,并有效集成,按照主题进行组织。数据仓库按照数据的覆盖范围可以分为企业级数据仓库和部门级数据仓库(通常称为数据集市)。

3. OLAP 服务器

对分析需要的数据进行有效集成,按多维模型予以组织,以便进行多角度、多层次的分析,并发现趋势。其具体实现可以分为:ROLAP、MOLAP 和 HOLAP。ROLAP 基本数据和聚合数据均存放在 RDBMS 之中;MOLAP 基本数据和聚合数据均存放于多维数据库中;HOLAP 基本数据存放于 RDBMS 之中,聚合数据存放于多维数据库中。

4. 前端工具

主要包括各种报表工具、查询工具、数据分析工具、数据挖掘工具以及各种基于数据仓库或数据集市的应用开发工具。其中,数据分析工具主要针对 OLAP 服务器,报表工具、数据挖掘工具主要针对数据仓库。

9.7.3 数据仓库的作用

数据仓库主要有以下三方面的作用。

首先,数据仓库提供了标准的报表和图表功能,其中的数据来源于不同的多个事务处理系统,因此,数据仓库的报表和图表是关于整个企业集成信息的报表和图表。

其次,数据仓库支持多维分析。多维分析是通过把一个实体的多项重要的属性定义为多个维度,使得用户能方便地汇总数据集,简化了数据的分析处理逻辑,并能对不同维度值的数据进行比较,而维度则表示了对信息的不同理解角度,例如,时间和地区是经常采用的维度。应用多维分析可以在一个查询中对不同的数据进行纵向或横向的比较,这在决策工程中非常有用。

第三,数据仓库是数据挖掘技术的关键基础。

总之,数据仓库的主要作用是通过多维模式结构、快速分析计算能力和强大的信息输出能力为决策分析提供支持。

9.8 知识发现

数据挖掘是从存放在数据库、数据仓库和其他信息库中的大量的数据中挖掘有趣知识的过程。数据挖掘其实是一个逐渐演变的过程,电子数据处理的初期,人们就试图通过某些方法来实现自动决策支持,当时机器学习成为人们关心的焦点。随后,随着神经网络技术的形成和发展,人们的注意力转向知识工程。知识工程不同于机器学习那样给计算机输入范例,让它生成出规则,而是直接给计算机输入已被代码化的规则,而计算机是通过使用这些规则来解决某些问题。20 世纪 80 年代,人们又在新的神经网络理论的指导下,重新回到机器学习的方法上，并将其成果应用于处理大型商业数据库。在20世纪80年代末出现了一个新的术语，就是数据库中的知识发现(Knowledge Discovery in Database，KDD)。

这里所说的知识发现，不是要求发现放之四海而皆准的真理，也不是要去发现崭新的自然科学定理和纯数学公式，更不是什么机器定理证明。实际上，所有发现的知识都是相对的，是有特定前提和约束条件，面向特定领域的，同时还要能够易于理解。最好能用自然语言表达所发现的结果。

9.8.1 KDD的相关概念

1996年，U. M. Fayyad给出了目前公认的定义：KDD是从数据集中识别出有效的、新颖的、潜在有用的，以及最终可理解的模式的非平凡过程。在上面的定义中，涉及几个需要进一步解释的概念："数据集""模式""过程""有效性""新颖性""潜在有用性"和"最终可理解性"。

(1) 数据集F是一组事实(如关系数据库中的记录)，它记录了事物有关方面的原始信息，如学生档案数据、商场销售数据或者银行客户信息。由于KDD处理的数据是从现实世界中得来的，因而并不能保证所有数据都规范，一般需要对数据进行预处理，使之适于知识提取。

(2) 模式是用语言L来表示的一个表达式E，它可用来描述数据集F的某个子集FE，E作为一个模式要求它比对数据子集的枚举要简单(所用的描述信息量要少)。模式可以看作是知识，它给出了数据的特性或数据之间的关系，是对数据包含的信息更抽象的描述。例如，如果对同一信用卡在短时间内连续使用，则该信用卡可能丢失而被其他人所盗用；成绩优秀的学生学习都是非常刻苦等。模式的表示方式很多，有时甚至无法用显式的方法进行描述，例如，利用神经网络可以对手写体汉字进行分类，学习结果是神经网络中各个单元之间的连接权值，模式是通过这些连接权值在使用过程中体现出来的。

(3) 过程在KDD中通常指多阶段的一个过程，涉及数据准备、模式搜索、知识评价，以及反复的修改求精。该过程要求是非平凡的，意思是要有一定程度的智能性、自动性(仅给出所有数据的总和不能算作一个发现过程)。

(4) 有效性是指发现的模式对于新的数据仍保持有一定的可信度。

(5) 新颖性要求发现的模式应该是新的。

(6) 潜在有用性是指发现的知识将来有实际效用，如用于决策支持系统里可提高经济效益。

有效性、新颖性、潜在有用性和最终可理解性综合在一起可称为兴趣性。通过KDD从当前数据所发现的模式必须有一定的正确程度和新颖性，否则KDD就毫无作用。虽然知识发现可以对已有的知识进行验证，但发现新的知识往往更重要，或者对已有的知识进行拓展以得到更全面、更具有实际意义的知识，发现的知识必须经过实践的检验，并通过在实际应用中发现的问题对学习数据和策略进行修改、重新进行学习从而得到更精确的知识。一般在使用提取出的知识之前，要使用一些数据进行测试，只有测试结果达到要求才能应用。

(7) 最终可理解性要求发现的模式能被用户理解，目前它主要体现在简洁性上。KDD的目标就是将数据中隐含的模式提取出来，从而帮助人们更好地了解数据中所包含的信息。

但一般知识学习算法得到的模式对普通用户来说很难理解,更不用说使用。因此,KDD不仅应该能够将知识提取出来,更应该将发现的知识以直观易用的方式呈现给用户。当然,一个模式是否容易被人理解,这本身就很难衡量,往往需要按照用户能够理解的形式表现出来。

9.8.2 KDD的基本任务

对于知识发现技术的研究集中于寻求各种问题的解决办法,包括将数据归为不同的种类,刻画一组数据的特征,发现数据项之间的关联和相关性,发现顺序模式及规则数据的相似性。知识发现的基本任务如下。

(1) 数据分类。分类是数据挖掘研究的重要分支之一,是一种有效的数据分析方法。分类的目标是通过分析训练数据集,构造一个分类模型(即分类器),该模型能够把数据库中的数据记录映射到一个给定的类别,从而可以应用于数据预测。

(2) 数据聚类。当要分析的数据缺乏必要的描述信息,或者根本就无法组织成任何分类模式时,利用聚类函数把一组个体按照相似性归成若干类,这样就可以自动找到类。聚类和分类类似,都是将数据进行分组。但与分类不同的是,聚类中的组不是预先定义的,而是根据实际数据的特征按照数据之间的相似性来定义的。

(3) 衰退和预报。这是一种特殊类型的分类,可以看作是根据过去和当前的数据预测未来的数据状态。通过对用衰减统计技术建模的数字值的预测,学习一种(线性或非线性)功能将数据项映射为一个数字预测变量。

(4) 关联和相关性。指发现大规模数据集中项集之间有趣的关联或相关关系。关联规则是指通过对数据库中的数据进行分析,从某一数据对象的信息来推断另一数据对象的信息,寻找出重复出现概率很高的知识模式,常用一个带有置信度因子的参数来描述这种不确定的关系。

(5) 顺序发现。通常指确定数据组中的顺序模式。当数据的特定类型的关系已被发现时,这些模式同关联和相关性相似。但对关系基于时间序列的数据组,顺序发现和关联就不同了。顺序发现是将数据映射为有关数据组的简练描述的子集或映射为数据库中一组特定用户数据的高度概括的数据。

(6) 描述和辨别。指发现一组特征规则,其中的每一条都是或者显示数据组的特征或者从对比类中区别实验类的概念的命题。

(7) 时间序列分析。其任务是发现属性值的发展趋向,如股票价格指数的金融数据、客户数据和医学数据等。它是用来搜寻相似模式以发现和预测特定模式的风险、因果关系和趋势。

9.8.3 KDD的处理过程

知识发现过程按照描述方法的不同可以分为:多处理阶段模型和以用户为中心的模型。

1. 多处理阶段模型

多处理阶段模型将数据库中的知识发现看作一个多阶段的处理过程,在整个知识发现的过程中包括很多处理阶段。这里主要介绍两种面向多阶段处理过程的KDD处理过程模型。图 9-11 是 Usama M. Fayyad 等人给出的处理模型。

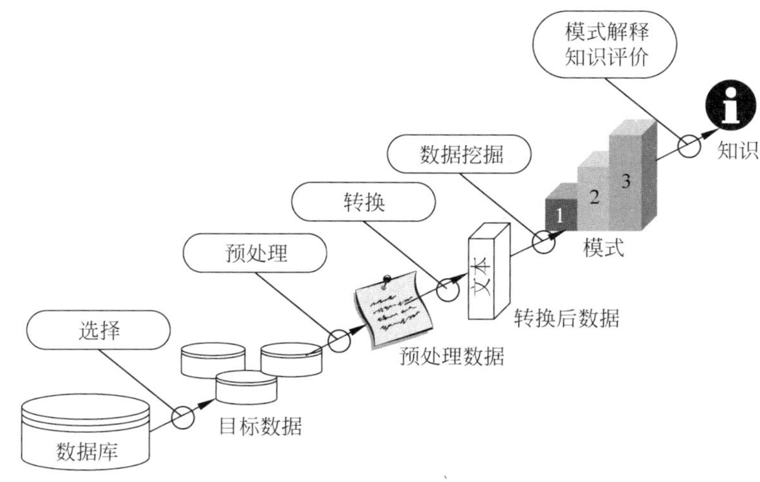

图 9-11　Usama M. Fayyad 提出的 KDD 多处理阶段模型

在图 9-11 的处理模型中，知识发现过程共分为 9 个处理阶段，这 9 个处理阶段分别是数据准备、数据选择、数据预处理、数据缩减、KDD 目标确定、挖掘算法确定、数据挖掘、模式解释及知识评价。

(1) 数据准备：了解 KDD 相关领域的有关情况，熟悉有关的背景知识，并弄清楚用户的要求。

(2) 数据选择：根据用户的要求从数据库中提取与 KDD 相关的数据，KDD 将主要从这些数据中进行知识提取，在此过程中，会利用一些数据库操作对数据进行处理。

(3) 数据预处理：主要是对阶段 2 产生的数据进行再加工，检查数据的完整性及数据的一致性，对其中的噪声数据进行处理，对丢失的数据可以利用统计方法进行填补。

(4) 数据缩减：对经过预处理的数据，根据知识发现的任务对数据进行再处理，主要通过投影或数据库中的其他操作减少数据量。

(5) 确定 KDD 的目标：根据用户的要求，确定 KDD 是发现何种类型的知识，因为对 KDD 的不同要求会在具体的知识发现过程中采用不同的知识发现算法。

(6) 挖掘算法确定：根据阶段 5 所确定的任务，选择合适的知识发现算法，这包括选取合适的模型和参数，并使得知识发现算法与整个 KDD 的评判标准相一致。

(7) 数据挖掘：运用选定的知识发现算法，从数据中提取出用户所需要的知识，这些知识可以用一种特定的方式表示或使用一些常用的表示方式，如产生式规则等。

(8) 模式解释：对发现的模式进行解释，在此过程中，为了取得更为有效的知识，可能会返回前面处理步骤中的某些步以反复提取，从而提取出更有效的知识。

(9) 知识评价：将发现的知识以用户能了解的方式呈现给用户。这期间也包含对知识的一致性的检查，以确信本次发现的知识不与以前发现的知识相抵触。

George H. John 给出了另一种多阶段知识发现模型，虽然在某些地方与上面给出的处理模型有一些区别，但这种区别主要表现在对整个处理过程的组织和表达方式上，在内容上两者并没有非常本质的区别。

这种模型强调由数据挖掘人员和领域专家共同参与 KDD 的全过程。领域专家对该领域内需要解决的问题非常清楚，在问题的定义阶段由领域专家向数据挖掘人员解释，数据挖掘人员将数据挖掘采用的技术及能解决问题的种类介绍给领域专家。双方经过互相了解，对要解决的问题有一致的处理意见，包括问题的定义及数据的处理方式。

2. 以用户为中心的处理模型

Brachman & Anand 从用户的角度对 KDD 处理过程进行了分析。他们认为数据库中的知识应该更着重于对用户进行知识发现的整个过程的支持方面，而不是仅仅限于在数据挖掘的一个阶段上。通过了解很多 KDD 用户在实际工作中遇到的问题，他们发现用户的很大一部分工作量能够与数据库的交互。因此，他们在开发数据挖掘系统（Interactive Marketing Analysis and Classification System，IMACS）时特别强调对用户与数据库交互的支持。图 9-12 给出了该模型的框图。

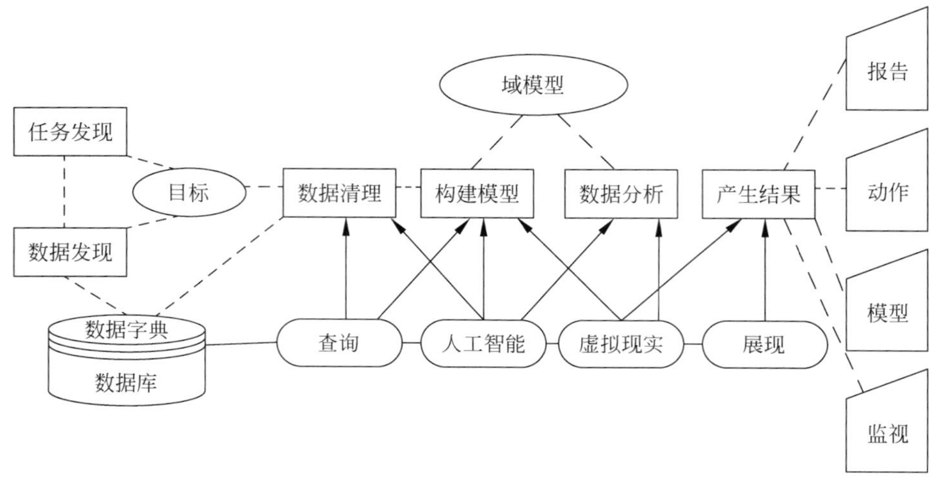

图 9-12　以用户为中心的处理过程模型

用户根据数据库中的数据，提出一种假设模型，然后选择有关数据进行知识挖掘，并不断对模型的数据进行调整优化。整个处理过程分为以下 6 个步骤。

（1）任务定义：通过与用户或用户集体的多次交流，明确了解需要完成的任务。任务定义是为了明确需要发现的知识的类别及相关数据。

（2）数据发现：了解任务所涉及的原始数据的数据结构及数据所代表的意义，并从数据库中提取相关数据。

（3）数据清理：对用户的数据进行清理以使其适用于后续的数据处理。这需要具备用户的背景知识，同时也应该根据实际的任务确定清理规则。

（4）模型的确定：通过对数据的分析，选择一个初始的模型。模型定义一般分为三个步骤，即数据分隔、模型选择和参数选择。

（5）数据分析：包括 4 个处理阶段，一是对选中的模型进行详细定义，确定模型的类型及有关属性；二是通过对相关数据的计算，计算模型的有关参数，得到模型的各属性值；三是通过测试数据对得到的模型进行测试和评价；四是根据评价结果对模型进行优化。

（6）输出结果生成：数据分析的结果一般都比较复杂，很难被人理解，而将结果以文档或图表形式表现出来,则易于被人接受。

该处理过程模型以用户为中心,通过对用户在进行数据挖掘过程时的工作方式的分析,在设计 KDD 系统时更注重对用户的整个数据挖掘的全过程提供支持。

9.8.4 KDD 的方法

知识发现领域充分体现了各种方法论的相互交叉、渗透和协作。知识发现方法主要包括统计方法、机器学习方法、神经网络方法和数据库方法等。

1. 统计方法

统计方法是从事物的外在数量上的表现去推断该事物可能的规律性。统计方法有如下几种。

(1) 传统统计方法。传统的统计方法所研究的主要是渐近理论,即当样本趋向于无穷多时的统计性质。统计方法主要考虑测试预想的假设是否与数据模式拟合。它依赖于显式的基本概率模式。常用的统计分析方法有:判别分析(贝叶斯判别、费歇尔判别、非参数判别等)、聚类分析(系统聚类、动态聚类等)、探索性分析(主元分析法、相关分析法等)、回归分析(多元回归、自回归、偏最小二乘回归等)等。

(2) 模糊集。模糊集是表示和处理不确定性数据的重要方法。模糊集不仅可以处理不完全数据、噪声或不精确数据,而且在开发数据的不确定性模型方面是有用的,能提供比传统方法更灵巧、更平滑的性能。

(3) 粗糙集。粗糙集理论是一种智能决策分析工具,它是一种刻画不完整性和不确定性的数学工具,能有效地分析不精确、不一致、不完整等各种不完备的信息。粗糙集常与规则归纳、分类和聚类方法结合起来使用,很少单独使用。

2. 机器学习法

机器学习是一门研究机器获取新知识和新技能,并识别现有知识的学问。目前较为常用的机器学习方法有如下几种。

(1) 规则归纳法。规则反映数据项中某些属性或数据集中某些数据项之间的统计相关性。典型的关联规则挖掘算法有 Apriori。

(2) 决策树法。决策树是通过一系列规则对数据进行分类的过程。决策树方法利用训练集生成一个测试函数,根据不同取值建立树的分支;在每个分支子集中重复建立下层节点和分支,这样便生成一棵决策树。然后对决策树进行剪枝处理,最后把决策树转换为规则,利用这些规则可以对新事例进行分类。决策树方法很难基于多个变量组合发现规则。不同决策树分支之间的分裂也不平滑。在信息缺乏时,决策树方法可能漏掉有价值的规则。

(3) 范例推理。范例推理是直接使用过去的经验或解法来求解给定的问题。范例常常是一种已经遇到过并且有解法的具体问题。当给定一个特定问题时,范例推理就检索范例库,寻找相似的范例。

(4) 贝叶斯信念网络。贝叶斯信念网络是概率分布的图表示。贝叶斯信念网络是一种直接的、非循环的图,节点表示属性变量,边表示属性变量之间的概率依赖关系。与每个节点相关的是条件概率分布,描述该节点与它的父节点之间的关系。

(5) 遗传算法。遗传算法是按照自然进化原理提出的一种优化策略。在求解过程中,通过最优解的选择和彼此组合,则可以期望解的集合将会愈来愈好。在数据挖掘中,遗传算法用来形成变量间依赖关系假设。遗传算法是一种优化技术,它利用生物进化的一系列概念进行问题的搜索,最终达到优化的目的。

3. 神经网络法

神经网络基于自学习数学模型,通过数据的编码及神经元的迭代求解,完成复杂的模式抽取及趋势分析功能。神经网络系统由一系列类似于人脑神经元一样的节点组成,节点间彼此互连,分为输入层、中间(隐藏)层、输出层。神经网络通过网络的学习功能得到一个恰当的连接加权值,较典型的学习方法是BP法。神经网络系统具有非线性学习、联想记忆的优点。神经网络系统是一个黑盒子,不能观察中间的学习过程,最后的输出结果也较难解释,影响结果的可信度及可接受程度。需要较长的学习时间,对大数据量性能出现严重影响。

4. 数据库方法

数据库方法主要包括多维数据分析或联机分析处理(OLAP)技术,另外还有面向属性的归纳方法。OLAP主要通过多维的方式对数据进行分析、查询和报表。

目前,知识发现被越来越多地应用于过程控制、信息管理、商业、医疗、金融等领域。

小　　结

本章围绕数据管理对数据库相关技术最新的发展趋势进行了介绍,包括数据库技术与方法论的结合,数据库技术与其他计算机技术或应用领域的结合,数据库技术在大数据时代的新发展,以及数据仓库和知识发现4部分。

在以互联网+、Web 2.0推动社会发展的新时期,日益丰富的数据类型和高并发、秒级响应的处理需求,对数据存储及数据处理技术提出了新要求。于是,采用不同的对象建模方法(面向对象、XML、图、列、键值、文本)、不同计算机技术(分布式、并行)、在不同应用领域(工程、科学、空间、时间),数据库技术都绽放出新的生命力,非关系型数据管理和分析技术在诸多领域与关系型数据库管理技术展开了竞争,并在竞争中相互借鉴、发展和融合,形成了新格局下的数据库新时代。

参考文献

[1] Tiwari Shashank. 深入 NoSQL[M]. 北京：人民邮电出版社，2012.

[2] 刘增杰. MySQL 5.7 从入门到精通[M]. 北京：清华大学出版社，2016.

[3] 李锡辉，王樱. MySQL 数据库技术与项目应用教程[M]. 人民邮电出版社，2018.

[4] Sullivan Dan. NoSQL 实践指南：基本原则、设计准则及实用技巧[M]. 北京：机械工业出版社，2016.

[5] 薛志东. 大数据技术基础[M]. 北京：人民邮电出版社，2018.

[6] Ozsu M Tamer，Valduriez Patrick. 分布式数据库系统原理[M]. 北京：清华大学出版社，2014.

[7] 周志华. 机器学习[M]. 北京：清华大学出版社，2016.

[8] 唐汉明，翟振兴，关宝军，等. 深入浅出 MySQL：数据库开发、优化与管理维护[M]. 2 版. 北京：人民邮电出版社，2014.

[9] Connolly Thomas M，Begg Carolyn E. 数据库系统：设计、实现与管理(进阶篇)[M]. 6 版. 北京：机械工业出版社，2018.

[10] 王珊，萨师煊. 数据库系统概论[M]. 5 版. 北京：高等教育出版社，2014.

[11] A Silberschatz. 数据库系统概念[M]. 6 版. 北京：机械工业出版社，2012.

[12] 万常选，廖国琼，吴京慧，等. 数据库系统原理与设计[M]. 3 版. 北京：清华大学出版社，2017.

[13] Kroenke David M，Auer David J. 数据库原理·使用 Access 2013 演示与实践[M]. 北京：清华大学出版社，2015.

[14] 韩家炜，Kamber Micheline，裴健. 数据挖掘：概念与技术[M]. 3 版. 北京：机械工业出版社，2012.

[15] Witten Ian H，Frank Eibe，Hall Mark A. 数据挖掘：实用机器学习工具与技术[M]. 3 版. 北京：机械工业出版社，2014.

[16] 张文宇，薛昱，苏锦旗，等. 知识发现与智能决策[M]. 北京：科学出版社，2015.

图书资源支持

感谢您一直以来对清华版图书的支持和爱护。为了配合本书的使用，本书提供配套的资源，有需求的读者请扫描下方的“书圈”微信公众号二维码，在图书专区下载，也可以拨打电话或发送电子邮件咨询。

如果您在使用本书的过程中遇到了什么问题，或者有相关图书出版计划，也请您发邮件告诉我们，以便我们更好地为您服务。

我们的联系方式：

地　　址：北京海淀区双清路学研大厦 A 座 707

邮　　编：100084

电　　话：010－62770175－4604

资源下载：http://www.tup.com.cn

电子邮件：weijj@tup.tsinghua.edu.cn

QQ：883604（请写明您的单位和姓名）

资源下载、样书申请

书圈

用微信扫一扫右边的二维码，即可关注清华大学出版社公众号“书圈”。